化工设备基础

第四版

王绍良 主编　何鹏飞 副主编

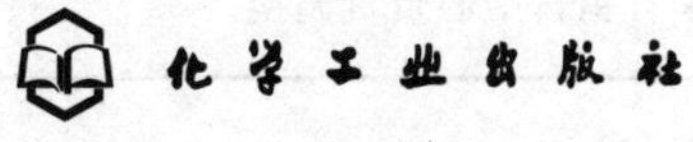

·北京·

内容简介

《化工设备基础》第四版以强化基础能力建设推进科技创新为指引，根据高等职业教育化工工艺类专业教学计划组织编写，旨在使工艺类学生通过本课程的学习，获得必要的机械基础知识。

全书共分九章。主要内容为：化工生产的特点及对化工设备的基本要求、化工容器与设备的有关标准规范、化工设备常用材料及腐蚀与防护；物体受力与构件承载能力分析；机械传动和连接；内压容器和外压容器；塔设备的结构、常见机械故障及排除方法；换热器的主要类型、基本结构、标准及选用、常见故障及排除方法；搅拌反应釜总体结构、搅拌装置、传动装置、轴封装置；化工管路与阀门；化工设备故障诊断技术。

本书可作为高职高专化工工艺类专业学生教材，也可供相关专业师生选用和有关工程技术人员参考。

图书在版编目（CIP）数据

化工设备基础/王绍良主编．—4版．—北京：化学工业出版社，2023.8（2024.8重印）

ISBN 978-7-122-40691-0

Ⅰ.①化…　Ⅱ.①王…　Ⅲ.①化工设备-高等职业教育-教材　Ⅳ.①TQ05

中国版本图书馆CIP数据核字（2022）第022931号

责任编辑：高　钰　　　　装帧设计：刘丽华

责任校对：杜杏然

出版发行：化学工业出版社（北京市东城区青年湖南街13号　邮政编码100011）

印　　刷：北京云浩印刷有限责任公司

装　　订：三河市振勇印装有限公司

787mm×1092mm　1/16　印张16¼　字数405千字　2024年8月北京第4版第3次印刷

购书咨询：010-64518888　　　　售后服务：010-64518899

网　　址：http://www.cip.com.cn

凡购买本书，如有缺损质量问题，本社销售中心负责调换。

定　　价：48.00元

前言

科学基础能力是国家综合科技实力的重要体现，是国家创新体系的重要基石，是实现高水平科技自立自强的战略支撑，党的二十大报告提出，加强科学基础能力建设。随着科技进步发展，化工过程持续化，新工艺、新材料不断创新，高职教育改革逐步深入，教育技术应用日趋普及，且国家标准适时更新。为适应这些新变化和新发展，对第三版《化工设备基础》教材进行修订，势在必行。

本次教材修订的内容主要包括：

1. 对本书涉及的所有国家标准、原部颁标准、行业标准，全部进行了替换更新。

2. 对相关标准更新涉及的有关概念进行了重新阐释。

3. 对涉及采用新标准和新材料的计算类例题进行了重新核算。

4. 按照新标准，对有关章节的示图和表格及设计计算方法进行了替换更新。

5. 融入了课程思政元素，对有关文字内容进行了修改与完善。

为满足教育技术现代化要求，根据现有教育资源，制作了相应的电子课件，供师生选用。

本次教材修订和电子课件制作，由副主编（湖南化工职业技术学院）何鹏飞老师负责完成，岳阳岳化机械有限责任公司总工程师邱力佳参加了编写第八章。

由于时间紧，工作量大，可能存在疏漏与不妥之处，敬请广大读者批评指正。

编　者

第一版前言

本书是根据高等职业教育化工工艺类专业教学计划和课程教学大纲的要求编写的，其目的是通过本课程的学习，使工艺类专业的学生获得必要的机械基础知识，扩充知识面，优化知识结构和能力结构，更好地符合高等职业教育的专业培养目标的要求，适应生产、管理第一线高等技术人才实际工作的需要。为此，本书力求突出如下特点。

① 在体系上有所突破。全书分为化工设备基本知识、化工设备力学基础、机械传动与连接、压力容器、典型化工设备、化工管路、化工设备故障诊断等部分，与同类书相比，突出了塔设备、换热设备、反应器等典型化工设备的内容，增加了化工管路、化工设备故障诊断技术等生产现场实用的知识。

② 在知识结构上有所调整。材料选择、力学基础、机械传动与连接等基础性内容，围绕典型化工设备所涉及的范围而取舍，以实用为主，够用为度，不强调各自知识的系统性和学科性。

③ 在能力培养上有所侧重。突出结构分析、力学模型建立、故障诊断与排除及标准选择等解决工程实际问题的能力培养，而对于高压容器应力分析、换热器管板强度计算、边缘应力等工艺类工程技术人员不常用到且繁杂的内容做了删除。

④ 在内容的组织上有所创新。本书除了吸收同类书的优点和近年来教学研究与改革的经验外还采用了最新版本的有关标准和规范，注重知识更新，在一定程度上体现了有关的新技术、新材料、新工艺、新设备的成果，反映了学科发展的趋势。

本书第一章的第一节、第二节和第三节、第五章、第六章、第七章、第八章由王绍良编写，第一章第四节和第五节、第三章、第四章、第九章由丛文龙编写，第二章由黄开旺编写。全书由王绍良主编并统稿，由吉林工业职业技术学院栾学钢主审。

由于编者水平所限，书中不妥甚至错误之处在所难免，敬请读者指正。

编　者

2002 年 5 月

第二版前言

《化工设备基础》是为化工类专业学生扩展机械方面的知识而编写的，自2002年出版以来，已连续多次印刷，受到化工高职院校师生和工程技术人员的普遍好评。近年来，高职教育教学改革不断深入，化工生产技术有了新的进展，国家和行业的相关标准也已更新，为适应发展变化的需要，第二版在第一版的基础上，对内容进行了修改、更新和完善。

本次修订的主要内容如下。

① 在每章前，增加了“能力目标、知识要素、技能要求”的内容，以便师生把握教与学的重点。

② 按国家和行业颁布的最新标准，更新了相关内容。

③ 在化工管路一章中增加了压力管道的内容，以突出化工管路安全运行的管理。

④ 对内容结构做了部分调整。如在第二章中，将剪切和挤压两个相关内容单独列为一节；在第五章塔设备中，按发展历史，将填料塔的内容放在板式塔之前讲授；第三章将机械传动与连接改为连接与传动等。

向寓华、董卫国、李群松、张麦秋四位老师为本教材的内容修改做了大量的前期调研工作，收集了丰富的现场资料。赵玉奇、朱方鸣、潘传九、谭放鸣、董振珂、王灵果、叶青玉、孔见君、魏龙、颜惠庚、陈保国等教授等对本书修改提出了许多很有价值的建议和意见。在此，一并致以衷心感谢。

本次改版基本维持了原有的体系和结构，疏漏和不妥之处期望广大读者批评指正。

编　者

2009年3月

第三版前言

随着化工工艺类专业教育教学改革的深入，学生综合应用能力和实践操作技能的培养得到更加重视，也对本课程提出了新的、更高的要求，而且近年来国家和行业标准有所更新，据此，《化工设备基础》编审人员在第二版的基础上对本书做了进一步的修改和完善。考虑到使用习惯，对第二版中使用的力学性能标准符号未做修改。

本次修订的内容主要如下：

① 根据国家和行业的现行标准，对书中使用的原有标准进行了替换。

② 第五章第三节塔体强度校核对于化工工艺类专业的学生和工程技术人员而言实用性不强，因此本次修订做了整节删除。

③ 第四章压力容器中，有关压力计算的公式推导较烦琐且无必要，本次修订时做了删减，重点突出计算公式中设计参数的内涵理解与正确选用。

④ 对第二版书中的个别插图进行了更换，且对有关文字做了进一步的修改。

本书可制作成用于多媒体教学课件的内容将免费提供给采用本书作为教材的院校使用。如有需要，请发电子邮件至 cipedu@163.com 获取，或登录 www.cipedu.com.cn 免费下载。

对本书中存在的不足和不妥之处，期望读者批评和指正。

编　者

2018 年 11 月

目录

第一章　化工设备基本知识 / 1

第二章　化工设备力学基础 / 25

第四章 压力容器 / 98

第五章　塔设备 / 146

第六章　换热器 / 171

第七章　搅拌反应釜 / 192

第八章　化工管路 / 212

第一章
化工设备基本知识

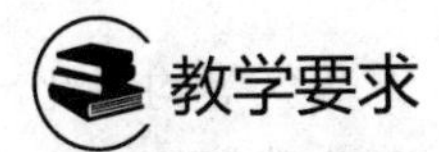

教学要求

能力目标：1. 对化工容器典型结构的分析能力。
2. 正确选择化工设备材料的能力。
3. 正确选择钢材热处理方法的能力。

知识要素：1. 化工生产的特点及对化工设备的基本要求。
2. 化工设备的分类、化工设备常用标准与规范。
3. 化工设备常用材料及选材要求。
4. 金属材料腐蚀的概念、机理。

技能要求：利用压力容器的有关标准和规范，查取所需资料的技能。

第一节 化工生产对化工设备的基本要求

化工生产是以流程性物料（气体、液体、粉体）为原料，以化学处理和物理处理为手段，以获得设计规定的产品为目的的工业生产。化工生产过程不仅取决于化学工艺过程，而且与化工机械装备密切相关。化工机械是化工生产得以进行的外部条件。如介质的化学反应，由反应器提供符合反应条件要求的空间；质量传递通常在塔设备中完成；热量传递一般在换热器中进行；能量转换由泵、压缩机等装置承担。同时化工机械技术的发展和进步，又能促进新工艺的诞生和实施，如大型压缩机和超高压容器的研制成功，使人造金刚石的构想变为现实，使高压聚合反应得以实现。所以，先进的化工机械，一方面为化学工艺过程服务，另一方面又促进化学工艺过程的发展。

化工机械通常分为化工设备和化工机器两大类，化工设备指静止设备，如各种塔器、换热器等；化工机器指动设备，如各种压缩机、泵等。

一、化工生产的特点

1．生产的连续性强

由于化工生产所处理的大多是气体、液体和粉体，便于输送和控制，处理过程如传质、传热、化学反应可连续进行。为了提高生产效率，节约成本，化工生产过程一般采用连续的工艺流程。在连续性的过程中，每一生产环节都非常重要，若出现事故，将破坏连续性生产。

2. 生产的条件苛刻

(1) 介质腐蚀性强

化工生产过程中，有很多介质具有腐蚀性。例如，酸、碱、盐一类的介质，对金属或非金属物件的腐蚀，使机器与设备的使用寿命大为降低。腐蚀生成物的沉积，可能堵塞机器与设备的通道，破坏正常的工艺条件，影响生产的正常进行。

(2) 温度和压力变化大

根据不同的工艺要求，介质的温度和压力各不相同。介质温度从深冷到高温，压力从真空到数百兆帕，有的设备要承受高温或高压，有的设备要承受低温或低压。温度和压力的不同，影响到设备的工作条件和材料选择。

3. 介质大多易燃易爆有毒性

化工生产过程中，有不少介质是容易燃烧和爆炸的，例如氨气、氢气、苯蒸气等均属此类。还有不少介质有较强的毒副作用，如二氧化硫、二氧化氮、硫化氢、一氧化碳等。这些易燃、易爆、有毒性的介质一旦泄漏，不仅会造成环境的污染，还可能引起人员伤亡和设备破坏等重大事故的发生。

4. 生产原理的多样性

化工生产过程按作用原理可分为质量传递、热量传递、能量传递和化学反应等若干类型。同一类型中功能原理也多种多样，如传热设备的传热过程，按传热机理又可分为热传导、对流和辐射。故化工设备的用途、操作条件、结构形式也千差万别。

5. 生产的技术含量高

现代化工生产既包含了先进的生产工艺，又需要先进的生产设备，还离不开先进的控制与检测手段。因此，生产技术含量要求高，并呈现出学科综合，专业复合，化、机、电一体化的发展势态。

二、化工生产对化工设备的基本要求

(一) 安全性能要求

1. 足够的强度

材料强度是指载荷作用下材料抵抗永久变形或断裂的能力。屈服强度和抗拉强度是钢材常用的强度指标。化工设备是由一定的材料制造而成的，其安全性与材料强度紧密相关。在相同设计条件下，提高材料强度，可以增大许用应力，减薄化工设备的壁厚，减轻重量、便于制造、运输和安装，从而降低成本，提高综合经济性。对于大型化工设备，采用高强度材料的效果尤为显著。

2. 良好的韧性

韧性是指材料断裂前吸收变形能量的能力。由于原材料制造（特别是焊接）和使用（如疲劳、应力腐蚀）等方面的原因，化工设备的构件常带有各种各样的缺陷，如裂纹、气孔、夹渣等。如果材料韧性差，可能因其本身的缺陷或在波动载荷作用下而发生脆性破断。

3. 足够的刚度和抗失稳能力

刚度是过程设备在载荷作用下保持原有形状的能力。刚度不足是过程设备过度变形的主要原因之一。例如，螺栓、法兰和垫片组成的连接结构，若法兰因刚度不足而发生过度变形，将导致密封失效而泄漏。失稳是指容器在外压作用下突然失去原有形状的现象。失稳是外压容器失效的主要形式。

4. 良好的抗腐蚀性

过程设备的介质往往是腐蚀性强的酸、碱、盐。材料被腐蚀后，不仅会导致壁厚减薄，而且有可能改变其组织和性能。因此，材料必须具有较强的耐腐蚀性能。

5. 可靠的密封性

密封性是指化工设备防止介质泄漏的能力。由于化工生产中的介质往往具有危害性，若发生泄漏不仅有可能造成环境污染，还可能引起中毒、燃烧和爆炸，因此密封的可靠性是化工设备安全运行的必要条件。

(二) 工艺性能要求

1. 达到工艺指标

化工设备都有一定的工艺指标要求，以满足生产的需要。如储罐的储存量、换热器的传热量、反应器的反应速率、塔设备的传质效率等。工艺指标达不到要求，将影响整个过程的生产效率，造成经济损失。

2. 生产效率高、消耗低

化工设备的生产效率用单位时间内单位体积（或面积）所完成的生产任务来衡量。如换热器在单位时间单位传热面积的传热量、反应器在单位时间单位容积内的产品数量等。消耗是指生产单位质量或体积产品所需要的资源（如原料、燃料、电能等）。设计时应从工艺、结构等方面来考虑提高化工设备的生产效率和降低消耗。

(三) 使用性能要求

1. 结构合理、制造简单

化工设备的结构要紧凑、设计要合理、材料利用率要高。制造方法要有利于实现机械化、自动化，有利于成批生产，降低生产成本。

2. 运输与安装方便

化工设备一般由机械制造厂生产，再运至使用单位安装。对于中小型设备运输安装一般比较方便，但对于大型设备，应考虑运输的可行性，如运载工具的能力、空间大小、码头深度、桥梁与路面的承载能力、吊装设备的吨位等。对于特大型设备或有特殊要求的设备，则应考虑采用现场组装的条件和方法。

3. 操作、控制、维护简便

化工设备的操作程序和方法要简单，最好能设有防止错误操作的报警装置。设备上要有测量、报警和调节装置，能检测流量、温度、压力、浓度、液位等状态参数，当操作过程中出现超温、超压和其他异常情况时，能发出警报信号，并可对操作状态进行调节。

(四) 经济性能要求

在满足安全性、工艺性、使用性的前提下，应尽量减少化工设备的基建投资和日常维护、操作费用，并使设备在使用期内安全运行，以获得较好的经济效益。

第二节　化工容器的结构与分类

一、化工容器的基本结构

在化工类工厂使用的设备中，有的用来储存物料，如各种储罐、计量罐、高位槽；有的用来对物料进行物理处理，如换热器、精馏塔等；有的用于进行化学反应，如聚合釜、反应器、合成塔等。尽管这些设备作用各不相同，形状结构差异很大，尺寸大小千差万别，内部构件更是多种多样，但它们都有一个外壳，这个外壳就叫化工容器。所以化工容器是化工设备外部壳体的总称。由于化工生产中介质通常具有较高的压力，故化工容器通常为压力容器。

化工容器一般由筒体、封头、支座、密封装置、安全附件，法兰及各种开孔与接管所组成，见图 1-1。

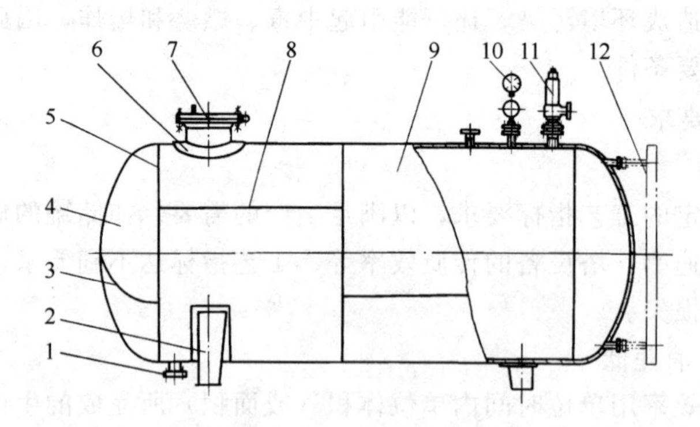

图 1-1　化工容器的总体结构

1—接管法兰；2—支座；3—封头拼接焊缝；4—封头；5—环焊缝；6—补强圈；
7—人孔；8—纵焊缝；9—筒体；10—压力表；11—安全阀；12—液面计

1. 筒体

筒体是化工设备用以储存物料或完成传质、传热或化学反应所需要的工作空间，是化工容器最主要的受压元件之一，其内直径和容积往往需由工艺计算确定。圆柱形筒体（即圆筒）和球形筒体是工程中最常用的筒体结构。

2. 封头

根据几何形状的不同，封头可以分为球形、椭圆形、碟形、球冠形、锥壳和平盖等，其中椭圆形封头应用最多。封头与筒体的连接方式有可拆连接与不可拆连接（焊接）两种，可拆连接一般采用法兰连接方式。

3. 密封装置

化工容器上需要有许多密封装置，如封头和筒体间的可拆式连接，容器接管与外管道间的可拆连接以及人孔、手孔盖的连接等，可以说化工容器能否正常安全地运行在很大程度上取决于密封装置的可靠性。

4. 开孔与接管

化工容器中，由于工艺要求和检修及监测的需要，常在筒体或封头上开设各种大小的孔或安装接管，如人孔、手孔、视镜孔、物料进出口接管，以及安装压力表、液面计、安全阀、测温仪表等接管开孔。

5. 支座

化工容器靠支座支承并固定在基础上。随安装位置不同，化工容器支座分立式容器支座和卧式容器支座两类，其中立式容器支座又有腿式支座、支承式支座、耳式支座和裙式支座四种。大型容器一般采用裙式支座。卧式容器支座有支承式、鞍式和圈式支座三种，鞍式支座应用最多，球形容器则多采用柱式或裙式支座。

6. 安全附件

由于化工容器的使用特点及其内部介质的化学工艺特性，往往需要在容器上设置一些安全装置和测量、控制仪表来监控工作介质的参数，以保证压力容器的使用安全和工艺过程的正常进行。化工容器的安全装置主要有安全阀、爆破片、紧急切断阀、安全联锁装置、压力表、液面计、测温仪表等。

筒体、封头、密封装置、开孔接管、支座及安全附件等即构成了一台化工设备的外壳。对于储存用的容器，这一外壳即为容器本身。用于化学反应、传热、分离等工艺过程的容器则须在外壳内装入工艺所要求的内件，才能构成一台完整的设备。

二、化工容器与设备的分类

从不同的角度对化工容器及设备有各种不同的分类方法，常用的分类方法有以下几种。

1. 按压力等级分

按承压方式分类，化工容器可分为内压容器与外压容器。内压容器又可按设计压力大小分为四个压力等级。

低压（代号 L）容器：$0.1\text{MPa} \leqslant p < 1.6\text{MPa}$；

中压（代号 M）容器：$1.6\text{MPa} \leqslant p < 10.0\text{MPa}$；

高压（代号 H）容器：$10\text{MPa} \leqslant p < 100\text{MPa}$；

超高压（代号 U）容器：$p \geqslant 100\text{MPa}$。

外压容器中，当容器的内压小于一个绝对大气压（约 0.1MPa）时又称为真空容器。

2. 按原理与作用分

根据化工容器在生产工艺过程中的作用，可分为反应压力容器、换热压力容器、分离压力容器、储存压力容器。

① 反应压力容器（代号 R）：主要是用于完成介质的物理、化学反应的容器，如反应器、反应釜、聚合釜、合成塔、变换炉、煤气发生炉等。

② 换热压力容器（代号 E）：主要是用于完成介质热量交换的容器。如各种热交换器、冷却器、冷凝器、蒸发器、加热器等。

③ 分离压力容器（代号 S）：主要是用于完成介质流体压力平衡缓冲和气体净化分离的容器。如分离器、过滤器、集油器、缓冲器、干燥塔等。

④ 储存压力容器（代号 C，其中球罐代号 B）：主要是用于储存、盛装气体、液体、液化气体等介质的容器。如液氨储罐、液化石油气储罐等。

在一台化工容器中，如同时具备两个以上的工艺作用原理时，应按工艺过程的主要作用来划分品种。

3. 按相对壁厚分

按容器的壁厚可分为薄壁容器和厚壁容器，当筒体外径与内径之比小于或等于 1.2 时称为薄壁容器，大于 1.2 时称厚壁容器。

4. 按支承形式分

当容器采用立式支座支承时叫立式容器，用卧式支座支承时叫卧式容器。

5. 按材料分

当容器由金属材料制成时叫金属容器；用非金属材料制成时，叫非金属容器。

6. 按几何形状分

按容器几何形状可分为圆柱形、球形、椭圆形、锥形、矩形等容器。

7. 按安全技术管理分

上面所述的几种分类方法仅仅考虑了压力容器的某个设计参数或使用状况，还不能综合反映压力容器发生故障时产生的危害程度。例如储存易燃或毒性程度中度及以上危害介质的压力容器，其危害性要比相同几何尺寸、储存毒性程度轻度或非易燃介质的压力容器大很多。压力容器的危害性还与其设计压力 p 和全容积 V 的乘积有关，pV 值愈大，则容器破裂时爆炸能量愈大，危害性也愈大，对容器的设计、制造、检验、使用和管理的要求愈高。为此，《固定式压力容器安全技术监察规程》采用既考虑容器压力与容积乘积大小，又考虑介质危害程度以及容器品种的综合分类方法，有利于安全技术监督和管理。

（1）介质分组

压力容器的介质分为以下两组。

① 第一组介质：毒性危害程度为极度或高度危害的化学介质，易爆介质，液化气体；

② 第二组介质：除第一组以外的介质。

（2）介质危害性

介质危害性指压力容器在生产过程中因事故致介质与人体大量接触，发生爆炸或者因经常泄漏引起职业性慢性危害的严重程度，用介质毒性危害程度和爆炸危险程度表示。

① 毒性介质。综合考虑急性毒性、最高容许浓度和职业性慢性危害等因素，极度危害介质最高容许浓度小于 0.1mg/m^3；高度危害介质最高容许浓度为 0.1～1.0mg/m^3；中度危害介质最高容许浓度为 1.0～10.0mg/m^3；轻度危害介质最高容许浓度大于或者等于 10.0mg/m^3。

② 易爆介质。指气体或者液体的蒸气、薄雾与空气混合形成的爆炸混合物，并且其爆炸下限小于 10%，或者爆炸上限和爆炸下限的差值大于或者等于 20%的介质。

③ 介质毒性危害程度和爆炸危险程度的确定。按照《压力容器中化学介质毒性危害和爆炸危险程度分类》确定。没有规定的，由压力容器设计单位参照《职业性接触　毒物危害程度分级》的原则，确定介质组别。

（3）基本划分

压力容器的分类应当根据介质特征，按照以下要求选择分类图，再根据设计压力 p（单位 MPa）和容积 V（单位 m^3），标出坐标点，确定压力容器类别。

第一组介质，压力容器分类见图 1-2。

第二组介质，压力容器分类见图 1-3。

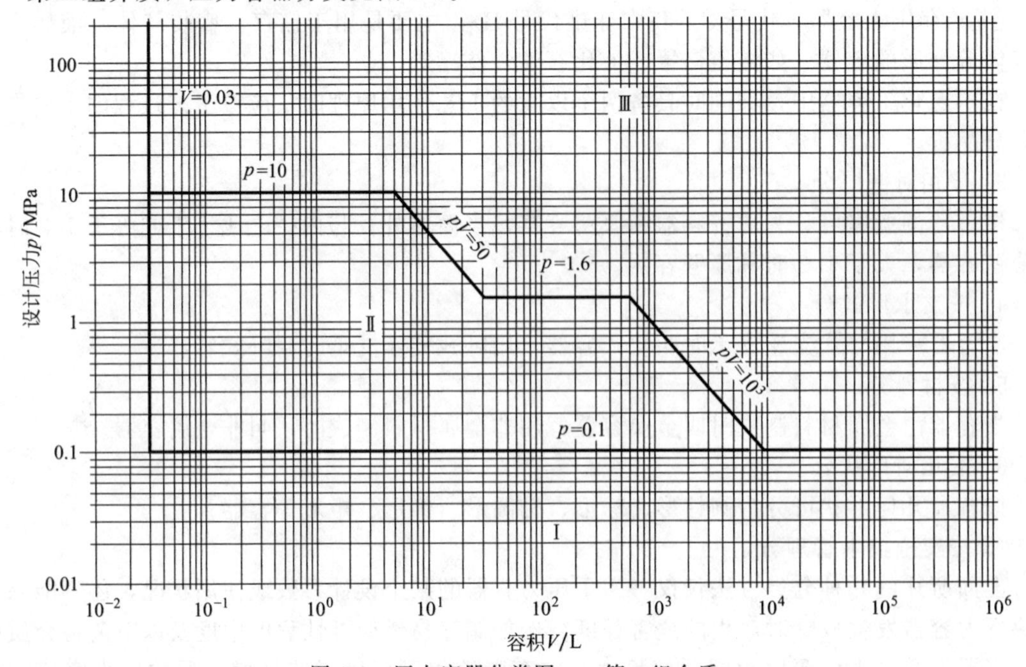

图 1-2　压力容器分类图——第一组介质

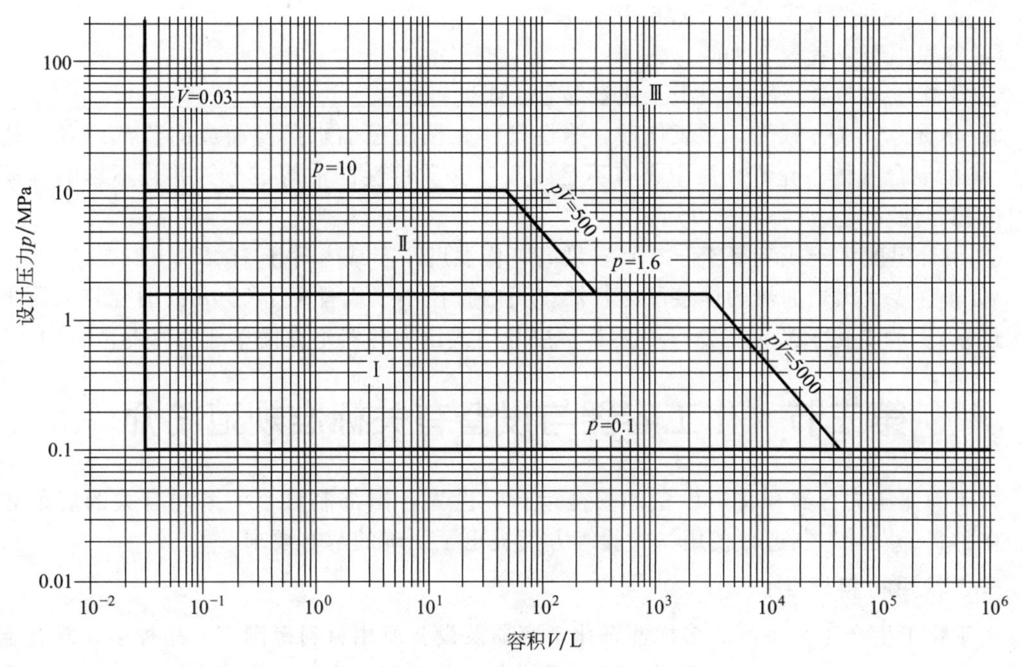

图 1-3　压力容器分类图——第二组介质

(4) 多腔压力容器分类

多腔压力容器（如热交换器的管程和壳程、夹套压力容器等）应当分别对各压力腔进行分类，划分时设计压力取本压力腔的设计压力，容积取本压力腔的几何容积；以各压力腔的最高类别作为该多腔压力容器的类别并且按照该类别进行使用管理，但是应当按照每个压力腔各自的类别分别提出设计、制造技术要求。

(5) 同腔多种介质压力容器分类

一个压力腔内有多种介质时，按照组别高的介质分类。

(6) 介质含量极小的压力容器分类

当某一危害性物质在介质中含量极小时，应当根据其危害程度及其含量综合考虑，按照压力容器设计单位确定的介质组别分类。

(7) 特殊情况的分类

① 坐标点位于图 1-2 或者图 1-3 的分类线上时，按照较高的类别划分。

② 简单压力容器统一划分为第Ⅰ类压力容器。

8. 特定形式的压力容器

(1) 非焊接瓶式容器

采用高强度无缝钢管（公称直径大于 500mm）旋压而成的压力容器。

(2) 储气井

竖向置于地下用于储存压缩气体的井式管状设备。

(3) 简单压力容器

同时满足以下条件的压力容器称为简单压力容器。

① 压力容器由筒体和平盖、凸形封头（不包括球冠形封头），或者由两个凸形封头组成。

② 筒体、封头和接管等主要受压元件的材料为碳素钢、奥氏体不锈钢或者 Q345R。

③ 设计压力小于或者等于 1.6MPa。

④ 容积小于或者等于 $1m^3$。

⑤ 工作压力与容积的乘积小于或者等于 $1MPa \cdot m^3$。

⑥ 介质为空气、氮气、二氧化碳、惰性气体、医用蒸馏水蒸发而成的蒸汽或者上述气（汽）体的混合气体；允许介质中含有不足以改变介质特性的油等成分，并且不影响介质与材料的相容性。

⑦ 设计温度大于或者等于－20℃，最高工作温度小于或者等于 150℃。

⑧ 非直接受火焰加热的焊接压力容器（当内直径小于或者等于 550mm 时允许采用平盖螺栓连接）。危险化学品包装物、灭火器、快开门式压力容器不在简单压力容器范围内。

第三节　化工容器与设备有关标准规范简介

为了确保压力容器和化工设备的安全运行，世界各国都制订了一系列有关的规范和标准。在材料、设计、制造、使用、检验等方面提出了明确的基本要求。

一、常用材料标准

由于化工生产工艺条件的多样性，化工容器及设备所用材料范围广、品种多，既有金属材料，又有非金属材料。其中金属材料使用较多，尤以钢材为甚。现将常用的钢板和钢管标准作一简介。

1. 钢板

化工容器多采用钢板卷焊而成。常用的钢板及标准有以下几种。

（1）碳素结构钢和低合金结构钢热轧钢板及钢带（GB/T 3274—2017）

该标准规定了碳素结构钢和低合金结构钢热轧钢板及钢带的尺寸、外形、技术要求、试验方法、检验规则等，T 表示推荐标准。通过引用 GB/T 700—2006 和 GB 1591—2018 规定了碳素结构钢和低合金结构钢热轧厚钢板和钢带的技术条件，适用于厚度不大于 400mm 的普通碳素结构钢热轧厚钢板和钢带。

（2）不锈钢热轧钢板和钢带（GB/T 4237—2015）

该标准适用于一般用途的耐腐蚀的热轧钢板。规定了奥氏体型、奥氏体-铁素体型、马氏体型三个类别的不锈钢热轧钢板的尺寸、外形、技术要求、试验方法、检验规则、包装标法及质量证明书等内容。在各类不锈钢中，含铬量 18%、含镍量 8%～9%的 18-8 型奥氏体不锈钢，因其具有优良的耐蚀性能和良好的塑性、冷变形能力及可焊性，得到广泛的应用。

（3）锅炉和压力容器用钢板（GB 713—2014）

该标准适用于中、常温压力容器受压元件用厚度为 3～250mm 的钢板。它规定了 Q245R、Q345R、18MnMoNbR、15CrMoR 压力容器钢板的尺寸、外形、技术要求（包括化学成分、冶炼方法、交货状态、力学和工艺性能、超声波探伤检查、表面质量等）、试验方法、检验规则、包装标法和质量证明书等内容。

2. 钢管

钢管在化工机械装备中应用较多。如各种接管和流体输送管道，换热器的换热管、小型设备的筒体等。应用较多的钢管品种有以下几种。

（1）输送流体用无缝钢管（GB/T 8163—2018）

该标准适用于输送流体用一般无缝钢管。它规定了 10、20、Q345、Q390、Q420、Q460 等材质制造的钢管尺寸、外形及重量、技术要求、试验方法、检验规则、包装标志、质量证明书等内容。需方还可就重量允许偏差、扩口试验、冷弯试验、表面涂层、取样数量和试验方法提出附加要求。

（2）石油裂化用无缝钢管（GB 9948—2013）

该标准规定了石油裂化用无缝钢管尺寸外形、技术要求、试验方法、检验规则、包装标法和质量证明书等内容。它适用于石油炼制厂的炉管、热交换管和管道用无缝钢管。选定的材料有优质碳素钢 10、20，合金钢 12CrMo、15CrMo，不锈钢 07Cr19Ni10、07Cr19Ni11Nb。

（3）高压化肥设备用高压无缝钢管（GB 6479—2013）

该标准适用于工作温度为－40～400℃、工作压力为 10～32MPa 的化工设备和管道用优质碳素钢和合金钢的无缝钢管。规定了优质碳素钢 10、20 和合金钢 Mn345、10MoWVNb、12CrMo、15CrMo、12Cr2Mo 材质钢管的尺寸、外形及重量、技术要求、试验方法、检验规则、包装质量、质量证明书等内容。

（4）高压锅炉用无缝钢管（GB/T 5310—2017）

该标准适用于制造高压及其以上压力的蒸汽锅炉、管道等用的优质碳素结构钢、合金钢和不锈耐热钢无缝钢管，规定了高压锅炉用无缝钢管的尺寸、外形及重量、技术要求、检验规则、包装标志和质量证明书等内容。高压锅炉用无缝钢管，有 24 种材料品牌。其中 20G、12CrMoG、15CrMoG 和 12Cr2MoG 可用于化肥设备。

二、压力容器规范简介

现代化工生产的技术不断进步，而操作条件则越来越苛刻。介质温度从深冷到高温，压力从真空到超高压，且大多为易燃、易爆、有毒、易腐蚀的物质。一旦发生事故，其后果不堪设想。这就使化工生产的安全问题比其他行业更为突出。为了保证化工容器及设备的安全运行，许多国家都先后成立了各种研究机构，从事压力容器的研究工作，制订了许多技术规范。如美国机械工程协会制订的《锅炉和受压容器规范》（简称 ASME 规范）、苏联国家锅炉监察委员会制订的《锅炉监察手册》、英国制订的《非直接火焊制受压容器规范》（简称 BS 规范）、联邦德国制订的《受压容器规范》（简称 AD 规范）、日本制订的《压力容器标准》（简称 JIS 标准）等。中国也非常重视这方面的探索和研究。早在 1958 年，就由原化工部制订了管法兰等一系列标准，1959 年颁布了《多层高压容器设计与检验规程》，1960 年又颁发了《石油化工设备零部件标准》。在此基础上，由原石油部、原化工部和一机部于 1977 年联合制订了《钢制石油化工压力容器设计规定》，使压力容器的设计、制造、检验工作有规可循。为了加强对压力容器的监督和管理，国家劳动总局于 1981 年颁发了《压力容器安全监察规程》。除此之外，各有关行业部门也相继制订了许多有关压力容器的部颁标准和行业标准。特别是在 1989 年制订了有关压力容器的第一部国家标准《钢制压力容器》（简称 GB 150），使中国的压力容器设计、制造、检验、验收、包装、运输等工作走上了规范化的轨道。这些规范的制订和实施，提高了压力容器的设计水平和制造质量，促进了安全生产，减少了安全事故。

1. 美国 ASME 规范

ASME 规范共有 11 卷 22 册，包括锅炉、压力容器、核动力装置、焊接、材料、无损检测等内容。它是一部封闭型的成套标准，自成体系、无须旁求，篇幅庞大、内容丰富，全面包括了锅炉与压力容器质量保证的要求。

ASME 规范中与压力容器设计有关的主要是第Ⅷ篇《压力容器》，共有 3 个分篇。第 1 分篇《压力容器》，属于常规设计标准，适用于压力小于 20MPa 的压力容器。它以弹性失效准则为依据，根据经验确定材料的许用应力，并对零部件尺寸作出一些具体规定。第 2 分篇《压力容器—另一规则》，采用的是分析设计标准。它要求对压力容器各区域的应力进行详细的分析，并根据应力对容器失效的危害程度进行应力分类，再按不同的设计准则分别予以限制。第 3 分篇《高压容器另一规则》主要适用于设计压力不小于 70MPa 的高压容器。它不仅要求对容器零部件作详细的应力分析和分类评价，而且要求作疲劳分析和断裂力学评估，是一个到目前为止要求最高的压力容器规范。

美国 ASME 规范是世界上制订最早（1915 年）、最完备的压力容器规范，其他国家大多参照 ASME 规范，结合本国实际情况制订各自的压力容器规范。

2. GB/T 150《压力容器》

GB/T 150 是中国第一部压力容器国家标准，现行为 2011 年版，代号中 T 为推荐标准。它的基本思路与 ASME 第 1 分篇相同，但它结合了中国成功的使用经验，吸收了先进技术和各国同类标准的先进内容。该标准适用于设计压力不大于 35MPa 的钢制压力容器的设计、制造、检验及验收。适用的设计温度范围根据钢材的允许使用温度确定，从－269℃到钢材的蠕变极限温度。

GB/T 150 主要考虑了容器承受的静载荷，也考虑了风载荷和地震载荷的作用。它不适用于下列容器：直接用火焰加热的容器；核能装置中的容器；旋转或往复运动的机械设备中自成整体或作为部件的受压室；经常搬运的容器；设计压力低于 0.1MPa 的容器；真空度低于 0.02MPa 的容器；内径小于 150mm 的容器；要求作疲劳分析的容器等。

GB/T 150 的技术内容包括通用要求，材料，设计，制造、检验和验收等四部分组成。

GB/T 150 是以第一强度理论为设计准则的，将最大主应力限制在许用应力之内，与 ASMEⅧ-1 不同之处在于以极限强度为基准的安全系数，我国取 $n_b=3$，而 ASMEⅧ-1 取 $n_b=4$。另一个不同之处是 GB/T 150 对局部应力参照应力分析设计法作了适当处理，采用第三强度理论，允许一些特定的局部应力值超过材料的屈服点。

3. JB 4732《钢制压力容器——分析设计标准》

该标准是基于塑性失效准则分析的设计标准，其基本思路与 ASMEⅧ-2 相同。与 GB/T 150 相比，所设计的容器厚度较薄，重量较轻，一般可节约材料 20%～30%。但对容器的材料、制造、检验、质量等提出了更严格的要求。设计者可选择 GB/T 150 和 JB 4732 中的任一个作为所遵循的规范，但不能将二者混用。

4.《固定式压力容器安全技术监察规程》

中国制订的 GB/T 150 和 JB 4732 等规范在主体上都是以设计为主的规范，它不同于包含了质量保证体系的 ASME 规范。为了保证压力容器的安全运行，中国于 1990 年在《压力容器安全监察规程》的基础上制订颁布了《压力容器安全技术监察规程》。并由法定的压力容器安全检验机构（现为国家市场监督管理总局），根据压力容器产品所使用的标准及有关技术法规来控制、监督压力容器的设计、制造、检验等各个环节。因此，压力容器标准和安全技术法规同时实施，就构成了我国压力容器产品完整的国家质量标准和安全管理法规体系。

2013 年 7 月，国家质量监督检验检疫总局（以下简称国家质检总局）特种设备安全监察局（以下简称特种设备局）下达制定《固定式压力容器安全技术监察规程》的立项任务书，要求以原有的《固定式压力容器安全技术监察规程》（TSG R0004—2009）、《非金属压力容器安全技术监察规程》（TSG R0001—2004）、《超高压容器安全技术监察规程》（TSG R0002—2005）、《简单压力容器安全技术监察规程》（TSG R0003—2007）、《压力容器使用管理规则》(TSG R5002—2013)、《压力容器定期检验规则》(TSG R7001—2013)、《压力容器监督检验规则》(TSG R7004—2013)等七个规范为基础，形成关于固定式压力容器的综合规范。2016 年 2 月 22 日，由国家质检总局批准颁布。

《压力容器安全技术监察规程》的适用范围是同时具备下列条件的压力容器。

① 最高工作压力（p_w）大于等于 0.1 MPa（不含液体静压力）；

② 内直径（非圆形截面指截面最大尺寸）大于等于 0.15m，且容积（V）大于等于 0.03m^3；

③ 介质为气体、液化气体或最高工作温度高于等于标准沸点的液体。

5. 压力容器制造的有关规则

压力容器的制造须符合《TSG 07—2019 特种设备生产和充装单位许可规则》《固定式压力容器安全技术监察规程》《移动式压力容器安全技术监察规程》等国家标准和安全技术规范的要求。境外企业如果短期内完全执行中国压力容器安全技术规范确有困难时，对出口到中国的压力容器产品，在征得安全监察机构的同意后，可以采用国际上成熟的、体系完整的并被多数国家采用的技术规范或标准，但必须同时满足中国对压力容器安全质量基本要求。实施特种设备生产和充装单位许可的部门为国家市场监督管理总局和省级人民政府负责特种设备安全监督管理的部门。特种设备生产和充装单位的许可类别、许可项目和子项目、许可参数和级别（以下统称许可范围）发证机关，按照市场监管总局发布的《特种设备生产单位许可目录》执行；许可项目和子项目中的设备种类、类别和品种按照《特种设备目录》执行。

国家对压力容器制造单位实行制造许可管理，没有取得制造许可证的单位不能从事压力容器制造工作，取得制造许可证的单位也只能从事许可范围之内的压力容器制造工作。境外企业生产的压力容器产品，若出口到中国，也必须取得中国政府颁发的制造许可证。

6. 压力容器制造许可证的划分和许可范围

特种设备许可证书包括《中华人民共和国特种设备生产许可证》和《中华人民共和国移动式压力容器（气瓶）充装许可证》(以下简称许可证)，其有效期均为 4 年。

第四节 化工设备常用材料

一、材料的性能

化工设备中广泛使用着各种材料，这些材料各有其性能特点。材料的性能可分为两类：工艺性能和使用性能。

工艺性能也称制造性能，反映材料在加工制造过程中所表现出来的特性。对应不同的制造方法，工艺性能分为铸造性能、锻压性能、焊接性能和切削加工性能等。化工设备的制造通常要经过锻压、焊接和切削加工，所以，对锻压性能、焊接性能和切削加工性能有较高要求。

使用性能反映材料在使用过程中所表现出来的特性，包括物理性能、化学性能和力学性能。物理性能是材料所固有的属性，包括密度、熔点、导电性、导热性、热膨胀性和磁性等。化学性能是指材料抵抗各种化学介质作用的能力，包括高温抗氧化性、耐腐蚀性等。化工设备通常在高温和腐蚀性环境下工作，所以对化学性能提出了较高要求。

化工设备是由零、部件所组成，而零、部件在使用时都承受外力的作用，因此，材料在外力作用下所表现出来的性能就显得格外重要，这种性能称为力学性能。力学性能包括强度、硬度、塑性、冲击韧性、疲劳等。

1. 强度

强度反映材料在外力作用下抵抗破坏的能力。这里的破坏对应两种情况：一种情况是发生较大的塑性变形，在外力去除后不能恢复到原来的形状和尺寸；另一种情况是发生断裂。不论哪一种情况发生，都将导致零部件不能正常工作。反映材料强度高低的指标有屈服强度和抗拉强度。屈服强度用σ_s表示，反映材料在外力作用下抵抗塑性变形的能力，σ_s越高则越不易发生塑性变形；抗拉强度也称强度极限，用σ_b表示，反映材料在外力作用下抵抗断裂的能力，σ_b越高则越不易发生断裂。

2. 塑性

塑性反映材料在外力作用下发生塑性变形的能力。如果材料能发生较大的塑性变形而不破坏，即能拉得很长，压得很扁，弯得很弯，扭得很曲，则称材料的塑性好。常用的塑性指标有断后伸长率δ和断面收缩率ψ，δ和ψ的值越大，则材料的塑性越好。

材料塑性的好坏，对零件的加工和使用都具有十分重要的意义。例如，低碳钢的塑性较好，可进行锻压加工；普通铸铁的塑性很差，不能进行锻压加工，但能进行铸造。同时，由于材料具有一定的塑性，稍有超载而不致突然破断，这就增加了材料使用的安全可靠性。因此，对于材料的塑性指标是有一定要求的。

3. 硬度

硬度反映金属抵抗比它更硬物体压入其表面的能力。由于硬度高的金属不易压入，也不易形成压痕或划痕，所以，也把硬度定义为金属抵抗局部变形，特别是塑性变形、压痕或划痕的能力。常用的硬度指标有布氏硬度和洛氏硬度。布氏硬度用HBW表示，如200HBW表示布氏硬度值为200。洛氏硬度用HRA、HRB或HRC表示，常用HRC。如60HRC表示洛氏硬度值为60。

4. 冲击韧性

以很快的速度作用于工件上的载荷称为冲击载荷。材料抵抗冲击载荷作用而不破坏的能力称为韧性。反映韧性高低的指标为冲击吸收能量δ_k。δ_k越大，则材料的韧性越好，材料抗冲击能力越强。

材料的韧性随温度的降低而减小，当低于某一温度时冲击韧性会发生剧降，材料呈现脆性，该温度称为脆性转变温度。对于低温工作的设备来说，其选材应注意韧性是否足够。

5. 疲劳

许多机械零件，如各种轴、齿轮、弹簧等，经常受到大小不同和方向变化的交变载荷作用。这种交变载荷常常会使材料在应力小于其强度极限，甚至小于其弹性极限的情况下，经一定循环次数后，并无显著的外观变形却发生断裂。这种现象叫作材料的疲劳。疲劳断裂与静载荷下断裂不同，无论在静载荷下显示脆性或塑性的材料，在疲劳断裂时，事先都不产生明显的塑性变形，断裂往往是突然发生的，因此具有很大的危险性，常常造成严重事故。

反映材料抵抗疲劳能力的指标主要是疲劳极限σ_D。当金属材料承受的交变应力σ小于σ_D时，应力循环到无数次也不会发生疲劳断裂；当σ大于σ_D时，材料在经过一定循环次数后，将发生疲劳断裂。

二、钢的热处理

热处理就是将钢在固态范围内加热到给定的温度，经过保温，然后按选定的冷却速度冷却，以改变其内部组织结构，从而获得所需要的性能的一种工艺。

通过热处理可以充分发挥金属材料的潜力，改善金属材料的性能，延长使用寿命和节省金属材料。绝大部分重要的机械零件，在制造过程中都必须进行热处理。

热处理的工艺过程是由加热、保温和冷却三个阶段组成的。随着热处理三个阶段进行的具体情况不同，则材料内部组织和性能的变化也就不同，这样构成了各种热处理方法，以满足各种要求。

热处理分为普通热处理和表面热处理两大类。普通热处理包括退火、正火、淬火、回火等；表面热处理包括表面淬火、化学热处理等，这种热处理只改变工件表面层的成分、组织和性能。

热处理又分为预先热处理和最终热处理，它们在零件生产工艺过程中的使用顺序及目的不同。一般零件的生产工艺过程为：锻造→预先热处理→机械加工（粗加工）→最终热处理→机械加工（精加工）。预先热处理通常为退火和正火，目的是消除上道工序产生的缺陷（如硬度过高而无法切削），为后面的工序做准备；最终热处理有淬火和回火、表面淬火等，目的是获得零件使用时所要求的性能。

1. 退火和正火

退火是将钢加热到适当温度，保温一定时间，然后缓慢冷却（炉冷、坑冷）的热处理工艺。正火是将钢加热到适当温度，保温一定时间，然后出炉空冷的热处理工艺。

退火和正火主要用作预先热处理，目的是：软化钢材以利于切削加工；消除内应力以防止工件变形；细化晶粒，改善组织，为零件的最终热处理做好准备。

与退火相比，正火冷却速度较快，得到的组织比较细小，强度和硬度也稍高一些。正火的生产周期短，节约能量，而且操作简便。生产中常优先采用正火工艺。

对力学性能要求不高的零件，可用正火作为最终热处理。

2. 淬火和回火

淬火是将钢加热到适当温度，保温一定时间后，快速冷却（水冷或油冷）的热处理工艺。淬火后的钢硬而脆，组织不稳定，而且有内应力，不能满足使用要求。因此，淬火后必须回火。

按照温度范围不同，回火分为三类：低温回火、中温回火和高温回火。低温回火的回火温度范围为150～250℃，回火后的钢具有高硬度和高耐磨性，主要用于各种工具、滚动轴承、渗碳件和表面淬火件；中温回火的回火温度范围为350～500℃，回火后的钢具有较高的弹性极限和屈服强度，一定的韧性和硬度，主要用于各种弹簧和模具等；高温回火的回火温度范围为500～650℃，回火后的钢具有强度、硬度、塑性和韧性都较好的综合力学性能，广泛用于汽车、拖拉机、机床等机械中的重要结构零件，如各种轴、齿轮、连杆、高强度螺栓等。通常将淬火和高温回火相结合的热处理工艺称为调质。

3. 表面热处理

某些机械零件如齿轮、曲轴、活塞杆、凸轮轴等，工作时承受较大的冲击和摩擦，因此要求工件表层具有高的硬度、耐磨性以抵抗摩擦磨损，心部具有足够的塑性和韧性以抵抗冲击，即具有“外硬内韧”的性能。为满足这一要求，生产中广泛采用表面热处理。表面热处理方法有表面淬火和化学热处理。

（1）表面淬火

表面淬火是将钢的表面快速加热至淬火温度，并立即快速冷却的淬火工艺。表面淬火后一般进行低温回火，以满足工件表层的高硬度、高耐磨性要求。表面淬火不改变钢表层的成分，仅改变表层的组织，且心部组织及性能不发生变化。为满足对心部的塑性和韧性要求，表面淬火前一般进行调质处理。表面淬火用于中碳钢和中碳低合金结构钢。

(2) 化学热处理

化学热处理是向工件表层渗入某种元素的热处理工艺。按照渗入元素的不同，化学热处理分为渗碳、渗氮（氮化）、碳氮共渗（氰化）、渗金属等。

渗碳是向工件表层渗入碳元素的热处理工艺，适用于低碳钢和低碳合金钢。渗碳后由于工件表层和心部的含碳量不同，再经过淬火和低温回火热处理，便获得了外硬内韧的性能。

渗氮是向工件表层渗入氮原子的热处理工艺。渗氮用钢大都含有 Cr、Mo、Al、V 等元素（如 38CrMoAlA 钢），经渗氮后工件表层形成各种高硬度的、致密而稳定的氮化物如 AlN、CrN、MoN 等，从而使钢具有高的表面硬度、耐磨性和耐蚀性。心部的塑性和韧性要求通过渗氮前的调质处理获得。

三、金属材料

在所有应用材料中，凡是由金属元素或以金属元素为主形成的、具有金属特性的物质称为金属材料；由两种或两种以上不同性质或不同组织的材料组合而成的材料称为复合材料；除金属材料和复合材料外的所有材料称为非金属材料。

金属材料是最重要的机械工程材料，它包括：铁和以铁为基的合金（俗称黑色金属），如钢、铸铁和铁合金等；非铁合金（旧称有色金属），如铜及其合金、铝及其合金、铅及其合金等。钢铁材料应用最广，占全部结构材料、零件材料和工具材料的 90%左右。钢分为非合金钢（旧称碳钢）、铸造碳钢、低合金钢和合金钢四类。

1. 非合金钢

非合金钢是含碳量小于 2.11%的铁碳合金。按钢的用途、质量等级等，将非合金钢分为碳素结构钢、优质碳素结构钢和碳素工具钢等。

(1) 碳素结构钢

这类钢的牌号由代表屈服强度的字母“Q”（“屈”的汉语拼音首字母）和屈服强度的数值（单位 MPa）组成。例如，Q235 表示碳素结构钢，屈服强度为 235MPa。

碳素结构钢有 Q195、Q215、Q235、Q255、Q275 五个钢种，其中 Q235 钢由于价格低廉，又具有良好的强度、塑性、焊接性、切削加工性等，在化工设备中应用广泛。

(2) 优质碳素结构钢

优质碳素结构钢的牌号以钢中平均碳质量分数的万分数（两位数字）表示。如 45 表示优质碳素结构钢，平均碳质量分数为万分之四十五，即平均 $\omega_C=0.45\%$。

优质碳素结构钢有 10、15、20、25、30、35、40、45、55、65、70 等，常按含碳量不同分为低碳钢、中碳钢、高碳钢三类。

低碳钢，含碳量 $\omega_C \leqslant 0.25\%$，常用钢号有 10、15、20、25 等。这类钢强度较低但塑性较好，冷冲压及焊接性能良好，在化工设备中广泛应用。

中碳钢，含碳量 ω_C 为 0.25%～0.60%，钢的强度与塑性适中，焊接性能较差，不适于制造设备壳体，多用于制造各种机械零件如轴、齿轮、连杆等。常用牌号有 30、35、40、45、50、55、60 等，其中以 45 钢应用最广。

高碳钢，含碳量 $\omega_C>0.60\%$，钢的强度和硬度均较高，塑性差，常用来制造弹簧。常用的牌号有 65、70 等。

2. 铸造碳钢

铸造碳钢的牌号用“铸”和“钢”两字的汉语拼音首字母“ZG”后附钢的最低屈服强度（单位 MPa）和最低抗拉强度（单位 MPa）表示。例如，ZG200-400 表示最低屈服强度为 200MPa、最低抗拉强度为 400MPa 的铸造碳钢。

工程中有些零件如列车挂钩、汽车变速器壳体等，形状比较复杂，同时又要求具有较高的力学性能，如果使用铸铁来铸造，虽然可以成形，但力学性能不能满足要求；如果用钢来锻造，力学性能能够达到要求，但因形状复杂，难以完成。这时可采用铸造碳钢。铸造碳钢兼具良好的力学性能和铸造性能，能够同时满足上述零件的使用要求和制造要求。

3. 低合金钢

低合金钢与合金钢是指在碳钢基础上有目的地加入某些元素所形成的钢种。常加入的元素有Si、Mn、Cr、B、W、V、Ni、Ti、Nb、Al等。钢中加入这些元素的目的是改善钢的性能，满足使用要求，这些元素称为合金元素。

“低合金”是指钢中合金元素总质量分数$\omega_{Me} \leqslant 5\%$。低合金钢的品种较多，其中低合金高强度结构钢广泛用于桥梁、船舶、车辆、锅炉、化工容器和输油管等。低合金高强度结构钢牌号表示方法与碳素结构钢相同，有Q345、Q390、Q420、Q460、Q500、Q550、Q620、Q690等，部分低合金高强度结构钢的用途举例见表1-1，最常用的是Q345钢。

表1-1　低合金高强度结构钢用途举例

牌号	原牌号	用途举例
Q345	12MnV,14MnNb,16Mn,18Nb,16MnRE	船舶、铁路车辆、桥梁、管道、锅炉、压力容器、石油储罐、起重及矿山机械、电站设备厂房钢架等
Q390	15MnTi,16MnNb,10MnPNbRE,15MnV	中高压锅炉汽包、中高压石油化工容器、大型船舶、桥梁、车辆、起重机及其他较高载荷的焊接结构件等
Q420	15MnVN,14MnVTiRE	大型船舶、桥梁、电站设备、起重机械、机车车辆、中压或高压锅炉及容器及其大型焊接结构件等

4. 合金钢

合金钢的牌号通常是由含碳量数字、合金元素符号、合金元素含量数字顺序组成。含碳量数字为两位数时表示平均碳质量分数的万分数，为一位数时表示平均碳质量分数的千分数；合金元素含量数字位于合金元素符号之后，通常表示合金元素平均质量分数的百分数，当合金元素平均质量分数$<1.5\%$时不标数字。例如，40Cr钢平均碳质量分数为万分之四十，即0.4%，平均含$\omega_{Cr}<1.5\%$；1Cr18Ni9Ti钢平均含$\omega_C=0.1\%$、$\omega_{Cr}=18\%$、$\omega_{Ni}=9\%$、$\omega_{Ti}<1.5\%$。

合金钢的品种较多，有合金渗碳钢、合金调质钢、滚动轴承钢、不锈钢、耐热钢等。

（1）合金渗碳钢

渗碳钢通常经渗碳并淬火、低温回火后使用，具有外硬内韧的性能，主要用于制造承受强烈冲击载荷和摩擦磨损的机械零件，如汽车、拖拉机中的变速齿轮，内燃机上的凸轮轴、活塞销等。

渗碳钢的含碳量为低碳。渗碳钢分为碳素渗碳钢和合金渗碳钢两类。碳素渗碳钢为低碳钢，常用牌号有15、20等；合金渗碳钢的常用牌号有20Cr、20CrMnTi、20MnVB等，其中20CrMnTi应用最为广泛。

（2）合金调质钢

调质钢通常经调质后使用，具有优良的综合力学性能，广泛用于制造汽车、拖拉机、机床上的轴、齿轮、连杆、螺栓、螺母等。它是机械零件用钢的主体。

调质钢的含碳量为中碳。调质钢分为碳素调质钢和合金调质钢两类。40、45、50是常用而廉价的碳素调质钢。合金调质钢的常用牌号有40Cr、35SiMn、35CrMo、40MnB等，最典型的钢种是40Cr，用于制造一般尺寸的重要零件。

（3）滚动轴承钢

滚动轴承钢主要用于制造滚动轴承的内、外圈以及滚动体，此外还可用于制造某些工具，例如模具、量具等。

滚动轴承钢的牌号以字母“G”（“滚”字的汉语拼音首字母）后附铬元素符号Cr及其质量分数的千分数及其他合金元素符号表示，碳的含量不标出。例如GCr15表示ω_{Cr}千分之十五，即1.5%的滚动轴承钢。

滚动轴承钢的常用牌号有GCr15、GCr15SiMn等，最有代表性的是GCr15。

（4）不锈钢

一般把能够抵抗空气、蒸汽和水等弱腐蚀性介质腐蚀的钢称为不锈钢。能够抵抗酸、碱、盐等强腐蚀性介质腐蚀的钢称为耐酸钢。习惯上把不锈钢和耐酸钢统称为不锈钢。不锈钢主要用来制造在各种腐蚀性介质中工作的零件或构件，例如化工装置中的各种管道、阀门和泵，医疗手术器械，防锈刃具和量具等。

Cr是不锈钢获得耐蚀性的基本合金元素，一般不锈钢含$\omega_{Cr}=11.7\%$以上。不锈钢含碳量越低，则耐蚀性越高，但强度、硬度越低。大多数不锈钢的含碳量为$\omega_C=0.1\%\sim0.2\%$，但用于制造刃具等的不锈钢含碳量则较高，可达$\omega_C=0.85\%\sim0.95\%$，以保证具有足够的强度、硬度。

不锈钢按化学成分可分为铬不锈钢和铬镍不锈钢两大类。铬不锈钢的常用牌号有12Cr13（1Cr13）、20Cr13（2Cr13）、30Cr13（3Cr13）、40Cr13（4Cr13）、10Cr17（1Cr17）等，铬镍不锈钢的常用牌号有12Cr18Ni9（1Cr18Ni9）、06Cr19Ni9（0Cr18Ni9）等。括号内的牌号为旧牌号。其中12Cr13、20Cr13、30Cr13、40Cr13的耐蚀性稍差，主要用于在弱腐蚀性条件下工作的各种机械零件、工具，如汽轮机叶片、阀门零件、量具、轴承、医疗器械等；而10Cr17、12Cr18Ni9、06Cr19Ni9的耐蚀性较高，主要用于在强腐蚀性条件下工作的设备。

（5）耐热钢

高温会加剧钢的氧化，并使钢的强度下降，所以，耐热钢的耐热性体现在抗氧化性和高温强度两个方面。耐热钢的常用牌号有06Cr18Ni11Ti、10Cr17、07Cr17Ni17Al、20Cr13、42Cr9Si2等，主要用于热工动力机械（汽轮机、燃气轮机、锅炉和内燃机）、化工机械、石油装置和加热炉等高温条件工作的构件。

5. 铸铁

铸铁是$\omega_C>2.11\%$的铸造铁、碳、硅合金。与钢相比，铸铁含C、Si量较高，含杂质元素S、P较多，组织中有石墨。铸铁的力学性能（特别是抗拉强度及塑性、韧性）较钢低许多，但铸铁具有优良的铸造性、减振性、耐磨性、切削加工性以及低的缺口敏感性等，而且生产工艺和设备简单，成本低，因此在工业生产中得到广泛应用。

根据石墨形态不同，铸铁分为灰口铸铁、球墨铸铁、可锻铸铁和蠕墨铸铁，石墨的形状分别为片状、球状、团絮状及蠕虫状，如图1-4所示。

灰口铸铁的牌号由字母“HT”（“灰铁”两字的汉语拼音首字母）后附最低抗拉强度值（单位MPa）表示，如HT150表示最低抗拉强度值为150MPa的灰口铸铁。灰口铸铁用来制作受压力作用和要求消振的机床床身与机架、结构复杂的壳体与箱体、承受摩擦的缸体与导轨等。球墨铸铁的牌号由字母“QT”（“球铁”两字的汉语拼音首字母）后附最低抗拉强度值（单位MPa）和最低断后伸长率的百分数表示，如QT600-03表示最低抗拉强度值为600MPa、最低断后伸长率为3%的球墨铸铁。球墨铸铁可代替铸钢和锻钢制造各种载荷较

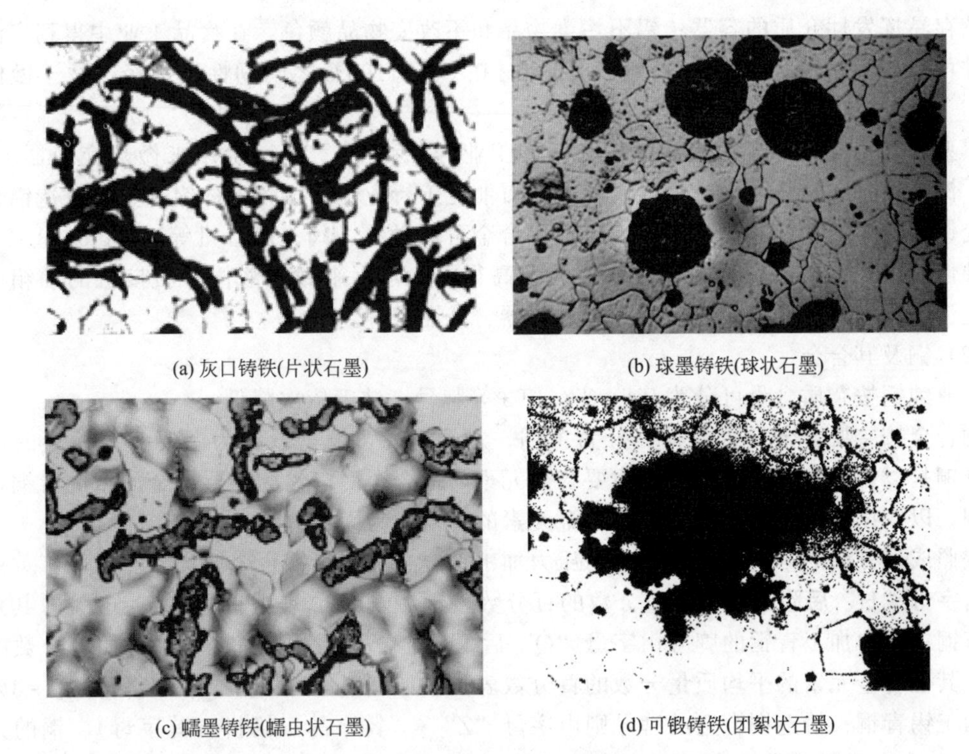

(a) 灰口铸铁(片状石墨)　(b) 球墨铸铁(球状石墨)

(c) 蠕墨铸铁(蠕虫状石墨)　(d) 可锻铸铁(团絮状石墨)

图 1-4　铸铁中石墨的形状

大、受力较复杂和耐磨损的零件，如曲轴、连杆、凸轮轴、齿轮、蜗杆、蜗轮等。

由于铸铁的广泛应用，对铸铁的性能也提出了越来越高的要求，即不但要有更高的力学性能，有时还要有某些特殊性能，例如耐磨、耐热及耐腐蚀等。可通过向铸铁中加入合金元素来改善铸铁的性能，提高其适应性和扩大其使用范围。含有合金元素的铸铁称为合金铸铁。常用的合金铸铁有耐蚀铸铁、耐磨铸铁和耐热铸铁。耐蚀铸铁具有较高的耐蚀性能，广泛用于化工部门，用来制造管道、阀门、泵类、反应釜及盛贮器等。耐热铸铁具有良好的耐热性，广泛用来代替耐热钢制造耐热零件，如热交换器、坩埚、加热炉底板等。耐磨铸铁可用于汽缸套、滑动轴承、机床导轨等。

6. 有色金属

在化学工业中经常遇到强腐蚀、低温等特殊生产环境，有色金属具有耐蚀性好、低温时塑性好和韧性高等特殊性能，因而在化工设备中经常采用有色金属及其合金，主要是铝、铜、铅及其合金，滑动轴承合金。

(1) 铝及其合金

工业纯铝的牌号有 1070、1060、1050 等（对应的原牌号为 L1、L2、L3），纯度依次降低。

铝合金分为形变铝合金和铸造铝合金两类。形变铝合金塑性优良，适于压力加工。其牌号由四位字符组成，如 5A02、3A21 等；铸造铝合金用于铸造，其牌号由字母“Z”（“铸”的汉语拼音首字母）、铝的元素符号 Al、其他元素的符号及质量分数的百分数等顺序组成，如 ZAlSi2 表示含 $\omega_{Si}=2\%$、其余为 Al 的铸造铝合金。

铝及其合金具有许多优良的性能，得到广泛的应用。如铝的耐蚀性好，纯铝的纯度越高则耐蚀性越好，可用来做耐蚀设备；铝的导热性能好，适于做换热设备；铝不会产生火花，可做储存易挥发性介质的容器；铝不污染物品和不改变物品颜色，在食品工业中得到广泛应用，并可代替不锈钢做有关设备；熔焊的铝材在0～－196℃之间韧性不下降，适于做低温设备。

典型牌号铝及其合金的用途举例如下：工业纯铝1060、1050等用来做热交换器、塔、储罐、深冷设备和防止污染产品的设备。在石油化工行业中用得较多的铝合金是铸造铝合金和形变铝合金中的5A05、3A21等。铸造铝合金可以做泵、阀、离心机等。5A05、3A21等的耐蚀性能好，有足够的塑性，强度比纯铝高得多，常用来做与液体介质接触的油箱、导管、生活器具和深冷设备中的液空吸附过滤器、分馏塔等。

(2) 铜及其合金

工业纯铜按杂质含量可分为T1、T2、T3等牌号，纯度依次降低。

铜合金按主要合金元素的种类分为黄铜、青铜等，黄铜是以锌为主要合金元素的铜合金；青铜是以锌以外的其他元素为主要合金元素的铜合金。以锡为主要合金元素的青铜称为锡青铜，以锡以外的其他元素为主要合金元素的青铜称为无锡青铜。

按照成形方法的不同，铜合金分为压力加工铜合金和铸造铜合金两类。压力加工黄铜的牌号由字母“H”后附平均铜质量分数的百分数表示，如H62表示平均$\omega_{Cu}=62\%$、其余为锌的黄铜；压力加工青铜的牌号由字母“Q”后附主要合金元素的符号及平均质量分数的百分数、其他合金元素的平均质量分数的百分数表示，如QSn4-3表示$\omega_{Sn}=4\%$，$\omega_{Zn}=3\%$的压力加工锡青铜；铸造铜合金的牌号则由字母“Z”（“铸”的汉语拼音首字母）、铜的元素符号Cu、合金元素符号及合金元素平均质量分数的百分数等顺序组成，如ZCuZn38表示$\omega_{Zn}=38\%$、其余为铜的铸造黄铜，ZCuSn10Zn2表示$\omega_{Sn}=10\%$、$\omega_{Zn}=2\%$、其余为铜的铸造锡青铜。

工业纯铜和黄铜具有极好的导热性，优越的低温力学性能和耐蚀性能（但铜在氨或铵盐溶液及各种浓度的硝酸中不耐蚀），在化工行业中获得了广泛的应用。如T2、T3可用来做深度冷冻设备和换热器。H62可做深度冷冻设备的筒体、管板、法兰及螺母等。

青铜具有良好的耐蚀性和耐磨性，主要用来制造轴瓦、蜗轮等机械零件和泵壳、阀门等化工设备。

(3) 铅及其合金

铅在许多介质中，如亚硫酸、磷酸（＜85%）、铬酸、氢氟酸（＜60%）等，特别是在硫酸中，具有很高的耐蚀性。但铅在蚁酸、醋酸、硝酸和碱溶液中不耐蚀。由于铅强度和硬度都低、不耐磨、非常软、密度大等，不适宜单独做化工设备，只能做设备衬里。

铅与锑的合金称为硬铅，强度和硬度都比纯铅高，可用来做加料管、耐酸泵和阀门等零件。

(4) 滑动轴承合金

滑动轴承合金用来制造滑动轴承的轴瓦及其内衬（称为轴承衬）。常用的滑动轴承合金有锡基轴承合金（又称锡基巴氏合金）、铅基轴承合金（又称铅基巴氏合金）、铜基轴承合金和铝基轴承合金。

锡基轴承合金是以锡为基体，再加入锑及铜等合金元素的合金。例如ZSnSb11Cu6表示$\omega_{Sb}=11\%$、$\omega_{Cu}=6\%$、其余为锡的锡基轴承合金，这是最常用的锡基轴承合金。

铅基轴承合金是以铅为基体，再加入锑、锡及铜等合金元素的合金。例如ZPbSb16Sn16Cu2表示平均$\omega_{Sb}=16\%$、$\omega_{Sn}=16\%$、$\omega_{Cu}=2\%$、其余为铅的铅基轴承合金。

铜基轴承合金有ZCuPb30、ZCuSn10P1、ZCuAl10Fe3等。常用的铝基轴承合金为

ZAlSn6Cu1Ni1。

四、非金属材料

大多数非金属材料具有优良的耐腐蚀性能，资源丰富，成型工艺简单，是有着广阔发展前途的化工材料。非金属材料既可单独用做结构材料，又能用做金属设备的保护衬里、涂层，还可做设备的密封材料和保温材料。

非金属材料分无机材料（如陶瓷、化工搪瓷、玻璃等）和有机材料（如塑料、橡胶、涂料等）两大类。

1. 陶瓷

陶瓷是用黏土、长石和石英等天然原料（普通陶瓷）或人工化合物如氧化物、氮化物、碳化物等（特种陶瓷）经成型、干燥和烧结等工序制成的。

在化工生产中用得较多的是耐酸陶瓷。耐酸陶瓷的种类较多，如以高硅酸性黏土、长石和石英等天然原料可制成耐酸陶、耐酸耐温陶和硬质瓷，以人工化合物为原料可制成莫来石瓷、氧化铝瓷、氟化钙瓷。

耐酸陶瓷具有良好的耐腐蚀性能（耐酸、耐碱），足够的不透性、耐热性和一定的机械强度，主要用作化工设备，如容器、反应器、塔附件、热交换器、泵、管道、管件等。

以人工化合物为原料制成的陶瓷品种，其力学性能和耐酸碱性能更为优越。如要求耐氢氟酸，可选用氟化钙瓷；要求耐酸碱，最高使用温度超过 150℃，又要耐温度剧变和受力较大时，可用莫来石瓷、氧化铝瓷。

2. 化工搪瓷

化工搪瓷是由含硅量高的瓷釉经过 900 ℃左右的高温烧成，瓷釉紧贴在金属胎表面。化工搪瓷具有优良的耐腐蚀性能，除氢氟酸、热磷酸和强碱外，能耐大多数无机酸、有机酸和有机溶剂的腐蚀。

搪瓷的热导率不到钢的 1/40，热膨胀系数较大，故搪瓷设备不能直接用火焰加热，以免损坏搪瓷面，可以用蒸汽或油浴缓慢加热，使用温度为－30～270℃。

化工搪瓷已用于反应罐、储罐、换热器、蒸发器、塔和阀门等。

3. 玻璃

化工上用的玻璃不是一般的钠钙玻璃，而是硼玻璃（耐热玻璃）或高铝玻璃。它们有良好的热稳定性和耐腐蚀性，在化工生产上用来做管道或管件，也可做容器、反应器、泵、热交换器、隔膜阀等。

玻璃虽然有耐腐蚀、清洁、透明、阻力小、价格低等特点，但质脆，耐温度急变性差，不耐冲击和振动。目前已成功采用在金属管内衬玻璃或用玻璃钢加强玻璃管道，来弥补其不足之处。

4. 塑料

以高分子合成树脂为主要原料，在一定条件下塑制而成的型材或产品总称为塑料。塑料的特点是密度小、电绝缘性好、耐腐蚀，具有优良的耐磨、减摩性能，吸振性和消声性也很好。塑料的品种繁多，应用广泛。在化工行业中常用的塑料有耐酸酚醛塑料、硬质聚氯乙烯、聚四氟乙烯等。

以酚醛树脂作黏结剂，以耐酸材料（如石棉、石墨、玻璃纤维等）作填料，制成一种耐酸酚醛塑料，用于制作各种化工设备及零部件，如容器、储槽、管道、泵等，在氯碱、染料、农药、冶金等工业中应用较多。

聚氯乙烯（PVC）是我国发展最早、产量最大的塑料品种之一。它由聚氯乙烯树脂加入稳定剂、填料、增塑剂等压制而成。在聚氯乙烯树脂中加入不同的增塑剂和稳定剂，就可制成各种形式的硬质及软质制品。硬质聚氯乙烯机械强度高，电性能优良，耐酸碱的能力强，使用温度为－15～55℃，主要用作化工设备衬里及制作储槽、离心泵、阀门管件等。

聚四氟乙烯（简称F-4）具有优异的绝缘性能，可以在任何频率下工作，耐蚀性极好，能耐绝大多数的强酸、强碱、强氧化剂及溶剂等，故有“塑料王”之称，使用温度为－180～250℃。它主要用作减摩耐磨件、密封件和耐蚀件，如填料、垫片和泵、阀的零件。

5. 橡胶

橡胶具有高的弹性、一定的耐蚀性（有的品种耐油，有的品种能耐酸碱）、良好的耐磨性、吸振性、绝缘性以及足够的强度和积储能量的能力，在各行各业中均获得了广泛的应用，如胶鞋、胶管、运输带、各种轮胎、密封材料，减振零件等。

橡胶的种类较多，在化工行业中主要用于衬里、密封件等。如丁基橡胶用于化工衬里，氯丁橡胶用于油罐衬、管道，氟橡胶用于化工衬里、高级密封件等。

橡胶的主要缺点是老化，即橡胶制品长期存放或使用时，逐渐被氧化而产生硬化和脆性，甚至龟裂的现象。紫外线照射、重复的屈挠、温度升高等都会导致和促使橡胶老化而丧失弹性。

6. 涂料

涂料用来涂在物体表面，然后固化形成薄涂层，起到保护和装饰等作用。传统的涂料称为油漆，目前已出现少用或完全不用油漆，而改用各种树脂的涂料。

在化工行业中涂料用来保护设备免遭大气及酸、碱等介质的腐蚀。多数情况下用于涂刷设备管道的外表面，也常用作设备内壁的防腐蚀涂层。由于涂层较薄，在有冲击、磨蚀作用以及强腐蚀介质的情况下，涂层容易脱落，这限制了涂料在设备内壁防腐蚀上的应用。

防腐蚀上常用的涂料有防锈漆、底漆、大漆、酚醛树脂漆、环氧树脂漆等以及某些塑料涂料如聚乙烯涂料、聚氯乙烯涂料等。

五、选材的基本原则

选择化工设备用的钢材时，除应考虑容器的工作压力、温度和介质的腐蚀性外，还要考虑钢材的加工工艺性和价格等。选材的基本原则如下。

① 化工容器用钢一般使用由平炉、电炉或氧气顶吹转炉冶炼的镇静钢，若是受压元件用钢应符合国家标准GB/T 150—2011规定。

② 化工容器应优先选用低合金钢。低合金钢的价格比碳钢提高不多，其强度却比碳钢提高30%～60%。按强度设计时，若使用低合金钢的壁厚可比使用碳钢减薄15%以上，则可采用低合金钢；否则采用碳钢。

③ 化工容器用钢应有足够的塑性和适当的强度，材料强度越高，出现焊接裂纹的可能性越大。为使钢板在加工（锤击、剪切、冷卷等）与焊接时不易产生裂纹，也要求材料具有良好的塑性和冲击韧性。故压力容器用钢板的延伸率δ必须大于14%。当$\delta<18\%$时，加工时要特别注意。一般钢材冲击韧性$\alpha_K \geqslant 50 \sim 60 J/cm^2$为宜。

④ 不同的钢材其弹性模量E的大小相差不多，因此，按刚度设计的容器（如外压容器）不宜采用强度过高的材料，选Q235为宜。

⑤ 对于使用场合为强腐蚀性介质的，应选用耐介质腐蚀的不锈钢，且尽量使用铬镍不锈钢钢种。

⑥ 高温容器用钢应选用耐热钢，以保证抗高温氧化和高温蠕变。因为长期在高温下工作的容器，材料内部的应力在远低于屈服点时，容器会发生缓慢的、连续不断的塑性变形，

即所谓蠕变。长期的蠕变将使设备产生过大的塑性变形，最终导致破坏。不同材料产生蠕变的温度是不一样的，碳钢大于350℃，合金钢大于400℃就应考虑蠕变问题。

⑦ 低温容器（工作温度低于－20℃的设备统称为低温设备）用钢应考虑钢材的低温脆性问题。选用钢材时首先考虑钢种在低温时的冲击韧性。

第五节 金属材料的腐蚀与防护

一、腐蚀的概念

金属材料在周围介质的作用下发生破坏称为腐蚀。铁生锈、铜生绿锈、铝生白斑点等是常见的腐蚀现象。

在化工生产中，由于物料（如酸、碱、盐和腐蚀性气体等）往往具有强烈的腐蚀性，而化工设备被腐蚀将造成严重的后果：引起设备事故影响生产的连续性，造成跑冒滴漏，损失物料，增加原材料消耗，恶化劳动条件，提高产品成本，影响产品质量等。因此，化工设备的腐蚀与防腐问题必须认真对待。

二、腐蚀的类型

腐蚀的分类方法很多，其中按破坏特征分为均匀腐蚀和局部腐蚀；按腐蚀机理分为化学腐蚀和电化学腐蚀。

1. 均匀腐蚀

均匀腐蚀是材料表面均匀地遭受腐蚀，腐蚀的结果是设备壁厚的减薄［见图1-5(a)］。这种腐蚀的危险性较小。碳钢在强酸、强碱中的腐蚀属于此类。

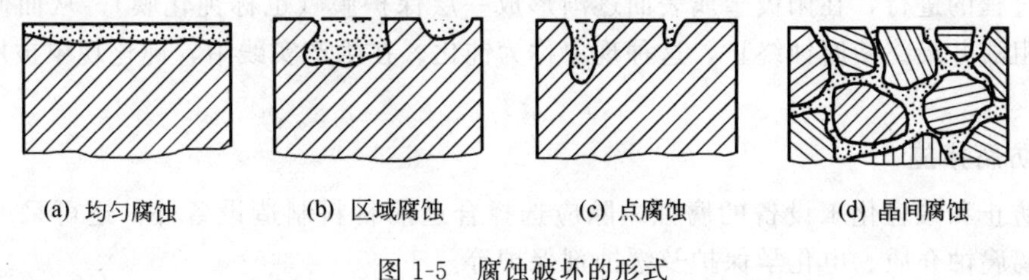

(a) 均匀腐蚀　(b) 区域腐蚀　(c) 点腐蚀　(d) 晶间腐蚀

图1-5 腐蚀破坏的形式

2. 局部腐蚀

局部腐蚀是指金属的局部区域产生腐蚀，包括区域腐蚀、点腐蚀、晶间腐蚀等，如图1-5(b)、(c)、(d) 所示。局部腐蚀使零件有效承载面积减小，且不易被发现，常发生突然断裂，危害性较大。

3. 化学腐蚀

化学腐蚀是指金属与干燥的气体或非电解质溶液产生化学作用引起的腐蚀。各种管式炉的炉管受高温氧化，金属在铸造、锻造、热处理过程中发生的高温氧化以及金属在苯、含硫石油、乙醇等非电解质溶液中的腐蚀均属化学腐蚀。

化学腐蚀的特点是腐蚀过程中无电流产生，且温度越高，腐蚀介质浓度越大，腐蚀速度越快。

化学腐蚀后若形成致密、牢固的表面膜，则可阻止外部介质继续渗入，起到保护金属的作用。例如，铬与氧形成 Cr_2O_3，铝与氧形成 Al_2O_3 等都属于这种表面膜。

4. 电化学腐蚀

电化学腐蚀是指金属与电解质溶液产生电化学作用引起的腐蚀。金属在酸、碱、盐溶液、土壤、海水中的腐蚀属于电化学腐蚀。电化学腐蚀的特点是腐蚀过程中有电流产生。通常电化学腐蚀比化学腐蚀强烈得多，金属的破坏大多是由电化学腐蚀引起的。

电化学腐蚀是由于金属发生原电池作用而引起的。如图 1-6 所示，把两种金属（如锌和铜）用导线连接起来，放在电解质溶液（如 H_2SO_4 溶液）内，这样就构成了导电回路。回路中电子将从低电位锌流向高电位铜，形成原电池。锌（阳极）不断失去原子，变为锌离子进入溶液，出现腐蚀；铜（阴极）受到保护。

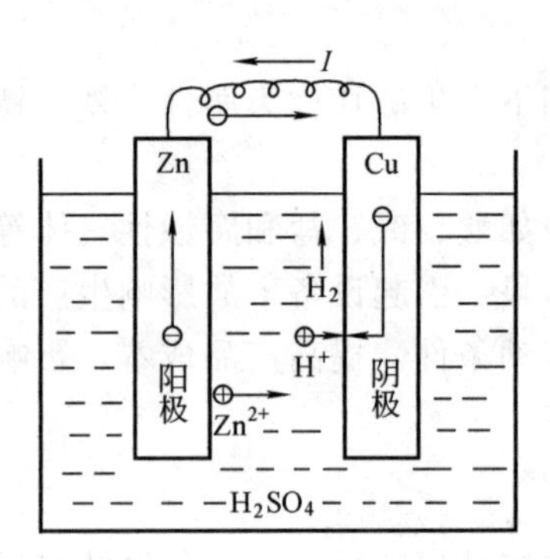

图 1-6　原电池作用示意图

电化学腐蚀不仅发生在异种金属之间，同一金属的不同区域之间也存在着电位差，也可形成原电池，而产生电化学腐蚀。例如，各种局部腐蚀就是电化学腐蚀。

在某些腐蚀性介质特别是在强氧化剂如硝酸、氯酸、重铬酸钾、高锰酸钾等中，随着电化学腐蚀过程的进行，在阳极金属表面逐渐形成一层保护膜（也称钝化膜），从而使阳极的溶解受到阻滞并最终使腐蚀终止，这种现象称为钝化。在生产实践中，钝化现象被用来保护金属。

三、防腐措施

为了防止和减轻化工设备的腐蚀，除应选择合适的材料制造设备外，还可采取多种措施，如隔离腐蚀介质、电化学保护及缓蚀剂保护等。

1. 隔离腐蚀介质

用耐蚀性良好的隔离材料覆盖在耐蚀性较差的被保护材料表面，将被保护材料与腐蚀性介质隔开，以达到控制腐蚀的目的。

隔离材料有非金属材料和金属材料两大类。非金属隔离材料主要有涂料（如涂刷酚醛树脂）、块状材料衬里（如衬耐酸砖）、塑料或橡胶衬里（如碳钢内衬氟橡胶）等。金属隔离材料有铜（如镀铜）、镍（如化学镀镍）、铝（如喷铝）、双金属（如碳钢上压上不锈钢板）、金属衬里（碳钢上衬铅）等。

2. 电化学保护

用于腐蚀介质为电解质溶液、发生电化学腐蚀的场合，通过改变金属在电解质溶液中的电极电位，以实现防腐。有阳极保护和阴极保护两种方法。

阴极保护是将被保护的金属作为腐蚀电池的阴极，从而使其不遭受腐蚀。方法有：牺牲阳极保护法，它是将被保护的金属与另一电极电位较低的金属连接起来，形成一个原电池，使被保护金属作为原电池的阴极而免遭腐蚀，电极电位较低的金属作为原电池的阳极而被腐蚀［图 1-7(a)］。另一方法是外加电流保护法，它是将被保护的金属与一直流电源的阴极相连，而将另一金属片与被保护的金属隔绝，并与直流电源的阳极相连，从而达到防腐的目的[图 1-7(b)]。阴极保护的使用已有很长的历史，在技术上较为成熟。这种保护方法广泛用于船舶、地下管道、海水冷却设备、油库以及盐类生产设备的保护，在化工生产中的应用亦逐年增多。

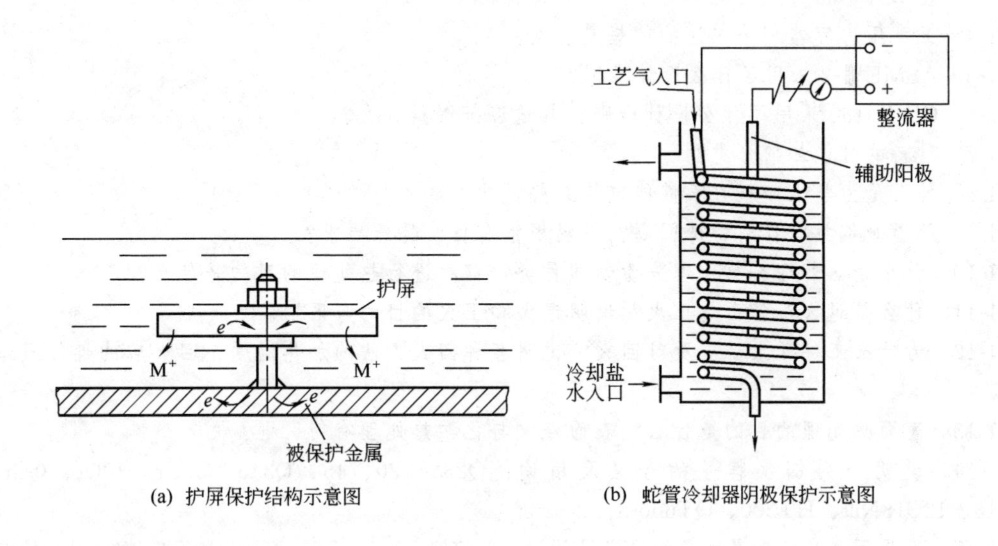

(a) 护屏保护结构示意图　(b) 蛇管冷却器阴极保护示意图

图 1-7　阴极保护

阳极保护是把被保护设备接直流电源的阳极，让金属表面生成钝化膜起保护作用。阳极保护只有当金属在介质中能钝化时才能应用，技术复杂，使用不多。

3. 缓蚀剂保护

向腐蚀介质中添加少量的物质，这种物质能够阻滞电化学腐蚀过程，从而减缓金属的腐蚀，该物质称为缓蚀剂。通过使用缓蚀剂而使金属得到保护的方法称为缓蚀剂保护。

按照对电化学腐蚀过程阻滞作用的不同，缓蚀剂分为三种。

(1) 阳极型缓蚀剂

这类缓蚀剂主要阻滞阳极过程，促使阳极金属钝化而提高耐腐蚀性，故多为氧化性钝化剂，如铬酸盐、硝酸盐等。值得注意的是，使用阳极型缓蚀剂时必须够量，否则不仅起不了保护作用，反而会加速腐蚀。

(2) 阴极型缓蚀剂

这类缓蚀剂主要阻滞阴极过程。例如，锌、锰和钙的盐类如 $ZnSO_4$、$MnSO_4$、$Ca(HCO_3)_2$ 等，能与阴极反应产物 OH^- 作用生成难溶性的化合物，它们沉积在阴极表面上，使阴极面积减小而降低腐蚀速度。

(3) 混合型缓蚀剂

这类缓蚀剂既能阻滞阴极过程，又能阻滞阳极过程，从而使腐蚀得到缓解。常用的有胺盐类、醛（酮）类、杂环化合物、有机硫化物等。

目前在酸洗操作和循环冷却水的水质处理中，缓蚀剂用得最普遍，在化学工业中缓蚀剂的应用还不多。

思考题

1-1 化工生产有哪些特点？

1-2 化工生产对化工设备提出了哪些要求？

1-3 化工容器由哪些主要部件组成？各部件的作用是什么？

1-4 三类压力容器划分方法的依据是什么？

1-5 ASMEⅧ-2采用了什么设计准则？

1-6 GB/T 150采用了什么设计准则？其适应范围是什么？

1-7 材料的性能如何分类？

1-8 什么是力学性能？力学性能包括哪些？

1-9 低温时钢材有什么特殊问题？低温用钢有什么特殊要求？

1-10 什么是热处理？热处理分为哪些种类？钢材进行热处理的目的是什么？

1-11 什么是退火？什么是正火？说明退火和正火的目的与区别。

1-12 为什么工件淬火后应及时回火？说明各种回火方法的加热温度、回火后的性能及适用场合。

1-13 表面热处理的目的是什么？表面淬火与化学热处理有何区别？

1-14 说明下列钢铁牌号的含义及用途：Q235、20、45、Q345、20Cr、40Cr、GCr15、20Cr13、12C18Ni9、HT200、QT600-3。

1-15 说明下列有色金属牌号的含义及用途：1070、5A05、T2、ZCuSn10Zn2、ZSnSb11Cu6。

1-16 化工设备中常用的非金属材料有哪些？各有何用途？

1-17 化工设备的选材原则是什么？

1-18 化学腐蚀和电化学腐蚀有何区别？

1-19 化工设备的防腐措施有哪些？

第二章

化工设备力学基础

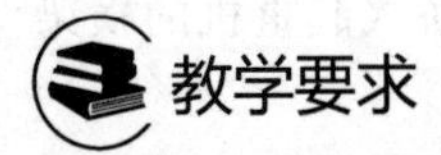

教学要求

能力目标：1. 平衡状态下物体受力分析的能力。
　　　　　2. 构件受力时的应力与强度计算能力。
　　　　　3. 压杆稳定性计算的能力。
知识要素：1. 力与力矩、力偶的基本概念和基本性质。
　　　　　2. 拉伸与压缩、挤压与剪切、扭转、弯曲四种基本变形的受力特点。
　　　　　3. 压杆稳定概念。
　　　　　4. 典型材料的力学性能。
技能要求：典型材料拉伸与压缩试验的操作技能。

化工设备及其零部件在工作时都要受到各种外力作用。例如安装在室外的塔设备，要承受风力的作用；压力容器法兰连接的螺栓要承受拉力作用；搅拌轴工作时要承受物料阻力的作用等。为了使构件在外力作用下，既能安全可靠地工作，又能满足经济要求，除了需要选择适当的材料外，还要确定构件合理的截面形状和尺寸。要解决这些问题，就必须对构件进行受力分析和承载能力计算。

本章的任务就是介绍化工设备设计计算所必须掌握的力学基础知识，其主要内容可以概括为两部分。

1. 构件的受力分析

构件的受力分析主要研究构件的受力情况，进行受力大小的计算。其研究的构件是处于平衡状态下的构件。所谓平衡是指构件在外力作用下相对于地面处于静止或匀速直线运动状态。构件的受力分析是对构件进行承载能力分析的前提。

2. 构件的承载能力分析

构件的承载能力是指构件在外力作用下的强度、刚度和稳定性。

强度是指构件抵抗外力破坏的能力。刚度是指构件抵抗变形的能力。稳定性是指构件在外力作用下保持其原有平衡状态的能力。为了确保设备在载荷作用下安全可靠地工作，构件必须具有足够的强度、刚度和稳定性。

在构件的承载能力分析中，主要研究静载荷作用下的等截面直杆的几种基本变形，即轴向拉伸和压缩变形、剪切和挤压变形、扭转变形、弯曲变形。

第一节　物体的受力分析

一、力的概念与基本性质

1. 力的概念

力的概念是人们在长期的生产实践中建立起来的。力是物体间相互的机械作用，这种作用使物体的运动状态发生改变或使物体产生变形。

使物体运动状态发生改变的效应称为力的外效应。如人推小车，小车由静止变为运动，运动的速度由慢变快，或者使运动方向有了改变。

使物体产生变形的效应称为力的内效应。如弹簧受拉力作用会伸长，桥式起重机的横梁在起吊重物时要弯曲，锻压加工时工件会变形等。

力的外效应和力的内效应总是同时产生的，在一般情况下，工程上用的构件大多是用金属材料制成的，它们都具有足够的抵抗变形的能力，即在外力的作用下，它们产生的变形是微小的，对研究力的外效应影响不大，在静力分析中，可以将其变形忽略不计。在外力作用下永不发生变形的物体称为刚体。

实践证明，力对物体的作用效应，由力的大小、方向和作用点的位置所决定，这三个因素称为力的三要素。当这三个要素中任何一个改变时，力的作用效果就会改变。如用扳手拧螺母时，作用在扳手上的力，其大小、方向或作用点位置不同，产生的效果就不一样。

力是一个具有大小和方向的矢量，图示时，常用一个带箭头的线段表示，线段长度 AB 按一定比例代表力的大小，线段的方位和箭头表示力的方向，其起点或终点表示力的作用点，如图 2-1 所示。书面表达时，用黑体字如 $\boldsymbol{F}$ 代表力矢量，并以同一字母非黑体字 F 代表力的大小。

工程上作用在构件上的力，常以下面两种形式出现。

(1) 集中力

集中作用在很小面积上的力，一般可以把它近似地看成作用在某一点上，称其为集中力。如图 2-1 所示的力 $\boldsymbol{F}$，其单位为“牛顿”(N) 或“千牛顿”(kN)。

(2) 分布载荷

连续分布在一定面积或体积上的力称为分布载荷。如果分布载荷的大小是均匀的就称为均布载荷。均布载荷中，单位长度上所受的力称为载荷集度，用 q 表示，其单位为“牛顿/米”(N/m) 或“千牛顿/米”(kN/m)。如卧式容器的自重、塔设备所受的风载荷都可简化为均布载荷。

2. 力的基本性质

力的性质反映了力所遵循的客观规律，它们是进行构件受力分析、研究力系简化和力系平衡的理论依据。力的基本性质由静力学公理来说明。

公理一　二力平衡公理

作用在刚体上的两个力，使刚体保持平衡的必要和充分条件是：这两个力大小相等、方向相反，且作用在同一直线上。

该公理指出了刚体平衡时最简单的性质，是推证各种力系平衡条件的依据。

凡是可以不计自重且只在两点受力而处于平衡的构件，称为二力构件。二力构件的形状

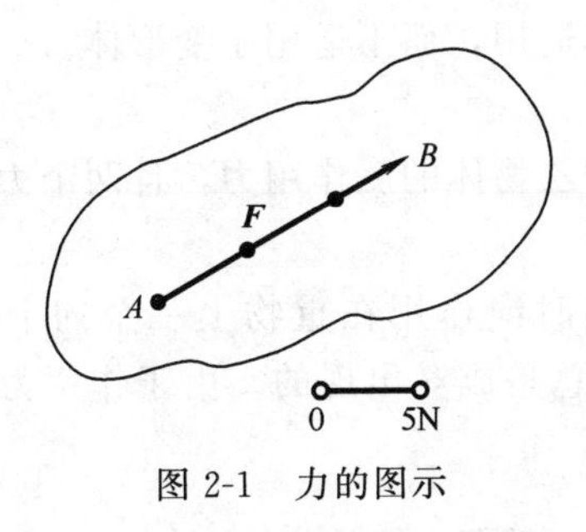

图 2-1　力的图示

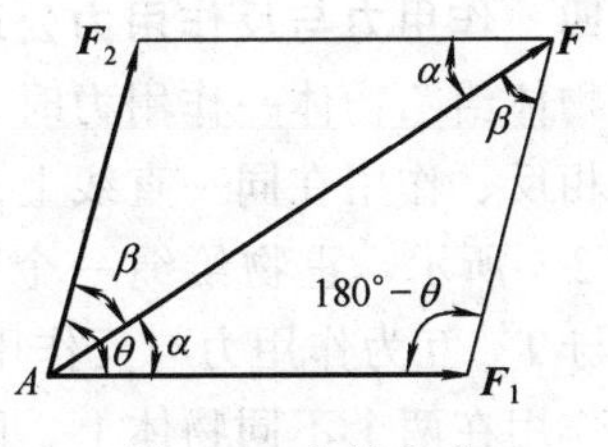

图 2-2　力的合成

可以是直线形的，也可以是弯曲的，因只有两个受力点，根据平衡公理，力的方向必在两受力点连线上。在结构中找出二力构件，对物体的受力分析至关重要。

公理二　力的平行四边形公理

作用于物体上同一点的两个力，其合力也作用在该点上，合力的大小和方向由以这两个力为邻边所作的平行四边形的对角线确定。有矢量合成法则：

$$\boldsymbol{F}=\boldsymbol{F}_1+\boldsymbol{F}_2$$

该公理说明了力的可加性，它是力系简化的依据。

如图 2-2 所示，$\boldsymbol{F}$ 即为 $\boldsymbol{F}_1$ 和 $\boldsymbol{F}_2$ 的合力。$\boldsymbol{F}$ 的大小可以由余弦定理计算，$\boldsymbol{F}$ 的方向可以用它与 $\boldsymbol{F}_1$（或 $\boldsymbol{F}_2$）之间的夹角 α（或 β）来表示。

$$\left.\begin{aligned}F&=\sqrt{F_1^2+F_2^2-2F_1F_2\cos\theta}\\ \tan\alpha&=\frac{F_2\sin\theta}{F_1+F_2\cos\theta}\end{aligned}\right\}\tag{2-1}$$

力的平行四边形公理是力系合成的依据，也是力分解的法则，在实际问题中，常将合力沿两个互相正交的方向分解为两个分力，称为合力的正交分解。

公理三　加减平衡力系公理

在已知力系上加上或减去任意的平衡力系，不会改变原力系对刚体的作用效应。

如图 2-3(a) 所示，一刚体受力 $\boldsymbol{F}$ 作用，作用点为 A；沿力的作用线上另一点 B 处加上等值、反向的两个力 $\boldsymbol{F}_1$ 和 $\boldsymbol{F}_2$，如图 2-3(b) 所示，且 $F_1=F_2=F$。由于 $\boldsymbol{F}_1$ 与 $\boldsymbol{F}$ 构成平衡力系，可除去。此时，原刚体就受力 $\boldsymbol{F}_2$ 的作用，如图 2-3(c) 所示，而与原来在 $\boldsymbol{F}$ 作用下等效。由此，有下面的推论：

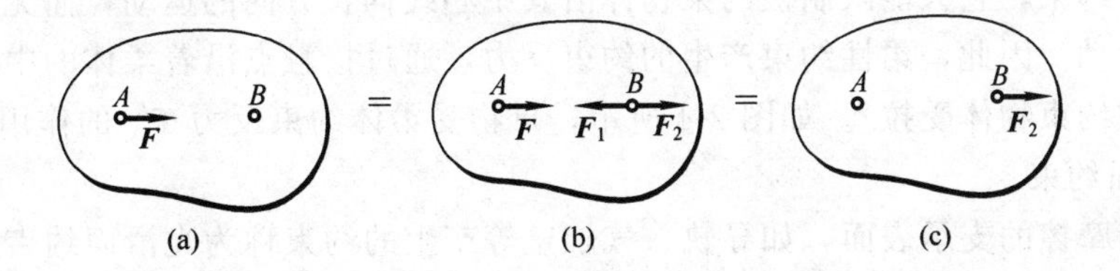

图 2-3　力的可传性

作用在刚体上某点的力，沿其作用线移到刚体内任一点，不改变它对刚体的作用。这就是力的可传性原理。例如，实践中用力拉车和用等量同方向的力去推车，效果是一样的。

由力的可传性原理可以看出，作用于刚体上的力的三要素为：力的大小、方向和力的作用线位置，不再强调力的作用点。

需要说明的是，公理一、公理三及其推论只对刚体适用，而不适用于变形体。

公理四　作用力与反作用力公理

当甲物体给乙物体一作用力时，甲物体也同时受到乙物体的反作用力，且两个力大小相等、方向相反、作用在同一直线上。

如图 2-4 所示，重物给绳一个向下的拉力 $\boldsymbol{T}_{\mathrm{A}}$，同时绳作用在重物上一个向上的拉力 $\boldsymbol{T}'_{\mathrm{A}}$，$\boldsymbol{T}_{\mathrm{A}}$ 与 $\boldsymbol{T}'_{\mathrm{A}}$ 互为作用力与反作用力。由此可见，力总是成对出现的。由于作用力与反作用力分别作用在两个不同物体上，因而它们不是平衡力。

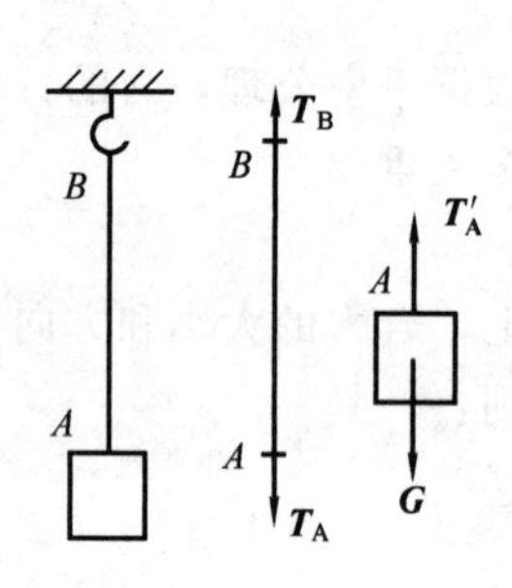

图 2-4　作用力与反作用力

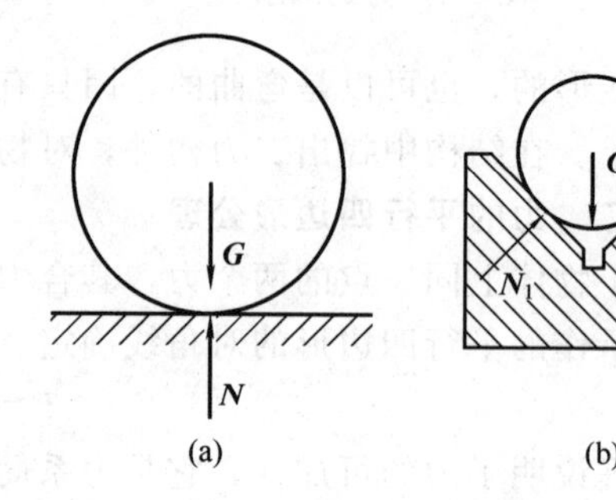

图 2-5　光滑面约束

二、约束及约束反力

凡是对一个物体的运动（或运动趋势）起限制作用的其他物体，都称为这个物体的约束。

能使物体运动或有运动趋势的力称为主动力，主动力往往是给定的或已知的。如图 2-4 物体所受重力 $\boldsymbol{G}$ 即为主动力。

约束既然限制物体的运动，也就给予该物体以作用力，约束对被约束物体的作用力称为约束反力，简称反力。如图 2-4 所示，绳给重物的作用力 $\boldsymbol{T}'_{\mathrm{A}}$ 就是约束反力。约束反力的方向总是与约束所阻止的物体运动趋势方向相反。约束反力的方向与约束本身的性质有关。

下面介绍几种工程中常见的约束类型及其相应的约束反力。

1. 柔性约束

绳索、链条、胶带等柔性物体形成的约束即为柔性约束。柔性物体只能承受拉力，而不能受压。作为约束，它只能限制被约束物体沿其中心线伸长方向的运动，而无法阻止物体沿其他方向的运动。因此，柔性约束产生的约束反力，通过接触点沿着柔体的中心线背离被约束物体（使被约束物体受拉）。如图 2-4 所示，重物受柔体约束反力 $\boldsymbol{T}'_{\mathrm{A}}$ 的作用。

2. 光滑面约束

一些不计摩擦的支承表面，如导轨、气缸壁等产生的约束称为光滑面约束。这种约束只能阻止物体沿着接触点公法线方向的运动，而不限制离开支承面和沿其切线方向的运动。因此，光滑面约束反力的方向是通过接触点并沿着公法线，指向被约束的物体。如图 2-5(a) 所示，在主动力 $\boldsymbol{G}$ 的作用下，物体有向下运动的趋势，而约束反力 $\boldsymbol{N}$ 则沿着公法线垂直向上，指向圆心。图 2-5(b) 所示为轴架在 V 形铁上，V 形铁对轴的约束反力 $\boldsymbol{N}_1$、$\boldsymbol{N}_2$ 沿接触斜面的法线方向，指向轴的圆心。

3. 固定铰链约束

如图 2-6(a) 所示，被连接件 A 只能绕销轴 O 转动，而不能沿销轴半径方向移动。这种

结构对构件 A 的约束就称为固定铰链约束。固定铰链约束通常简化为如图 2-6(b) 或 (c) 所示的力学模型，其约束反力的作用线通过铰链中心，但其方向待定，可先任意假设。常用水平和铅垂两个方向的分力来表示，如图 2-6(b)、(c) 中的 $\boldsymbol{N}_{\mathrm{x}}$、$\boldsymbol{N}_{\mathrm{y}}$ 所示。

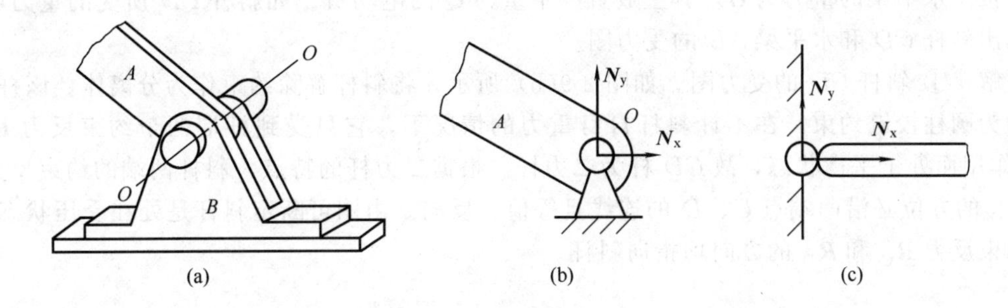

图 2-6　固定铰链约束

4. 活动铰链约束

如图 2-7(a) 所示，在铰链支座下面装几个辊轴，就成为活动铰链支座。化工和石油装置中的一些管道、卧式容器及桥梁等，为了适应较大的温度变化而产生的伸长或收缩，应允许支座间有少许的位移，这些支座可简化为活动铰链约束，其力学模型见图 2-7(b)。

活动铰链约束不限制物体沿支承面切线方向的运动，只能限制物体沿支承面的法线方向压入支承面的运动，其约束反力与光滑面约束相似，方向是沿着支承面法线通过铰链中心指向物体，如图 2-7(b) 所示。工程实际中的轴承约束常可简化为固定铰链或活动铰链。

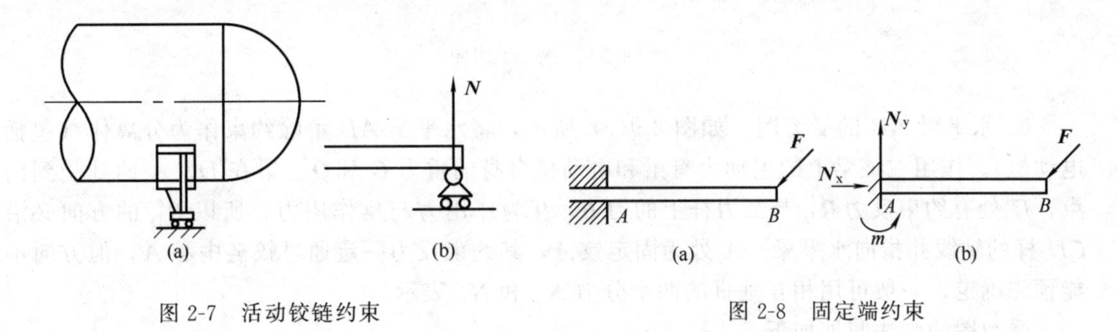

图 2-7　活动铰链约束　　　　图 2-8　固定端约束

5. 固定端约束

物体的一部分固嵌于另一物体所构成的约束，称为固定端约束，如图 2-8(a) 所示。例如，建筑物中的阳台、插入地面的电线杆、塔设备底部的约束和插入建筑结构内部的悬臂式管架等，这些工程实例都可抽象为固定端约束。固定端约束既不允许构件作纵向或横向移动，也不允许构件转动。其力学模型如图 2-8(b) 所示。

固定端约束所产生的约束反力比较复杂，一般在平面力系中常简化为三个约束反力 $\boldsymbol{N}_{\mathrm{x}}$、$\boldsymbol{N}_{\mathrm{y}}$、$\boldsymbol{m}$，如图 2-8(b) 所示。

三、受力图

静力分析主要解决力系的简化与平衡问题。为了便于分析计算，将所研究物体的受力情况用图形全部表示出来。为此，需将所研究物体假想地从相互联系的结构中“分离”出来，单独画出。这种从周围物体中单独隔离出来的研究对象，称为分离体。将研究对象所受到的所有主动力和约束反力，无一遗漏地画在分离体上，这样的图形称为受力图。

［**例 2-1**］ 如图 2-9(a) 所示，水平梁 AB 用斜杆 CD 支撑，A、D、C 三处均为圆柱铰链连接。水平梁的重力为 $\boldsymbol{G}$，其上放置一个重为 Q 的电动机。如斜杆 CD 所受的重力不计，试画出斜杆 CD 和水平梁 AB 的受力图。

解：① 斜杆 CD 的受力图。如图 2-9(b) 所示，将斜杆解除约束作为分离体。该杆的两端均为圆柱铰链约束，在不计斜杆自身重力的情况下，它只受到杆端两个约束反力 $\boldsymbol{R}_C$ 和 $\boldsymbol{R}_D$ 作用而处于平衡状态，故 CD 杆为二力杆。根据二力杆的特点，斜杆两端的约束反力 $\boldsymbol{R}_C$ 和 $\boldsymbol{R}_D$ 的方位必沿两端点 C、D 的连线且等值、反向。由图可断定斜杆是处在受压状态，所以约束反力 $\boldsymbol{R}_C$ 和 $\boldsymbol{R}_D$ 的方向均指向斜杆。

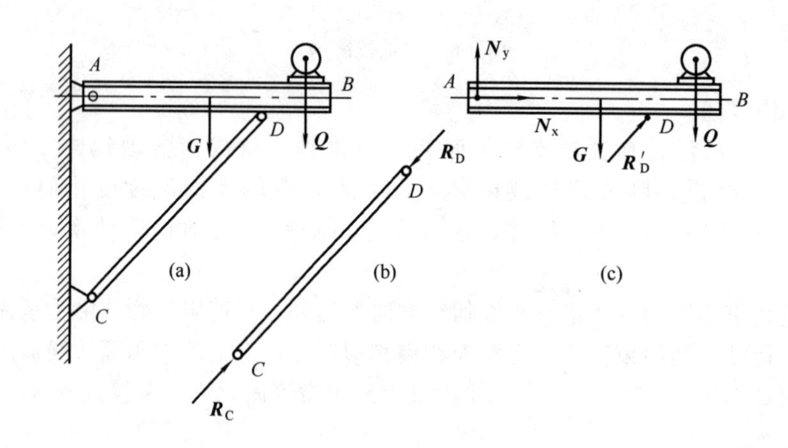

图 2-9　例 2-1 附图

② 水平梁 AB 的受力图。如图 2-9(c) 所示，将水平梁 AB 解除约束作为分离体（包括电动机）。作用在该梁上的主动力有梁和电动机自身的重力 $\boldsymbol{G}$ 和 $\boldsymbol{Q}$。梁在 D、A 两处受到约束，D 处有约束反力 $\boldsymbol{R}'_D$ 与二力杆上的力 $\boldsymbol{R}_D$ 互为作用力与反作用力，所以 $\boldsymbol{R}'_D$ 的方向必沿 CD 杆的轴线并指向水平梁。A 处为固定铰链，其约束反力一定通过铰链中心 A，但方向不能预先确定，一般可用相互垂直的两个分力 $\boldsymbol{N}_x$ 和 $\boldsymbol{N}_y$ 表示。

受力图的画法归纳如下：

① 明确研究对象，解除约束，画出分离体简图；

② 在分离体上画出全部的主动力；

③ 在分离体解除约束处，画出相应的约束反力。

四、平面汇交力系

1. 平面汇交力系的简化

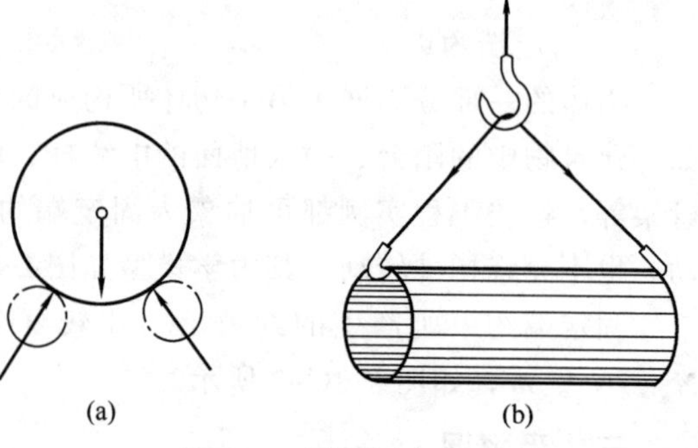

图 2-10　平面汇交力系

凡各力的作用线均在同一平面内的力系，称为平面力系。各力的作用线全部交汇于一点的平面力系，称为平面交汇力系。如图 2-10 所示，滚筒、起重吊钩受力都是平面汇交力系，它是最基本的力系。

（1）力在坐标轴上的投影

力在坐标轴上的投影定义为：从力 $\boldsymbol{F}$ 的两端分别向选定的坐标轴 x、y 作垂线，其垂足间的距离就是力 $\boldsymbol{F}$ 在该轴上的投影。如图 2-11 所示。图中 ab 和 $a'b'$ 即为力 $\boldsymbol{F}$ 在 x 和 y 轴上的投影。

$$\left.\begin{aligned}&\text{力 }\boldsymbol{F}\text{ 向 }x\text{ 轴投影用 }F_x\text{ 表示：}F_x=F\cos\alpha=ab\\&\text{力 }\boldsymbol{F}\text{ 向 }y\text{ 轴投影用 }F_y\text{ 表示：}F_y=F\sin\alpha=a'b'\end{aligned}\right\}\qquad(2\text{-}2)$$

式中，α 是力 $\boldsymbol{F}$ 与 x 轴正向间的夹角。

如图 2-11 所示，若将力 $\boldsymbol{F}$ 沿 x、y 轴方向分解，则得两分力 $\boldsymbol{F}_x$、$\boldsymbol{F}_y$。

力 $\boldsymbol{F}$ 在 x 轴上的分力大小：$F_x=F\cos\alpha$

力 $\boldsymbol{F}$ 在 y 轴上的分力大小：$F_y=F\sin\alpha$

由此可知，力在坐标轴上的投影，其大小就等于此力沿该轴方向分力的大小。力的分力是矢量，而力在坐标轴上的投影是代数量，它的正负规定如下：若此力沿坐标轴的分力的指向与坐标轴一致，则力在该坐标轴上的投影为正值；反之，则投影为负值。在图 2-11 中，力 $\boldsymbol{F}$ 在 x、y 轴的投影都为正值。图 2-12 中各力投影的正负，读者可自行判断。

若已知力在坐标轴上的投影 F_x、F_y，则力 $\boldsymbol{F}$ 的大小和方向可按下式求出

$$\left.\begin{aligned}&F=\sqrt{F_x^2+F_y^2}\\&\tan\alpha=\frac{F_y}{F_x}\end{aligned}\right\}\qquad(2\text{-}3)$$

式中，α 为力 $\boldsymbol{F}$ 与 x 轴正向间的夹角；力 $\boldsymbol{F}$ 的指向由 F_x、F_y 的正负号判定。

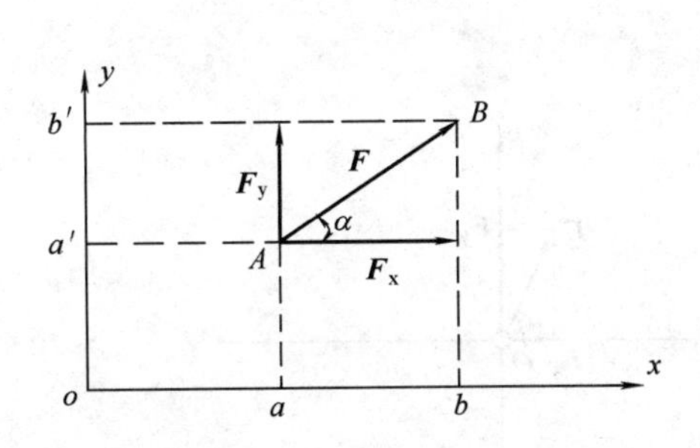

图 2-11　力在坐标轴上的投影

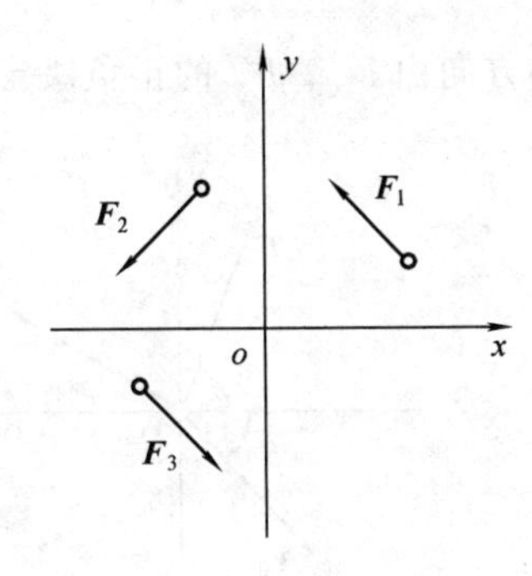

图 2-12　投影的正负

（2）平面汇交力系的简化

如图 2-13(a) 所示，设物体上作用着汇交的两个力 $\boldsymbol{F}_1$、$\boldsymbol{F}_2$，则其合力 $\boldsymbol{F}$ 可由平行四边形 $ABDC$ 的对角线 AD 表示。根据投影的定义，分力和合力的投影关系为

$$F_{1x}=ab\qquad F_{2x}=ac=bd\qquad F_x=ad$$

$$F_{1y}=a'b'\qquad F_{2y}=a'c'=b'd'\qquad F_y=a'd'$$

由图可知，表示投影的线段有如下关系

$$ad=ab+bd\qquad a'd'=a'b'+b'd'$$

即

$$F_x=F_{1x}+F_{2x}\qquad F_y=F_{1y}+F_{2y}$$

在图 2-13(b) 中，上述关系仍然存在，但投影的正负不一定完全相同，应根据具体情况确定，运算时应该特别注意。

上述方法可以推广到任意多个汇交力的情况。设有 n 个力汇交于一点，如图 2-14(a)

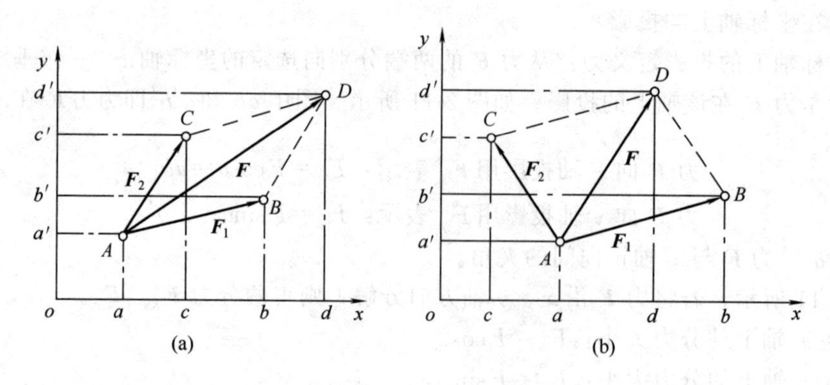

图 2-13　合力与分力的投影关系

所示，它们的合力为 $\boldsymbol{F}$。可以证明，合力 $\boldsymbol{F}$ 在坐标轴上的投影，等于各分力在该轴上投影的代数和，这个关系称合力投影定理。用数学式表达为

$$\left.\begin{aligned}F_x&=F_{1x}+F_{2x}+\cdots\cdots+F_{nx}=\sum F_x\\F_y&=F_{1y}+F_{2y}+\cdots\cdots+F_{ny}=\sum F_y\end{aligned}\right\}\tag{2-4}$$

由投影 F_x、F_y 就可以求合力 F 的数值［图 2-14(b)］为

$$\left.\begin{aligned}F&=\sqrt{F_x^2+F_y^2}=\sqrt{\sum F_x^2+\sum F_y^2}\\\tan\alpha&=\frac{F_y}{F_x}=\frac{\sum F_y}{\sum F_x}\end{aligned}\right\}\tag{2-5}$$

合力 $\boldsymbol{F}$ 的方向由 F_x、F_y 的正负决定。

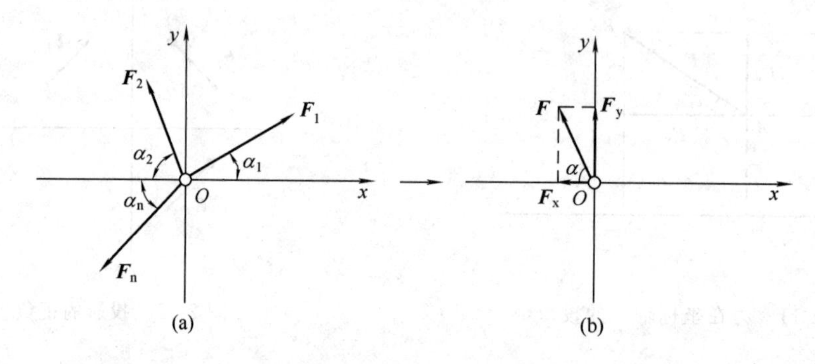

图 2-14　平面汇交力系的合成

2. 平面汇交力系的平衡

若平面汇交力系的合力为零，则该力系将不引起物体运动状态的改变，即该力系是平衡力系。从式(2-5) 可知，平面汇交力系保持平衡的必要条件是

$$F=\sqrt{(\sum F_x)^2+(\sum F_y)^2}=0$$

要使上式成立，则必须同时满足以下两个条件

$$\left.\begin{aligned}\sum F_x=0\\\sum F_y=0\end{aligned}\right\}\tag{2-6}$$

上式称为平面汇交力系的平衡方程，它的意义是：平面汇交力系平衡时，力系中所有各

力在 x、y 两坐标轴上投影的代数和分别等于零。

［**例 2-2**］　如图 2-15(a) 所示，储罐架在砖座上，罐的半径 $r=0.5\text{m}$，重 $G=12\text{kN}$，两砖座间距离 $L=0.8\text{m}$。不计摩擦，试求砖座对储罐的约束反力。

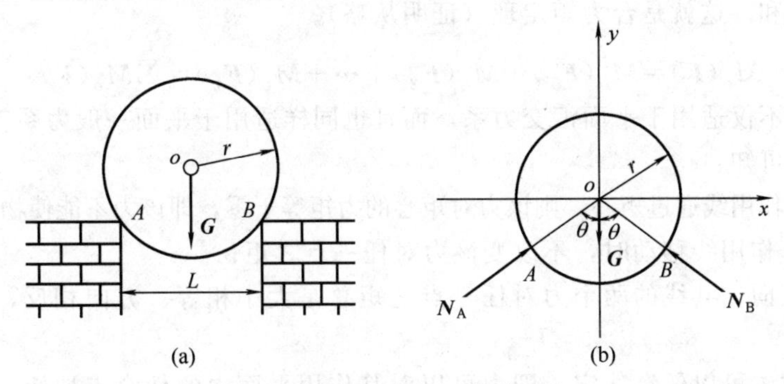

图 2-15　例 2-2 附图

解：① 取储罐为研究对象，画受力图。砖座对储罐的约束是光滑面约束，故约束反力 $\boldsymbol{N}_A$ 和 $\boldsymbol{N}_B$ 的方向应沿接触点的公法线指向储罐的几何中心 o 点，它们与 y 轴夹角设为 θ。$\boldsymbol{G}$、$\boldsymbol{N}_A$、$\boldsymbol{N}_B$ 三个力组成平面汇交力系，如图 2-15(b) 所示。

② 选取坐标 oxy 如图 2-15(b) 所示，列平衡方程求解

$$\sum F_x=0 \qquad N_A\sin\theta-N_B\sin\theta=0 \tag{a}$$

$$\sum F_y=0 \qquad N_A\cos\theta+N_B\cos\theta-G=0 \tag{b}$$

解式(a) 得

$$N_A=N_B$$

由图中几何关系可知

$$\sin\theta=\frac{L/2}{r}=\frac{0.8/2}{0.5}=0.8$$

所以

$$\theta=53.13^\circ$$

代入式(b) 得

$$N_A=N_B=\frac{G}{2\cos\theta}=\frac{12}{2\cos53.13^\circ}=10\ (\text{kN})$$

五、平面力偶系

1. 力矩

如图 2-16 所示，当人们用扳手拧紧螺母时，力 $\boldsymbol{F}$ 对螺母拧紧的转动效应不仅取决于力 $\boldsymbol{F}$ 的大小和方向，而且还与该力作用线到 O 点的垂直距离 d 有关。F 与 d 的乘积越大，转动效应越强，螺母就越容易拧紧。因此，在力学上用物理量 Fd 及其转向来度量力 $\boldsymbol{F}$ 使物体绕 O 点转动的效应，称为力对 O 点之矩，简称力矩，以符号 $M_o(\boldsymbol{F})$ 表示。即

$$M_o(\boldsymbol{F})=\pm Fd \tag{2-7}$$

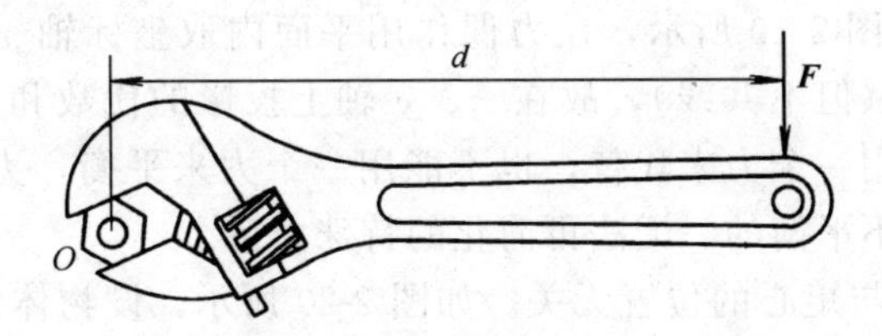

图 2-16　力对点之矩

式(2-7) 中，O 点称为力矩的中心，简称矩心；O 点到力 $\boldsymbol{F}$ 作用线的垂直距离 d 称为

力臂。式中正负号表示两种不同的转向。通常规定：使物体产生逆时针旋转的力矩为正值；反之为负值。力矩的单位是牛顿·米（N·m）或千牛顿·米（kN·m）。

在平面问题中，由分力 $\boldsymbol{F}_1$、$\boldsymbol{F}_2$、…$\boldsymbol{F}_n$ 组成的合力 $\boldsymbol{F}$ 对某点 O 的力矩等于各分力对同一点力矩的代数和。这就是合力矩定理（证明从略）。

即
$$M_o(\boldsymbol{F})=M_o(\boldsymbol{F}_1)+M_o(\boldsymbol{F}_2)+\cdots+M_o(\boldsymbol{F}_n)=\sum M_o(\boldsymbol{F})$$

合力矩定理不仅适用于平面汇交力系，而且也同样适用于平面一般力系。

由力矩定义可知：

① 如果力的作用线通过矩心，则该力对矩心的力矩等于零，即该力不能使物体绕矩心转动；

② 当力沿其作用线移动时，不改变该力对任一点之矩；

③ 等值、反向、共线的两个力对任一点之矩总是大小相等、方向相反，因此两者的代数和恒等于零；

④ 矩心的位置可以任意选定，即力可以对其作用平面内的任意点取矩，矩心不同，所求的力矩的大小和转向就可能不同。

2. 力偶

(1) 力偶的概念

力学上把一对大小相等、方向相反，作用线平行且不重合的力组成的力系称为力偶，通常用（$\boldsymbol{F},\boldsymbol{F}'$）表示。力偶中两个力所在的平面称为力偶的作用面，两力作用线之间的垂直距离 d 称为力偶臂，如图 2-17 所示。

实践证明，力偶对物体的转动效应，不仅与力偶中力 $\boldsymbol{F}$ 的大小成正比，而且与力偶臂 d 的大小成正比。F 与 d 越大，转动效应越显著。因此，力学上用两者的乘积 Fd 来度量力偶对物体的转动效应，这个物理量称为力偶矩，记作 $M(\boldsymbol{F},\boldsymbol{F}')$ 或简单地以 M 表示。

$$M=M(\boldsymbol{F},\boldsymbol{F}')=\pm Fd \tag{2-8}$$

力偶矩与力矩一样，也是代数量，正负号表示力偶的转向，其规定与力矩相同，即逆正顺负。单位也和力矩相同，常用 N·m 和 kN·m。

力偶对物体的转动效应取决于力偶矩的大小、转向和力偶的作用面，称这三个因素为力偶的三要素。常用图 2-18 所示的方法表示力偶矩的大小、转向、作用面。

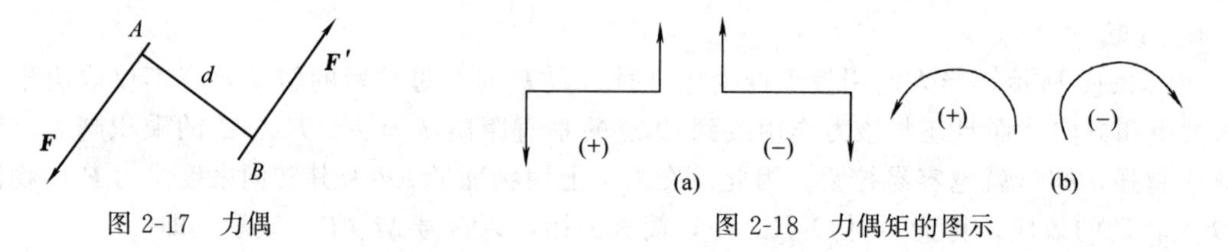

图 2-17 力偶　　图 2-18 力偶矩的图示

(2) 力偶的性质

① 力偶无合力。如图 2-19 所示，在力偶作用平面内取坐标轴 x、y，由于构成力偶的两平行力是等值、反向（但不共线），故在 x、y 轴上投影的代数和为零。这一性质说明力偶无合力，所以它不能用一个力来代替，也不能用一个力来平衡，力偶只能用力偶来平衡。由此可见，力偶是一个不平衡的、无法再简化的特殊力系。

② 力偶的转动效应与矩心的位置无关。如图 2-20 所示，设物体上作用一力偶（$\boldsymbol{F},\boldsymbol{F}'$），其力偶矩 $M=Fd$。在力偶作用平面内任取一点 O 为矩心，将力偶中的两个力 $\boldsymbol{F}$、$\boldsymbol{F}'$分别对 O 点取矩，其代数和为

$$M=M_o(\boldsymbol{F})+M_o(\boldsymbol{F}')=F(d+l)-Fl=Fd$$

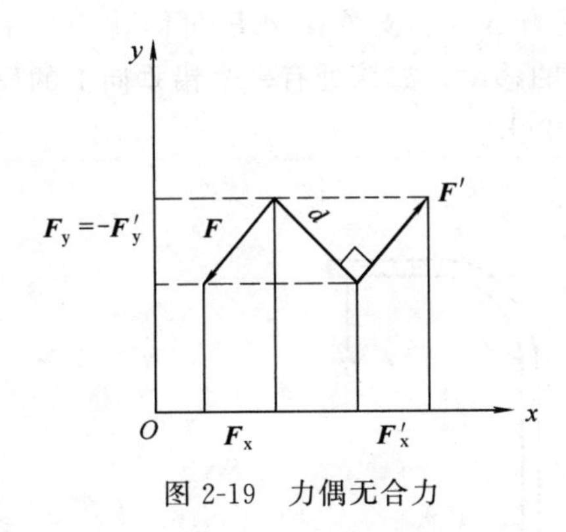

图 2-19　力偶无合力

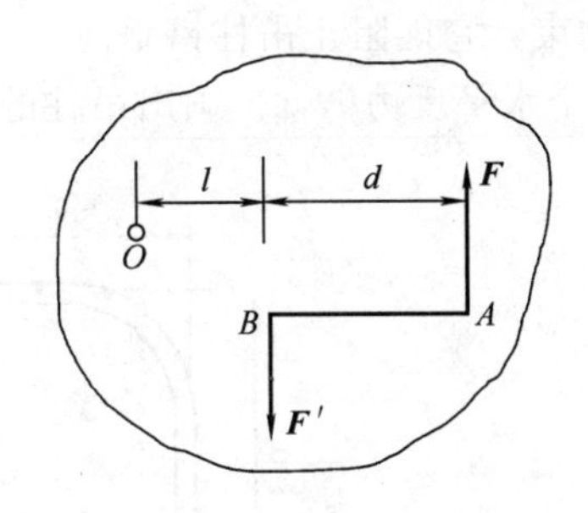

图 2-20　力偶的转动效应与矩心位置无关

这表明，力偶中两个力对其作用面内任一点之矩的代数和为一常数，恒等于其力偶矩。而力对某点之矩，矩心的位置不同，力矩就不同，这是力偶与力矩的本质区别之一。

③ 力偶的等效性。大量实践证明，凡是三要素相同的力偶，彼此等效。如图 2-21(a)、(b)、(c) 所示，作用在同一平面内的三个力偶，它们的力偶矩都等于 240N・cm，转向也相同，因此，它们互为等效力偶，可以相互代替。有时就用一个带箭头的弧线来表示一个力偶，如图 2-21(d) 所示。

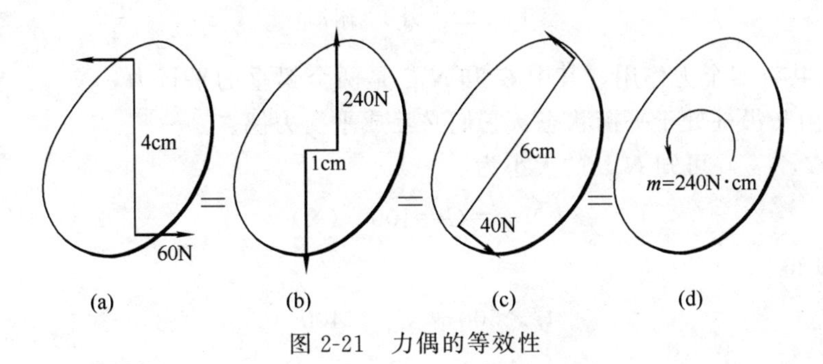

图 2-21　力偶的等效性

(3) 平面力偶系的合成与平衡

作用于同一物体上的若干个力偶组成一个力偶系，若力偶系中各力偶均作用在同一平面，则称为平面力偶系。

既然力偶对物体只有转动效应，转动效应由力偶矩来度量，那么，平面内有若干个力偶同时作用时（平面力偶系），也只能产生转动效应，且其转动效应的大小等于各力偶转动效应的总和。可以证明，平面力偶系合成的结果为一合力偶，其合力偶矩等于各分力偶矩的代数和。即

$$M=m_1+m_2+\cdots\cdots+m_n=\sum m \tag{2-9}$$

若物体在平面力偶系作用下处于平衡状态，则合力偶矩必定等于零，即

$$M=\sum m=0 \tag{2-10}$$

上式称为平面力偶系的平衡方程。利用这个平衡方程，可以求出一个未知量。

［例 2-3］ 图 2-22(a) 为塔设备上使用的吊柱，供起吊顶盖之用。吊柱由支承板 A 和支承托架 B 支承，吊柱可在其中转动。图中尺寸单位为 mm。已知起吊顶盖重力为 1000N，试求起吊顶盖时，吊柱 A、B 两支承处受到的约束反力。

解：① 以吊柱为研究对象，支承板 A 对吊柱的作用可简化为向心轴承，它只能阻止吊

柱沿水平方向的移动，故该处只有一个水平方向的反力 $\boldsymbol{N}_{Ax}$。支承托架 B 可简化为一个固定铰链约束，它能阻止吊柱铅垂向下、水平两个方向的移动，故该处有一个铅垂向上的反力 $\boldsymbol{N}_{By}$，一个水平反力 $\boldsymbol{N}_{Bx}$。画出吊柱的受力图如图 2-22(b)。

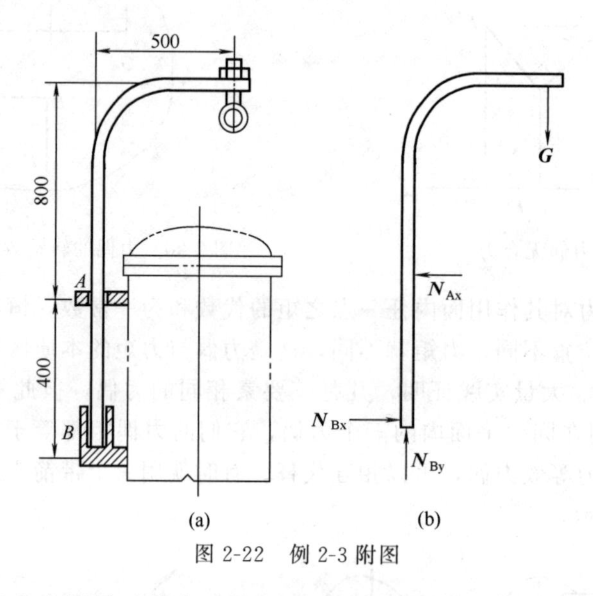

图 2-22 例 2-3 附图

② 吊柱上共有四个力作用，其中 $\boldsymbol{G}$ 和 $\boldsymbol{N}_{By}$ 是两个铅垂的平行力，$\boldsymbol{N}_{Ax}$、$\boldsymbol{N}_{Bx}$ 是两个水平的平行力，由于吊柱处于平衡状态，它们必互成平衡力偶。

由力偶（$\boldsymbol{G}, \boldsymbol{N}_{By}$）可知 $\boldsymbol{N}_{By}$ 的大小为

$$N_{By} = G = 1000 \text{ (N)}$$

由 $\sum m = 0$ 得

$$-G \times 500 + N_{Ax} \times 400 = 0$$

所以

$$N_{Ax} = \frac{1000 \times 500}{400} = 1250 \text{ (N)}$$

$$N_{Bx} = N_{Ax} = 1250 \text{ (N)}$$

六、平面任意力系

1. 力的平移

如图 2-23(a) 所示，设有一力 $\boldsymbol{F}$ 作用在物体上的 A 点，今欲将其平行移动（平移）到 o 点。如图 2-23(b) 所示，在 o 点加一对平衡力 $\boldsymbol{F}'$ 和 $\boldsymbol{F}''$，其大小和力 $\boldsymbol{F}$ 相等，且平行于 $\boldsymbol{F}$。根据加减平衡力系公理，这时，三个力 $\boldsymbol{F}$、$\boldsymbol{F}'$、$\boldsymbol{F}''$ 对物体的作用效果与原来的一个力 $\boldsymbol{F}$ 对物体的作用效果是相同的。$\boldsymbol{F}$、$\boldsymbol{F}'$、$\boldsymbol{F}''$ 三力中，$\boldsymbol{F}''$ 和 $\boldsymbol{F}$ 两力是等值、反向，但不共线的平

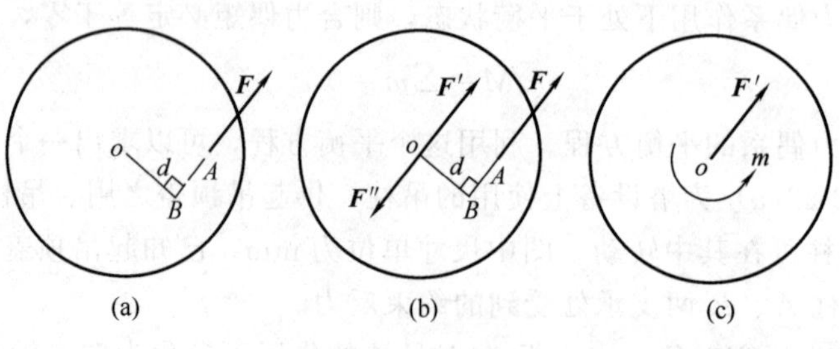

图 2-23 力的平移

行力，因而它们构成一个力偶，通常称为附加力偶，其臂长为 d，其力偶矩为 m 恰好等于原力 $\boldsymbol{F}$ 对 o 点之矩。

即
$$m=M_o(\boldsymbol{F})=Fd$$

而剩下的力 $\boldsymbol{F}'$，即为由 A 点平移到 o 点的力，如图 2-23(c) 所示。原来作用在 A 点的力 $\boldsymbol{F}$，现在被一个作用在 o 点的力 $\boldsymbol{F}'$和一个附加力偶（$\boldsymbol{F}$，$\boldsymbol{F}''$）所代替，显然它们是等效的。

由上可知：作用在物体上某点的力，可平行移动到该物体上的任意一点，但平移后必须附加一个力偶，其力偶矩等于原力对新作用点之矩，这就是力的平移定理。力的平移定理只适用于刚体，它是平面任意力系简化的理论依据。

2. 平面任意力系的简化

各力作用线任意分布的平面力系，称为平面任意力系。

如图 2-24(a) 所示，设物体上作用着一个平面一般力系：$\boldsymbol{F}_1$、$\boldsymbol{F}_2$、$\boldsymbol{F}_3$、$\boldsymbol{F}_4$。在物体上任意选取 o 点作为简化中心。根据力的平移定理将此四个力平移到 o 点，最后得到一个汇交于 o 点的平面汇交力系和一个平面力偶系，如图 2-24(b) 所示。换言之，原来的平面任意力系与一个平面汇交力系和一个平面附加力偶系等效。

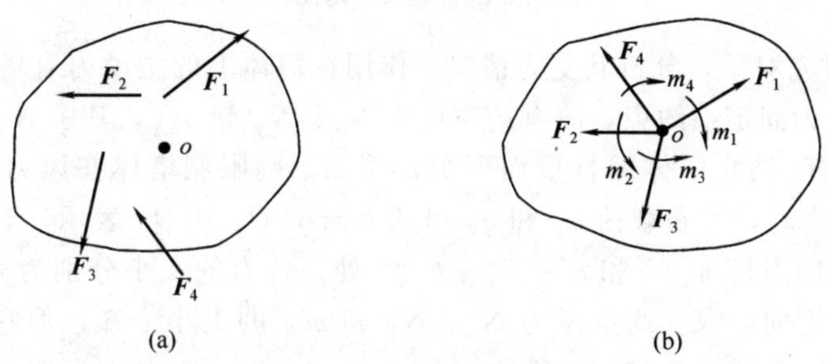

图 2-24 平面任意力系的简化

3. 平面任意力系的平衡

根据上述平面任意力系的简化结果，若简化后的平面汇交力系和平面附加力偶系平衡，则原来的平面任意力系也一定平衡。因此，只要综合上述两个特殊力系的平衡条件，就能得出平面任意力系的平衡条件。

① 平面汇交力系合成的合力为零 $F=0$

② 平面力偶系合成的合力偶矩为零 $\Sigma M_o=0$

当同时满足这两个要求时，平面任意力系作用的物体既不能移动，也不能转动，即物体处于平衡状态。

由平面汇交力系的平衡条件可知，欲使合力 $F=0$，则必须使$\Sigma F_x=0$ 及$\Sigma F_y=0$，因此得到平面任意力系的平衡方程为

$$\left.\begin{aligned}\Sigma F_x=0\\ \Sigma F_y=0\\ \Sigma M_o=0\end{aligned}\right\} \tag{2-11}$$

由这组平面任意力系的平衡方程，可以解出平衡的平面任意力系中的三个未知量。

［例 2-4］ 如图 2-25 所示的塔设备，塔重 $G=450\text{kN}$，塔高 $h=30\text{m}$，塔底用螺栓与基础紧固连接。塔体的风力可简化为两段均布载荷，$h_1=h_2=15\text{m}$，h_1 段均布载荷的载荷集度为 $q_1=380\text{N/m}$；h_2 段载荷集度为 $q_2=700\text{N/m}$。试求塔设备在支座处所受的约束反力。

解：由于塔设备与基础用地脚螺栓牢固连接，塔既不能移动，也不能转动，所以可将基础对塔设备的约束视为固定端约束。

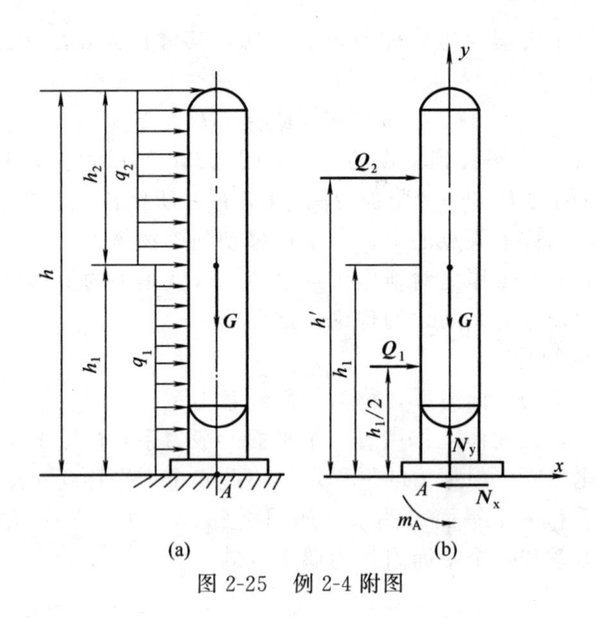

图 2-25　例 2-4 附图

① 选塔体为研究对象，分析其受力情况。作用在塔体上的主动力有塔身的重力 $\boldsymbol{G}$ 和风力 q_1、q_2，塔底处为固定端约束，故有约束反力 $\boldsymbol{N}_x$、$\boldsymbol{N}_y$ 和 m_A，其中 $\boldsymbol{N}_x$ 防止塔体在风力作用下向右移动，$\boldsymbol{N}_y$ 防止塔体因自重而下沉，而 m_A 则限制塔体在风力作用下绕 A 点转动。在计算支座反力时，均布载荷 q_1 和 q_2 可用其合力 $\boldsymbol{Q}_1$ 和 $\boldsymbol{Q}_2$ 表示，它们分别作用在塔体两段受载部分的中点即 $h_1/2$ 和 $h'=h_1+h_2/2$ 处，合力的大小分别为 $Q_1=q_1h_1$，$Q_2=q_2h_2$，方向与风力方向一致。约束反力 $\boldsymbol{N}_x$、$\boldsymbol{N}_y$ 和 m_A 的大小未知，但它们的指向和转向可预先假定。其受力图如图 2-25(b) 所示。

② 在塔体受力图上建立直角坐标系 Axy；选取 A 点为矩心。

③ 列平衡方程，求解未知力。

由
$$\sum F_x=0 \quad Q_1+Q_2-N_x=0$$
得
$$N_x=Q_1+Q_2=q_1h_1+q_2h_2=380\times15+700\times15=16200\text{N}=16.2\ (\text{kN})$$
由
$$\sum F_y=0 \quad N_y-G=0$$
得
$$N_y=G=450\ (\text{kN})$$
由
$$\sum M_A=0$$
$$m_A-Q_1\frac{h_1}{2}-Q_2\left(h_1+\frac{h_2}{2}\right)=0$$
$$m_A=Q_1\frac{h_1}{2}+Q_2\left(h_1+\frac{h_2}{2}\right)=q_1h_1\frac{h_1}{2}+q_2h_2\left(h_1+\frac{h_2}{2}\right)$$
$$=380\times15\times\frac{15}{2}+700\times15\left(15+\frac{15}{2}\right)=279000\ (\text{N}\cdot\text{m})=279\ (\text{kN}\cdot\text{m})$$

计算求得的 N_x、N_y 和 m_A 均为正值，说明受力图上假定的指向和转向与实际指向和转向相同。

第二节　轴向拉伸与压缩

一、轴向拉伸与压缩的概念

承受拉伸或压缩的杆件，工程实际中是很常见的。如图 2-26、图 2-27 所示。图 2-26(a)

所示压力容器法兰的连接螺栓，就是受拉伸的杆件，而图 2-26(c) 所示容器的支脚和图 2-27 所示千斤顶的螺杆则是受压缩的杆件。这类杆件的受力特点是：作用在直杆两端的外力大小相等、方向相反，且外力的作用线与杆的轴线重合。其变形特点是：沿着杆的轴线方向伸长或缩短。这种变形称为轴向拉伸或轴向压缩。

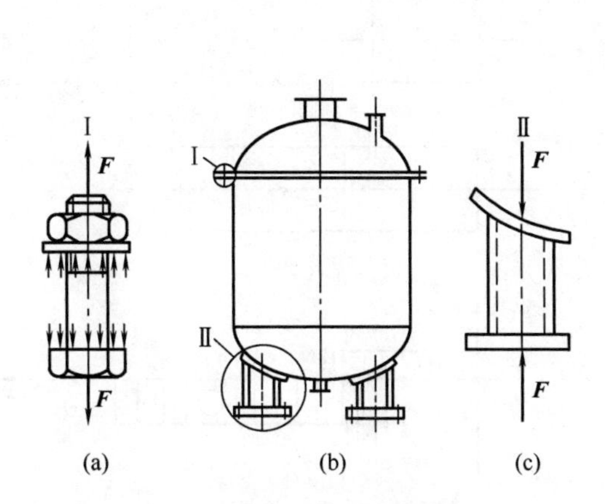

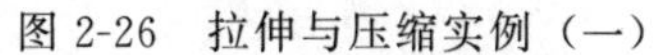
图 2-26　拉伸与压缩实例（一）

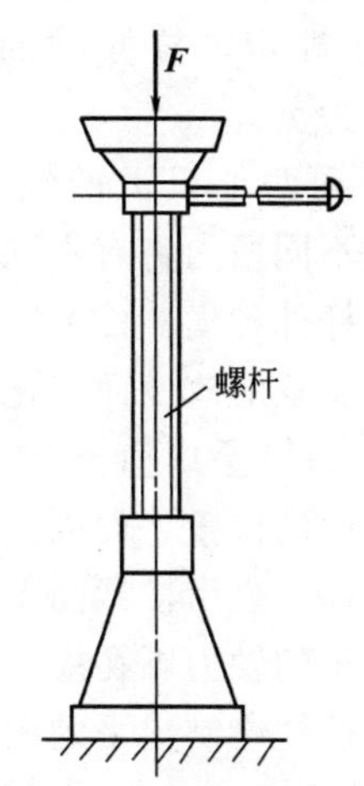

图 2-27　拉伸与压缩实例（二）

二、轴向拉伸与压缩时横截面上的内力

1. 内力的概念

研究构件的强度时，把构件所受作用力分为外力与内力。外力是指其他构件对所研究构件的作用力，它包括载荷（主动力）和约束反力。内力是指构件为抵抗外力作用，在其内部产生的各部分之间的相互作用力。内力随外力的增大而增大，但内力的增大是有限度的，当达到一定限度时，构件就要破坏。这说明构件的破坏与内力密切相关。因此，计算构件的强度时，首先应求出在外力作用下构件内部所产生的内力。

2. 截面法

求内力普遍采用的方法是截面法。即欲求某截面上的内力时，就假想沿该截面将构件截开，然后在截面标示出内力，再应用静力平衡方程求出内力。如图 2-28(a) 所示，杆件受拉力 $\boldsymbol{F}$ 作用，假想沿 m—n 截面将杆件截为两段，任取其中一段（此处取左段）作为研究对象，如图 2-28(b) 所示，由于各段仍保持平衡状态，所以在横截面上有力 $\boldsymbol{N}$ 作用，它代表着杆右段对左段的作用，这个力就是截面 m—n 上的内力。由于内力是分布在整个截面上的力，所以，应把集中力 $\boldsymbol{N}$ 理解为这些分布力的合力。它的大小可由静力平衡方程求得

$$\sum F_x=0 \qquad N-F=0$$

$$N=F$$

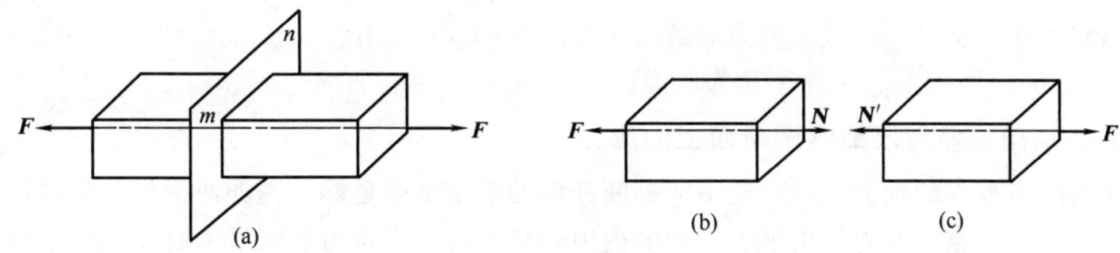

图 2-28　截面法

如取右段为研究对象，则可求出右段上的内力 $N'=F$，如图 2-28(c) 所示。力 $\boldsymbol{N}$ 与 $\boldsymbol{N}'$

是左右两段的相互作用力，它们必然大小相等、方向相反。

轴向拉压时，横截面上的内力与杆件的轴线相重合，这种内力称为轴力，常用符号 N 表示。通常规定，拉伸时的轴力为正；压缩时的轴力为负。

当杆件受到两个以上的轴向外力作用时，则在杆的不同段内将有不同的轴力。为了清晰地表示杆件各横截面上的轴力，常把轴力随横截面位置的改变而变化的情况用图线表示出来。一般是以直杆的轴线为横坐标，表示横截面的位置，而以垂直于杆轴线的坐标为纵坐标，表示横截面上的轴力，按一定的比例，正的轴力画在横坐标上方，负的画在下方，这样绘制出来的图形，称为轴力图。轴力图可反映轴力沿杆轴线的变化情况。

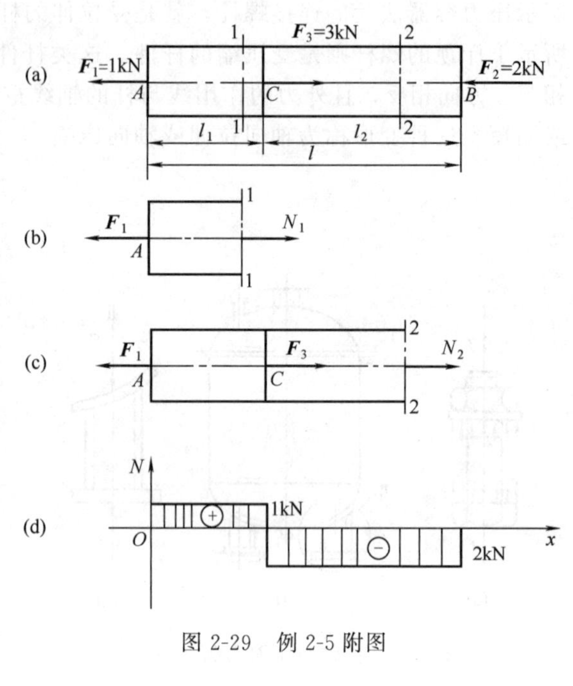

图 2-29　例 2-5 附图

［**例 2-5**］　如图 2-29 所示，构件受力 $\boldsymbol{F}_1$、$\boldsymbol{F}_2$、$\boldsymbol{F}_3$ 作用，求截面 1-1、2-2 上的内力，并画出构件的轴力图。

解：① 求截面 1-1 上的内力。假想在 1-1 处将杆件截为两段，取左段为研究对象，画出受力图如图 2-29(b) 所示。由静力平衡方程 $\sum F_x=0$ 得

$$N_1-F_1=0$$

$$N_1=F_1=1\ (\text{kN})$$

AC 段各横截面的内力均为 $N_1=1\text{kN}$。

② 求截面 2-2 上的内力。从 2-2 处“截开”杆件后，其左段的受力图如图 2-29(c) 所示。由静力平衡方程得

$$N_2-F_1+F_3=0$$

$$N_2=F_1-F_3=1-3=-2\ (\text{kN})$$

截面 2-2 上的内力 N_2 为负值，说明实际方向与假定方向（受拉）相反，为压力 2kN。CB 段各横截面的内力均为 $N_2=-2\text{kN}$。

③ 画轴力图。取 N-x 坐标系，由于每段内各横截面上的轴力不变，根据 N_1、N_2 的大小，按适当的比例，并注意 N_1、N_2 的正负号，在各段杆长范围内画出两条水平线，即可得到该构件的轴力图，如图 2-29(d) 所示。

从轴力图上便可确定最大轴力的数值及其所在的横截面位置。在此例中，CB 段的轴力最大，即 $|N_{\max}|=|N_2|=2\text{kN}$ 且为压力。

三、轴向拉伸与压缩时横截面上的应力

求出拉压杆件的轴力之后，还不能判断杆件的强度是否足够。例如两根材料相同，粗细不等的杆件，在相同拉力作用下，它们的内力是相等的。当拉力逐渐增大时，细杆必然先被拉断。这说明杆件的强度不仅与内力有关，还与横截面面积有关。实验证明，杆件的强度须用单位面积上的内力来衡量。单位面积上的内力称为应力。应力达到一定程度时，杆件就发

生破坏。

取一等截面直杆作试件，如图 2-30 所示，在其表面上画出两条垂直于杆轴线的横向线 ab 和 cd，代表两个横截面，然后对其施加拉伸载荷 F。

在受到拉伸后，试件产生变形，可以看到，ab、cd 分别平移到 $a'b'$ 和 $c'd'$ 位置，如图 2-30(a) 所示，且各线段仍与杆件轴线垂直。根据这一实验现象，可以作出一个重要的假设：杆件变形前为平面的各横截面，在变形后仍为平面。这个假设称为横截面平面假设。

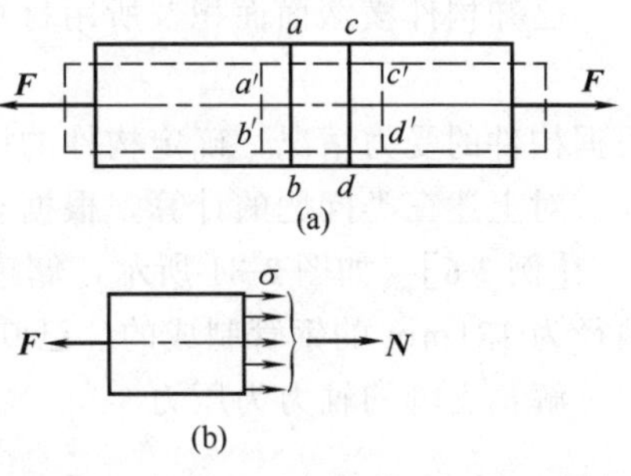

图 2-30　拉伸变形与横截面上的正应力

设想杆件是由无数条与轴线平行的纵向纤维构成，由平面假设推断，纵向纤维产生了相同的伸长量。因此，各纵向纤维的受力也相同。由此可知，杆件受拉伸或压缩时，其横截面上的内力是均匀分布的。因而，横截面上的应力也是均匀分布的，它的方向与横截面垂直，称为正应力，如图 2-30(b) 所示，其计算公式为

$$\sigma=\frac{N}{A} \tag{2-12}$$

式中　N——横截面上的轴力，N；

A——横截面面积，mm^2。

当正应力 σ 的作用使构件拉伸时 σ 为正，压缩时 σ 为负。

应力的单位是 N/m^2，称为帕（Pa）。因这个单位太小，还常用兆帕（MPa）。

$$1MPa=10^6 Pa=10^6 N/m^2=1N/mm^2$$

四、轴向拉伸与压缩时的强度计算

杆件是由各种材料制成的。材料所能承受的应力是有限度的，且不同的材料，承受应力的限度也不同，若超过某一极限值，杆件便发生破坏或产生过大的塑性变形，因强度不够而丧失正常的工作能力。因此，工程中对各种材料，规定了保证杆件具有足够的强度所允许承担的最大应力值，称为材料的许用应力。显然，只有当杆件中的最大应力小于或等于其材料的许用应力时，杆件才具有足够的强度。许用应力常用符号 $[\sigma]$ 表示。

为了保证拉、压杆具有足够的强度，必须使其最大正应力 σ_{max}（称为工作应力）小于或等于材料在拉伸（压缩）时的许用正应力 $[\sigma]$，即

$$\sigma_{max}=\frac{N}{A}\leqslant[\sigma] \tag{2-13}$$

式（2-13）称为拉（压）杆的强度条件，是拉（压）杆强度计算的依据。产生 σ_{max} 的截面，称为危险截面。等截面直杆的危险截面位于轴力最大处，而变截面杆的危险截面，必须综合轴力 N 和横截面面积 A 两方面来确定。

根据强度条件，可解决以下三方面的问题。

（1）强度校核

已知构件所受载荷、截面尺寸和材料的情况下，强度是否满足要求，可由式（2-13）决定。符合 $\sigma_{max}\leqslant[\sigma]$ 为强度足够，安全可靠；不符合，则强度不够，表明构件工作不安全。

（2）设计截面

已知构件所受的载荷和所用材料，则构件的横截面面积可由下式决定

$$A \geqslant \frac{N_{\max}}{[\sigma]} \tag{2-14}$$

（3）计算许可载荷

已知构件横截面面积及所用材料就可以按下式计算构件所能承受的最大轴力，即

$$N_{\max} \leqslant [\sigma]A \tag{2-15}$$

根据构件的受力情况，确定构件的许用载荷。

对上述三类问题的计算，根据有关设计规范，最大应力不允许超过许用应力的5%。

［例 2-6］ 如图 2-31 所示，储罐每个支脚承受的压力 $F=90\text{kN}$，它是用外径为 140mm，内径为 131mm 的钢管制成的。已知钢管许用应力 $[\sigma]=120\text{MPa}$，试校核支脚的强度。

解：支脚的轴力为压力

$$N=F=90\ (\text{kN})$$

支脚的横截面面积

$$A=\frac{\pi}{4}(140^2-131^2)=1920\ (\text{mm}^2)$$

压应力
$$\sigma=\frac{N}{A}=\frac{90\times10^3}{1920}=46.8(\text{MPa})<[\sigma]=120(\text{MPa})$$

所以支脚的强度足够。

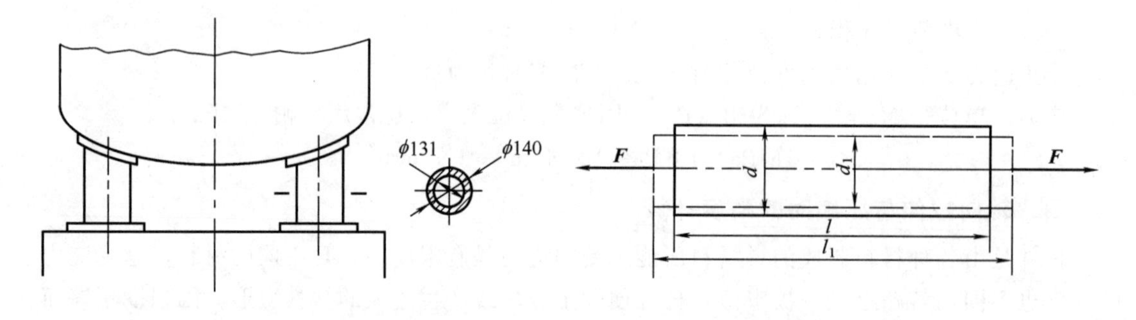

图 2-31 例 2-6 附图　　　　图 2-32 轴向拉伸时的变形

五、轴向拉伸与压缩时的变形

1. 变形分析

杆件受拉压作用时，它的长度将发生变化，拉伸时伸长，压缩时缩短。

设杆件原长为 l，拉伸或压缩后长度为 l_1（图 2-32），则杆件的伸长量 Δl 为

$$\Delta l=l_1-l$$

Δl 称为绝对变形，拉伸时 $\Delta l>0$，压缩时 $\Delta l<0$。原长不等的杆件，其变形 Δl 相等时，它们变形的程度并不相同。因此，用 Δl 与原长 l 的比值表示杆件的变形程度，即

$$\varepsilon=\frac{\Delta l}{l} \tag{2-16}$$

式中，ε 称为相对变形，也称为应变。它是一个无因次量，工程中也用百分数表示。

杆件轴向伸长（或缩短）时，它的横向尺寸将缩短（或伸长），若杆件的横向尺寸原为 d，受拉时变为 d_1（图 2-32），则杆件横向缩短为

$$\Delta d=d_1-d$$

横向的相对变形，即横向应变 ε' 为

$$\varepsilon'=\frac{\Delta d}{d}$$

横向应变 ε' 与轴向应变 ε 之比的绝对值称为横向变形系数或泊松比 μ。即

$$\mu=\left|\frac{\varepsilon'}{\varepsilon}\right|$$

μ 也是一个无因次量，对于一定的材料，μ 为定值。如钢材的 μ 值一般为 0.3 左右。

2. 虎克定律

实验证明，杆件受拉伸或压缩作用时，变形与轴力之间存在一定的关系。当应力未超过某一限度（称为材料的比例极限）时，杆件的绝对变形 Δl 与轴力 $\boldsymbol{N}$、原长 l 成正比，而与杆件的横截面面积成反比，即

$$\Delta l\propto\frac{Nl}{A}$$

引进比例系数 E，可将上式写成等式

$$\Delta l=\frac{Nl}{EA} \tag{2-17}$$

式中，E 仅与材料的性能有关，称为材料的拉压弹性模量。这个关系称为拉压虎克定律。

将式（2-17）等式两边各除以原长 l，则得

$$\varepsilon=\frac{\sigma}{E}\text{或}\ \sigma=E\varepsilon \tag{2-18}$$

这是虎克定律的另一种表达形式：当应力未超过材料的比例极限时，杆件的应力与应变成正比。

对于某种材料，在一定温度下，E 有一确定的数值。常用材料在常温下的 E 值列于表 2-1 中。须注意 ε 无单位，E 的单位与应力的单位相同，即常采用 Pa 或 MPa。

表 2-1 常用材料在常温下的 E、μ 值

材　料	$E\times10^5$/MPa	μ	材　料	$E\times10^5$/MPa	μ
碳钢	1.96～2.16	0.24～0.28	铝及其合金	0.71	0.33
合金钢	1.86～2.16	0.24～0.33	混凝土	0.14～0.35	0.16～0.18
铸铁	1.13～1.57	1.13～1.57	橡胶	0.00078	0.47
铜及其合金	0.73～1.28	0.31～0.42			

六、典型材料拉伸与压缩时的力学性能

所谓材料的力学性能是指材料从开始受力到破坏为止的整个过程中所表现出来的各种性能，如弹性、塑性、强度、韧性、硬度等。这些性能指标是进行强度、刚度设计和选择材料的重要依据。

低碳钢和铸铁是工程上常用的两类典型材料，它们在拉伸和压缩时所表现出来的力学性能具有广泛的代表性。这里主要介绍这两种材料在常温静载下受拉伸和压缩时所表现出来的力学性能。

1. 低碳钢拉伸时的力学性能

试验前，把要进行试验的材料做成如图 2-33 所示的标准拉伸试件，其标距 l 有 $l=5d$ 和 $l=10d$ 两种规格。试验时，将试件的两端装夹在试验机上后，在其上施加缓慢增加的拉力，直到把试件拉断为止。在不断缓慢增加拉力的过程中，试件的伸长量 Δl 也逐渐增大。在试验机的测力表盘上可以读出一系列的拉力 F 值，同时可以测出与每一个 F 值所对应的

Δl 值。若以伸长量 Δl 为横坐标，以拉力 F 为纵坐标，可以做出拉力 F 与绝对变形 Δl 关系的曲线——拉伸图。一般的试验机上有自动绘图装置，可以自动绘出拉伸图。

为了消除试件尺寸的影响，将拉力 F 除以试件横截面面积 A 得 σ，又将 Δl 除以试件原标距 l 得 ε。以应力 σ 为纵坐标、应变 ε 为横坐标，可以得到应力应变关系曲线——应力应变图（或称 σ-ε 曲线）。

如图 2-34 所示，以 Q235 钢的 σ-ε 曲线为例，讨论低碳钢在拉伸时的力学性能。

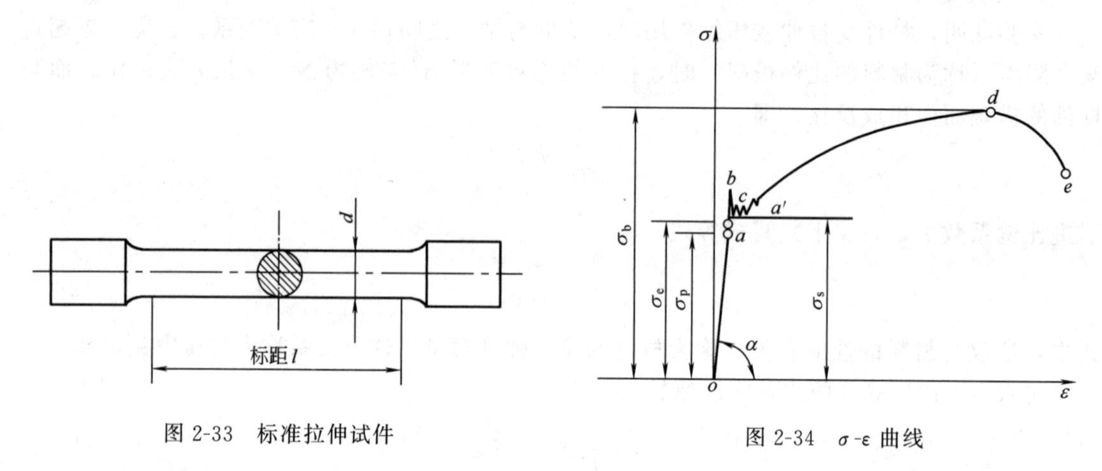

图 2-33　标准拉伸试件

图 2-34　σ-ε 曲线

（1）比例极限 σ_p

σ-ε 曲线的 oa 段是斜直线，这说明试件的应变与应力成正比，材料符合虎克定律 $\sigma=E\varepsilon$。oa 段的斜率 $\tan\alpha=E$，直线部分最高点 a 点所对应的应力值 σ_p，是材料符合虎克定律的最大应力值，称为材料的比例极限。Q235 钢的比例极限 $\sigma_p\approx200$MPa。

（2）弹性极限 σ_e

当应力超过材料比例极限 σ_p 后，图上 aa' 已不是直线，这说明应力与应变不再成正比，材料不符合虎克定律。但是，当应力值不超过 a' 点对应的应力值 σ_e 时，拉力 F 解除后，变形也完全随之消失，试件恢复原长，材料只出现弹性变形。应力值若超过 σ_e，即使把拉力 F 全部解除，试件也不能恢复原长，会保留有残余变形，这部分不可恢复的残余变形称为塑性变形。a' 点对应的应力值 σ_e 是材料只出现弹性变形的极限应力值，称为弹性极限。实际上 a' 与 a 两点非常接近，在应用时通常对比例极限和弹性极限不作严格区分。Q235 钢的弹性极限 σ_e 近似等于 200MPa。

试件的应力在从零缓慢增加到弹性极限 σ_e 的过程中，只产生弹性变形，不产生塑性变形，故 σ-ε 曲线上从 o 至 a' 这一阶段叫弹性阶段。

（3）屈服极限（屈服点 σ_s）

当应力超过弹性极限 σ_e 后，σ-ε 图上出现一段近似与横坐标轴平行的小锯齿形曲线 bc。说明这一阶段应力虽有波动，但几乎没有增加，而变形却在明显增加，材料好像失去了抵抗变形的能力。这种应力大小基本不变而应变显著增加的现象称为屈服或流动。图上从 b 至 c 所对应的过程叫屈服阶段。这一阶段应力波动的最低值 σ_s 称为材料的屈服点。如果试件表面光滑，可在试件表面上看到与轴线成 45°角的条纹，如图 2-35 所示。一般认为，这是材料内部的晶粒沿最大剪应力方向相对滑移的结果，这种滑移是造成塑性变形的根本原因。因此，屈服阶段的变形主要是塑性变形。塑性变形在工程上一般是不允许的，所以屈服点 σ_s 是材料的重要强度指标。Q235 钢的 $\sigma_s=235$MPa。

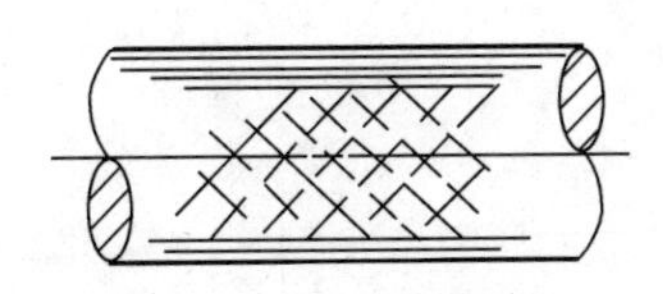
图 2-35　材料的屈服

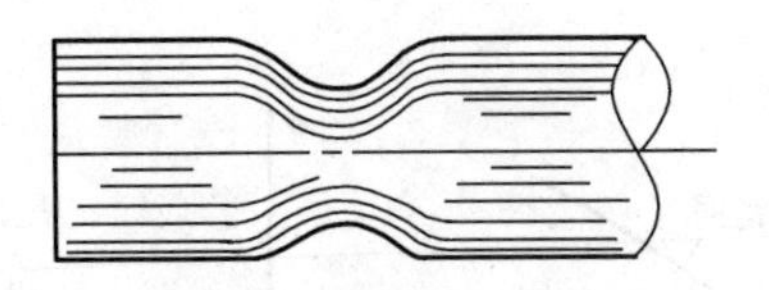
图 2-36　颈缩现象

(4) 强度极限σ_b

经过屈服阶段以后，曲线从c点开始逐渐向上凸起，这意味着要继续增加应变，必须增加应力，材料恢复了抵抗变形的能力，这种现象称为材料的强化。从c点到d点所对应的过程叫强化阶段，曲线最高点d对应的应力σ_b是试件断裂前所承受的最大应力值，称为强度极限。强度极限σ_b是表示材料强度的另一个重要指标。Q235 钢的强度极限$\sigma_b \approx 400\text{MPa}$。

在应力值小于强度极限σ_b时，试件的变形是均匀的。当应力达到σ_b后，在试件的某一局部，纵向变形显著增加，横截面积急剧减小，出现颈缩现象，如图 2-36 所示，试件被迅速拉断。颈缩现象出现后，试件继续变形所需的拉力F也相应减小，用原始面积算出的应力值F/A也随之下降，所以σ-ε曲线出现了de部分。在e点试件断裂。曲线上从d点至e点所对应的过程叫颈缩阶段。

(5) 伸长率δ和断面收缩率ψ

伸长率
$$\delta=\frac{l_1-l_0}{l_0}\times 100\%$$

式中　l_0——试件标距；

l_1——试件拉断后的长度；

l_1-l_0——塑性变形。

δ值的大小反映材料塑性的好坏。工程上一般把$\delta>5\%$的材料称为塑性材料，如低碳钢、铜、铝等；将$\delta<5\%$的材料称为脆性材料，如铸铁等。Q235 钢的$\delta=25\%\sim27\%$。

断面收缩率
$$\psi=\frac{A_0-A_1}{A_0}\times 100\%$$

式中　A_0——试件横截面原始面积；

A_1——试件断口处的横截面面积。

ψ值的大小也反映材料的塑性好坏。Q235 钢的$\psi=60\%$，它是典型的塑性材料。

2. 其他塑性材料拉伸时的力学性能

图 2-37(a) 为伸长率$\delta>10\%$的几种没有明显屈服阶段的塑性材料拉伸时的力学性能。由它们的应力-应变曲线图可以看出，在拉伸的开始阶段，σ-ε也成直线关系（青铜除外），符合虎克定律。与 Q235 钢相比，这些塑性材料并没有明显的屈服阶段。对于没有明显屈服阶段的塑性材料，工程上常采用名义屈服极限$\sigma_{0.2}$作为其强度指标。$\sigma_{0.2}$是产生 0.2%塑性应变时的应力值，如图 2-37(b) 所示。

3. 灰铸铁拉伸时的力学性能

灰铸铁静拉伸试验的σ-ε曲线，如图 2-38 所示。应力应变曲线没有真正的直线部分，但是在较小的应力范围内很接近于直线。这说明在应力不大时，可近似地认为灰铸铁符合虎克定律。

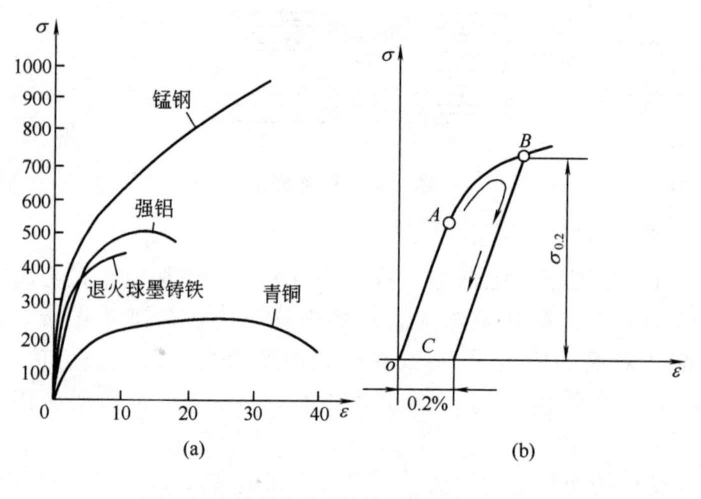

图 2-37　几种塑性材料拉伸时的 σ-ε 曲线

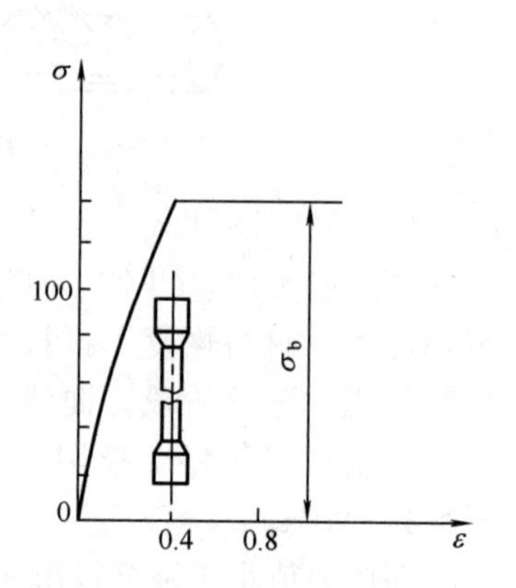

图 2-38　灰铸铁拉伸时的 σ-ε 曲线

灰铸铁没有屈服和颈缩现象，断裂时塑性变形很小，伸长率一般只有 0.5%～0.6%，断口较平齐。灰铸铁的拉伸强度极限较低，其 σ_b 在 100～200MPa 之间，故一般不用灰铸铁作承受拉伸的构件。

4. 低碳钢压缩时的力学性能

将低碳钢做成高与直径之比为 1.5～3 的圆柱形试件，并在万能材料试验机上进行压缩试验。其 σ-ε 曲线如图 2-39 所示，图中虚线表示拉伸时的 σ-ε 曲线。我们发现，在屈服阶段以前，压缩时的力学性能与拉伸时的力学性能相同，即比例极限 σ_p、屈服点 σ_s 和弹性模量 E 都与拉伸时相同。但过了屈服阶段后，随着压力的增大，试件越压越扁，试件的横截面积也不断地增大，试件不会断裂，所以低碳钢压缩时不存在强度极限 σ_b。

5. 灰铸铁压缩时的力学性能

灰铸铁压缩试验时的 σ-ε 曲线如图 2-40 所示。曲线上也没有真正的直线部分，材料只是近似地符合虎克定律，压缩过程中没有屈服现象。灰铸铁压缩破坏时，变形很小，而且是沿着与轴线大致成 45°的斜截面断裂。值得注意的是，灰铸铁的抗压强度极限比抗拉强度极限大约高 4 倍，故常用灰铸铁等脆性材料作承受压缩的构件。

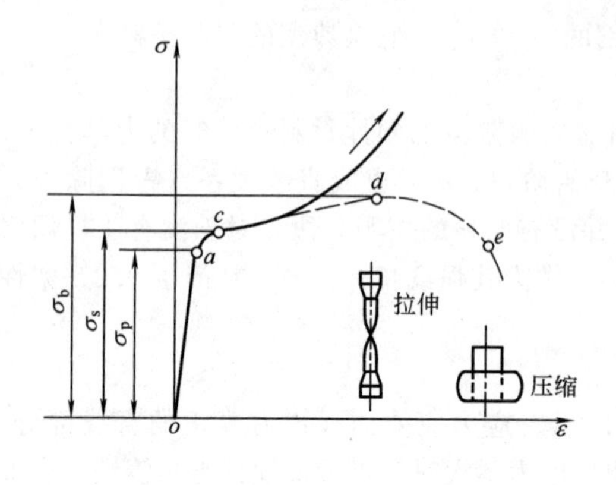

图 2-39　低碳钢压缩时的 σ-ε 曲线

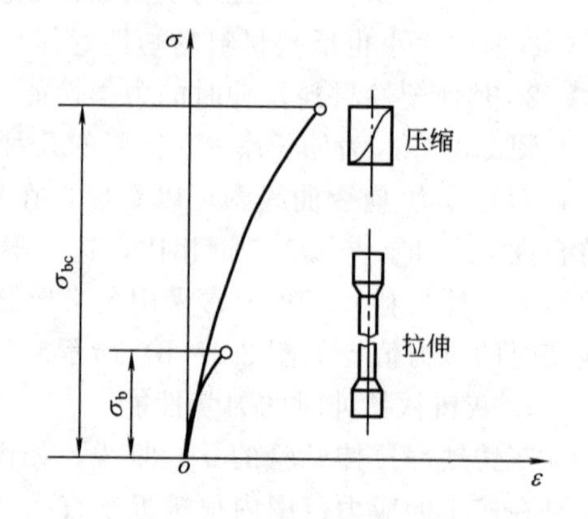

图 2-40　灰铸铁压缩时的 σ-ε 曲线

6. 许用应力

材料丧失正常工作能力时的应力称为极限应力。通过对材料力学性能的研究，知道塑性材料和脆性材料的极限应力分别为屈服点和强度极限。为了确保构件在外力作用下安全可靠地工作，考虑到由于理论计算的近似性和实际材料的不均匀性，当构件中的应力接近极限应力时，构件就处于危险状态。为此，必须给构件工作时留有足够的强度储备。即将极限应力除以一个大于1的系数n作为构件工作时允许产生的最大应力，这个应力称为许用应力，常以［σ］表示。

对于塑性材料 $$[\sigma]=\frac{\sigma_s}{n_s}$$

对于脆性材料 $$[\sigma]=\frac{\sigma_b}{n_b}$$

式中，n_s、n_b分别为屈服安全系数和断裂安全系数，它的选取涉及安全与经济的问题。根据有关设计规范，对一般构件常取$n_s=1.5\sim2$、$n_b=2\sim5$。

7. 应力集中

受轴向拉伸或压缩的等截面直杆，其横截面上的应力是均匀分布的。但实际工程中，这样外形均匀的等截面直杆是不多见的。由于结构和工艺等方面的要求，杆件上常常带有孔、槽等结构。在这些地方，杆件的截面形状和尺寸有突然的改变。实验证明，在杆件截面发生突变的地方，即使是在最简单的轴向拉伸或压缩的情况下，截面上的应力也不再是均匀分布的。而在开槽、开孔、切口等截面发生骤变的区域，应力局部增大，如图2-41所示，它是平均应力的数倍，并且经常出现杆件在截面突然改变处断裂，离开这个区域，应力就趋于平均。这种由于截面突然改变而引起的应力局部增高的现象，称为应力集中。

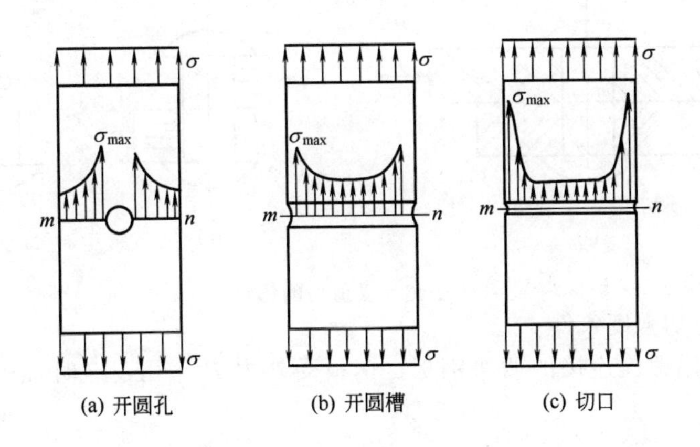

图2-41 应力集中

实验证明，截面尺寸改变得越急剧，应力集中程度就越严重，局部区域出现的最大应力σ_{max}就越大。由于应力集中对杆件的工作是不利的，因此，在设计时尽可能设法降低应力集中的影响。为此，杆件上应尽可能避免用带尖角的孔和槽，在阶梯轴的轴肩处要用圆弧过渡。

化工容器在开孔接管处也存在应力集中，在这些区域附近常需采用补强结构，以减缓应力集中的影响。

第三节　剪切与挤压

一、剪切概念及其强度计算

1. 剪切概念

如图 2-42 所示，用剪床剪钢板时，剪床的上下两个刀刃以大小相等、方向相反、作用线相距很近的两力 F 作用于钢板上，迫使钢板在两力间的截面 $m—n$ 处发生相对错动，这种变形称为剪切变形。产生相对错动的截面 $m—n$ 称为剪切面。剪切面总是平行于外力作用线。

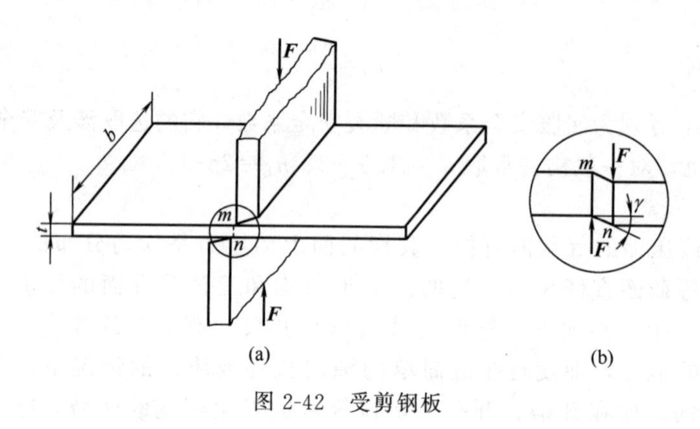

图 2-42　受剪钢板

机器中的连接件，如连接轴与齿轮的键、铆钉等，都是承受剪切零件的实例，如图 2-43 所示。

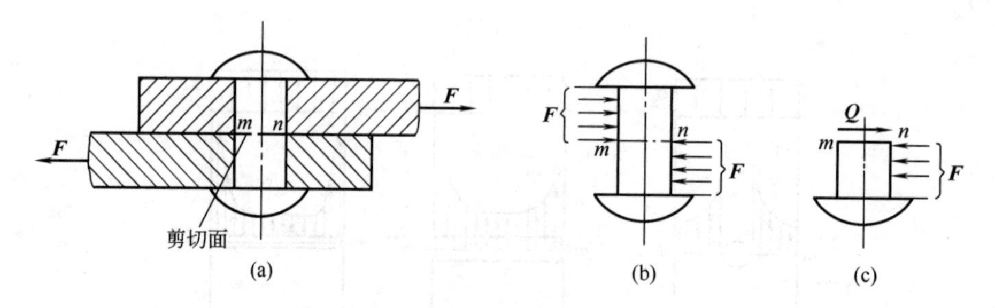

图 2-43　受剪切的铆钉

2. 剪应力与剪切强度条件

图 2-44(a) 是用螺栓连接的两块钢板，钢板受外力 $\boldsymbol{F}$ 作用，这时螺栓受到剪切，如图 2-44(b) 所示。

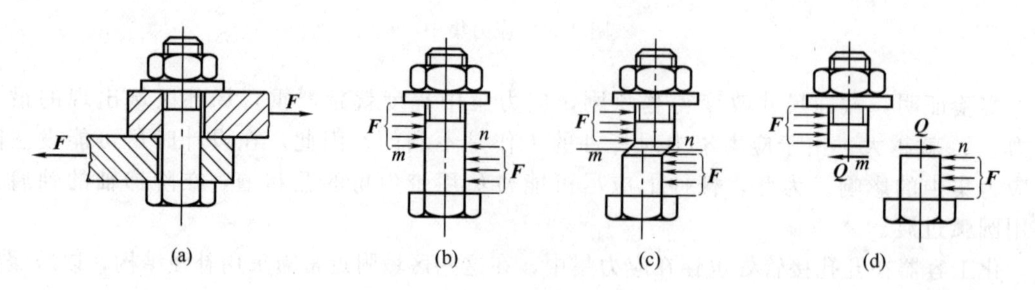

图 2-44　受剪切的螺栓

现分析螺栓杆部的内力和应力。仍用截面法，沿受剪面 $m—n$ 将杆部切开，并保留下段研究其平衡，如图 2-44(d) 所示。可以看出，由于外力 $\boldsymbol{F}$ 垂直于螺栓轴线，因此，在剪切面$m—n$，必存在一个大小等于 $\boldsymbol{F}$，而方向与其相反的内力 $\boldsymbol{Q}$，这一内力称为剪力。

剪力 $\boldsymbol{Q}$ 在截面上的分布比较复杂，但在工程实际中，通常假定它在截面上是均匀分布的。设 A 为剪切面的面积，则可得剪应力的计算公式为

$$\tau=\frac{Q}{A} \tag{2-19}$$

剪应力 τ 的单位与正应力 σ 的单位相同，常用 MPa（即 N/mm^2）。

为了保证受剪的连接件不被剪断，受剪面上的剪应力不超过连接件材料的许用剪应力 $[\tau]$，由此得剪切强度条件为

$$\tau=\frac{Q}{A}\leqslant[\tau] \tag{2-20}$$

许用剪应力 $[\tau]$ 等于材料的剪切极限应力 τ_b 除以安全系数 n。试验表明，钢质连接件的许用剪应力为 $[\tau]=(0.6\sim0.8)[\sigma]$。$[\sigma]$ 为钢材的许用拉应力。运用式（2-20）也可解决工程上属于剪切的三类强度问题。

以上分析的受剪构件都只有一个剪切面，这种情况称为单剪切。实际问题中有些零件往往有两个面承受剪切，称为双剪切。

二、挤压概念及其强度计算

1. 挤压概念

一般情况下，构件在发生剪切变形的同时，往往还伴随着挤压变形。机械中受剪切作用的连接件，在传力的接触面上，由于局部承受较大的压力，而出现塑性变形，这种现象称为挤压。构件上产生挤压变形的表面称为挤压面，挤压面就是两构件的接触面，一般垂直于外力作用线。

2. 挤压应力与挤压强度条件

挤压作用引起的应力称为挤压应力，用符号 σ_{jy} 表示。挤压应力与压缩应力不同，挤压应力只分布于两构件相互接触的局部区域，而压缩应力则遍及整个构件的内部。挤压应力在挤压面上的分布也很复杂，与剪切相似，在工程中，近似认为挤压应力在挤压面上均匀分布。如 P_{jy} 为挤压面上的作用力，A_{jy} 为挤压面面积，则

$$\sigma_{jy}=\frac{P_{jy}}{A_{jy}} \tag{2-21}$$

关于挤压面面积 A_{jy} 的计算，要根据接触面的具体情况确定。挤压面为平面，挤压面面积就是受力的接触面面积。如图 2-45(a) 所示，螺栓、铆钉、销钉等一类圆柱形连接件，其杆部与板的接触面近似为半圆柱面，板上的铆钉孔被挤压成长圆形，如图 2-45(b) 所示，铆钉杆部半圆柱面上挤压应力分布大致如图 2-45(c) 所示，最大挤压应力发生于圆柱形接触面的中点。为了简化计算，一般取通过圆柱直径的平面面积（即圆柱的正投影面面积），作为挤压面的计算面积，如图 2-45(d) 所示。计算式为

$$A_{jy}=dt$$

由于剪切和挤压总是同时存在，为了保证连接件能安全正常工作，对受剪构件还必须进行挤压强度计算。挤压的强度条件为

$$\sigma_{jy}=\frac{P_{jy}}{A_{jy}}\leqslant[\sigma_{jy}] \tag{2-22}$$

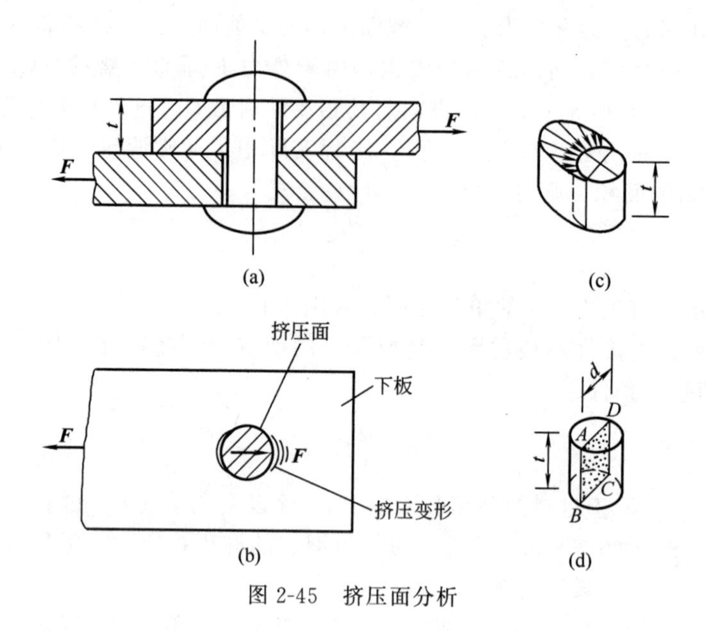

图 2-45　挤压面分析

式中，$[\sigma_{jy}]$ 为材料的许用挤压应力，其数值由试验确定，可从有关手册查得，对于钢材一般可取 $[\sigma_{jy}]=(1.7\sim2.0)[\sigma]$。

[例 2-7]　图 2-46(a) 所示的起重机吊钩，上端用销钉连接。已知最大起重量 $F=120\text{kN}$，连接处钢板厚度 $t=15\text{mm}$，销钉的许用剪应力 $[\tau]=60\text{MPa}$，许用挤压应力 $[\sigma_{jy}]=180\text{MPa}$，试计算销钉的直径 d。

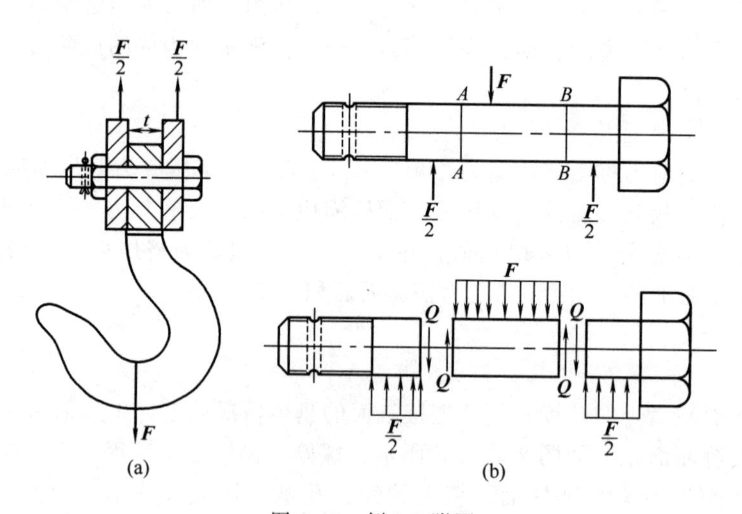

图 2-46　例 2-7 附图

解：①取销钉为研究对象，画受力图如图 2-46(b)。销钉受双剪切，有两个剪切面，用截面法可求出每个剪切面上的剪力为

$$Q=\frac{F}{2}=\frac{120}{2}=60\ (\text{kN})$$

② 按剪切强度条件计算销钉直径。剪切面面积

$$A=\frac{\pi d^2}{4}$$

由剪切强度条件公式（2-20）可知

$$d \geqslant \sqrt{\frac{2F}{\pi[\tau]}}=\sqrt{\frac{2\times120\times10^3}{3.14\times60}}=35.7(\mathrm{mm})$$

③ 按挤压强度条件计算销钉直径。挤压面面积为 $A_{jy}=td$，挤压力 $P_{jy}=F$，由挤压强度条件公式可知

$$\sigma_{jy}=\frac{P_{jy}}{A_{jy}}=\frac{F}{td}\leqslant[\sigma_{jy}]$$

故

$$d \geqslant \frac{F}{t[\sigma_{jy}]}=\frac{120\times10^3}{15\times180}=44.4\ (\mathrm{mm})$$

为了保证销钉安全工作，必须同时满足剪切和挤压强度条件，故销钉最小直径应取 45mm。

第四节　圆 轴 扭 转

一、扭转的概念

在一对大小相等，转向相反，且作用平面垂直于杆件轴线的力偶作用下，杆件上的各个横截面发生相对转动，这种变形称为扭转变形。扭转变形也是杆件的一种基本变形，在工程中，受扭转变形的杆件是很多的。如汽车的传动轴，日常生活中常用的螺丝刀。又如图 2-47 反应釜中的搅拌轴，在轴的上端作用着由电动机所施加的主动力偶 m_A，它驱使轴转动，而安装在轴下端的板式桨叶则受到物料阻力形成的阻力偶 m_B 作用，当搅拌轴等速旋转时，这两个力偶大小相等、转向相反，且都作用在与轴线垂直的平面内，因而会使搅拌轴发生扭转变形。工程上发生扭转变形的构件大多数是具有圆形或圆环形截面的圆轴，故这里只研究等截面圆轴的扭转变形。

二、圆轴扭转时横截面上的内力

1. 外力偶矩的计算

若已知电动机传递的功率 P_e 和转速 n，则电动机给轴的外力偶矩为

$$M=9.55\times10^3 P_e/n \tag{2-23}$$

式中　M——轴的外力偶矩，N·m；

P_e——轴所传递的功率，kW；

n——轴的转速，r/min。

从式（2-23）可知，在转速一定时力偶矩与功率成正比。但在功率一定的情况下，力偶矩与转速成反比。在同一台机器中，高速轴上力矩小，轴可以细些，低速轴上力矩大，轴应该粗些。

2. 扭矩的计算

图 2-47 所示的搅拌轴受力情况可以简化为如图 2-48 所示的受力图，搅拌轴在其两端受到一对大小相等，转向相反的外力偶矩（m_A、m_B）的作用，这段搅拌轴的横截面上必然产生内力，现用截面法求内力。

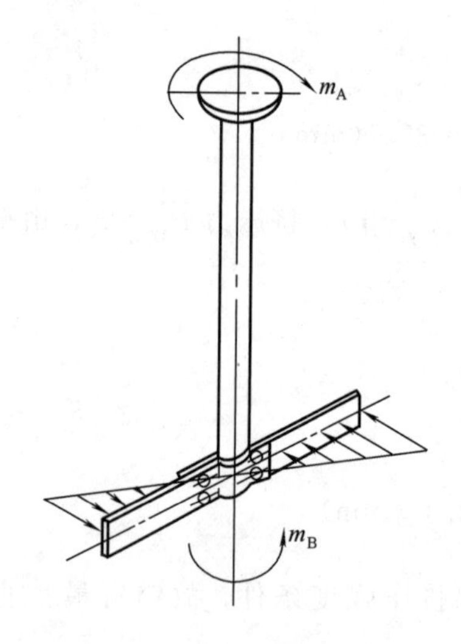

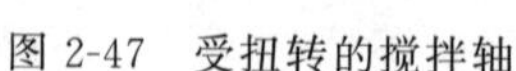
图 2-47　受扭转的搅拌轴

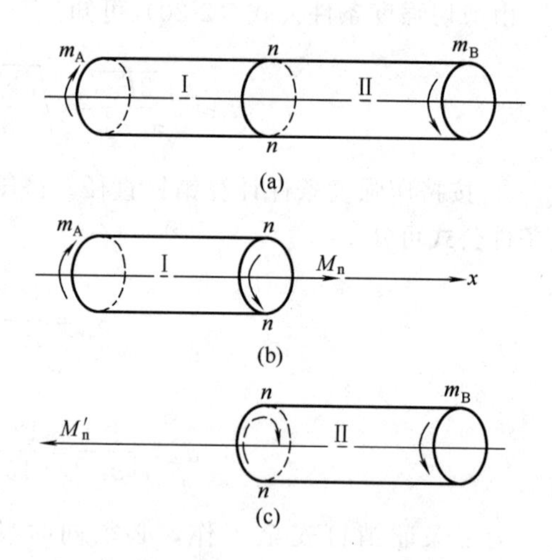

图 2-48　扭转时的内力

假想用 $n—n$ 截面将圆轴截成两段，以左段为研究对象，在左端作用有力偶矩 m_A，为保持左段的平衡，在左段 $n—n$ 截面上必然有右段给左段作用的内力偶矩，这个内力偶矩称为扭矩，用符号“M_n”表示，它与外力偶矩 m_A 相平衡。根据平衡条件

$$\sum M=0 \qquad m_A-M_n=0$$

$$M_n=m_A$$

当轴只受两个（大小相等，转向相反）外力偶作用而平衡时，在这两个外力偶作用面之间的这段轴内，任意截面上的扭矩是相等的，它等于外力偶矩。

如果轴上受到两个以上的外力偶作用时，同样也可以用截面法求出轴上各截面上的扭矩。在这种情况下，轴上任一截面上的扭矩，在数值上等于截面一侧所有外力偶矩的代数和。

即
$$M_n=\sum M$$

扭矩的正负按右手螺旋法则确定，即右手四指弯向表示扭矩的转向，当拇指指向截面外侧时，扭矩为正，反之为负。外力偶矩的正负号规定与扭矩相反。

为了形象地表示各截面扭矩的大小和正负，以便分析危险截面，可画出扭矩随截面位置变化的函数图像，这种图像称为扭矩图。其画法与轴力图类同。

三、圆轴扭转时横截面上的应力

通过实验和理论推导得知：圆轴扭转时横截面上只产生剪应力，而横截面上各点剪应力的大小与该点到圆心的距离 ρ 成正比。在圆心处剪应力为零；在轴表面处剪应力最大，如图 2-49 所示。

横截面上各点剪应力为

$$\tau_\rho=\frac{M_n\rho}{I_P} \tag{2-24}$$

最大剪应力为

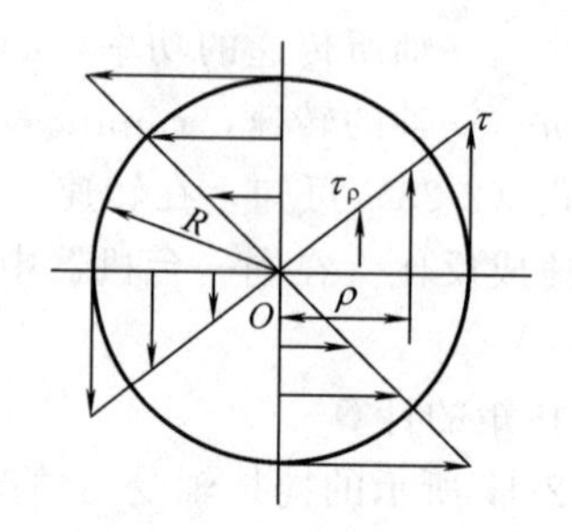

图 2-49　扭转剪应力分布规律

$$\tau_{max}=\frac{M_nR}{I_P}$$

式中，I_P 称为横截面对圆心的极惯性矩，对于一定的截面，极惯性矩是个常量，它说明截面的形状和尺寸对扭转刚度的影响。不同形状截面的极惯性矩 I_P 的计算公式见表 2-2。

表 2-2　截面的 I_P、W_n 计算公式

截　面	极惯性矩 I_P	抗扭截面模量 W_n
圆截面	$\pi d^4/32$	$\pi d^3/16$
圆环截面	$\pi(D^4-d^4)/32$	$\pi D^3[1-(d/D)^4]/16$

令 $W_n=I_P/R$，称 W_n 为抗扭截面模量，它说明截面的形状和尺寸对扭转强度的影响。所以

$$\tau_{max}=\frac{M_n}{W_n} \tag{2-25}$$

不同形状截面的抗扭截面模量 W_n 的计算公式见表 2-2。

四、圆轴扭转时的变形

圆轴扭转时，它的各个截面彼此相对转动。扭转变形常以轴的两端横截面之间相对转过的角度，即扭转角 φ 表示，如图 2-50 所示。工程上一般用单位长度的扭转角 θ 表示扭转变形的程度，即

$$\theta=\frac{\varphi}{L}=\frac{180°}{\pi}\times10^3\ \frac{M_n}{GI_P} \tag{2-26}$$

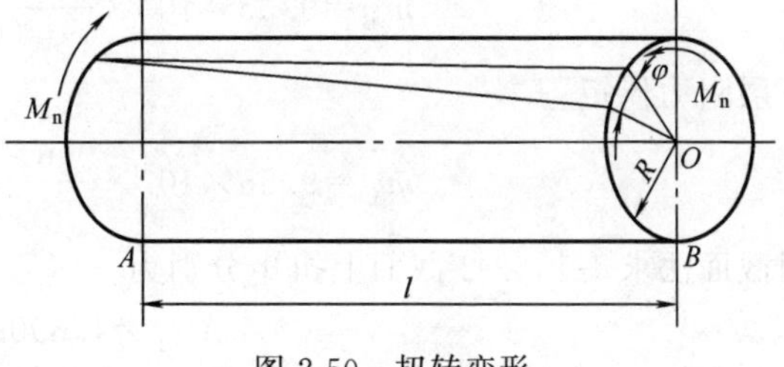

图 2-50　扭转变形

式中，G 为材料的剪切弹性模量，它是表示材料抵抗剪切变形能力的量。常用钢材的 G 为 8×10^4 MPa。

GI_P 称为轴的抗扭刚度，决定于轴的材料与截面的形状与尺寸。轴的 GI_P 越大，扭转角 φ 就越小，表明抗扭转变形的能力越强。

五、圆轴扭转时的强度和刚度计算

为了保证圆轴扭转时安全地工作，就应该限制轴内危险截面上的最大剪应力不超过材料的许用剪应力。因此圆轴扭转时的强度条件为

$$\tau_{max}=\frac{M_{nmax}}{W_n}\leqslant[\tau] \tag{2-27}$$

式中，M_{nmax} 是轴内危险截面上的最大扭矩；$[\tau]$ 是材料的许用剪应力。

圆轴受扭转时，除了考虑强度外，有时还应满足刚度要求。例如机床的主轴和丝杠，若扭转变形太大，就会引起剧烈的振动，影响加工工件的质量。因此，对精密机器上的轴，还要限制扭转变形不超过规定的数值。用许用单位长度上的扭转角 $[\theta]$ 加以限制，即

$$\theta_{max}=\frac{\varphi}{L}=\frac{180°}{\pi}\times10^3\ \frac{M_n}{GI_P}\leqslant[\theta] \tag{2-28}$$

式 (2-28) 为圆轴扭转时的刚度条件。应用扭转的强度条件和刚度条件，可以解决校核强度和刚度、设计截面尺寸、确定许可载荷等三类问题。

[例 2-8]　图 2-51(a) 为带有搅拌器的反应釜简图，搅拌轴上有两层桨叶，已知电动机

功率 $P_e=22kW$，转速 $n=60r/min$，机械效率为 $\eta=90\%$，上下两层阻力不同，各消耗总功率的40%和60%。此轴采用 $\phi 114mm\times 6mm$ 的不锈钢管制成，材料的扭转许用剪应力 $[\tau]=60MPa$，$G=8\times 10^4 MPa$，$[\theta]=0.5°/m$。试校核搅拌轴的强度和刚度。若将此轴改为材料相同的实心轴，试确定其直径，并比较两者用钢量。

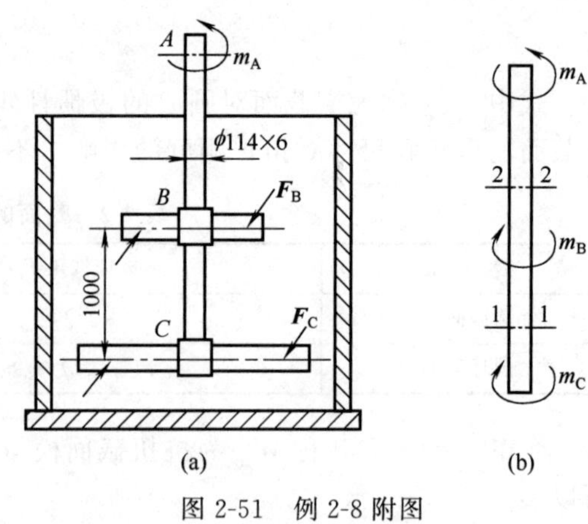

图 2-51 例 2-8 附图

解：搅拌轴可简化为如图 2-51(b) 所示的计算简图。

① 外力偶矩计算。因为机械效率 $\eta=90\%$，故传到搅拌轴上的实际功率为

$$P=P_e\eta=22\times 0.9=19.8\ (kW)$$

电动机给搅拌轴的主动力偶矩 m_A 为

$$m_A=9.55\times 10^3\times\frac{19.8}{60}=3151.5(N\cdot m)$$

上层阻力偶矩

$$m_B=9.55\times 10^3\times\frac{0.4\times 19.8}{60}=1260.6(N\cdot m)$$

下层阻力偶矩

$$m_C=9.55\times 10^3\times\frac{0.6\times 19.8}{60}=1890.9(N\cdot m)$$

用截面法求 1-1，2-2 截面上扭矩分别为

$$M_{n1}=1.8909\ (kN\cdot m)$$

$$M_{n2}=m_C+m_B=1.8909+1.2606=3.1515\ (kN\cdot m)$$

最大扭矩在 AB 段上，其值为 $M_{nmax}=3.1515\ (kN\cdot m)$。

② 强度校核。查表 2-2 得抗扭截面模量为

$$W_n=\pi D^3[1-(d/D)^4]/16$$

$$=\pi\times 114^3\times[1-(102/114)^4]/16=104.47\times 10^3\ (mm^3)$$

最大剪应力为

$$\tau_{max}=\frac{M_{nmax}}{W_n}=\frac{3151.5\times 10^3}{104.47\times 10^3}=30.17MPa<[\tau]=60\ (MPa)$$

所以搅拌轴的强度足够。

③ 刚度校核。查表 2-2，空心轴截面的极惯性矩为

$$I_P=\pi(D^4-d^4)/32=\pi(114^4-102^4)/32=5.95\times 10^6\ (mm^4)$$

由式 (2-28) 得

$$\theta_{max}=\frac{\varphi}{L}=\frac{180°}{\pi}\times 10^3\ \frac{M_n}{GI_P}=\frac{180°}{\pi}\times 10^3\times\frac{3151.5\times 10^3}{8\times 10^4\times 5.95\times 10^6}$$

$$=0.38(°/m)<[\theta]=0.5(°/m)$$

所以搅拌轴的刚度也足够。

④ 求实心轴直径。如实心轴和空心轴的强度相等和所受的外力偶矩相同，则抗扭截面模量应相等，即

$$\frac{\pi}{16}D_i^3=\frac{\pi}{16}D^3\left[1-\left(\frac{d}{D}\right)^4\right]=W_n=104.46\times10^3(mm^3)$$

则

$$D_i=\sqrt[3]{\frac{16W_n}{\pi}}=\sqrt[3]{\frac{16\times104.46\times10^3}{3.14}}=81(mm)$$

⑤ 空心轴与实心轴用钢量比较。

$$\frac{G}{G_i}=\frac{\pi(D^2-d^2)/4}{\pi D_i/4}=\frac{114^2-102^2}{81^2}=0.395$$

即在相同情况下空心轴用钢量为实心轴的 39.5%，由此可见空心轴省料。因为圆轴扭转时横截面上剪应力分布不均匀，实心轴靠近中心部分剪应力很小，材料的强度远没有被充分利用，如果把这部分材料移到离圆心较远的位置就可以提高材料强度的利用率。

第五节　直梁弯曲

一、弯曲变形的概念

当杆件受到垂直于杆轴线的力或力偶作用而变形时，杆的轴线将由直线变成曲线，这种变形称为弯曲。弯曲变形是工程实际中最常见的一种基本变形。如图 2-52 所示高大的塔设备受风载荷作用；图 2-53 所示起重机的横梁受自重和起吊重物的作用；图 2-54 所示卧式容器受到自重和内部物料重量的作用等都是产生弯曲变形的典型实例。工程上把以弯曲变形为主的杆件统称为梁。

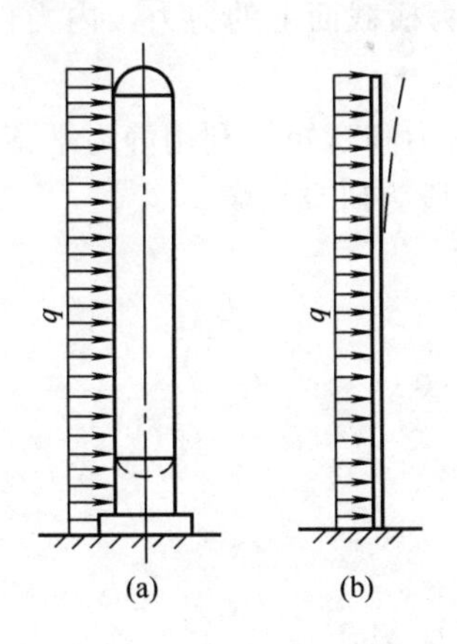

图 2-52　塔设备

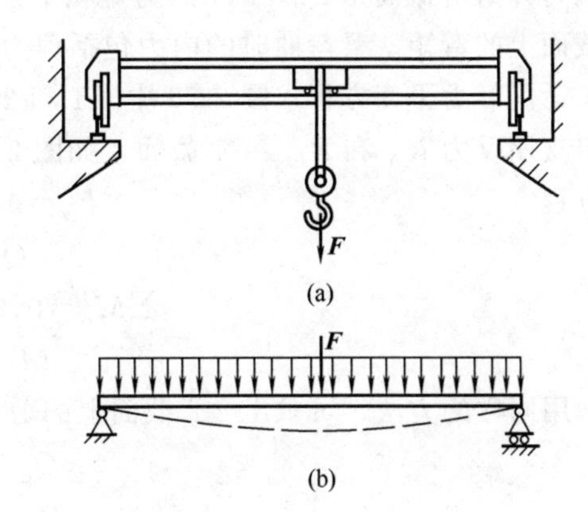

图 2-53　起重机横梁

如果梁的轴线是在纵向对称平面内产生弯曲变形，则称为平面弯曲，如图 2-55 所示。平面弯曲是弯曲问题中最基本和最常见的情况。

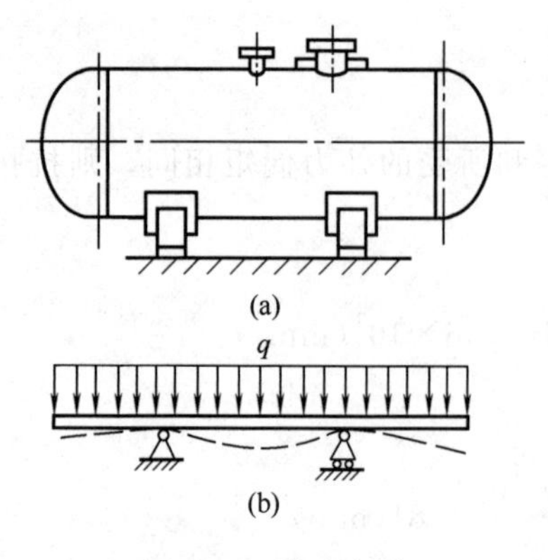

图 2-54　卧式容器

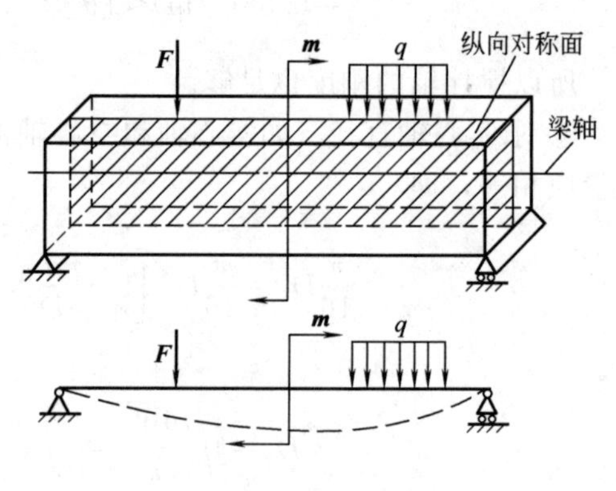

图 2-55　平面弯曲

常见的梁有以下三种。

① 悬臂梁：一端固定，另一端自由的梁称为悬臂梁。如图 2-52 所示，高塔设备就可简化为悬臂梁。

② 简支梁：一端为固定铰链支座，另一端为活动铰链支座的梁称为简支梁。如图 2-53 所示，起重机的横梁即可简化为一简支梁。

③ 外伸梁：简支梁的一端或两端伸出支座以外的梁称为外伸梁。如图 2-54 所示，放在两个鞍座上的卧式容器可简化为一外伸梁。

简支梁或外伸梁两个支座间的距离称为梁的跨度。

二、直梁弯曲时的内力

1. 剪力和弯矩

梁在外力作用下内部将产生内力。如图 2-56 所示，为求出梁横截面 1-1 上的内力，假想沿 1-1 截面将梁截为两段，取其中一段（此处取左段）作为研究对象。在这段梁上作用的外力有支座约束反力 R_A。截面上的内力应与这些外力相平衡。由静力平衡方程 $\sum F_y=0$ 判断截面上作用有沿截面的力 Q，截面上还应有一个力偶 M，以满足平衡方程 $\sum M_o=0$，该力偶与外力对截面 1-1 形心 O 的力矩相平衡。内力 Q 称为横截面上的剪力，内力偶 M 称为横截面上的弯矩。梁弯曲时的内力包括剪力 Q 与弯矩 M。

运用静力平衡方程求图 2-56 中 1-1 和 2-2 截面上的剪力和弯矩。利用静力平衡方程可先求出支座反力 R_A 和 R_B。1-1 截面，如图 2-56(b)，取左段为研究对象。

由方程
$$\sum F_y=0，R_A-Q_1=0$$
得
$$Q_1=R_A$$
由
$$\sum M_o=0，M_1-R_Ax_1=0$$
得
$$M_1=R_Ax_1$$

用同样的方法，可求出 2-2 截面上的剪力和弯矩

$$Q_2=R_A-F$$
$$M_2=R_Ax_2-F(x_2-a)$$

上面是取横截面 1-1，2-2 的左段梁为分离体进行分析所得到的剪力和弯矩。如果取横截面 1-1，2-2 的右段梁为分离体进行分析，也可求得同样大小的剪力和弯矩，但方向和转向相反。这说明梁横截面上内力的计算与所取的分离体（左段梁或右段梁）无关。为方便起见，通常是选取外力比较简单的左（右）段梁为分离体。如在计算横截面 2-2 上的剪力和弯

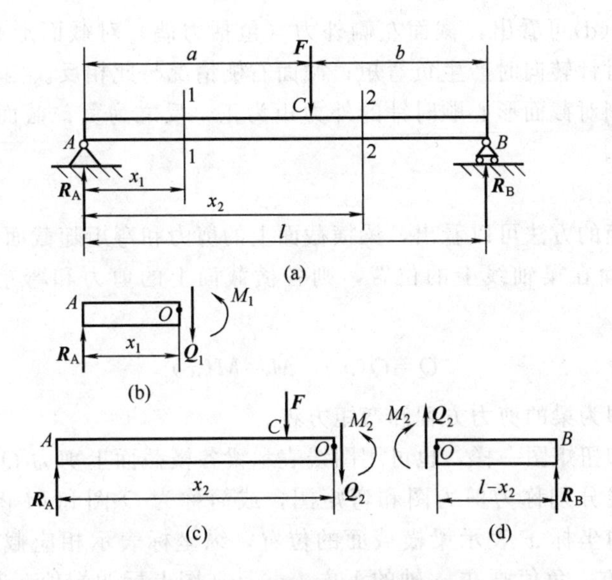

图 2-56　弯曲变形的内力

矩时，由于右段梁只有支座反力 R_B 作用，故取右段梁为分离体进行计算较为方便，如图 2-56(d) 所示。

用截面法计算横截面上的剪力和弯矩，是求弯曲内力的基本方法。在这一方法的基础上，可直接由梁上的外力求截面上的剪力与弯矩。由上面的计算可以得到剪力、弯矩的计算法则如下。

某截面上剪力等于此截面一侧所有外力的代数和。

某截面上弯矩等于此截面一侧所有外力对该截面形心力矩的代数和。

即
$$Q=\sum F \quad M=\sum M_o(F)$$

为了使从左右两段梁上求得的内力符号一致，根据梁的变形情况，对剪力与弯矩的符号作如下规定：以某一截面为界，左右两段梁发生左上右下的相对错动时，该截面上剪力为正，反之为负，如图 2-57(a)、(c) 所示。若某截面附近梁弯曲呈上凹下凸状时，该横截面上的弯矩为正，反之为负，如图 2-57(b)、(d) 所示。

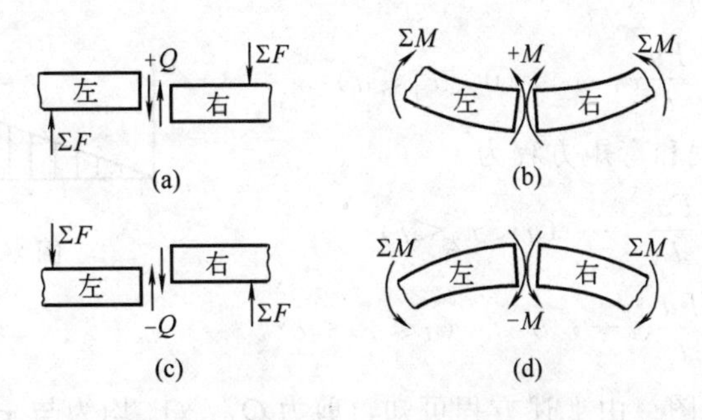

图 2-57　内力 Q、M 的符号规定

由图 2-57(a)、(c)可看出，截面左侧向上，右侧向下的外力产生正剪力；截面左侧向下，右侧向上的外力产生负剪力。因此，由外力计算剪力时，截面左侧向上的外力为正，向下的外力为负；截面右侧情况与此相反，即“左上右下为正”。外力代数和为正时，剪力为正，反之为负。

由图 2-57(b)、(d)可看出，截面左侧外力（包括力偶）对截面形心之矩为顺时针转向时产生正弯矩，逆时针转向时产生负弯矩；截面右侧情况与此相反。因此，由外力计算弯矩时可规定：截面左侧对截面形心顺时针的外力矩为正，反之为负；截面右侧情况与此相反，即“左顺右逆为正”。

2. 剪力图和弯矩图

从求剪力和弯矩的方法可以看出，梁横截面上的剪力和弯矩随截面位置不同而变化。若以坐标 x 表示横截面在梁轴线上的位置，则各横截面上的剪力和弯矩皆可表示为 x 的函数，即

$$Q=Q(x) \quad M=M(x)$$

上面的函数表达式即为梁的剪力方程和弯矩方程。

与绘制轴力图和扭矩图一样，也可用图线表示梁各横截面上剪力 Q 和弯矩 M 沿轴线变化的情况。这种图线分别称为剪力图和弯矩图，或简称为 Q 图和 M 图。作图的基本方法是，平行于梁轴线的坐标 x 表示梁横截面的位置，纵坐标表示相应截面上的剪力和弯矩，正值画在 x 轴的上方，负值画在 x 轴的下方，并且在图上标明端值。有了剪力图和弯矩图就能一目了然地看出剪力和弯矩沿梁轴线的变化情况，从而找出最大剪力和最大弯矩所在的横截面位置及数值。在一般情况下，梁的破坏通常是发生在弯矩最大的横截面，故弯矩绝对值最大的横截面就是危险截面。因此，在进行梁的弯曲强度计算时，应以危险截面上的弯矩为依据。

［例 2-9］ 试作出图 2-56(a) 所示梁的剪力图和弯矩图。

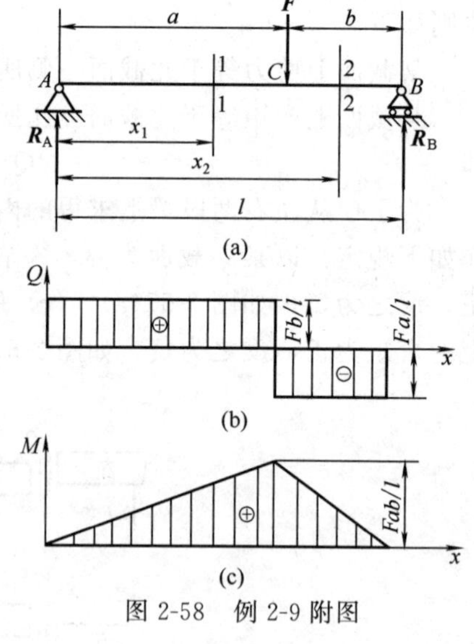

图 2-58　例 2-9 附图

解：图 2-56(a) 梁可简化为图 2-58(a)。

① 求支座反力。利用静力平衡方程可求出

$$R_A=\frac{Fb}{l} \quad R_B=\frac{Fa}{l}$$

② 列剪力方程和弯矩方程。由前面分析可知，AC 段梁的剪力方程和弯矩方程为

$$Q_1=R_A=\frac{Fb}{l} \qquad (0<x_1<a)$$

$$M_1=R_A x_1=-\frac{Fb}{l}x_1 \qquad (0\leqslant x_1\leqslant a)$$

CB 段梁的剪力方程和弯矩方程为

$$Q_2=-R_B=\frac{Fa}{l} \qquad (a<x_2<l)$$

$$M_2=R_B(l-x_2)=\frac{Fa}{l}(l-x_2) \qquad (a\leqslant x_2\leqslant l)$$

③ 画剪力图和弯矩图。由上述方程可知，剪力 Q_1、Q_2 均为与 x 无关的常数。Q_1 为正的常数，因此在 Q-x 图上为一条平行于 x 轴的直线，且位于 x 轴的上方。Q_2 为负的常数，因此在 Q-x 图上也是一条水平直线，但位于 x 轴的下方。所以整个梁的剪力图是由两个矩形所组成，如图 2-58（b）所示。

由弯矩方程可知，AC 段和 CB 段梁的弯矩 M_1、M_2 均为 x 的一次函数，故在 M-x 图上均为斜直线，只要求出该直线上的两点就可作图。

AC 段　在 $x_1=0$ 处，$M_1=0$；在 $x_1=a$ 处，$M_1=\frac{Fb}{l}a$。利用这两个位置处的弯矩值，就可绘出 AC 段梁的弯矩图。

CB 段　在 $x_2=a$ 处，$M_2=\frac{Fa}{l}b$；在 $x_2=l$ 处，$M_2=0$。利用这两个位置处的弯矩值，同样可绘出 CB 段梁的弯矩图。

如图 2-58(c) 所示，整个梁的弯矩图为一个三角形，最大弯矩发生在集中力 F 作用点处的横截面上，此即危险截面，其最大弯矩值为

$$M_{\max}=\frac{Fa}{l}b$$

如果 $a=b=\frac{l}{2}$，则有

$$M_{\max}=\frac{1}{4}Fl$$

[**例 2-10**]　如图 2-59(a) 所示，填料塔内支承填料用的栅条可简化为受均布载荷作用的简支梁。已知梁所受的均布载荷集度为 q(N/m)，跨度为 l(m)。试作该梁的剪力图和弯矩图。

解：① 求支座反力。由对称性可知

$$R_A=R_B=\frac{1}{2}ql$$

② 列剪力方程和弯矩方程。取梁左端 A 为坐标原点，以梁的轴线为 x 轴。在距左端为 x 的横截面 1-1 处将梁切开，根据图 2-59(b) 所示的分离体的平衡条件，得到的剪力方程和弯矩方程分别为

$$Q=R_A-qx=\frac{ql}{2}-qx \quad (0<x<l) \quad \text{(a)}$$

$$M=R_A x-qx\,\frac{x}{2}=\frac{ql}{2}x-\frac{q}{2}x^2 \quad (0\leqslant x\leqslant l) \quad \text{(b)}$$

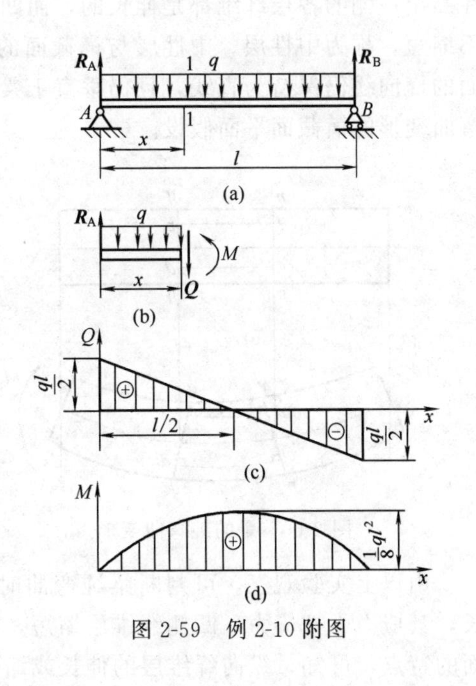

图 2-59　例 2-10 附图

③ 作剪力图和弯矩图。由式 (a) 可知，剪力 Q 为 x 的一次函数，故在 Q-x 图上是一条斜直线。只要求出任意两个横截面处的剪力值，就可确定这条斜直线的位置。如在 $x=0$ 处，$Q=\frac{ql}{2}$；在 $x=l$ 处，$Q=-\frac{ql}{2}$。连接这两点，即可画出剪力图如图 2-59(c) 所示。

由式 (b) 可知，弯矩是 x 的二次函数，说明弯矩图是一条抛物线。为此，至少要定出曲线上的三个点，才能近似地画出弯矩图。由

$$x=0，M=0$$

$$x=\frac{1}{4}l，M=\frac{3ql^2}{32}$$

$$x=\frac{1}{2}l，M=\frac{ql^2}{8}$$

$$x=l，M=0$$

画出弯矩图，如图 2-59(d)所示。

由 Q、M 图可知，最大剪力发生在梁的两端，其值为 $Q_{\max}=\frac{ql}{2}$；最大弯矩发生在梁的中间截面，即 $x=\frac{1}{2}l$ 处，其值为 $M_{\max}=\frac{ql^2}{8}$，即为危险截面。

三、纯弯曲时横截面上的应力

在一般情况下，截面上既有弯矩又有剪力。为了使问题简化，先讨论只有弯矩而无剪力的所谓纯弯曲的情况。梁在其两端只受到在纵向对称平面内的一对力偶作用时，其弯曲即属于纯弯曲。

为了分析弯曲时的应力及其分布规律，首先观察梁纯弯曲时的变形情况。如图 2-60 所示，取一矩形截面梁，在它的侧面画上很多间距相等的纵向线与横向线，然后在梁的两端各作用一个力偶 M，使其发生纯弯曲。实验结果表明：

① 侧面的纵向线弯曲成了弧线，而且向外凸出一侧的纵向线伸长，凹进一侧的纵向线缩短，中间一条纵向线长度不变；

② 侧面上的横向线仍保持为直线，且仍垂直于梁的轴线。

可设想梁由许多纵向纤维组成，并且梁内部纤维的变形与表面纤维的变形相同。那么，在凸出一侧的各层纤维都是伸长的，而凹进一侧的纤维层是缩短的。中间的一层既不伸长也不缩短，称为中性层。中性层与横截面的交线称为中性轴，如图 2-61 所示。由于代表横截面的横向线仍保持为直线，且仍垂直于梁的轴线，故梁变形时横截面仍保持为平面，这就是弯曲变形的横截面平面假设。

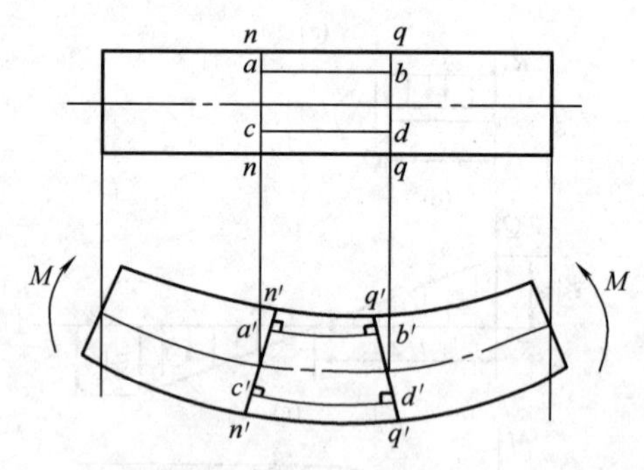

图 2-60 梁的纯弯曲变形

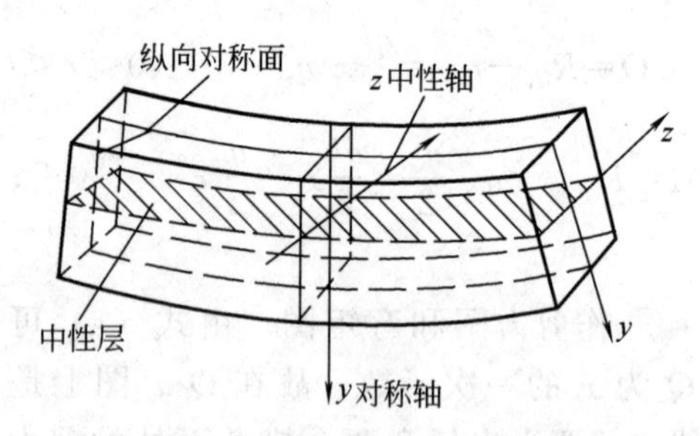

图 2-61 梁的中性层和中性轴

由以上实验观察，可判断梁纯弯曲时，横截面上只有正应力。梁凸出一侧的纤维层伸长，其应力为拉应力。凹侧纤维层缩短，应力为压应力。注意到梁变形时横截面仍保持为平面的特点，可知，纵向纤维层的伸长或缩短与它到中性层的距离成正比，其应变也与此距离成正比。

根据变形现象及平面假设，从变形的几何关系、物理关系、静力平衡条件可以推导出纯弯曲时横截面上任一点的正应力计算公式为

$$\sigma=\frac{My}{I_z} \tag{2-29}$$

式中　σ——横截面上距中性轴为 y 的各点的正应力；

M——横截面上的弯矩；

y——计算正应力的点到中性轴的距离；

I_z——横截面对中性轴 z 的惯性矩，表示截面的几何性质，是一个仅与截面形状和尺寸有关的几何量，反映了截面的抗弯能力，常用单位有 m^4、cm^4 和 mm^4。

由式（2-29）可知：梁弯曲变形时，横截面上任意点的正应力与该点到中性轴的距离成正比，即横截面上的正应力沿截面高度按直线规律变化；中性轴上各点（$y=0$），正应力为零；离中性轴最远的点，正应力最大，弯曲正应力沿截面宽度方向（距中性轴等距的各点）相同，如图 2-62 所示。

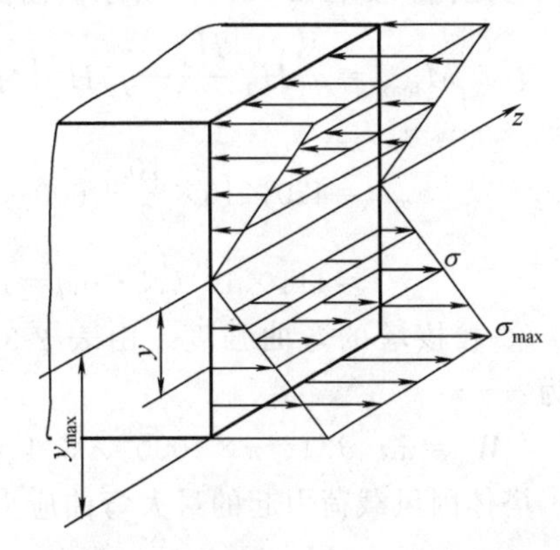

图 2-62　横截面上正应力分布规律

由图 2-62 可见，横截面上离中性轴最远的点（$y=y_{max}$），正应力值最大。

$$\sigma_{max}=\frac{M}{I_z}y_{max}=\frac{M}{I_z/y_{max}}$$

令

$$I_z/y_{max}=W_z$$

则

$$\sigma_{max}=\frac{M}{W_z} \tag{2-30}$$

式中　M——截面上的弯矩，N·mm；

W_z——横截面对中性轴 z 的抗弯截面模量，是一个仅与截面形状和尺寸有关的几何量，反映了截面的抗弯能力，单位为 m^3 或 mm^3，常见截面的轴惯性矩 I_z 和抗弯截面模量 W_z 如表 2-3 所示。

表 2-3　常见截面的轴惯性矩 I_z 和抗弯截面模量 W_z

截　面	矩形截面	圆形截面	圆环截面	大口径的设备或管道
I_z	$\frac{b}{12}h^3$	$\frac{\pi d^4}{64}\approx 0.05d^4$	$\frac{\pi}{64}(D^4-d^4)$	$\frac{\pi}{8}d^3\delta$
W_z	$\frac{b}{6}h^2$	$\frac{\pi d^3}{32}\approx 0.1d^3$	$\frac{\pi}{32D}(D^4-d^4)$	$\frac{\pi}{4}d^2\delta$

式(2-29)和式(2-30)是梁在纯弯曲的情况下建立起来的，对于横力弯曲的梁，若其跨度 l 与截面高度 h 之比 l/h 大于 5，仍可使用这些公式计算弯曲正应力。

四、梁的正应力强度计算

弯曲变形的梁，其横截面上通常既有由弯矩引起的正应力，又有由剪力引起的剪应力。对于工程中常见的梁，理论分析表明，正应力是引起梁破坏的主要因素，所以要进行强度计算，首先要找出最大弯矩 M_{max} 的危险截面。对于等截面直梁，弯矩最大的截面就是危险截面。在危险截面上，离中性轴最远的上下边缘各点的应力最大，破坏往往就是从这些具有最大正应力的点开始。因此，为了保证梁能安全工作，最大工作应力 σ_{max} 应不超过材料的许用弯曲应力。于是，梁弯曲正应力的强度条件为

$$\sigma_{max}=\frac{M_{max}}{W_z}\leqslant[\sigma] \tag{2-31}$$

式中，$[\sigma]$ 为弯曲许用应力，通常其值等于或略高于同一材料的许用拉（压）应力。

利用梁的正应力强度条件，可以对梁进行强度校核；确定梁的截面形状和尺寸；计算梁的许可载荷。

［例 2-11］ 如图 2-63 所示，分馏塔高 $H=20\text{m}$，作用于塔上的风载荷分两段计算：$q_1=420\text{N/m}$，$q_2=600\text{N/m}$；塔内径为 1000mm，壁厚 6mm，塔与基础的连接方式可看成固定端。塔体的许用应力 $[\sigma]=100\text{MPa}$。试校核塔体的弯曲强度。

解：① 求最大弯矩值。将塔简化为受均布载荷 q_1、q_2 作用的悬臂梁，由前面的知识画出其弯矩图，如图 2-63(b) 所示。由图可见，在塔底截面弯矩值最大，其值为

$$M_{\max}=q_1H_1\frac{H_1}{2}+q_2H_2\left(H_1+\frac{H_2}{2}\right)$$

$$=420\times10\times\frac{10}{2}+600\times10\times\left(10+\frac{10}{2}\right)$$

$$=111\times10^3(\text{N}\cdot\text{m})=111\times10^6(\text{N}\cdot\text{mm})$$

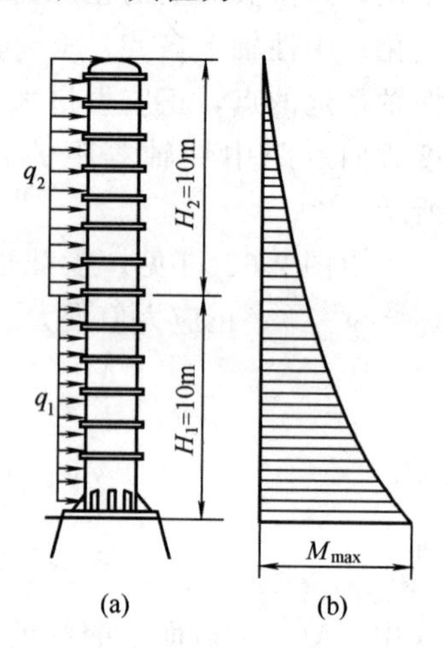

图 2-63　例 2-11 附图

② 校核塔的弯曲强度。由表 2-3 查得，塔体抗弯截面模量为

$$W_z=\pi d^2\delta/4=\pi\times1000^2\times6/4=4.7\times10^6\ (\text{mm}^3)$$

塔体因风载荷引起的最大弯曲应力为

$$\sigma_{\max}=\frac{M_{\max}}{W_z}=\frac{111\times10^6}{4.7\times10^6}=23.6(\text{MPa})<[\sigma]$$

$$=100(\text{MPa})$$

所以塔体在风载荷作用下强度足够。

五、提高弯曲强度的主要措施

提高梁的强度，就是在材料消耗最低的前提下，提高梁的承载能力，从而满足既安全又经济的要求。

从弯曲强度条件 $\sigma_{\max}=\dfrac{M_{\max}}{W_z}\leqslant[\sigma]$ 可以看出，要提高梁的承载能力，应从两方面考虑。一方面是合理安排梁的受力情况，以降低 $M_{\max}$ 的数值；另一方面则是采用合理截面，以提高抗弯截面模量 W_z 的数值，充分利用材料的性能。

1. 降低最大弯矩值 $M_{\max}$

梁的最大弯矩值 $M_{\max}$ 不仅取决于外力的大小，而且还取决于外力在梁上的分布。力的大小由工作需要而定，而力在梁上分布的合理性，可通过支座与载荷的合理布置达到。

如图 2-64(a) 所示，在均布载荷作用下的简支梁，最大弯矩为

$$M_{\max}=\frac{1}{8}ql^2$$

若将两端支承各自向里移动 $0.2l$，如图 2-64(b) 所示，则最大弯矩减小为

$$M_{\max}=\frac{1}{40}ql^2$$

仅为前者的 1/5。化工厂里的卧式储罐的支座就是这样布置的，这使因储罐和物料自重引起的罐壁弯曲应力较小，如图 2-65 所示。

如图 2-66(a) 所示简支梁 AB，集中力 F 作用于梁的中点，则 $M_{\max}=Fl/4$。按图 2-66

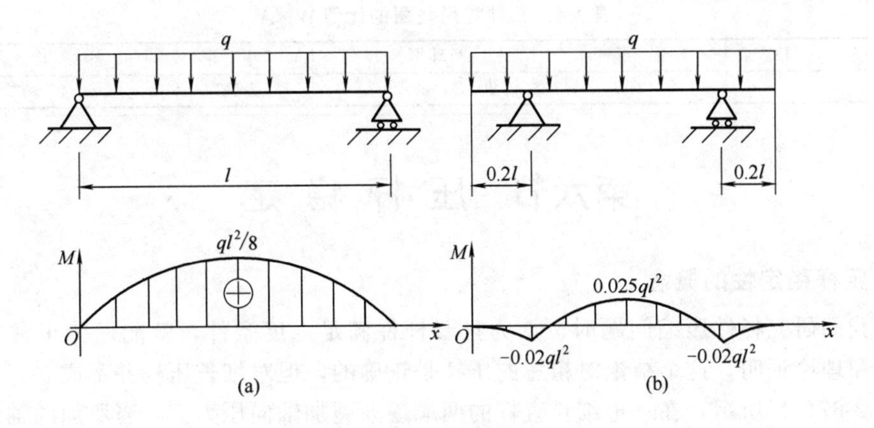

图 2-64　合理安排支座位置

(b) 所示，将 F 移至距支座 A 点 $l/6$ 处，则 $M_{\max}=5Fl/36$。相比之下，后者的最大弯矩就减少近一半。工程上常使梁上的集中力靠近支座作用，这可大大减小梁的最大弯矩值。

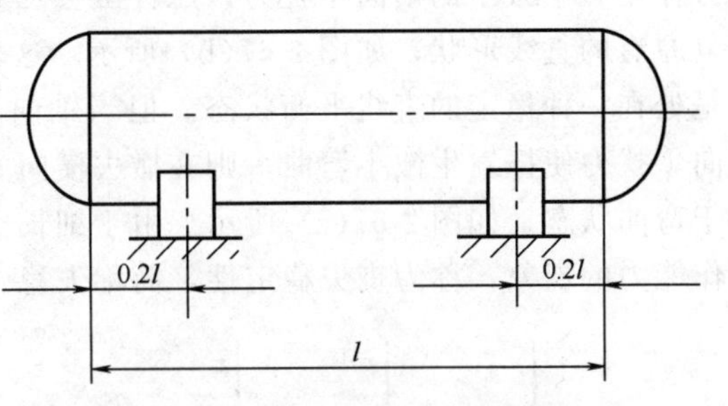

图 2-65　卧式储罐的支座位置

2. 选择合理的截面形状

若把弯曲正应力的强度条件改写成

$$M_{\max}\leqslant[\sigma]W_z$$

梁可能承受的 $M_{\max}$ 与抗弯截面模量 W_z 成正比，W_z 越大越有利。使用材料的多少与自重的大小，则与截面面积 A 成反比，面积越小越经济，越轻巧。因而合理的截面形状应该是截面积 A 较小而抗弯截面模量 W_z 较大，可用比值 W_z/A 来衡量截面形状的合理性和经济性。几种常用截面的比值 W_z/A 列于表 2-4。从表中所列数值可看出，工字钢或槽钢优于环形，环形优于矩形，矩形优于圆形。其原因是中性轴附近的正应力很小，该处材料的作用未充分发挥，将它们移到离中性轴较远处，可使材料得到充分利用。选择合理截面的原则是使尽量多的材料分布到弯曲正应力较大的、远离中性层的边缘区域，在中性层附近区域留用少量材料，使材料得到充分利用，所以桥式起重机的大梁以及其他钢结构中的抗弯杆件，经常采用工字形、槽形等截面。

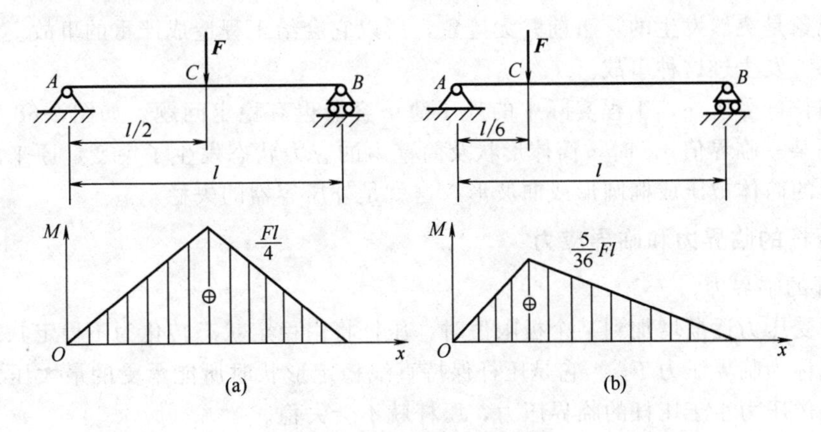

图 2-66　载荷的合理布置

表 2-4　几种常用截面的比值 W_z/A

截面形状（$h=d=D$）	圆　形	圆环形	矩　形	工字形
W_z/A	$0.125d$	$0.205D$（$\alpha=0.8$）	$0.167h$	$(0.27\sim0.31)h$

第六节　压 杆 稳 定

一、压杆稳定性的概念

前面我们研究杆件压缩问题时，认为只要杆件满足强度条件，就能保持正常工作。但是，实践和理论证明，这个结论对粗短的压杆是正确的，但对细长压杆并不成立。

如图 2-67(a) 所示，在一根细长直杆的两端逐渐施加轴向压力 F，当所加的轴向压力 F 小于某一极限值 F_{cr} 时，杆件能稳定地保持其原有的直线形状。这时，如果在压杆的中间部分作用一个微小的横向干扰力，压杆虽会发生微小弯曲，但撤去横向力后，压杆能很快地恢复原有的直线形状，如图 2-67(b) 所示。这表明，此时压杆具有保持原有直线形状的能力，是处在一种稳定的直线平衡状态。但当轴向压力 F 达到某一极限值 F_{cr} 时，若再加一个横向干扰力使杆发生微小弯曲，则在撤去横向力后，压杆就不能再恢复到原有的直线形状而处于弯曲状态，如图 2-67(c) 所示。由于细长压杆所受压力达到某个限度而突然变弯丧失其工作能力的现象，称为丧失稳定性，简称失稳。

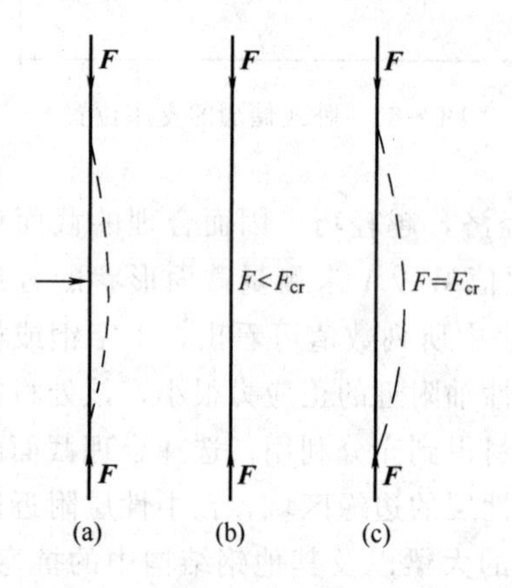

图 2-67　压杆失稳

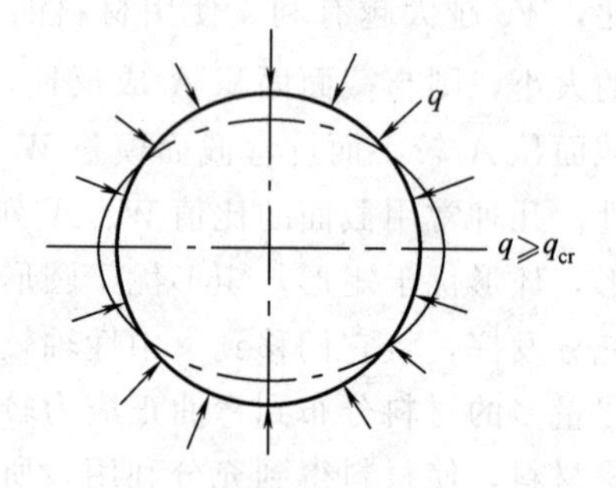

图 2-68　外压薄壁容器失稳

失稳现象是突然发生的，事前并无迹象，所以它会给工程造成严重的事故。在飞机和桥梁工程上都曾发生过这种事故。

除了细长杆受压外，工程实际中的外压薄壁容器也有稳定问题。如图 2-68 所示，当外压 q 增大到某一临界值 q_{cr} 时，筒体形状及筒壁内的应力状态发生了突变，原来的平衡遭到破坏，圆形的筒体被压成椭圆形或曲波形，这就是外压容器的失稳。

二、压杆的临界力和临界应力

1. 压杆的临界力

杆件所受压力逐渐增加到某个极限值时，压杆将由稳定状态转化为不稳定状态。这个压力的极限值称为临界压力 F_{cr}。它是压杆保持直线稳定形状时所能承受的最大压力。只要杆件的轴向工作压力小于压杆的临界压力，压杆就不会失稳。

压杆的临界压力大小可由理论推导得出，此公式又称欧拉公式

$$F_{cr}=\frac{\pi^2 EI}{(\mu L)^2} \tag{2-32}$$

式中　E——材料的弹性模量，MPa；

I——压杆横截面的轴惯性矩，mm^4；

L——压杆的长度，mm；

μ——支座系数，决定于压杆两端支座形式，见表 2-5。

表 2-5　不同支座形式下的支座系数

支座形式	两端铰支	一端固定一端自由	一端固定一端铰支	两端固定
简图				
μ	1	2	0.7	0.5

轴惯性矩是表示截面形状和尺寸的几何量，大小决定于截面的形状和尺寸，不同截面形状的轴惯性矩见表 2-3。

工程中常用的型钢，如工字钢、槽钢、角钢等，它们的形状和几何尺寸均已标准化，因此其轴惯性矩可以从型钢规格表中查取。

2. 压杆的临界应力

设压杆横截面面积为 A，则压杆的临界应力为

$$\sigma_{cr}=\frac{F_{cr}}{A}=\frac{\pi^2 EI}{(\mu l)^2 A} \tag{a}$$

将压杆截面的惯性半径

$$i=\sqrt{\frac{I}{A}}$$

代入上式，并令

$$\lambda=\frac{\mu l}{i} \tag{b}$$

推导得

$$\sigma_{cr}=\frac{\pi^2 E}{\lambda^2} \tag{2-33}$$

式（2-33）称为压杆临界应力欧拉公式。式中，λ 称为压杆的柔度，它综合反映了压杆的支承情况、长度、截面形状与尺寸等对临界应力的影响，是一个无量纲的量。由式（b）及式（2-33）可以看出，如压杆的长度 l 愈大，惯性半径 i 愈小，即压杆愈细长，且两端约束较弱时，λ 就愈大，σ_{cr} 愈小，则压杆越易失稳，所以 λ 是度量压杆失稳难易的重要参数。

三、压杆稳定性计算

临界力和临界应力是压杆丧失工作能力时的极限值。为了保证压杆具有足够的稳定性，不但要求压杆的轴向压力或工作应力小于其极限值，而且还应考虑适当的安全储备。压杆的稳定条件为

$$F \leqslant \frac{F_{cr}}{n_{cr}} \tag{2-34}$$

式中，n_{cr} 称为稳定安全系数。由于考虑压杆的初曲率、加载的偏心以及材料不均匀等因素对临界力的影响，n_{cr} 值一般比强度安全系数规定得高些。静载下，其值一般为：

钢类　$n_{cr}=1.8 \sim 3.0$

铸铁　$n_{cr}=4.5 \sim 5.5$

木材　$n_{cr}=2.5 \sim 3.5$

若将式（2-34）改写成如下形式

$$n=\frac{F_{cr}}{F} \geqslant n_{cr} \tag{2-35}$$

此式为用安全系数表示的压杆的稳定条件，称为安全系数法。式中，n 为工作安全系数，它等于临界力与工作压力之比值。

若将式（2-34）的两边同时除以压杆的横截面面积 A，则可得

$$\frac{F}{A} \leqslant \frac{F_{cr}}{A n_{cr}}$$

或

$$\sigma \leqslant \frac{\sigma_{cr}}{n_{cr}}=[\sigma_{cr}] \tag{2-36}$$

即为用应力形式表示的压杆稳定条件。式中，$[\sigma_{cr}]$ 为压杆的稳定许用应力。因为临界应力 σ_{cr} 随柔度 λ 而变化，所以稳定许用应力 $[\sigma_{cr}]$ 也随 λ 而变。为计算方便起见，通常将稳定许用应力 $[\sigma_{cr}]$ 表示为压杆材料的强度许用应力 $[\sigma]$ 乘上一个系数 φ，即

$$[\sigma_{cr}]=\varphi[\sigma]$$

于是式（2-36）可写成

$$\sigma=\frac{F}{A} \leqslant \varphi[\sigma] \tag{2-37}$$

式中，φ 称为折减系数。因为$[\sigma_{cr}]<[\sigma]$，所以 φ 必是一个小于 1 的系数。表 2-6 中列出了几种常用材料制成的压杆在不同柔度 λ 下的折减系数 φ 值。

表 2-6　压杆在不同柔度 λ 下的折减系数 φ 值

柔度 $\lambda=\frac{\mu l}{i}$	φ 值			柔度 $\lambda=\frac{\mu l}{i}$	φ 值		
	低碳钢	铸铁	木材		低碳钢	铸铁	木材
0	1.000	1.00	1.00	110	0.536	—	0.25
10	0.995	0.97	0.99	120	0.466	—	0.22
20	0.981	0.91	0.97	130	0.401	—	0.18
30	0.958	0.81	0.93	140	0.349	—	0.16
40	0.927	0.69	0.87	150	0.306	—	0.14
50	0.888	0.57	0.80	160	0.272	—	0.12
60	0.842	0.44	0.71	170	0.243	—	0.11
70	0.789	0.34	0.60	180	0.218	—	0.10
80	0.731	0.26	0.48	190	0.197	—	0.09
90	0.669	0.20	0.38	200	0.180	—	0.08
100	0.604	0.16	0.31				

利用式(2-37)进行压杆稳定计算的方法称为折减系数法。

［**例 2-12**］ 如图 2-69 所示的立式储罐总重为 $G=260\text{kN}$，由四根支柱对称地支承。已知每根支柱的高度为 $l=2.8\text{m}$，由 $\phi76\text{mm}\times5\text{mm}$ 钢管制成，其许用应力为 $[\sigma]=120\text{MPa}$，支柱两端的约束可简化为铰支。试对该支柱进行稳定性校核。

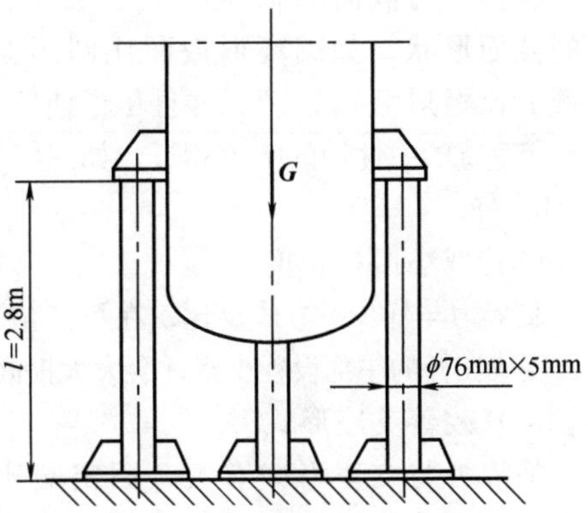

图 2-69 例 2-12 附图

解：根据题意，支柱承受储罐总重 G 的作用，可视为两端铰支的压杆。

① 计算支柱的柔度 λ。已知钢管外径 $D=76\text{mm}$，内径 $d=76-2\times5=66$ (mm)，而钢管的横截面面积为

$$A=\frac{\pi}{4}(D^2-d^2)=\frac{\pi}{4}(0.076^2-0.066^2)=0.00112(\text{m}^2)$$

钢管横截面的惯性半径为

$$i=\sqrt{\frac{I}{A}}=\sqrt{\frac{\frac{\pi}{64}(D^4-d^4)}{\frac{\pi}{4}(D^2-d^2)}}=\frac{\sqrt{D^2+d^2}}{4}=\frac{\sqrt{0.076^2+0.066^2}}{4}=0.025\ (\text{m})$$

因支柱两端的约束简化为铰支，故其长度系数 $\mu=1$，由此求得支柱的柔度 λ 为

$$\lambda=\frac{\mu l}{i}=\frac{1\times2.8}{0.025}=112$$

② 计算支柱的稳定许用应力 $[\sigma_{cr}]$。由表 2-6 查得钢管的折减系数为 $\varphi=0.522$，说明：钢管的 $\lambda=112$，介于 110 和 120 之间，根据插值法，$\lambda=112$ 对应的折减系数为

$$\varphi=0.536+\frac{(0.466-0.536)\times(112-110)}{120-110}=0.522$$

故得

$$[\sigma_{cr}]=\varphi[\sigma]=0.522\times120=62.64(\text{MPa})$$

③ 校核支柱的稳定性。由于四根支柱对称的支承，故可假定每根支柱所承受的轴向压力相等，其值为

$$F=\frac{G}{4}=\frac{260}{4}=65\ (\text{kN})$$

支柱的工作应力 σ 为

$$\sigma=\frac{F}{A}=\frac{65\times10^3}{0.00112}=58.04\times10^6(\text{N/m}^2)=58.04(\text{MPa})$$

由于 $\sigma=58.04(\text{MPa})<[\sigma_{cr}]=62.64\ (\text{MPa})$，所以该支柱的稳定性足够。

四、提高压杆稳定性的措施

根据欧拉公式，要提高细长杆的稳定性，可从下列几方面来考虑。

(1) 合理选用材料

临界力与弹性模量 E 成正比。钢材的 E 值比铸铁、铜、铝的 E 值大，压杆选用钢材为宜。合金钢的 E 值与碳钢的 E 值相差无几，故细长杆选用合金钢并不能比碳钢提高稳定性。

(2) 合理选择截面形状

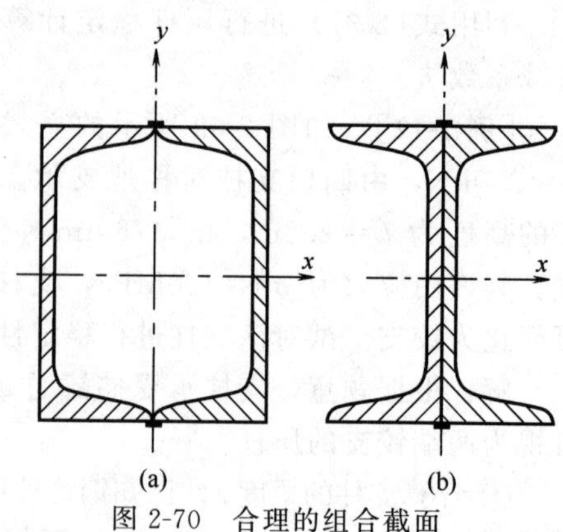

图 2-70　合理的组合截面

临界力与截面的轴惯性矩 I 成正比。应选择 I 大的截面形状，如圆环形截面比圆形截面合理，型钢截面比矩形截面合理。并且尽量使压杆横截面对两个互相垂直的中性轴的 I 值相近，如图 2-70 的布置 (a) 比 (b) 好。

(3) 减小压杆长度

临界力与杆长平方成反比。在可能情况下，减小杆的长度或在杆的中部设置支座，会大大提高其稳定性。

(4) 改善支座形式

临界力与支座形式有关。固定端比铰链支座的稳定性好，自由端最差。加强杆端约束的刚性，就能使压杆的稳定性得到相应提高。

思考题

2-1　如何求思考题 2-1 图所示两分力的合力。

2-2　简述公理一与公理四的区别。

2-3　什么样的杆件称为二力杆？受力上有何特点？

2-4　工程上常见的约束有哪些类型？约束反力的方位如何确定？

2-5　什么是力在坐标轴上的投影？怎样计算？正负号如何确定？

2-6　力偶中的二力是等值反向的，作用力与反作用力也是等值反向的，而二力平衡条件中的两个力也是等值反向的，试问三者有何区别？

2-7　思考题 2-7 图中力的单位是 N，长度的单位是 cm，试分析思考题 2-7 图四个力偶中，哪些是等效的？哪些是不等效的？

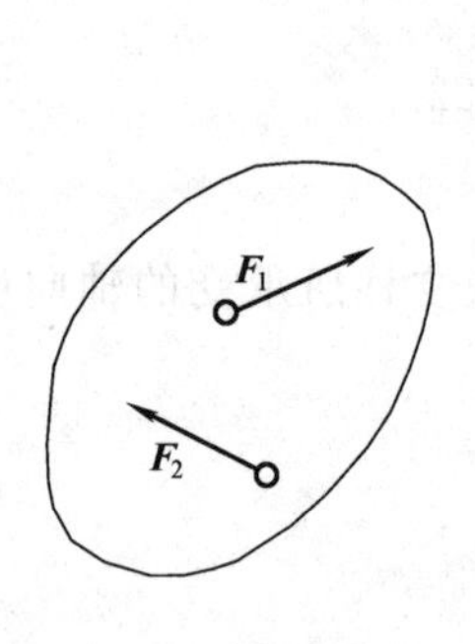

思考题 2-1 图

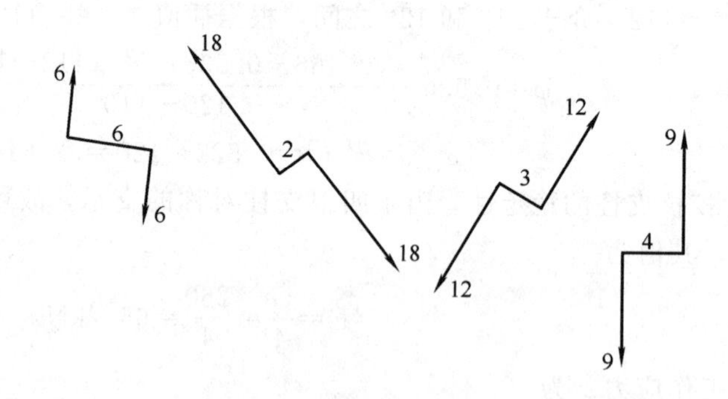

思考题 2-7 图

2-8　两根长度、横截面积相同，但材料不同的等截面直杆。当它们所受轴力相等时，试说明：①两杆横截面上的应力是否相等？②两杆的强度是否相同？③两杆的总变形是否相等？

2-9　减速器中，高速轴直径较大还是低速轴直径较大？为什么？

2-10　梁的内力剪力和弯矩的正负是怎样规定的？怎样根据截面一侧的外力来计算截面上的剪力和弯矩？

2-11　挑东西的扁担常常是在中间折断，而游泳池的跳水板则容易在固定端处弯断，为什么？

2-12　思考题 2-12 图所示两组截面，两截面面积相同，作为压杆时（两端为球铰），各组中哪一种截面形状合理？

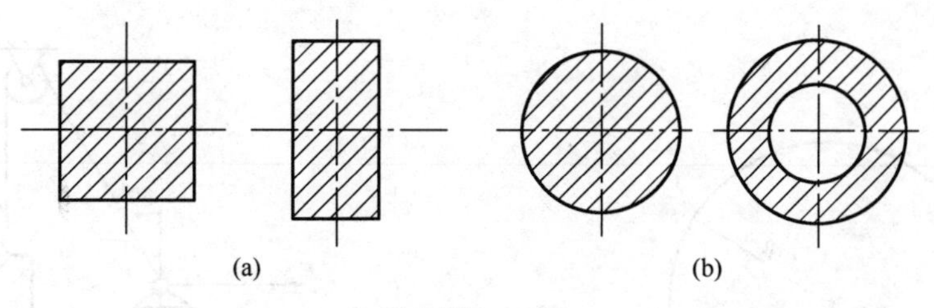

思考题 2-12 图

习题

2-1　试画出习题 2-1 图中每个标注符号的构件（如 A、B、AB 等）的受力图。设各接触面均为光滑面，未标重力的构件的质量不计。

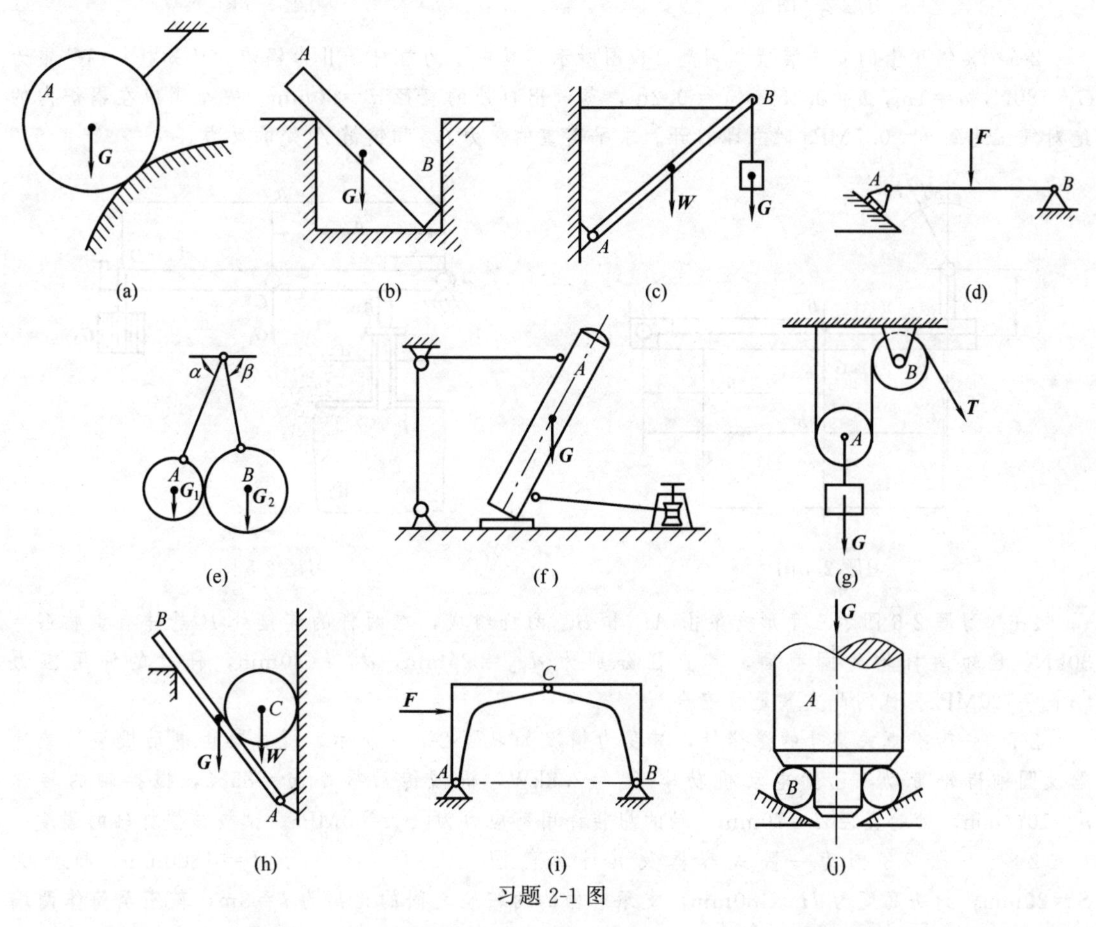

习题 2-1 图

2-2　如习题 2-2 图所示，圆筒形容器搁在两个托轮 A、B 上，A、B 处于同一水平线。

已知容器重 $G=30\text{kN}$，$R=500\text{mm}$，托轮半径 $r=50\text{mm}$，两托轮中心距 $l=750\text{mm}$。求托轮对容器的约束反力。

2-3　习题 2-3 图中化工厂起吊设备时为避免碰到栏杆，施加一水平力 F，设备重 $G=40\text{kN}$。试求水平力 F 及绳子的拉力 T。

2-4　习题 2-4 图所示为一人孔盖，它与接管法兰用铰链在 A 处连接。设人孔盖重为 $G=600\text{N}$，作用在 B 点，当打开人孔盖时，F 力与铅垂线成 30°，并已知 $a=250\text{mm}$，$b=420\text{mm}$，$h=70\text{mm}$。试求 F 力及铰链 A 处的约束反力。

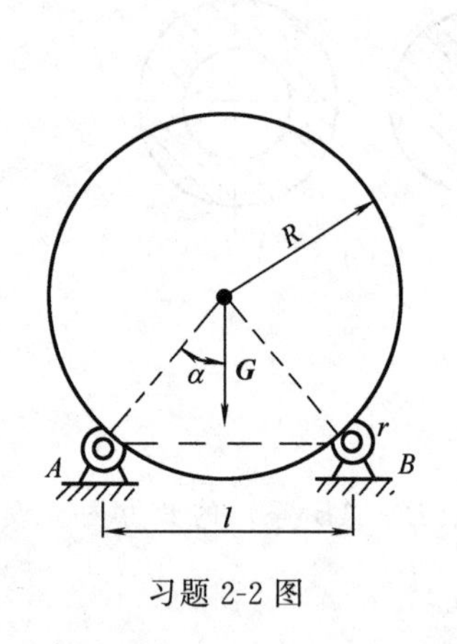

习题 2-2 图

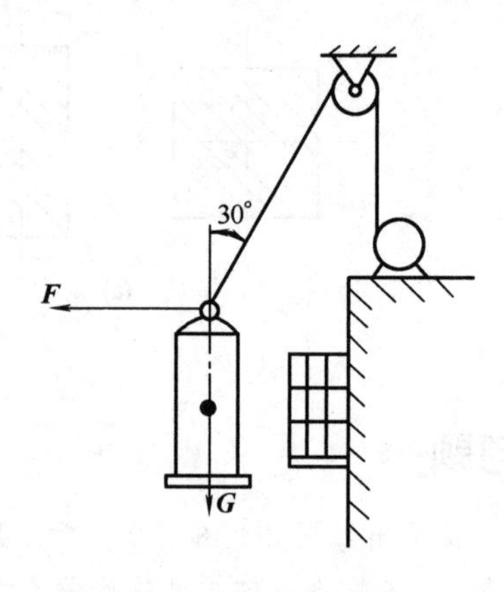

习题 2-3 图

2-5 某锅炉上的安全装置如习题 2-5 图所示，其中Ⅰ为杠杆，Ⅱ为锅炉。已知杠杆 AC 重为 $G_1=80\text{N}$，$a=1\text{m}$，$b=0.45\text{m}$，$c=0.2\text{m}$，蒸汽出口处的直径 $d=60\text{mm}$。安全阀应在锅炉内的绝对气压达到 $p=0.7\text{MPa}$ 时立即打开。求平衡重的重力 G_2 和铰链 A 处的反力。

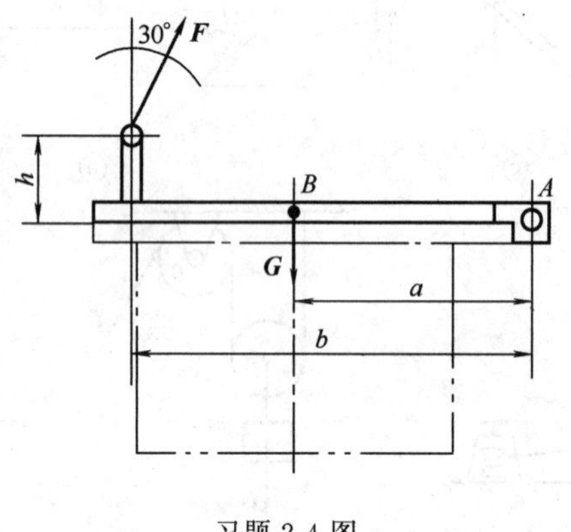

习题 2-4 图

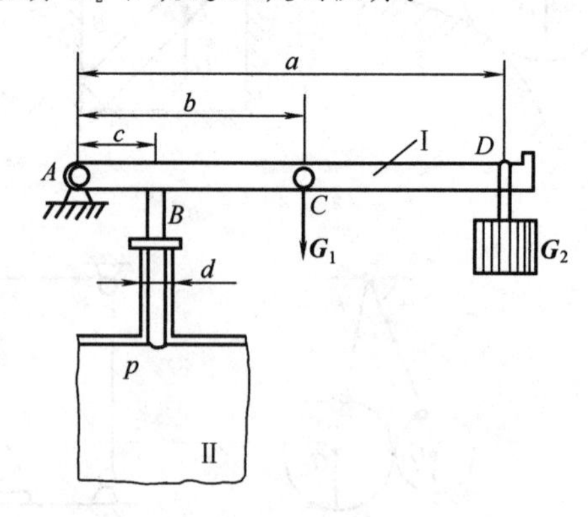

习题 2-5 图

2-6 习题 2-6 图示三角形支架由 AB 和 BC 两杆组成，在两杆的连接处 B 悬挂有重物 $G=30\text{kN}$。已知两杆均为圆截面，其直径分别为 $d_{AB}=25\text{mm}$，$d_{BC}=30\text{mm}$，杆材的许用应力 $[\sigma]=120\text{MPa}$。试问此支架是否安全？

2-7 一带有框式桨叶的搅拌轴，其受力情况如习题 2-7 图所示。搅拌轴由电动机经过减速器及圆锥齿轮带动，已知电动机功率 $P_e=2.8\text{kW}$，机械传动效率 $\eta=85\%$，搅拌轴的转速 $n=10\text{r/min}$，轴的直径 $d=70\text{mm}$，轴的扭转许用剪应力为 $[\tau]=60\text{MPa}$。试校核搅拌轴的强度。

2-8 习题 2-8 图为一卧式容器及其计算简图。已知其内径为 $d=1800\text{mm}$，壁厚为 $S=20\text{mm}$，封头高度为 $H=480\text{mm}$，支承容器的两鞍座之间的距离为 $l=8\text{m}$，鞍座至筒体两端的距离均为 $a=1.2\text{m}$，内储液体及容器的自重可简化为均布载荷，其集度为 $q=30\text{kN/m}$。试求容器上的最大弯矩和弯曲应力。

2-9 习题 2-9 图中某塔设备外径为 $D=1\text{m}$，塔总高为 $l=15\text{m}$，受水平方向风载荷 $q=800\text{N/m}$ 作用。塔底部用裙式支座支承，裙式支座的外径与塔外径相同，其壁厚 $S=8\text{mm}$。裙式支座的 $[\sigma]=100\text{MPa}$。试校核支座的弯曲强度。

2-10 习题 2-10 图托架中的 AB 杆由钢管制成，其外径为 $D=50\text{mm}$，内径为 $d=40\text{mm}$，两端为铰支，钢管的弹性模量为 $E=2\times10^5\text{MPa}$。在托架 D 端的工作载荷为 $F=12\text{kN}$，规定的稳定安全系数为 $n_{cr}=3$。试问 AB 杆是否稳定（图中尺寸单位为 mm）。

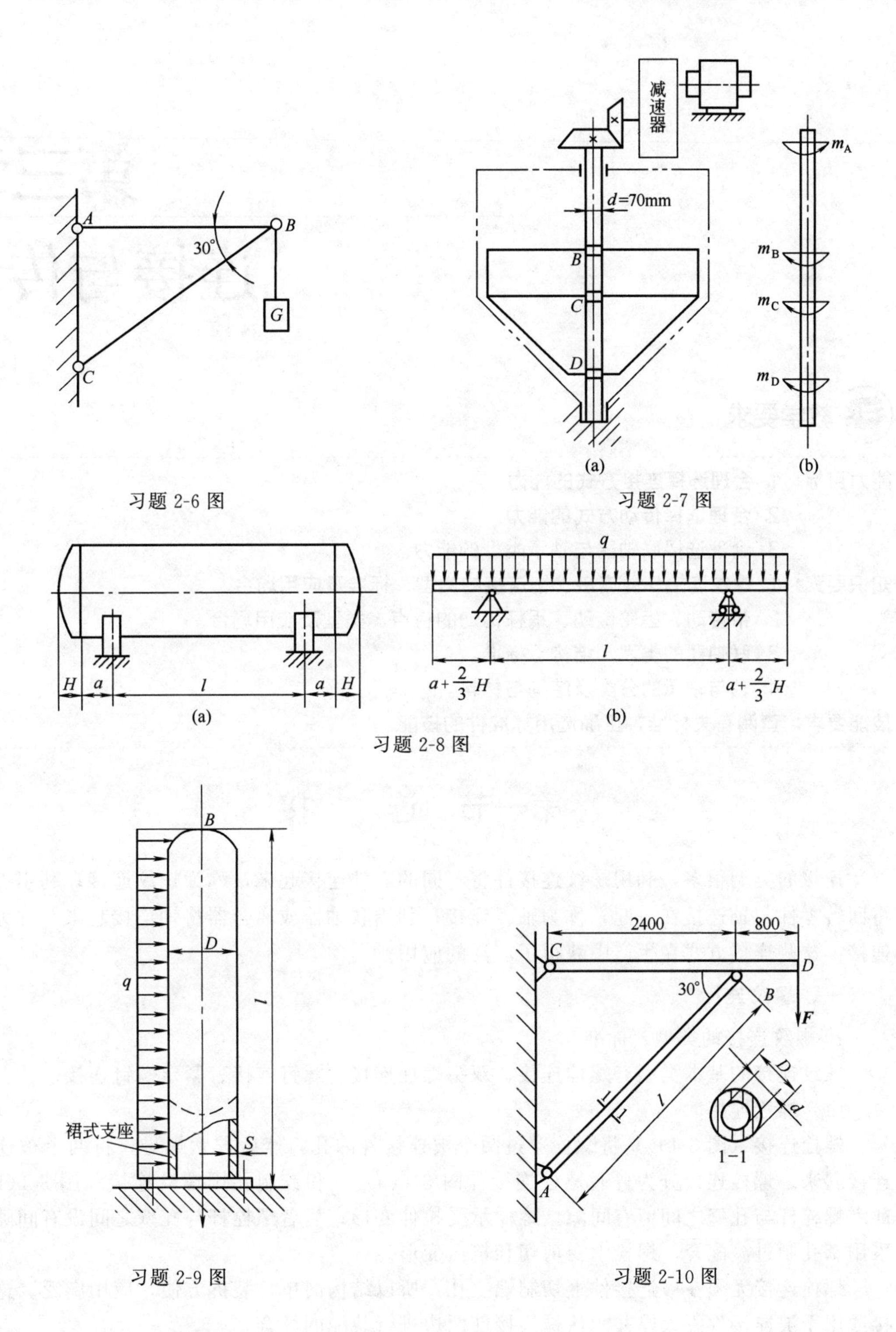

习题 2-6 图

习题 2-7 图

习题 2-8 图

习题 2-9 图

习题 2-10 图

第三章
连接与传动

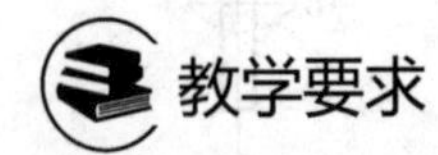

教学要求

能力目标：1. 合理选择连接方式的能力。
2. 合理选择传动方式的能力。
3. 合理选择联轴器与轴承类型的能力。

知识要素：1. 螺纹连接、键连接、销连接的类型、标准及应用场合。
2. 带传动、齿轮传动、蜗杆传动的特点、类型及应用场合。
3. 联轴器的类型、结构、标准。
4. 轴与轴承的分类及结构与材料。

技能要求：查阅有关标准，正确选用标准件的技能。

第一节 连 接

连接的类型很多，利用螺纹连接件将不同的零件连接起来，称为螺纹连接；利用键或销将回转零件与轴连接在一起，称为轴毂连接；利用联轴器或离合器将轴连接起来，称为轴间连接。这些连接方式在生产中获得了广泛的应用。

一、螺纹连接

1. 螺纹连接的类型、标准

螺纹连接的基本类型有螺栓连接、双头螺柱连接、螺钉连接、紧定螺钉连接。

（1）螺栓连接

螺栓连接（图 3-1）是将螺栓穿过两个被连接件的孔，然后拧紧螺母，将两个被连接件连接起来。螺栓连接分为普通螺栓连接［图 3-1(a)］和铰制孔用螺栓连接［图 3-1(b)］。前者螺栓杆与孔壁之间留有间隙，螺栓承受拉伸变形；后者螺栓杆与孔壁之间没有间隙，常采用基孔制过渡配合，螺栓承受剪切和挤压变形。

螺栓连接无须在被连接件上切制螺纹孔，所以结构简单，装拆方便，应用广泛。这种连接适用于被连接件不太厚并能从被连接件两边进行装配的场合。

（2）双头螺柱连接

双头螺柱连接（图 3-2）是将双头螺柱的一端旋紧在被连接件之一的螺纹孔中，另一端则穿过其余被连接件的通孔，然后拧紧螺母，将被连接件连接起来。这种连接适用于被连接件之一太厚，不能采用螺栓连接或希望连接结构较紧凑，且需经常装拆的场合。

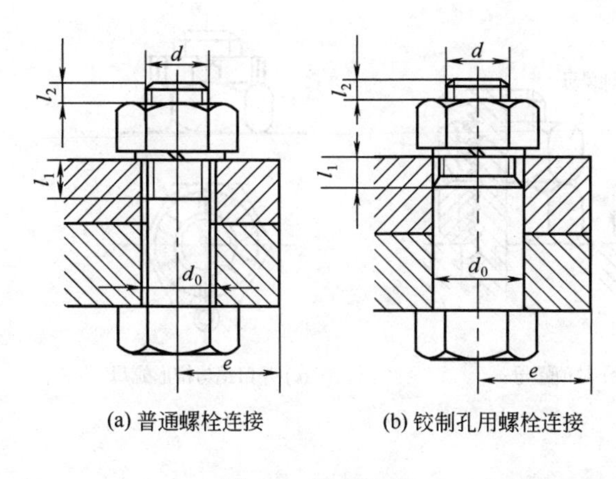

(a) 普通螺栓连接　(b) 铰制孔用螺栓连接

图 3-1　螺栓连接

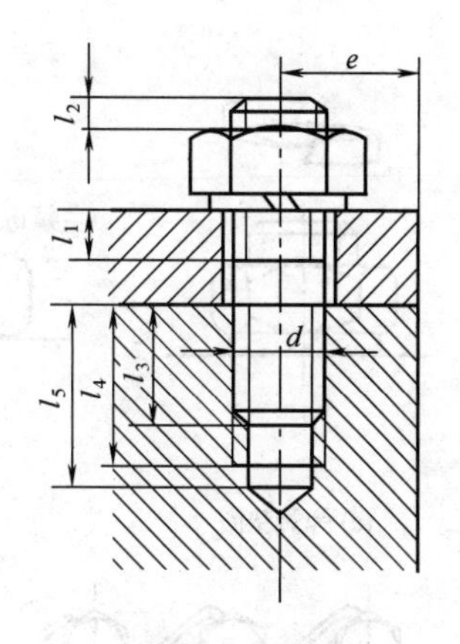

图 3-2　双头螺柱连接

(3) 螺钉连接

螺钉连接（图 3-3）是将螺钉穿过一被连接件的通孔，然后旋入另一被连接件的螺纹孔中。这种连接不用螺母，有光整的外露表面。它适用于被连接件之一太厚且不经常装拆的场合。

(4) 紧定螺钉连接

紧定螺钉连接（图 3-4）是将紧定螺钉旋入被连接件之一的螺纹孔中，并以其末端顶住另一被连接件的表面或顶入相应的凹坑中，以固定两个零件的相互位置。这种连接多用于轴与轴上零件的连接，并可传递不大的载荷。

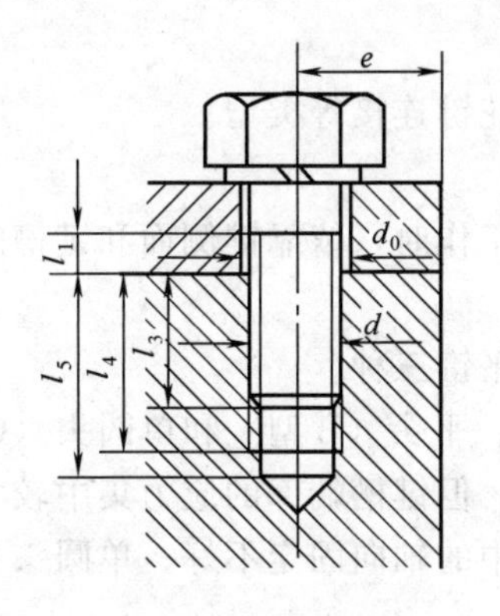

图 3-3　螺钉连接

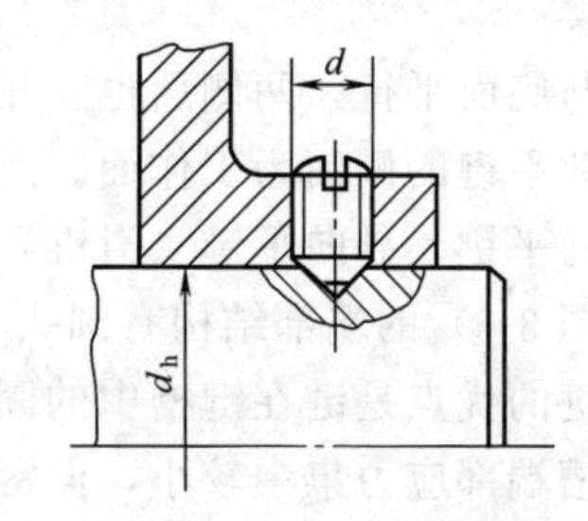

图 3-4　紧定螺钉连接

螺纹连接的有关尺寸要求如螺纹余留长度、螺纹伸出长度、螺纹孔深度等可查阅相关的国家标准。螺纹连接件有螺栓、双头螺柱、螺钉、紧定螺钉、螺母、垫圈、防松零件等，它们多为标准件，其结构、尺寸在国家标准中都有规定。

2. 螺纹连接的预紧与防松

一般螺纹连接在装配时都要拧紧，称为预紧。预紧可提高螺纹连接的紧密性、紧固性和可靠性。

一般螺纹连接具有自锁性，在静载荷作用下，工作温度变化不大时，这种自锁性可以防止螺母松脱。但如果连接是在冲击、振动、变载荷作用下或工作温度变化很大时，螺纹连接则可能松动。连接松脱往往会造成严重事故。因此设计螺纹连接时，应考虑防松的措施。常用的防松方法见图 3-5。

二、轴毂连接

按照连接件的不同，轴毂连接分为键连接和销连接两种。

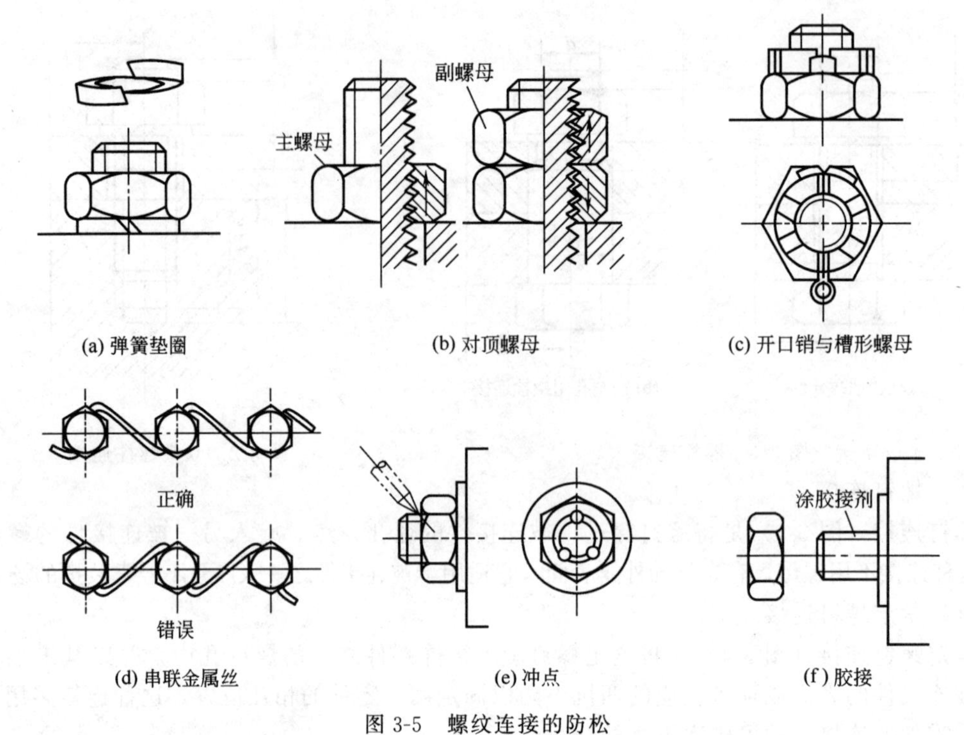

图 3-5　螺纹连接的防松

1. 键连接

键连接有平键连接、半圆键连接、楔键连接、花键连接等类型。

(1) 平键连接

平键的顶面与底面平行，两侧面也互相平行。工作时，依靠键侧面和键槽的挤压来传递运动和转矩，因此平键的侧面为工作面。

平键分为普通平键、导向平键（滑键）和薄型平键三种。

普通平键（图 3-6）的端部结构有圆头（A 型）、平头（B 型）和单圆头（C 型）三种形式。圆头普通平键的优点是键在键槽中的固定较好，但键槽端部的应力集中较大；平头普通平键的优点是键槽端部应力集中较小，但键在键槽中的轴向固定不好；单圆头普通平键常用在轴端的连接中。

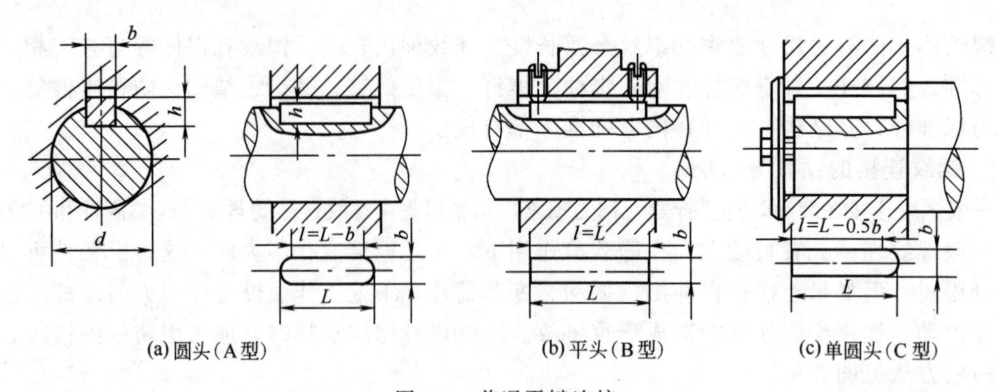

图 3-6　普通平键连接

导向平键和滑键用于回转零件需在轴上沿轴向滑动的场合。当轴上零件的轴向移动量不大时使用导向平键（图 3-7），如变速箱中的滑移齿轮；而当轴上零件的轴向移动量很大时，导向平健将很长，不易制造，这时可采用滑键（图 3-8）。滑键连接是将滑键固定在轮毂上，并与轮毂一起在轴的键槽中滑动。

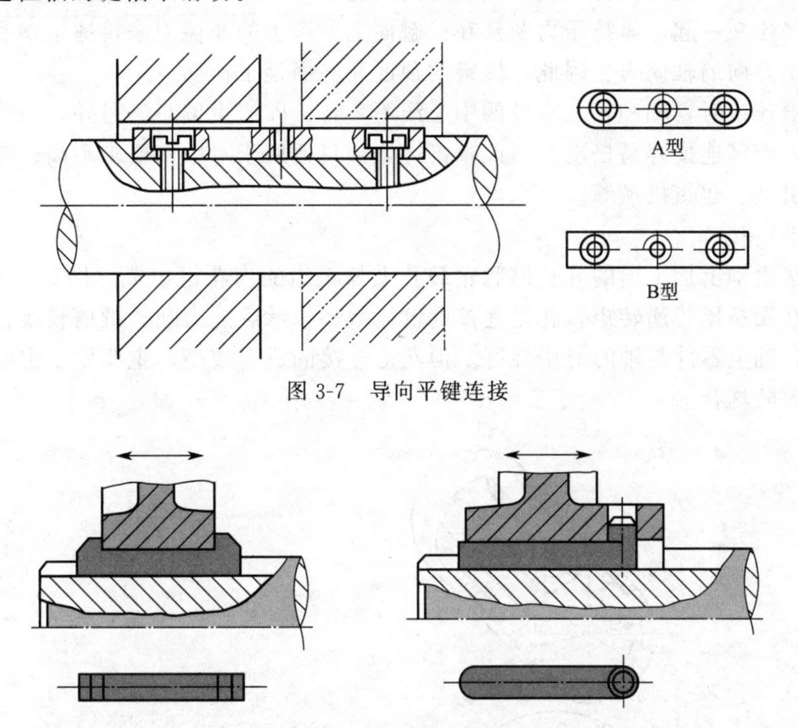

图 3-7　导向平键连接

图 3-8　滑键连接

薄型平键结构与普通平键相似，只是键高比普通平键小，约为普通平键的 60%～70%。这种键适用于传递的转矩不大、薄壁结构、空心轴、径向尺寸受限制的场合。

（2）半圆键连接

半圆键（图 3-9）的顶面为一平面，底面为半圆形弧面，两侧面互相平行。工作时，依靠键侧面和键槽的挤压来传递运动和转矩，因此半圆键的侧面是工作面。

半圆键结构紧凑，装拆方便，能在轴上的键槽中摆动，以适应轮毂键槽底面的偏斜。但轴上键槽较深，降低了轴的强度。半圆键连接适用于轻载、轮毂宽度较窄和轴端处的连接，尤其适用于圆锥形轴端的连接。

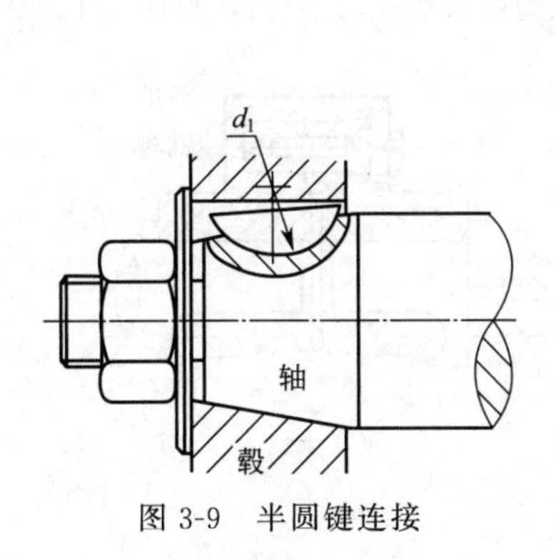

图 3-9　半圆键连接

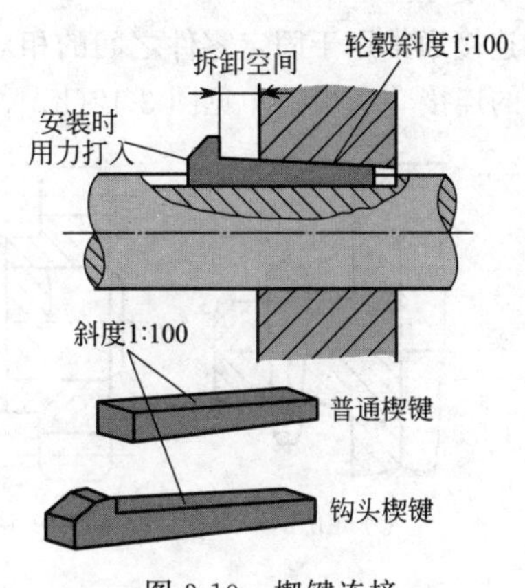

图 3-10　楔键连接

（3）楔键连接

楔键（图 3-10）的顶面有 1∶100 的斜度，与轮毂键槽底面的斜度一致，楔键的两侧面互相平行。楔键在装配时被打入轴和轮毂之间的键槽内，键的顶面和底面分别与轮毂键槽和轴槽的底面挤压在一起，靠挤压力及其在接触面上所产生的摩擦力来传递运动和转矩，并可承受不大的单方向的轴向力。因此，楔键的顶面和底面是工作面。

采用楔键连接时，轴和轴上零件的中心线不重合，即产生偏心。另外，当受到冲击、变载荷作用时，楔键连接容易松动。因此，楔键连接只适用于对中性要求不高、转速较低的场合，如农业机械、建筑机械等。

（4）花键连接

花键连接由轴上加工出的外花键和轮毂孔上加工出的内花键组成（图 3-11），工作时靠健齿的侧面互相挤压传递转矩。花键连接的键齿数多，承载能力强；键槽较浅，对轴和毂的强度削弱小；轴上零件与轴的对中性好。但花键连接的成本较高，主要用于定心精度要求较高和载荷较大的场合。

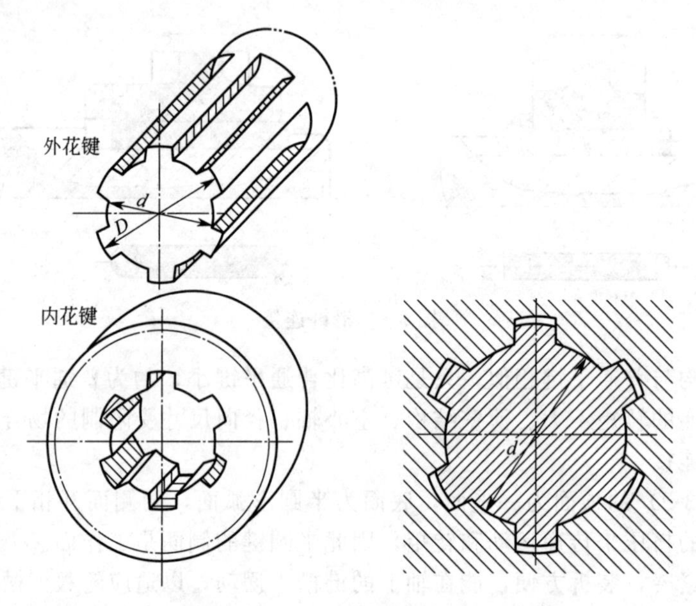

图 3-11 花键连接

2. 销连接

销连接通常用于固定零件之间的相对位置［定位销，见图 3-12(a)］，也用于轴毂间或其他零件间的连接［连接销，见图 3-12(b)］，还可充当过载剪断元件［安全销，见图 3-12(c)］。

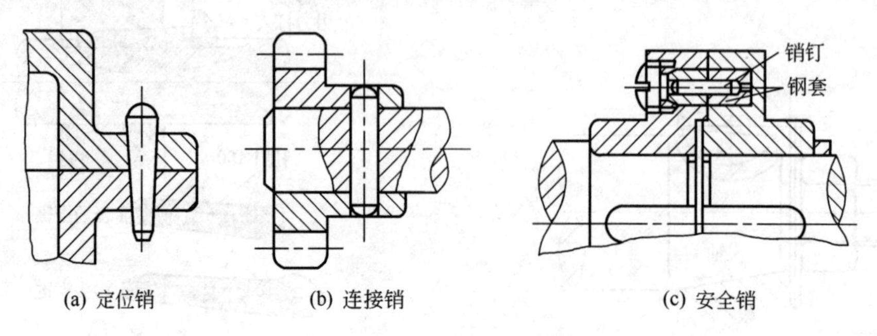

(a) 定位销 (b) 连接销 (c) 安全销

图 3-12 销连接

可根据工作要求选择销连接的类型。定位销一般不受载荷或只受很小的载荷，其直径按结构确定，数目不少于2个。连接销能传递较小的载荷，其直径亦按结构及经验确定，必要时校核其挤压和剪切强度。安全销的直径应按销的剪切强度 τ_b 计算，当过载20%～30%时即应被剪断。

销按形状分为圆柱销、圆锥销和异形销三类。圆柱销靠过盈与销孔配合，为保证定位精度和连接的紧固性，不宜经常装拆，主要用于定位，也用作连接销和安全销。圆锥销具有1∶50的锥度，小端直径为标准值，自锁性能好，定位精度高，主要用于定位，也可作为连接销。圆柱销和圆锥销的销孔均需铰制。异形销种类很多，其中开口销工作可靠、拆卸方便，常与槽形螺母合用，锁定螺纹连接件。

三、轴间连接

轴间连接通常使用联轴器和离合器。联轴器是一种固定连接装置，在机器运转过程中被连接的两根轴始终一起转动而不能脱开；只有在机器停止运转并把联轴器拆开的情况下，才能把两轴分开。离合器可在机器运转过程中根据需要使两轴接合或分离，以满足机器变速、换向、空载起动、过载保护等方面的要求。

1. 联轴器

按照有无补偿轴线偏移能力，可将联轴器分为刚性联轴器和挠性联轴器两大类型。

刚性联轴器没有补偿轴线偏移的能力。这种联轴器结构简单，制造方便，承载能力大，成本低，适用于载荷平稳、两轴对中良好的场合。常用的刚性联轴器有凸缘联轴器、套筒联轴器等。

挠性联轴器具有补偿轴线偏移的能力，适用于载荷和转速有变化及两轴线有偏移的场合。挠性联轴器分为无弹性元件和有弹性元件两种。无弹性元件的挠性联轴器只具备补偿轴线偏移的能力，不具备缓冲吸振的能力。无弹性元件的挠性联轴器包括滑块联轴器、万向联轴器等。有弹性元件的挠性联轴器包括弹性套柱销联轴器、弹性柱销联轴器等，由于有弹性套柱销等弹性元件，此联轴器不仅具备补偿轴线偏移的能力，而且能够缓冲吸振。

(1) 凸缘联轴器

凸缘联轴器（图3-13）由两个带有凸缘的半联轴器1、3分别用键与两轴相连接，然后用螺栓组2将1、3连接在一起，从而将两轴连接在一起。GY型由铰制孔用螺栓对中，拆装方便，传递转矩大；GYD型采用普通螺栓连接，靠凸榫对中，制造成本低，但装拆时轴需作轴向移动。

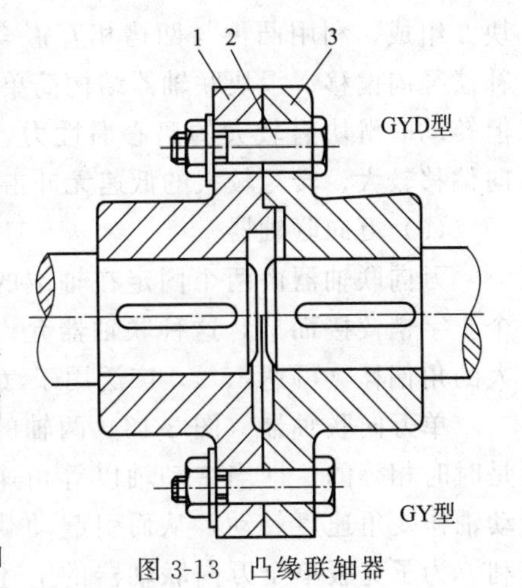

图3-13 凸缘联轴器

(2) 套筒联轴器

套筒联轴器（图3-14）利用套筒将两轴套接，然后用键、销将套筒和轴连接。其特点是径向尺寸小，可用于启动频繁的传动中。

(3) 弹性套柱销联轴器

弹性套柱销联轴器（图3-15）的构造与凸缘联轴器相似，不同的是用带有弹性套的柱销代替了螺栓，工作时用弹性套传递转矩。因此，可利用弹性套的变形补偿两轴间的偏移，缓和冲击和

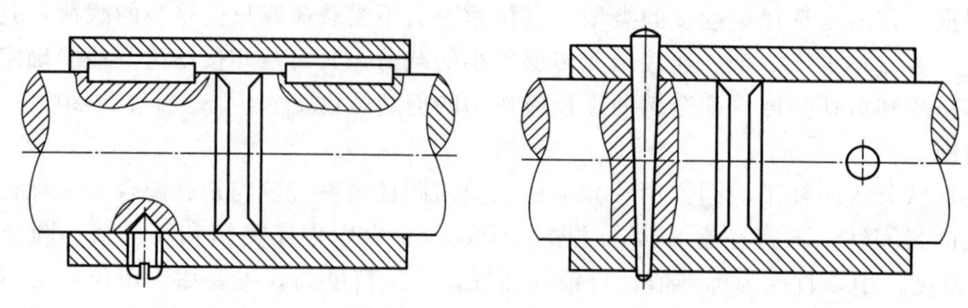
图 3-14 套筒联轴器

吸收振动。它制造简单，维修方便。适用于启动及换向频繁的高、中速的中、小转矩轴的连接。

（4）弹性柱销联轴器

弹性柱销联轴器（图 3-16）利用尼龙柱销 2 将两半联轴器 1 和 3 连接在一起，挡板 4 是为了防止柱销滑出而设置的。弹性柱销联轴器适用于启动及换向频繁、转矩较大的中、低速轴的连接。

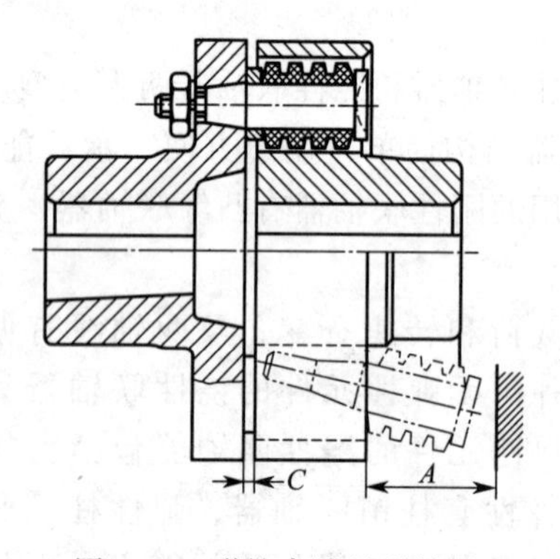

图 3-15 弹性套柱销联轴器

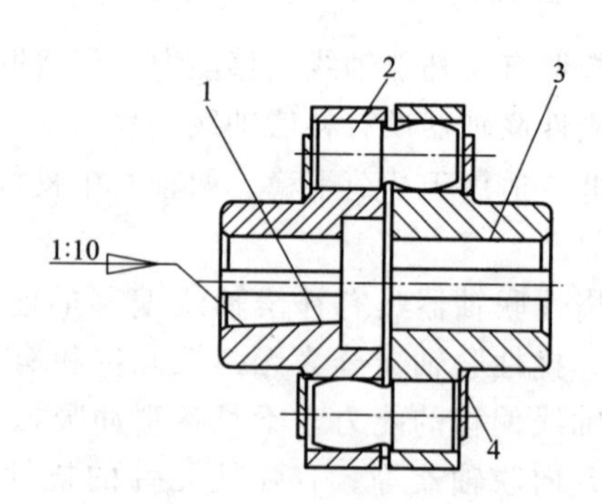

图 3-16 弹性柱销联轴器

（5）滑块联轴器

滑块联轴器（图 3-17）由两个带有一字凹槽的半联轴器 1、3 和带有十字凸榫的中间滑块 2 组成，利用凸榫与凹槽相互嵌合并做相对移动补偿径向偏移。滑块联轴器结构简单，径向尺寸小，但转动时滑块有较大的离心惯性力，适用于两轴径向偏移较大、转矩较大的低速无冲击的场合。

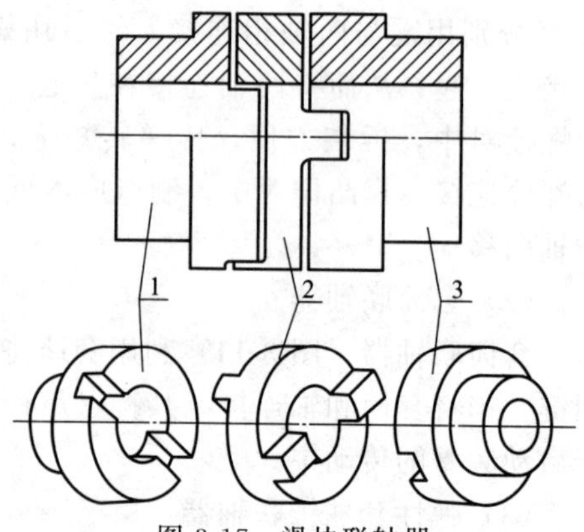

图 3-17 滑块联轴器

（6）万向联轴器

万向联轴器由两个固定在轴端的叉形接头和一个十字销铰接而成，这种联轴器允许两轴之间有较大的角偏移（可达 45°），广泛用于汽车、拖拉机中。

单万向联轴器（图 3-18）两轴的瞬时角速度不是时时相等的，即当主动轴以等角速度回转时，从动轴作变角速度转动，从而引起动载荷，对使用不利。为了克服单个万向联轴器的上述缺点，机器中常将万向联轴器成对使用，组成双万向联轴器。双万向联轴器（图 3-19）是采用一个中间轴 M 和两个单万向联轴器将主动轴 1 和从动轴 2 连接起来。

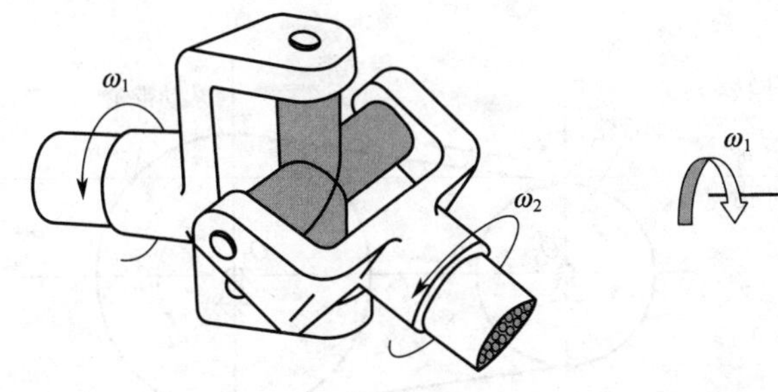

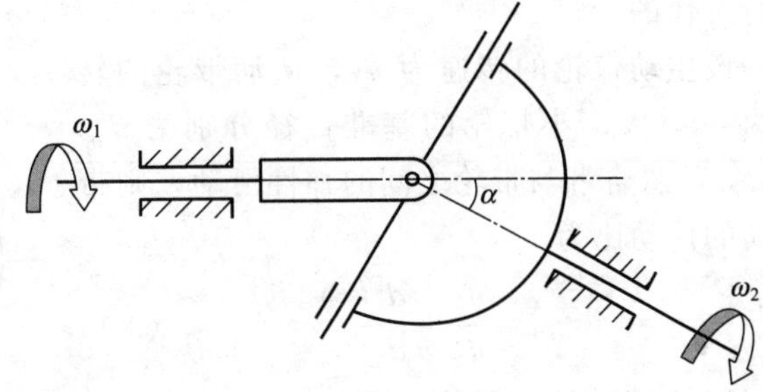

图 3-18 单万向联轴器

2. 离合器

常用的离合器有摩擦式离合器和牙嵌式离合器。

(1) 摩擦式离合器

摩擦式离合器利用摩擦副的摩擦力传递转矩。图 3-20 所示为多片圆盘摩擦离合器，离合器左半 1 固定在主动轴上，右半 4 固定在从动轴上。1 与外摩擦片组 2，4 与内摩擦片组 3 形成周向固定。借助操纵机构向左移动锥形圆环 6，使压板 5 压紧交替安放的内外摩擦片组，则两轴接合；若向右移动滑环 6，则两轴分离。

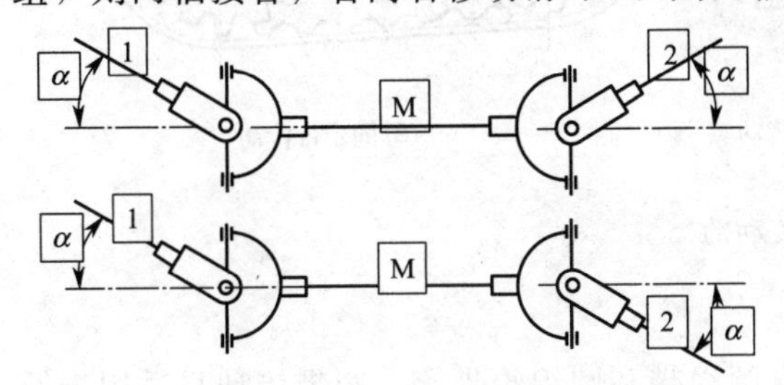

图 3-19 双万向联轴器

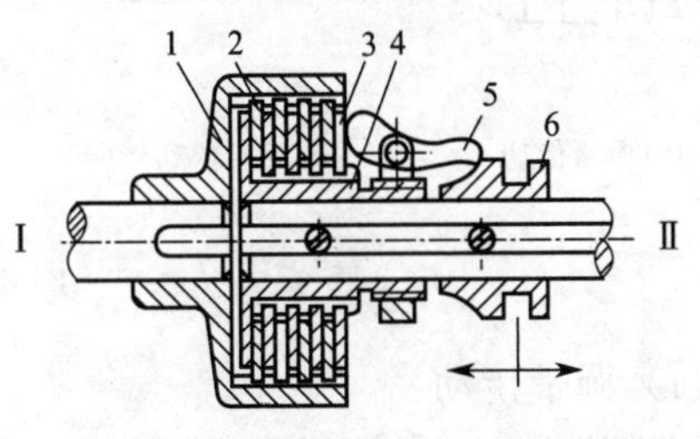

图 3-20 多片圆盘摩擦离合器

(2) 牙嵌式离合器

如图 3-21 所示，由两个半离合器 1 和 2 组成。工作时，利用操纵杆移动滑环 4，使半离合器 2 沿导向平键 3 做轴向移动，从而实现离合器的接合或分离。牙嵌式离合器是依靠牙的相互嵌合来传递转矩的，为便于两轴对中，在主动轴端的半联轴器上固定一个对中环 5，从动轴端则可在对中环内自由移动。

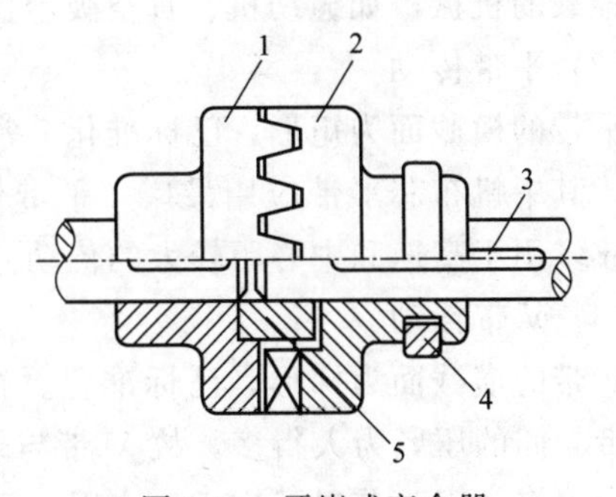

图 3-21 牙嵌式离合器

第二节 带 传 动

一、概述

带传动由主动带轮、从动带轮和紧套在两带轮上的传动带所组成（图 3-22），利用传动带把主动轴的运动和动力传递给从动轴。

带安装时必须张紧，使带在运转之前就有初拉力。因此，在带与带轮的接触面之间有正压力。当主动带轮转动时，带与带轮的接触面之间产生摩擦力，于是主动带轮靠摩擦力驱动挠性带运动，带又靠摩擦力驱动从动带轮转动。所以，带传动是靠带与带轮之间的摩擦力来进行工作的。

设主动带轮的转速为 n_1，从动带轮的转速为 n_2，大、小带轮的基准直径分别为 d_{d2} 和 d_{d1}，忽略带与带轮之间的弹性滑动，则带传动的传动比为

$$i=\frac{n_1}{n_2}=\frac{d_{d2}}{d_{d1}} \tag{3-1}$$

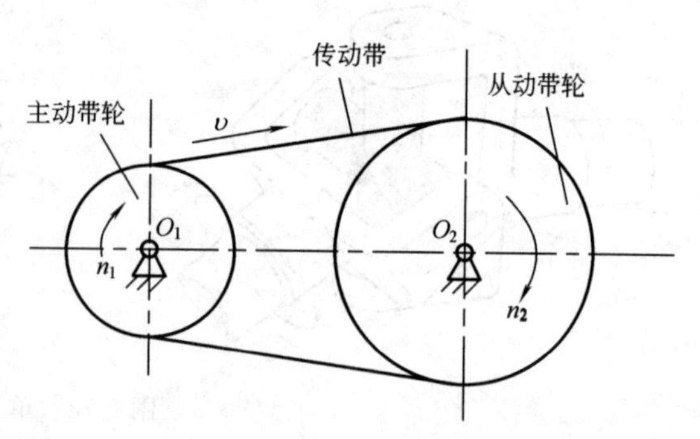

图 3-22　带传动

1. 带传动的类型及应用

带传动一般分为圆带传动、平带传动、V带传动、同步带传动等，如图 3-23 所示。

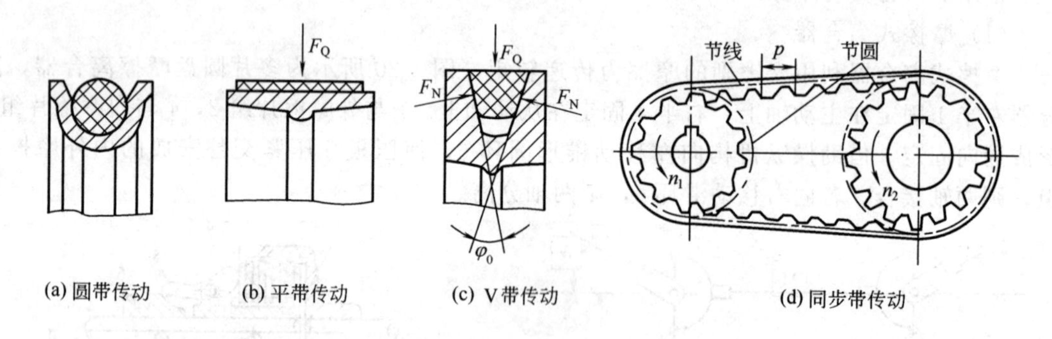

图 3-23　带传动的类型

（1）圆带传动

圆带的横截面为圆形，常用皮革制成，也有圆绳带和圆锦纶带等。圆带传动只适用于低速、轻载的机械，如缝纫机、真空吸尘器、磁带盘的传动机构等。

（2）平带传动

平带的横截面为矩形，已标准化。常用的平带有帆布芯平带、编织平带、锦纶片复合平带等。其中帆布芯平带应用最广。平带传动结构简单，带轮制造方便，平带质轻且挠曲性好，故多用于高速和中心距较大的传动。

（3）V带传动

V带的横截面为梯形，已标准化。在同样的张紧情况下，V带与轮槽间的压紧力比平带与带轮间的压紧力大得多，故V带与带轮间的摩擦力也大得多，所以V带的传动能力比平带大得多，因而获得了广泛的应用。目前在机床、空气压缩机、带式输送机和水泵等机器中均采用V带传动。

（4）同步带传动

平带传动、V带传动、圆带传动均是靠摩擦力工作的。同步带传动是靠带内侧的齿与带轮外缘的齿相啮合来传递运动和动力的，因此不打滑，传动比准确且较大（最大可允许 $i=20$），但制造精度和安装精度要求较高。

2. 带传动的特点

由于带的弹性良好，能缓和冲击，吸收振动，使传动平稳无声。过载时带会在轮上打滑，可防止其他零件的损坏，起到过载安全保护作用，可用于两轴间中心距较大的场合，而且结构简单，制造容易，成本低廉，维护方便。由于传动带有不可避免的弹性滑动，因此不

能保证恒定的传动比；带的寿命较短，传动效率也较低（V带传动效率为0.94～0.96）；由于摩擦生电，不宜用于易燃烧和有爆炸危险的场合。

二、普通V带和带轮

1. V带结构与材料

V带的横截面构造如图3-24所示，V带由包布层、顶胶层、抗拉体和底胶层等四部分组成。包布层多由胶帆布制成，它是V带的保护层。顶胶层和底胶层由橡胶制成，当胶带在带轮上弯曲时可分别伸张和收缩。抗拉体用来承受基本的拉力，有两种结构：由几层棉帘布构成的帘布芯［图3-24(b)］或由一层线绳制成的绳芯［图3-24(a)］。帘布芯结构的V带抗拉强度较高，制造方便；绳芯结构的V带柔韧性好，抗弯强度高，适用于转速较高、带轮直径较小的场合。现在，生产中多采用绳芯结构的V带。

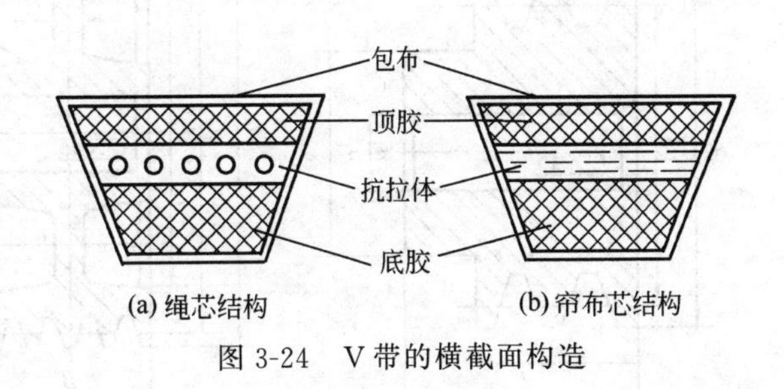

图3-24　V带的横截面构造

普通V带的尺寸已标准化（GB/T 11544—2012），分为Y、Z、A、B、C、D、E七种型号，截面尺寸和承载能力依次增大。标准V带均制成无接头的整圈，其长度系列可参见有关标准。

V带的标记内容和顺序为型号、基准长度和标准号。例如标记“A1600 GB/T 11544—2012”表示A型普通V带，基准长度为1600mm。V带标记通常压印在带的顶面上。

2. V带轮结构与材料

V带轮结构取决于它的直径，有四种形式：实心带轮、腹板带轮、孔板带轮、椭圆轮辐带轮。当带轮的基准直径$d_d \leqslant (2.5 \sim 3)d$（$d$为轴的直径）时，采用实心带轮［图3-25(a)］；当带轮的基准直径$d_d \leqslant 250 \sim 300$mm时，采用腹板带轮[图3-25(b)]，它由轮缘、腹板和轮毂三部分组成，轮缘用于安装带，轮毂是与轴配合连接的部分，腹板用于连接轮缘和轮毂；当带轮基准直径$d_d = 250 \sim 400$mm，且轮缘与轮毂间距离≥100mm时，可在腹板上制出4个或6个均布孔，以减轻质量和便于加工时装夹，称为孔板带轮；当带轮基准直径$d_d > 400$mm时，多采用横截面为椭圆的轮辐取代腹板，称为椭圆轮辐带轮[图3-25(c)]。

V带轮常用灰铸铁（带速$v \leqslant 25$m/s）制成，带速较高时（$v > 25 \sim 45$m/s）宜用铸钢，功率小时可用铝合金或工程塑料，单件生产时可用钢板冲压后焊接而成。

三、带传动的失效、张紧、安装与维护

1. 带传动的失效

带传动的失效形式主要是：带在带轮上打滑和带疲劳损坏。

打滑是因为带与带轮间的摩擦力不足，所以增大摩擦力可以防止打滑。增大摩擦力的措施主要有：适当增大初拉力，也就增大了带与带轮之间的压力，摩擦力也就越大；增大带与小带轮接触的弧段所对应的圆心角（称为小带轮包角）也能增大摩擦力；适当提高带速。

带的疲劳是因为带受交变应力的作用。在带传动过程中，带的横截面上有两种应力：因带的张紧和传递载荷以及带绕上带轮时的离心力而产生的拉应力；因带绕上带轮时弯曲变形而产生的弯曲应力。拉应力作用在整个带的各个截面上，而弯曲应力只在带绕上带轮时才产

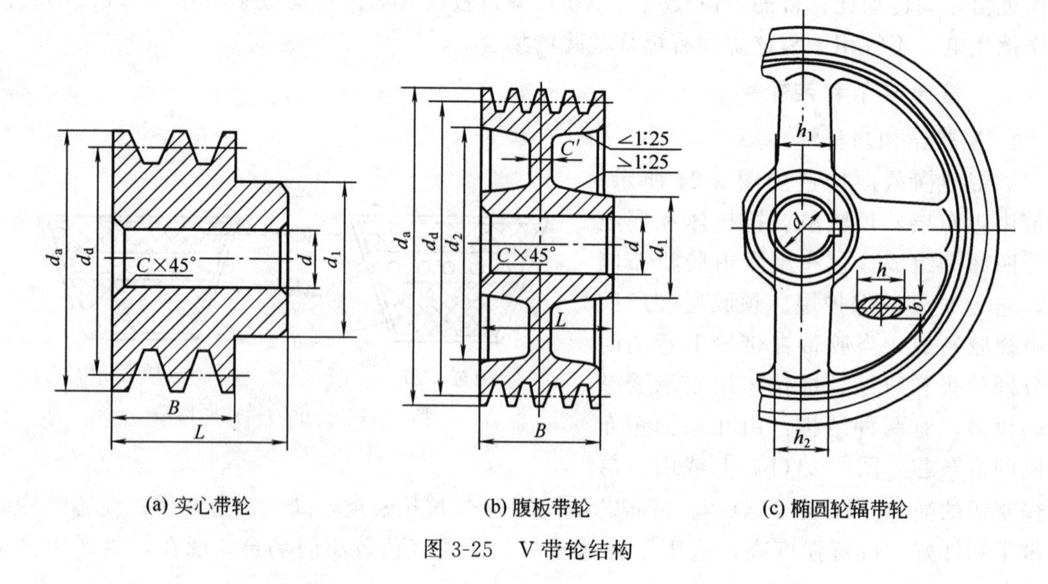

图 3-25　V 带轮结构

生。带在运转过程中时弯时直，因而弯曲应力时有时无，带是在交变应力的作用下工作的，这是带产生疲劳断裂的主要原因。

一般情况下，两种应力中弯曲应力较大，为了保证带的寿命，就要限制带的弯曲应力。带的弯曲应力与带轮直径大小有关，带轮直径越小，带绕上带轮时弯曲变形就越大，带内弯曲应力就越大。对每种型号的 V 带，都规定了许用的最小带轮直径。

2. 带传动的张紧

带传动工作一段时间后，传动带会发生松弛现象，使张紧力降低，影响带传动的正常工作。因此，应采用张紧装置来调整带的张紧力。常用的张紧方法有调节轴的位置张紧和用张紧轮张紧。

图 3-26 所示为调节轴的位置张紧装置。张紧的过程是：放松固定螺栓，旋转调节螺钉，可使带轮沿导轨移动，即可调节带的张紧力。当带轮调到合适位置时，即可拧紧固定螺栓。这种装置用于水平或接近水平的传动。

图 3-27 所示为用张紧轮张紧。张紧轮安装在带的松边内侧，向下移动张紧轮即可实现张紧。为了不使小带轮的包角减小过多，应将张紧轮尽量靠近大带轮。这种装置用于固定中心距传动。

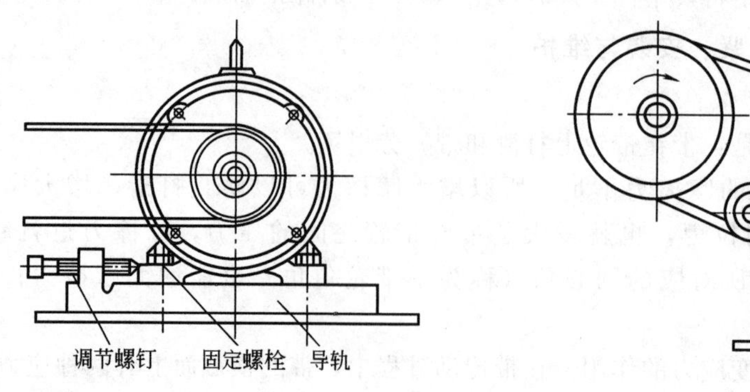

图 3-26　调节轴的位置张紧装置

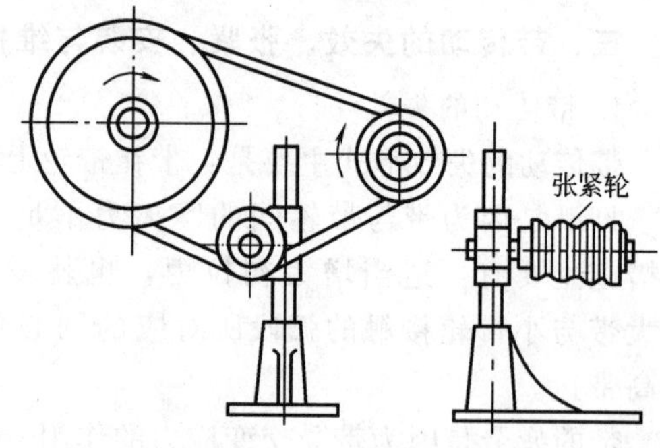

图 3-27　用张紧轮张紧

3. 带传动的安装与维护

正确地安装、使用和维护，能够延长带的寿命，保证带传动的正常工作。应注意以下几点。

① 一般情况下，带传动的中心距应当可以调整，安装传动带时，应缩小中心距后把带套上去。不应硬撬，以免损伤带，降低带的寿命。

② 传动带损坏后即需更换。为了便于传动带的装拆，带轮应布置在轴的外伸端。

③ 安装时，主动带轮与从动带轮的轮槽应对正，如图3-28(a) 所示，不要出现图 3-28(b) 和 (c) 的情况，使带的侧面受损。

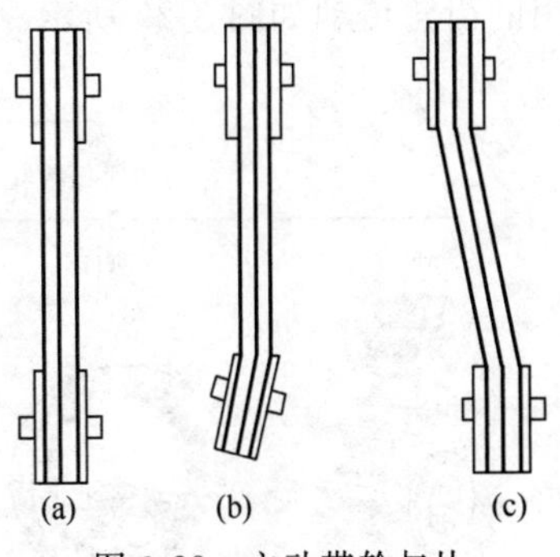

图 3-28 主动带轮与从动带轮的位置关系

④ 带的张紧程度应适当，使初拉力不过大或过小。过大会降低带的寿命，过小则将导致摩擦力不足而出现打滑现象。

⑤ 带传动通常同时使用同一型号的 V 带 3～5 根，应注意新旧不同的 V 带不能混用，以避免载荷分配不均，加速带的损坏。

⑥ 带传动装置应设置防护罩，以保证操作人员的安全。

⑦ 严防胶带与矿物油、酸、碱等介质接触，以免变质。胶带也不宜在阳光下暴晒。

第三节 齿轮传动

一、概述

齿轮传动由主动齿轮和从动齿轮组成，依靠轮齿的直接啮合而工作。齿轮传动是应用最广泛的一种传动，在各种机器中大量使用着齿轮传动。

设主动齿轮转速为 n_1、齿数为 z_1，从动齿轮转速为 n_2、齿数为 z_2，则齿轮传动的平均传动比为：

$$i=\frac{n_1}{n_2}=\frac{z_2}{z_1} \tag{3-2}$$

由上式可见，当 z_2 较大而 z_1 较小时可获得较大的传动比，即实现较大幅度的降速。但若 z_2 过大，则将因小齿轮的啮合频率高而导致两轮的寿命相差很大，而且齿轮传动的外廓尺寸也要增大。因此，限制一对齿轮传动的传动比 $i \leqslant 12$。

1. 齿轮传动的类型

按照两轴之间所成的角度，齿轮传动分为平行轴传动、相交轴传动和交错轴传动，分别用于两轴平行、相交和交错的场合。

按照齿的形状，齿轮传动分为直齿轮传动、斜齿轮传动和人字齿轮传动。斜齿轮比直齿轮传动平稳，承载能力较大，适用于高速和重载传动。斜齿轮传动的缺点是有轴向力，为了克服这个缺点，可采用人字齿轮传动。人字齿轮加工困难，主要用于矿山和冶金等重型机械中。

按照两齿轮的啮合方式，齿轮传动分为外啮合传动、内啮合传动和齿轮齿条传动。外啮合传动两齿轮的转向相反，内啮合传动能够实现两齿轮的同向转动，齿轮齿条传动用于将回转运动转变为直线运动。

按照工作条件，齿轮传动分为：开式齿轮传动和闭式齿轮传动。开式齿轮传动完全暴露在空气中，因灰尘容易落入齿间，齿的磨损大，多用于不重要的低速传动中。闭式齿轮传动全部装在密闭箱体内，能实现精确的装配和良好的润滑等，如各种齿轮减速器和变速器。常用的齿轮传动如图 3-29 所示。

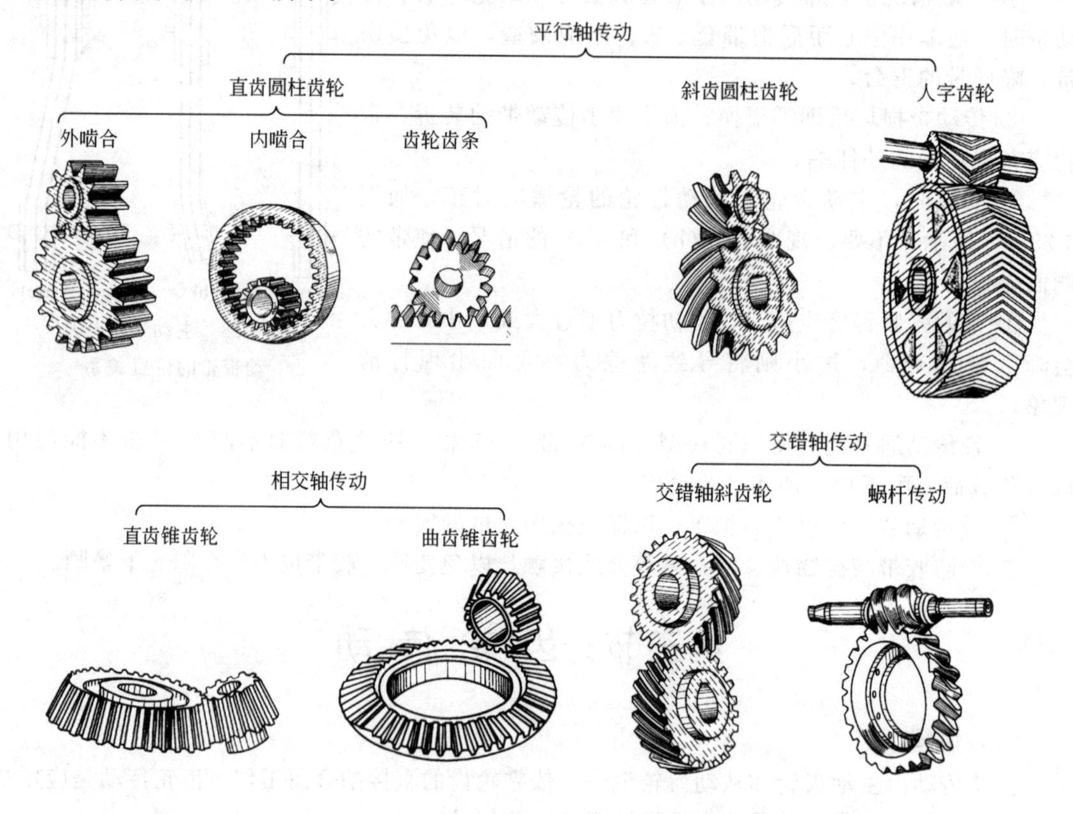

图 3-29　齿轮传动的类型

2. 齿轮传动的特点

齿轮传动传递的功率较大，从很小到数万千瓦；传递的圆周速度范围较大，从很低到 300m/s 以上；瞬时传动比恒定，因而传动平稳；能实现两轴任意角度（平行、相交或交错）的传动；效率高，加工精密和润滑良好的一对传动齿轮，效率可达 0.99 以上；寿命长，能可靠地工作数年以至数十年；结构紧凑，外廓尺寸小。齿轮的加工复杂，制造、安装、维护的要求较高，因而成本较高；工作时有不同程度的噪声，精度较低的传动会引起一定的振动。

二、齿轮常用材料及选择

齿轮的常用材料是钢材，在某些情况下铸铁、有色金属、粉末冶金和非金属材料也可制作齿轮。

钢制齿轮一般通过热处理来改善其力学性能。按齿面硬度大小，钢齿轮分为≤350HBW 的软齿面齿轮和＞350HBW 的硬齿面齿轮两类。

软齿面齿轮的常用材料为 40、45、35SiMn、40MnB、40Cr 等调质钢，并经调质处理改善其综合力学性能，以适应齿轮的工作要求；对于要求不高的齿轮，可选用 Q275 或 40、45，并经正火处理；对于大直径齿轮（齿顶圆直径 $d_a \geqslant 400 \sim 600$mm），因锻造困难，常用

ZG310-570、ZG340-640、ZG35SiMn 铸件毛坯，并经正火处理。在一对啮合的齿轮中，小齿轮轮齿的工作循环次数较多，因此，对软齿面齿轮往往选小齿轮的齿面硬度比大齿轮的齿面硬度高约 25～40HBW。

硬齿面齿轮的常用材料为调质钢经表面淬火处理，或用渗碳钢 20、20Cr、20CrMnTi 等经渗碳、淬火处理，也可采用 38CrMoAlA 钢经渗氮处理，以适应齿轮承受变载和冲击的要求。这类齿轮承载能力高，用于重要传动。

灰铸铁价格便宜，铸造性能和切削加工性能良好，但强度和韧性差，只宜用于低速、轻载或开式传动。常用的灰铸铁有 HT250、HT300、HT350 等。球墨铸铁的机械性能接近钢材，可以代替铸钢制造大齿轮。常用的球墨铸铁有 QT500-5、QT600-3 等。

三、齿轮传动失效

齿轮传动是靠齿与齿的啮合进行工作的，轮齿是齿轮直接参与工作的部分，所以齿轮的失效主要发生在轮齿上。常见的轮齿失效形式有：轮齿折断、齿面点蚀、齿面磨损、齿面胶合和齿面塑性变形。

轮齿折断是指齿轮的一个或多个齿的整体或局部的断裂，如图 3-30 所示。轮齿折断的原因，一是由于短时意外的严重过载，使轮齿危险截面上的应力超过了材料的极限应力而过载折断；二是轮齿根部在交变的弯曲应力作用下发生疲劳折断。

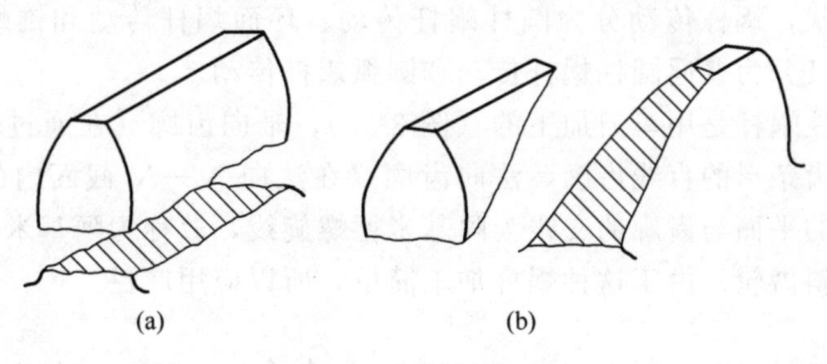

图 3-30 轮齿折断

齿面点蚀是一种因齿面金属局部脱落而呈麻点状的破坏现象，如图 3-31 所示，是由于齿面受脉动循环的接触交变应力作用而产生的疲劳破坏。

齿面磨损的原因，在于轮齿在啮合过程中，齿面之间存在相对滑动。在开式传动中，由于灰尘、杂质等容易进入轮齿工作表面，故磨损将会更加迅速和严重。齿面磨损是开式齿轮传动的主要失效形式。

齿面胶合是相啮合齿面的金属在一定的压力下直接接触而发生黏着，并随着齿面的相对运动，使金属从齿面上撕落而引起的一种破坏，如图 3-32 所示。

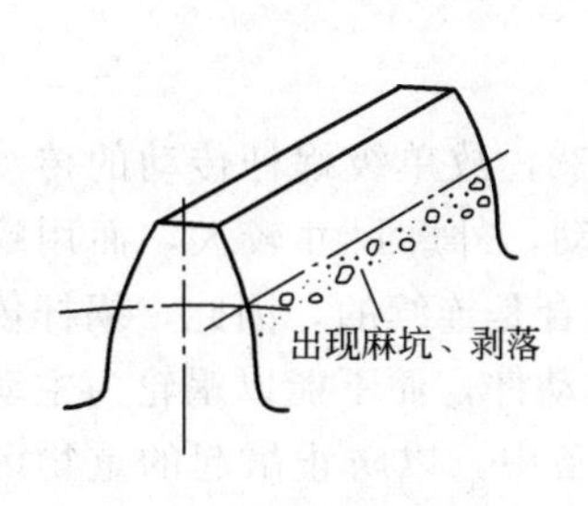

图 3-31 齿面点蚀

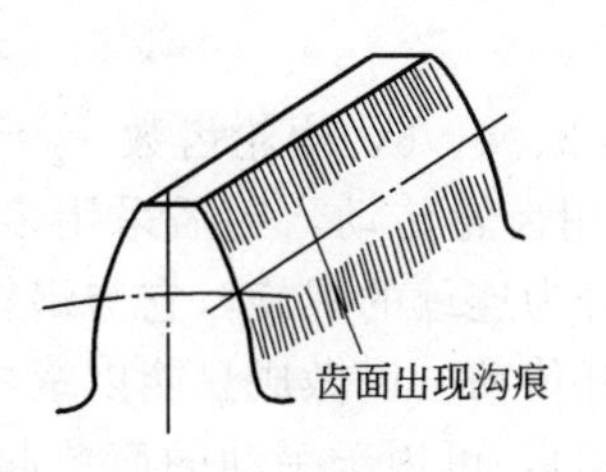

图 3-32 齿面胶合

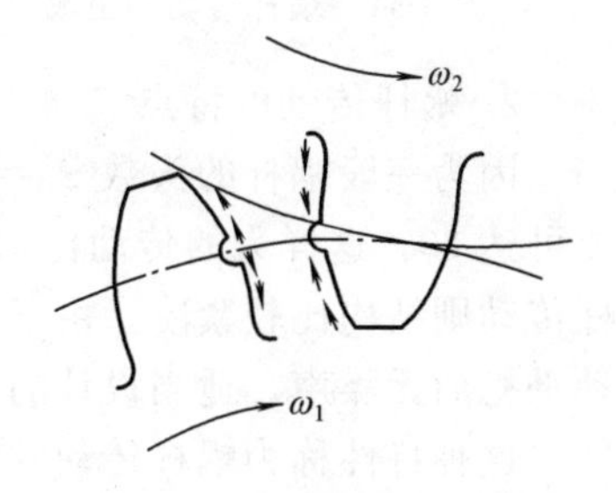

图 3-33 齿面塑性变形

硬度较低的软齿面齿轮，在低速重载时，由于齿面压力过大，在摩擦力作用下，使齿面金属产生塑性流动而失去原来的齿形，如图 3-33 所示，这就是齿面塑性变形。

当齿面发生点蚀、磨损、胶合或塑性变形后，渐开线齿形遭到破坏，引起振动和噪声，并最终导致齿轮的破坏。

第四节　蜗 杆 传 动

一、概述

如图 3-34 所示，蜗杆传动由蜗杆 1 和蜗轮 2 组成，用于传递空间两交错轴之间的运动和动力，两轴线投影的夹角为 90°。

蜗杆与螺杆相似，常用头数为 1、2、4、6；蜗轮则与斜齿轮相似。在蜗杆传动中，通常是蜗杆主动，蜗轮从动。设主动蜗杆转速为 n_1、头数为 z_1，从动蜗轮转速为 n_2、齿数为 z_2，则蜗杆传动的传动比为

$$i=\frac{n_1}{n_2}=\frac{z_2}{z_1} \tag{3-3}$$

1. 蜗杆传动的类型

根据蜗杆的形状，蜗杆传动分为圆柱蜗杆传动、环面蜗杆传动和锥蜗杆传动等三种类型。圆柱蜗杆传动又分为普通圆柱蜗杆传动和圆弧蜗杆传动。

常用的普通圆柱蜗杆是用车刀加工的（图 3-35），轴向齿廓（在通过轴线的轴向 $A—A$ 剖面内的齿廓）为齿条形的直线齿廓，法向齿廓（在法向 $N—N$ 截面内的齿廓）为曲线齿廓，而垂直于轴线的平面与齿廓的交线为阿基米德螺旋线，故称为阿基米德蜗杆。其蜗轮是一具有凹弧齿槽的斜齿轮。由于这种蜗杆加工简单，所以应用广泛。

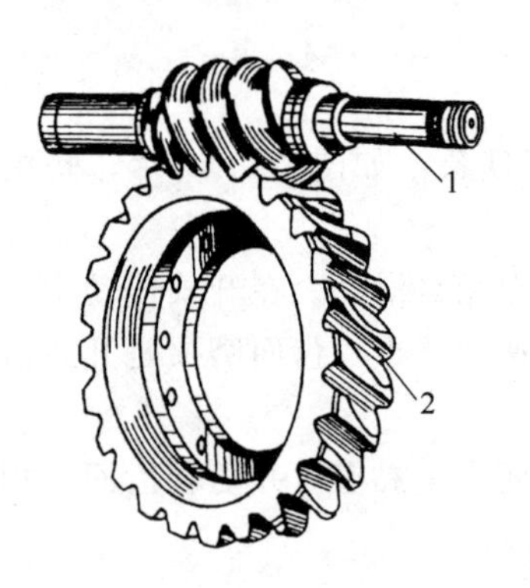

图 3-34　蜗杆传动的组成

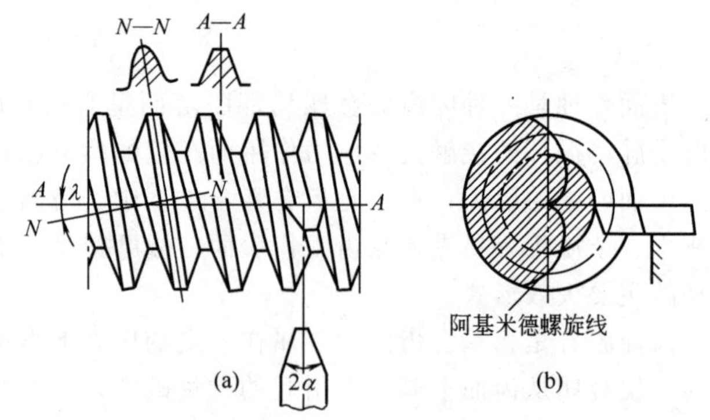

图 3-35　普通圆柱蜗杆传动

2. 蜗杆传动的特点

因为一般蜗杆的头数 $z_1=1$、2、4、6，蜗轮齿数 $z_2=29\sim83$，故单级蜗杆传动的传动比可达 83，这样大的传动比，如用齿轮传动，则需采用多级传动，外廓尺寸较大，而用蜗杆传动则结构比较紧凑。由于蜗杆为连续的螺旋，它与蜗轮的啮合是连续的，因此，蜗杆传动平稳而无噪声。适当设计的蜗杆传动可以做成只能以蜗杆为主动件，而不能以蜗轮为主动件（这种特性称为蜗杆传动的自锁），可用于手动的简单起重设备中，以防止吊起的重物因自重而自动下坠，保证安全生产。蜗杆传动的效率低（开式传动的效率仅为 0.6～0.7，闭式传动的效率在 0.7～0.92 之间），能量损失大，发热量也大，不适用于大功率连续运转。

有轴向分力，需使用能够承受轴向载荷的轴承。制造蜗轮需用贵重的青铜，成本较高。

二、蜗杆传动的失效

蜗杆传动的工作情况与齿轮传动相似，其失效形式也有磨损、胶合、疲劳点蚀和轮齿折断等。

在蜗杆传动中，蜗杆与蜗轮工作齿面间存在着相对滑动，相对滑动速度 v_s 按下式计算

$$v_s=\frac{v_1}{\cos\lambda}=\frac{\pi d_1 n_1}{60\times1000\cos\lambda}\quad (\mathrm{m/s}) \tag{3-4}$$

式中 v_1——蜗杆上节点的线速度，m/s；

λ——蜗杆的螺旋升角；

d_1——蜗杆直径，有标准值，mm；

n_1——蜗杆转速，r/min。

由上式可见，v_s 值较大，这种滑动是沿着齿长方向产生的，所以容易使齿面发生磨损及发热，致使齿面产生胶合而失效。因此，蜗杆传动最易出现的失效形式是磨损和胶合。当蜗轮齿圈的材料为青铜时，齿面也可能出现疲劳点蚀。在开式蜗杆传动中，由于蜗轮齿面遭受严重磨损而使轮齿变薄，从而导致轮齿的折断。

在一般情况下，由于蜗轮材料强度较蜗杆低，故失效大多发生在蜗轮轮齿上。

避免蜗杆传动失效的措施有：供给足够的和抗胶合性能好的润滑油；采用有效的散热方式；提高制造和安装精度；选配适当的蜗杆和蜗轮副的材料等。

三、蜗杆、蜗轮的常用材料与结构

1. 蜗杆、蜗轮的常用材料

根据蜗杆传动的失效特点，蜗杆蜗轮的材料不仅要求有足够的强度，而且还要有良好的减摩性（即摩擦系数小）、耐磨性和抗胶合的能力。实践表明，比较理想的材料组合是淬硬并经过磨制的钢制蜗杆配以青铜蜗轮齿圈。

(1) 蜗杆材料

对高速重载的传动，蜗杆材料常用合金渗碳钢（如20Cr、20CrMnTi等）渗碳淬火，表面硬度达 56～62HRC，并经磨削；对中速中载的传动，蜗杆材料可用调质钢（如 45、35CrMo、40Cr、40CrNi 等）表面淬火，表面硬度为 45～55HRC，也需磨削；低速不重要的蜗杆可用 45 钢调质处理，其硬度为 220～300HBW。

(2) 蜗轮材料

蜗杆传动的失效主要是由较大的齿面相对滑动速度 v_s 引起的。v_s 越大，相应需要选择更好的材料。因而，v_s 是选择材料的依据。

对滑动速度较高（$v_s=5\sim25$m/s）、连续工作的重要传动，蜗轮齿圈材料常用锡青铜如 ZCuSn10P1 或 ZCuSn5Pb5Zn5 等，锡青铜的减摩性、耐磨性和抗胶合性能以及切削性能均好，但强度较低，价格较贵；对 $v_s\leqslant6\sim10$m/s 的传动，蜗轮材料可用无锡青铜 ZCuAl10Fe3 或锰黄铜 ZCuZn38Mn2Pb2 等，这两种材料的强度高，价格较廉，但切削性能和抗胶合性能不如锡青铜；$v_s\leqslant2$m/s 且直径较大的蜗轮，可采用灰铸铁 HT150 或 HT200 等。另外，也有用尼龙或增强尼龙来制造蜗轮的。

2. 蜗杆、蜗轮的结构

(1) 蜗杆的结构

蜗杆一般都与轴制成一体，称为蜗杆轴。只有当蜗杆直径较大（蜗杆齿根圆直径 d_{f1} 与

轴径 d 之比大于 1.7）时，才采用蜗杆齿圈和轴分开制造的形式，以利于节省材料和便于加工。蜗杆轴有车制蜗杆和铣制蜗杆两种形式（图 3-36），其结构因加工工艺要求而有所不同，其中铣制蜗杆的 $d>d_{f1}$，故刚度较好。

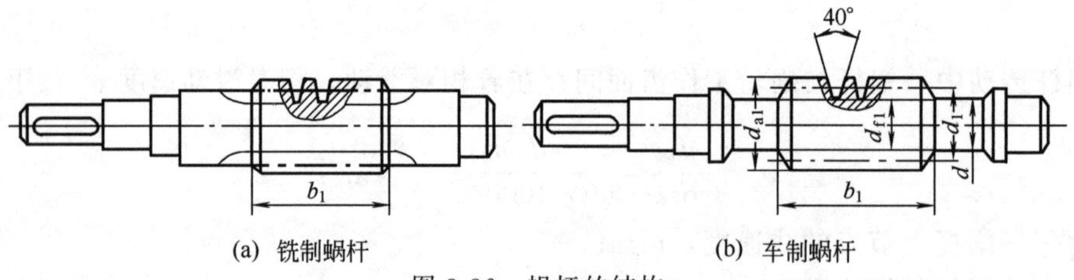

(a) 铣制蜗杆　　(b) 车制蜗杆

图 3-36　蜗杆的结构

（2）蜗轮的结构

蜗轮的结构有整体式和组合式两种。

整体式［图 3-37(a)］蜗轮结构简单，制造方便，但直径大时青铜蜗轮的成本较高，适用于蜗轮分度圆直径 $d_2<100$mm 的青铜蜗轮和任意直径的铸铁蜗轮。

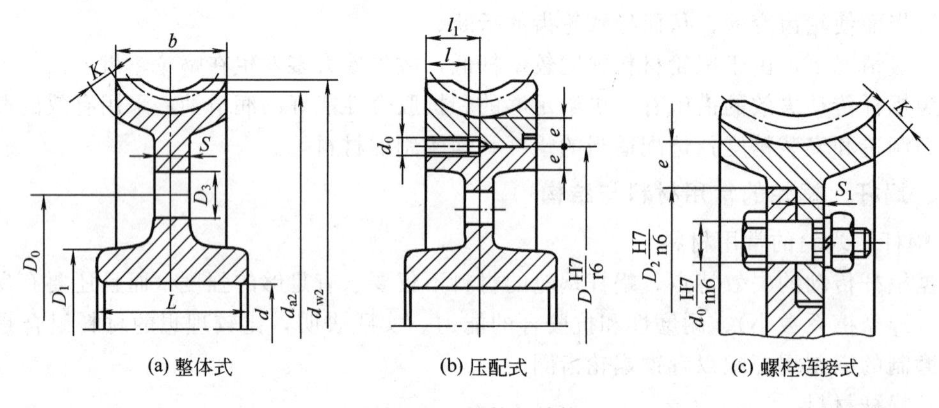

(a) 整体式　　(b) 压配式　　(c) 螺栓连接式

图 3-37　蜗轮的结构

组合式蜗轮由齿圈和轮芯两部分组成。齿圈用青铜制造，轮芯用铸铁或铸钢制造，可节省贵重的青铜。组合式蜗轮轮芯和齿圈的连接方式有三种：压配式、螺栓连接式、组合浇注式。

压配式是将青铜齿圈紧套在铸铁轮芯上［图 3-37(b)］。这种结构制造简易，常用于直径较小（蜗轮分度圆直径 $d_2\leqslant400$mm）的蜗轮和没有过度受热危险的场合。当温度较高时，由于青铜的膨胀系数大于铸铁，其配合可能会变松。

螺栓连接式［图 3-37(c)］采用配合螺栓连接，装拆方便，工作可靠，但成本较高。常用于直径较大（蜗轮分度圆直径 $d_2>400$mm）或轮齿磨损后需要更换齿圈的场合。

组合浇注式是把青铜齿圈镶铸在铸铁轮芯上，并在轮芯上预制出一些凸键，可防齿圈滑动，适用于大批量生产的蜗轮。

四、蜗杆传动装置的润滑与维护

1. 蜗杆传动装置的润滑

蜗杆传动一般用油润滑。润滑方式有油浴润滑和喷油润滑两种。一般 $v_s<10$m/s 的中、低速蜗杆传动，大多采用油浴润滑；$v_s>10$m/s 的蜗杆传动，采用喷油润滑，这时仍应使蜗杆或蜗轮少量浸油。

对于闭式蜗杆传动，常用润滑油黏度、牌号及润滑方式如表 3-1 所示，表中值适用于蜗杆浸油润滑。若蜗轮下置，则需将表中值提高 30％～50％，但最高不超过 680mm^2/s。闭式蜗杆传动每运转 2000～4000h 应及时换新油。换油时，应用原牌号油。不同厂家、不同牌号的油不要混用。换新油时，应使用原来牌号的油对箱体内部进行冲刷、清洗、抹净。

表 3-1 蜗杆传动润滑油的黏度、牌号和润滑方式

滑动速度 v_s/(m·s^{-1})	≤2	2～5	5～10	>10
黏度 ν/(mm^2·s^{-1})	>612	414～506	288～352	198～242
牌号	680	460	320	220
润滑方式	油浴润滑		油浴或喷油润滑	喷油润滑

2. 蜗杆传动装置的散热

在蜗杆传动中，由于摩擦会产生大量的热量。对开式和短时间断工作的蜗杆传动，因其热量容易散失，故不必考虑散热问题。对于闭式传动，如果产生的热量不能及时散出去，将因油温不断升高而使润滑油黏度下降，减弱润滑效果，增大摩擦磨损，甚至发生胶合。所以，闭式蜗杆传动必须采用合适的散热措施，使油温稳定在一规定的范围内，通常要求不超过 75～85℃。常用的散热措施有：

① 在箱体外表面铸出或焊上散热片以增加散热面积；

② 在蜗杆轴端装设风扇［图 3-38(a)］，加速空气流通以增大散热系数；

③ 在箱体内装设蛇形水管［图 3-38(b)］，利用循环水进行冷却；

④ 采用压力喷油循环润滑，利用冷却器将润滑油冷却。

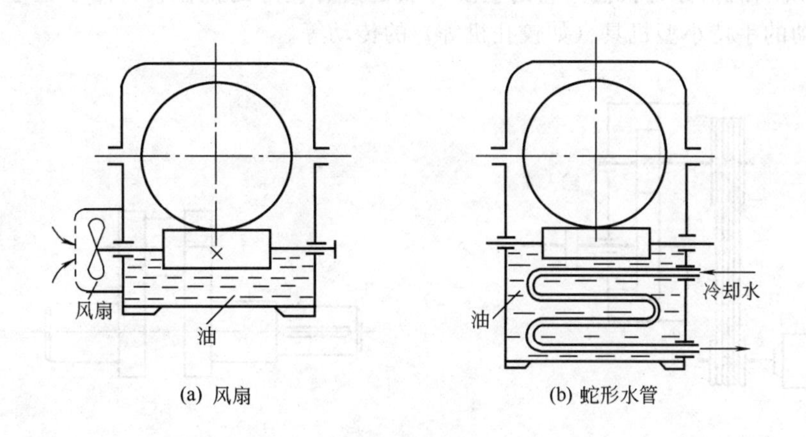

图 3-38 蜗杆传动装置的散热措施

第五节 轴与轴承

轴用来支承回转零件并传递运动和动力。轴承是支承轴的部件，轴承一般安装在机架上或机器的轴承座孔中，有些轴承与机架做成一体。根据工作时摩擦性质的不同，轴承可分为滑动轴承和滚动轴承两大类。

一、轴

1. 轴的分类

所有的回转零件，如带轮、齿轮和蜗轮等都必须用轴来支承才能进行工作。因此轴是机械中不可缺少的重要零件。

根据承受载荷的不同，轴可分为三类：心轴、传动轴和转轴。心轴是只承受弯曲作用的轴，图 3-39 所示火车轮轴就是心轴；传动轴主要承受扭转作用、不承受或只承受很小的弯曲作用，图 3-40 所示的汽车变速箱与后桥间的轴就是传动轴；转轴是同时承受弯曲和扭转作用的轴，图 3-41 所示的减速器输入轴即为转轴，转轴是机械中最常见的轴。

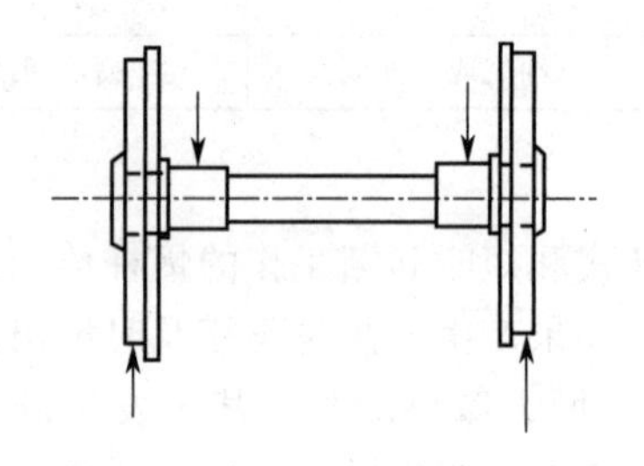

图 3-39 火车轮轴

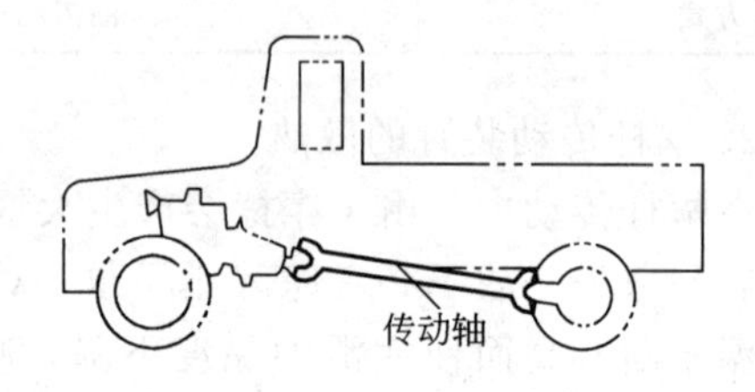

图 3-40 汽车的传动轴

根据轴线的几何形状，轴还可分为直轴、曲轴和软轴三类。轴线为直线的轴称为直轴，图 3-39～图 3-41 所示的轴都是直轴，它是一般机械中最常用的轴；图 3-42 所示的轴称为曲轴，它主要用于需要将回转运动和往复直线运动相互进行转换的机械（如内燃机、冲床等）中；图 3-43 所示的轴称为软轴，它的主要特点是具有良好的挠性，常用于医疗器械、汽车里程表和电动的手持小型机具（如铰孔机等）的传动等。

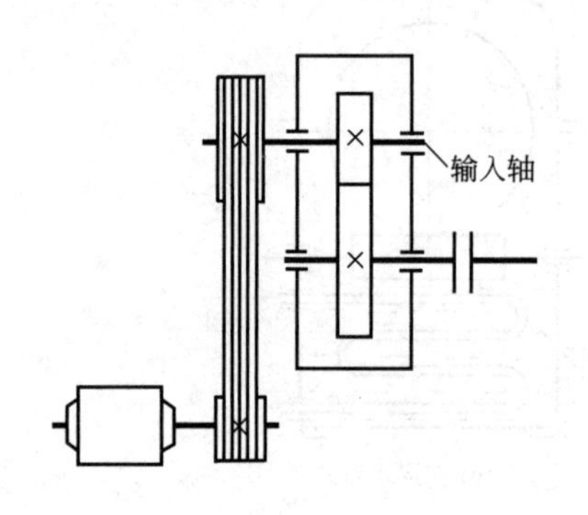

图 3-41 减速器输入轴

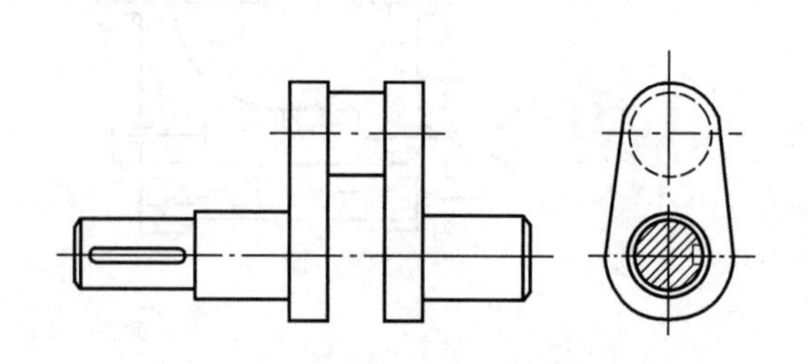

图 3-42 曲轴

2. 轴的材料

轴的常用材料是碳钢和合金钢，球墨铸铁也有应用。

碳钢价格低廉，对应力集中的敏感性小，并能通过热处理改善其综合力学性能，故应用很广。一般机械的轴，常用 35、45、50 等优质碳素结构钢并经正火或调质处理，其中 45 钢应用最普遍。受力较小或不重要的轴，也可用 Q235、Q255 等碳素结构钢。

合金钢具有较高的机械强度和优越的淬火性能，但其价格较贵，对应力集中比较敏感。常用于要求减轻质量、提高轴颈耐磨性及在非常温条件下工作的轴。常用的有 40Cr、

35SiMn、40MnB 等调质，12Cr18Ni9 淬火，20Cr 渗碳淬火等，其中 12Cr18Ni9 主要用于在高低温及强腐蚀性条件下工作的轴。

形状复杂的曲轴和凸轮轴，也可采用球墨铸铁制造。球墨铸铁具有价廉、应力集中不敏感、吸振性好和容易铸成复杂的形状等优点，但铸件的品质不易控制。

3. 轴的结构

轴由轴头、轴颈和轴身三部分组成（图 3-44）。轴上安装零件的部分称为轴头，轴上被轴承支承的部分称为轴颈，连接轴头和轴颈的过渡部分称为轴身。轴上直径变化所形成的阶梯称为轴肩（单向变化）或轴环（双向变化），用来防止零件轴向移动，即实现轴上零件的轴向固定。轴向固定方法还有靠轴端挡圈固定，靠圆螺母固定，靠紧定螺钉固定等。

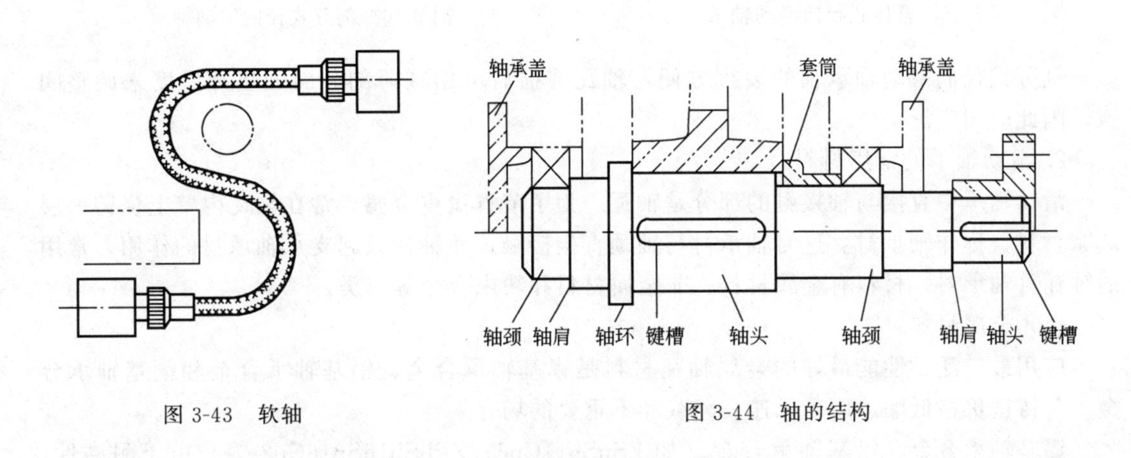

图 3-43　软轴　　图 3-44　轴的结构

一般轴上要开设键槽，通过键连接使零件与轴一起旋转，即实现轴上零件的周向固定。周向固定的方法还有过盈配合、销连接等。采用销连接时需在轴上开孔，对轴的强度有较大削弱。

二、滑动轴承

1. 滑动轴承的类型

滑动轴承分为径向滑动轴承（主要承受径向载荷）和止推滑动轴承（主要承受轴向载荷）两类。径向滑动轴承又有整体式、剖分式、调心式等类型。常用的是整体式和剖分式径向滑动轴承。

（1）整体式径向滑动轴承

整体式径向滑动轴承（图 3-45）由轴承座和压入轴承座孔内的轴套组成，靠螺栓固定在机架上。整体式径向滑动轴承的顶部装油杯，最简单的结构是无油杯及轴套的。

整体式径向滑动轴承具有结构简单，制造方便，价格低廉，刚度较大等优点。但轴套磨损后间隙无法调整（只能采用更换轴套的办法）；装拆时必须做轴向移动，不太方便。故只适用于低速、轻载和间歇工作的场合。

（2）剖分式径向滑动轴承

剖分式径向滑动轴承的结构如图 3-46 所示。它由轴承座、轴承盖、上轴瓦、下轴瓦、双头螺柱、螺母、调整垫片和润滑装置等组成。为了便于装配时的对中和防止横向错动，在其剖分面上设置有阶梯形止口。

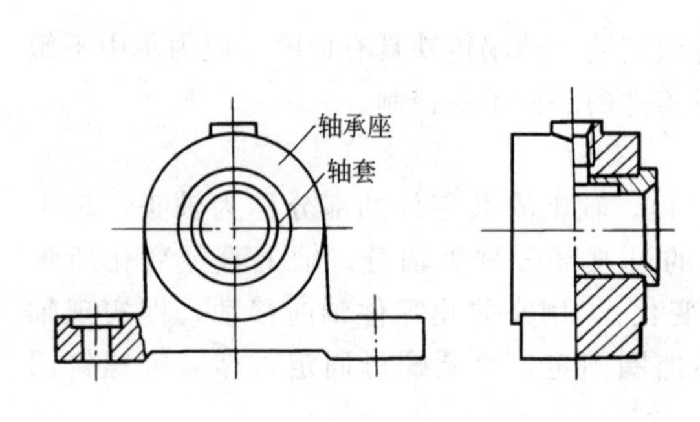

图 3-45　整体式径向滑动轴承

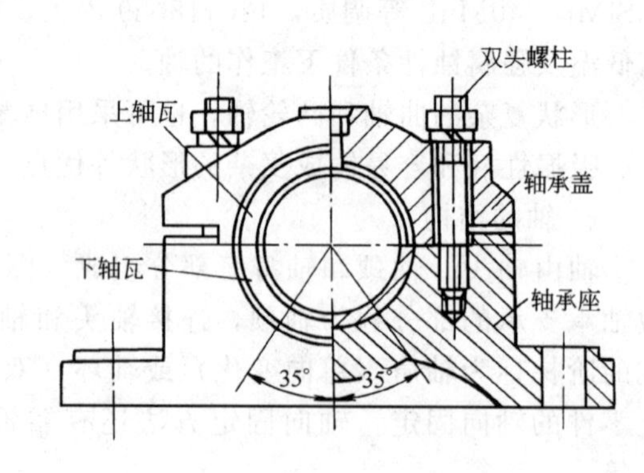

图 3-46　剖分式径向滑动轴承

剖分式径向滑动轴承轴的装拆方便，轴瓦磨损后可用减薄剖分面的垫片厚度来调整间隙，因此应用广泛。

2. 滑动轴承的常用材料

滑动轴承中直接与轴接触的部分是轴瓦。为了节省贵重金属，常在轴瓦内壁上浇铸一层减摩材料，称作轴承衬。这时轴承衬与轴颈直接接触，而轴瓦只起支承轴承衬的作用。常用的轴瓦（轴承衬）材料有金属材料、非金属材料和粉末合金等三类。

（1）金属材料

应用最广泛、性能最好的金属轴瓦材料是锡基轴承合金、铅基轴承合金和铜基轴承合金。灰铸铁价格低廉，用于低速、轻载和不重要的场合。

锡基轴承合金、铅基轴承合金（如 ZSnSb11Cu6、ZPbSb16Sn16Cu2 等）由于耐磨性、抗胶合能力、跑合性、导热性、对润滑油的亲和性及塑性都好，但是强度低、价格贵，通常是浇铸在青铜、铸钢或铸铁的轴瓦上，作轴承衬用。

铜基轴承合金有 ZCuPb30、ZCuSn10P1、ZCuAl10Fe3 等。铜基轴承合金具有较高的机械强度和较好的减摩性与耐磨性，是最常用的材料。

（2）非金属材料

非金属轴瓦材料有塑料、橡胶及硬木等，塑料应用最多。塑料轴承具有很好的耐腐蚀性、减摩性和吸振作用。如在塑料中加入石墨或二硫化钼等添加剂，则具有自润性。缺点是承载能力低、热变形大及导热性差。它们适用于轻载、低速及工作温度不高的场合。

（3）粉末合金

粉末合金又称金属陶瓷，含油轴承就是用粉末合金材料制成的，有铁-石墨和青铜-石墨两种，前者应用较广且价廉。含油轴承的优点是在间歇工作的机械上可以长时间不加润滑油；缺点是强度较低，储油量有限。适用于载荷平稳、速度较低的场合。

3. 滑动轴承的润滑

（1）润滑剂

最常用的润滑剂有润滑油和润滑脂两类，另外还有石墨、二硫化钼等。

润滑油的内摩擦系数小，流动性好，是滑动轴承中应用最广的一种润滑剂。润滑油分矿物油、植物油和动物油三种。其中矿物油（主要是石油产品）资源丰富，价格便宜，适用范围广且稳定性好（不易变质），所以矿物油的应用广泛。

润滑脂俗称黄干油，它的流动性小，不易流失，因此轴承的密封简单，润滑脂不需经常补充。其内摩擦系数较大，效率较低，不宜用于高速轴承。

石墨和二硫化钼属固体润滑剂，它们能耐高温和高压，附着力低和缺乏流动性，故常以粉剂添加于润滑油或润滑脂中，以改进润滑性能。固体润滑剂适用于高温和重载的场合。

（2）润滑装置

常用的润滑装置有油脂杯、油杯、油环润滑和压力循环润滑等。

旋盖式油脂杯如图 3-47 所示，当旋紧杯盖时，杯中的润滑脂便可挤到轴承中去。

油杯供油量较少，主要用于低速轻载的轴承上。针阀式注油油杯如图 3-48 所示，通过转动手柄，利用手柄处于铅垂或水平位置时尺寸 l_1、l_2 的不同实现针阀阀杆的升降来打开和关闭供油阀门以实现供油，通过调节螺母改变阀门开启的大小来调节供油量的大小，用于要求供油可靠的润滑点上。

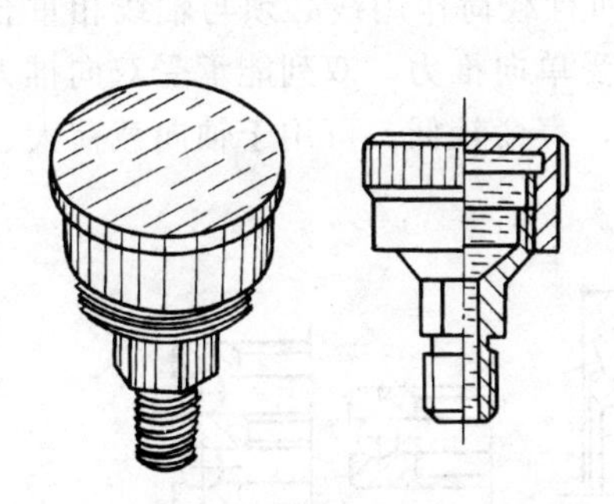

图 3-47　旋盖式油脂杯

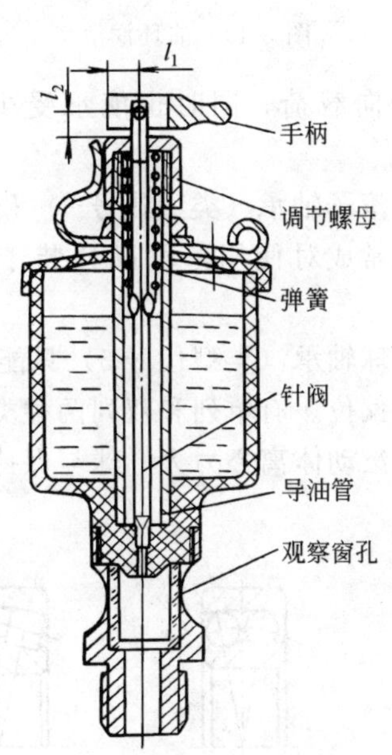

图 3-48　针阀式注油油杯

油环润滑如图 3-49 所示，随轴转动的油环将润滑油带到摩擦面上，只适用于稳定运转并水平放置的轴承上。

压力循环润滑是利用油泵将润滑油经过油管输送到各轴承中去进行润滑。它的优点是润滑效果好，缺点是装置复杂、成本高。压力循环润滑适用于高速、重载或变载的重要轴承上。

三、滚动轴承

1. 滚动轴承的构造

滚动轴承的典型结构如图 3-50 所示，它由外圈 1、内圈 2、滚动体 3 和保持架 4 四部分组成。内、外圈上都有滚道，滚动体沿滚道滚动。保持架的作用是把滚动体彼此均匀地隔开，避免运转时互相碰撞和磨损。一般滚动轴承内圈与轴配合较紧并随轴转动，外圈与轴承座孔或机座孔配合较松，固定不动。

2. 滚动轴承的类型

常用滚动轴承如图 3-51 所示，它们的名称、类型代号及主要特性如下。

调心球轴承（类型代号 1）和调心滚子轴承（类型代号 2）均具有自动调心性能，主

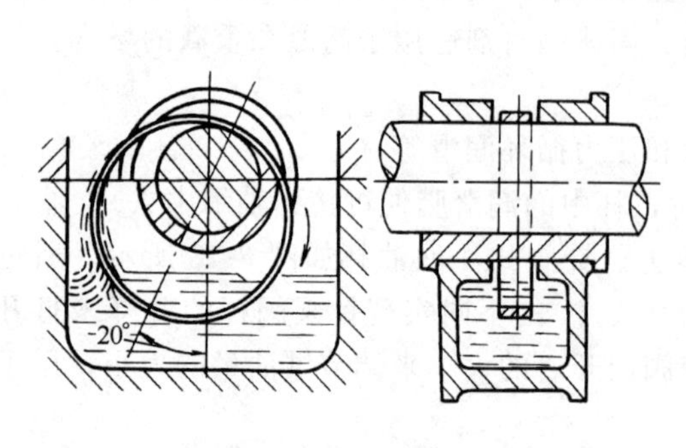

图 3-49　油环润滑

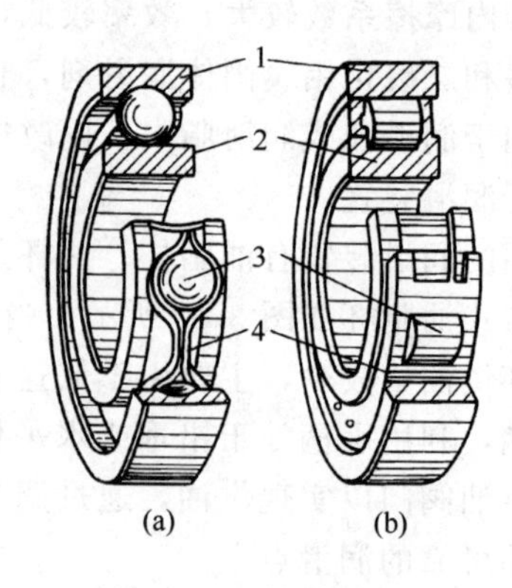

图 3-50　滚动轴承的构造

要承受径向载荷，同时也能承受少量的轴向载荷。调心滚子轴承的承载能力大于调心球轴承。

圆锥滚子轴承（类型代号 3）和角接触球轴承（类型代号 7）均能同时承受径向和轴向载荷，通常成对使用，可以分装于两个支点或同装于一个支点上，前者的承载能力大于后者。

推力球轴承（类型代号 5）只能承受轴向载荷，而且载荷作用线必须与轴线相重合，不允许有角偏位。有单列和双列两种类型，单列只能承受单向推力，双列能承受双向推力。高速时，因滚动体离心力大，球与保持架摩擦发热严重，寿命较低。可用于轴向载荷大、转速不高之处。

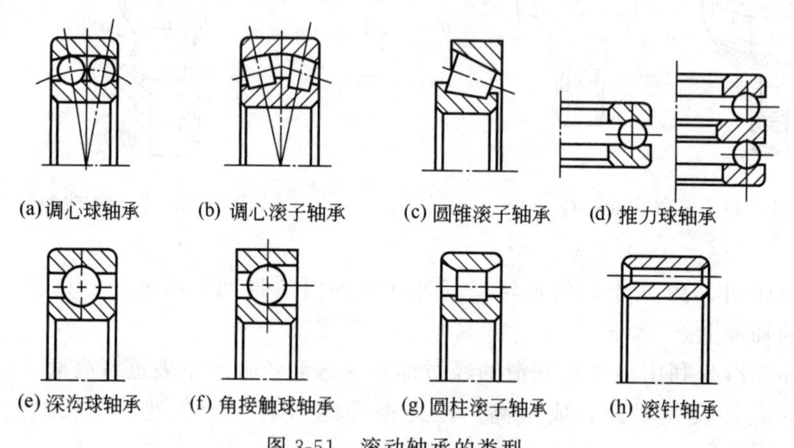

图 3-51　滚动轴承的类型

深沟球轴承（类型代号 6）主要承受径向载荷，同时也可承受一定的轴向载荷。当转速很高而轴向载荷不太大时，可代替推力球轴承承受纯轴向载荷。

角接触球轴承（类型代号 7）能同时承受径向载荷和轴向载荷，也可单独承受轴向载荷。一般成对使用。接触角越大，承受轴向载荷的能力也越大。

圆柱滚子轴承（类型代号 N）和滚针轴承（类型代号 NA）均只能承受径向载荷，不能承受轴向载荷。滚针轴承的承载能力大，径向尺寸小，一般无保持架，滚针间有摩擦，极限转速低。

3. 滚动轴承的代号、标准

按照 GB/T 272—2017 规定，滚动轴承代号由前置代号、基本代号和后置代号三段由左至右顺序构成并刻印在外圈端面上。

基本代号表示轴承的基本类型、结构和尺寸，由类型代号、尺寸系列代号和内径代号由左至右顺序组成。

类型代号用一位数字或一至两个字母表示。

尺寸系列代号由宽（高）度系列代号和直径系列代号由左至右顺序组成，分别用一位数字表示。宽（高）度系列代号表示内径和外径相同而宽（高）度不同的系列，当宽（高）度系列代号为 0 时可省略；直径系列代号表示同一内径、不同外径的系列。

内径代号通常用两位数字表示。一般情况下，内径 d＝内径代号×5mm；当内径代号为 00、01、02、03 时表示内径分别为 10mm、12mm、15mm、17mm；当内径 d＜10mm，d＝22mm、28mm、32mm 及 d＞500mm 时的内径代号查有关手册。

前置代号表示成套轴承的分部件，用字母表示。如 L 表示可分离轴承的分离内圈或外圈、K 表示滚子和保持架组件等。后置代号为补充代号，轴承在结构形状、尺寸公差、技术要求等有改变时，才在基本代号右侧予以添加，一般用字母（或字母加数字）表示。

71108 表示角接触球轴承，尺寸系列 11（宽度系列 1，直径系列 1），内径 d＝40mm。

LN308 为单列圆柱滚子轴承，可分离外圈，尺寸系列（0）3（宽度系列 0，直径系列 3），内径 40mm。

4. 滚动轴承类型的选择

滚动轴承的类型应根据轴承的受载情况、转速、工作条件和经济性等来确定。

当载荷较小且平稳时，可选用球轴承；反之，宜选用滚子轴承。当轴承仅承受径向载荷时，应选用向心轴承；当只承受轴向载荷时，则应选用推力轴承。同时承受径向和轴向载荷的轴承，如以径向载荷为主时应选用深沟球轴承；径向载荷和轴向载荷均较大时可选用圆锥滚子轴承或角接触球轴承；轴向载荷比径向载荷大很多或要求轴向变形小时，应选用接触角较大的圆锥滚子轴承或角接触球轴承，或选用推力轴承和向心轴承组合的支承结构。

球轴承的极限转速比滚子轴承高，故在高速时宜选用球轴承；推力轴承的极限转速很低，不宜用于高速。高速时应选用外径较小的轴承。

当轴工作时的弯曲变形较大，或两轴承座孔的同轴度较差时，应选用具有调心功能的调心轴承；当轴承的径向尺寸受限制时，可选用外径较小的轴承，必要时还可选用滚针轴承；当轴承的轴向尺寸受限制时则可选用窄轴承。在需要经常装拆或装拆有困难的场合，可选用内外圈能分离的轴承。

普通结构的轴承比特殊结构的便宜，球轴承比滚子轴承便宜，精度低的轴承比精度高的便宜。选择轴承类型时，应在满足工作要求的前提下，尽量选用价格低廉的轴承。

5. 滚动轴承的润滑、密封与维护

（1）滚动轴承的润滑

滚动轴承的润滑剂主要是润滑油和润滑脂两类。

润滑脂一般在装配时加入，并每隔三个月加一次新的润滑脂，每隔一年对轴承部件彻底清洗一次，并重新充填润滑脂。

当采用润滑油时，供油方式有油浴润滑、滴油润滑、喷油润滑、喷雾润滑等。油浴润滑是将轴承局部浸入润滑油中，油面不应高于最低滚动体的中心。滴油润滑是在油浴润滑基础上，滴油补充润滑油的消耗，设置挡板控制油面不超过最低滚动体的中心。为使滴油畅通，常选用黏度较小的润滑油。喷油润滑是用油泵将润滑油增压后，经油管和特别喷嘴向滚动体供油，流经轴承的润滑油经过滤冷却后循环使用。喷雾润滑是用压缩空气，将润滑油变成油雾送进轴承，这种方式的装置复杂，润滑轴承后的油雾可能散到空气中，污染环境。

考虑到滚动轴承的温升等与轴承内径 d 和转速 n 的乘积 dn 成比例，所以常根据 dn 值来选择润滑剂和润滑方式。

（2）滚动轴承的密封与维护

密封的目的是将滚动轴承与外部环境隔离，避免外部灰尘、水分等的侵入而加速轴承的磨损与锈蚀，防止内部润滑剂的漏出而污染设备和增加润滑剂的消耗。

常用的密封方式有毡圈密封、唇形密封圈密封、沟槽密封、曲路密封、挡圈密封及毛毡圈加迷宫的组合密封等，如图 3-52 所示。各种密封方式的原理、特点及适用场合如下。

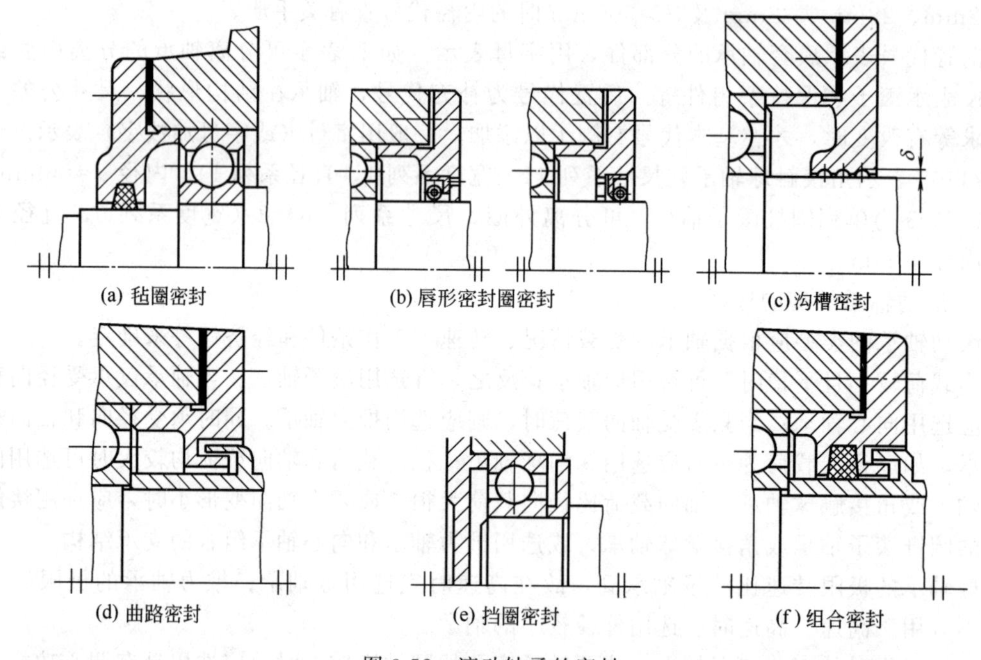

图 3-52　滚动轴承的密封

毡圈密封是利用安装在梯形槽内的毡圈与轴之间的压力来实现密封，用于脂润滑。

唇形密封圈密封原理与毡圈密封相似，当密封唇朝里时，目的是防止漏油；密封唇朝外时，主要目的是防止灰尘、杂质进入。这种密封方式既可用于脂润滑，也可用于油润滑。

沟槽密封靠轴与盖间的细小环形隙密封，环形隙内充满了润滑脂。间隙愈小愈长，效果愈好。用于脂润滑。

曲路密封是将旋转件与静止件之间的间隙做成曲路（迷宫）形式，在间隙中充填润滑油或润滑脂以加强密封效果。

挡圈密封主要用于内密封、脂润滑。挡圈随轴转动，可利用离心力甩去油和杂物，避免润滑脂被油稀释而流失及杂物进入轴承。

有时单一的密封方式满足不了使用要求，可将上述密封方式组合起来使用。毡圈加曲路的组合密封用得较多。

思考题

3-1　螺纹连接有哪几种基本类型？各用在什么场合？

3-2 螺栓连接为什么要防松？常用的防松措施有哪些？
3-3 键连接有哪些类型？各用于何种场合？
3-4 普通平键的端部结构有哪几种形式？各有何特点？
3-5 销连接有哪些类型？各有何功用？
3-6 联轴器有何功用？联轴器分为哪几类？各有何特点？
3-7 常用的离合器有哪几种？各如何传递转矩？
3-8 说明带传动的组成与工作原理。
3-9 带传动有何特点？
3-10 带传动有哪些类型？各有何应用？
3-11 绘图说明 V 带的构造。
3-12 V 带怎样标记？试举例说明。
3-13 V 带轮有哪几种结构形式？制造 V 带轮的材料有哪些？
3-14 带传动的失效形式有哪些？为什么要规定最小带轮直径？
3-15 带传动为什么要张紧？常见的张紧装置有哪些？
3-16 带传动的安装和维护应注意什么？
3-17 齿轮传动有何特点？
3-18 齿轮传动有哪些类型？
3-19 齿轮传动的传动比怎样计算？一对齿轮传动的传动比有何限制？
3-20 什么是软齿面齿轮、硬齿面齿轮？它们各用什么材料和热处理方法？
3-21 齿轮传动的失效形式主要有哪些？各是什么原因？
3-22 蜗杆传动有何特点？
3-23 蜗杆传动最容易出现的失效形式有哪些？为什么？
3-24 蜗杆、蜗轮一般用什么材料制造？
3-25 蜗轮有哪几种结构形式？试说明各自的特点及适用场合。
3-26 蜗杆传动为什么要进行润滑？
3-27 闭式蜗杆传动为什么要进行散热？常用的散热措施有哪些？
3-28 按承受载荷的不同，轴分为哪几类？说明各类轴的受载特点。
3-29 按轴线几何形状的不同，轴分为哪几类？各有何用途？为什么轴常做成阶梯形？
3-30 轴通常是用什么材料制成的？并经什么热处理？
3-31 轴上零件的轴向固定方法有哪些？轴上零件的周向固定方法有哪些？
3-32 按结构的不同，滑动轴承分为哪几种？各有何特点和用途？
3-33 常用轴瓦（轴承衬）的材料有哪些？
3-34 轴承润滑的目的是什么？滑动轴承常用的润滑剂有哪些？滑动轴承常用的润滑装置有哪些？
3-35 按照国家标准，滚动轴承分为哪几种类型？各有何特点？
3-36 说明下列各滚动轴承代号的含义：6201，30320，51411，6410，52205，31212。
3-37 选择滚动轴承的类型时应考虑哪些因素？
3-38 滚动轴承常用的密封方式有哪些？

第四章
压力容器

教学要求

能力目标：1. 内压薄壁容器筒体及封头的壁厚计算与强度校核能力。
2. 外压容器筒体及封头的壁厚设计能力。
3. 压力容器标准附件的选择能力。

知识要素：1. 压力容器设计参数的含义及选择。
2. 压力容器与管道的公称压力、公称直径的概念及选择。
3. 外压容器稳定性概念与提高稳定性措施。
4. 法兰结构类型、密封面形式及其适应条件，容器支座类型、结构及选用。

技能要求：按照试验规程进行压力容器水压试验的操作技能。

第一节　内压薄壁容器

一、内压薄壁圆筒与球壳的应力计算

1．内压薄壁圆筒的应力计算

图 4-1 所示为一受内压的圆筒形薄壁容器，其中间面直径为 D，壁厚为 δ，内部受到介质压力 p 的作用。

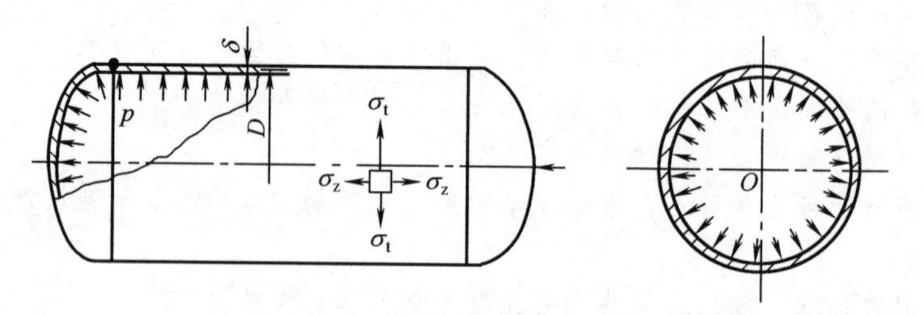

图 4-1　受内压的薄壁圆筒

筒体在内部压力作用下将发生变形。在纵的方向（沿筒体轴线方向）上，作用于两端封头的内压 p 将使筒体发生拉伸变形，因而在垂直于筒体轴线的横截面内存在均匀分布的拉应力（图 4-2），称为轴向应力，用 σ_z 表示；在横的方向上（即筒体的径向）将发生直径增大的变形，经理论分析，在经过筒体轴线的纵截面内同时存在弯曲应力和拉应力，但弯曲应力与拉应力比起来要小得多。为使问题简化，可以认为，在筒体器壁的纵截面内只存在均匀分布的拉应力，并称为环向应力（图 4-3），用 σ_t 表示。

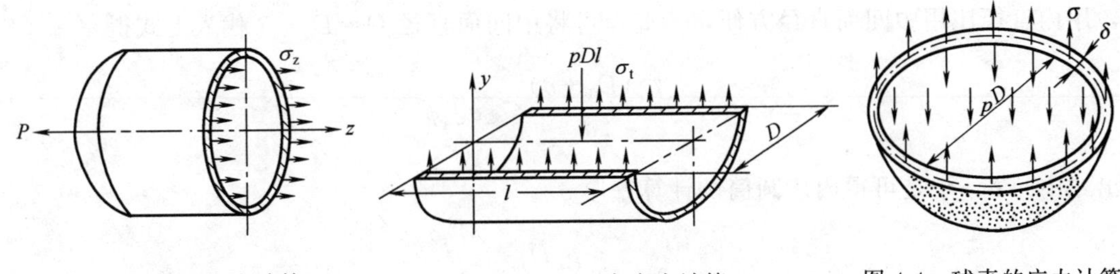

图 4-2　轴向应力计算　　图 4-3　环向应力计算　　图 4-4　球壳的应力计算

轴向应力为：
$$\sigma_z=\frac{pD}{4\delta} \tag{4-1}$$

环向应力为：
$$\sigma_t=\frac{pD}{2\delta} \tag{4-2}$$

由上述分析可见，内压薄壁圆筒的器壁，在其轴向和环向都有拉应力存在。经计算分析筒体的环向应力较大，是轴向应力的两倍，即 $\sigma_t=2\sigma_z$。实践证明，圆筒形内压容器往往从强度薄弱的纵向破裂。根据这个特点，在焊接或检验容器时，纵向焊缝的质量必须着重保证。当在圆筒上开设椭圆形人孔时，应使其短轴与筒体的纵向一致，以减少筒体纵向截面的削弱。

2. 内压薄壁球壳的应力计算

在内压 p 作用下，球壳将增大直径，其变形及应力与筒体的环向是相似的，即可认为在通过球心的截面内只存在均匀分布的拉应力（图 4-4）。

其拉应力为：
$$\sigma=\frac{pD}{4\delta} \tag{4-3}$$

二、强度条件与壁厚计算

1. 内压薄壁圆筒的强度条件与壁厚计算

对内压薄壁圆筒而言，其环向应力 σ_t 远大于轴向应力 σ_z，故应按环向应力 σ_t 建立强度条件，并以计算压力 p_c 取代式中的 p。设器壁材料的许用应力为 $[\sigma]^t$，则筒体的强度条件为

$$\sigma_t=\frac{p_cD}{2\delta}\leqslant[\sigma]^t$$

钢制化工容器大多用钢板卷焊而成，在焊缝及其附近，往往存在焊接缺陷（夹渣、气孔、未焊透等）以及加热冷却造成的内应力和晶粒粗大，使焊缝及其附近材料的强度比钢板略低，所以要将钢板的许用应力适当降低，将许用应力乘以一个小于 1 的数值 ϕ，称为焊接接头系数，即将钢板材料的许用应力打一个折扣，来弥补在焊接时可能出现的强度削弱。引入焊接接头系数后的强度条件为

$$\sigma_t=\frac{p_cD}{2\delta}\leqslant[\sigma]^t\phi$$

此外，一般工艺条件确定的是圆筒内直径 D_i（符合公称直径的标准值），在计算公式中，用内直径比用中间面直径方便，为此，可将中间面直径 $D=D_i+\delta$ 代入上式得

$$\sigma_t=\frac{p_c(D_i+\delta)}{2\delta}\leqslant[\sigma]^t\phi$$

解出式中的 δ，于是可得内压圆筒的计算壁厚 δ

$$\delta=\frac{p_cD_i}{2[\sigma]^t\phi-p_c} \tag{4-4}$$

式中　δ——圆筒的计算厚度，mm；

p_c——圆筒的计算压力，MPa；

D_i——圆筒的内直径，mm；

$[\sigma]^t$——圆筒材料在设计温度下的许用应力，MPa；

ϕ——圆筒的焊接接头系数。

2. 内压薄壁球壳的强度条件与壁厚计算

内压薄壁球壳的强度条件为

$$\sigma=\frac{p_c(D_i+\delta)}{4\delta}\leqslant[\sigma]^t\phi$$

解出式中的 δ，于是可得承受内压的球壳的计算壁厚 δ

$$\delta=\frac{p_cD_i}{4[\sigma]^t\phi-p_c} \tag{4-5}$$

上式中各项参数的意义及单位与式(4-4) 相同。

对比内压薄壁球壳与圆筒壁厚的计算公式(4-4) 与式(4-5) 可知，当条件相同时，球壳的壁厚约为圆筒壁厚的一半。例如内压为 0.5MPa，容积为 5000m^3 的容器，若为圆筒形其用材量是球形的 1.8 倍；而且在相同容积下，球体的表面积比圆柱体的表面积小，因而防护用剂和保温等费用也较少。目前在化工、石油、冶金等工业中，许多大容量储罐都采用球形容器。因球形容器制造比较复杂，所以，通常直径小于 3m 的容器仍为圆筒形。

3. 容器厚度的概念

（1）计算厚度 δ

指按各强度公式计算得到的厚度。

（2）设计厚度 δ_d

指计算厚度与腐蚀裕量 C_2 之和，即 $\delta_d=\delta+C_2$。

（3）名义厚度 δ_n

指设计厚度加上钢材厚度负偏差 C_1 后向上圆整至钢材标准规格的厚度。常用钢板厚度 (mm) 为：3、4、5、6、8、10、12、14、16、18、20、22、25、28、30 等。此值应标注在设计图样上。

（4）有效厚度 δ_e

指名义厚度减去钢材厚度负偏差和腐蚀裕量，即 $\delta_e=\delta_n-(C_1+C_2)=\delta_n-C$。式中 $C=C_1+C_2$ 称为厚度附加量。

(5) 最小厚度 δ_{min}

工作压力很低的容器，按强度公式计算所得的厚度往往是很小的，在焊接时无法获得较高的焊接质量，在运输、吊装过程中也不易保持它原来的形状。所以对常压或低压容器应该首先考虑它的刚度够不够，在GB/T 150—2011中对容器加工成形后满足刚度要求、不包括腐蚀裕量的最小厚度 δ_{min} 作了如下限制：

① 对碳素钢、低合金钢制容器，δ_{min} 不小于3mm；

② 对高合金钢制容器，δ_{min} 不小于2mm。

容器各厚度间的关系如图4-5所示，容器的名义厚度可按图4-6方法确定。

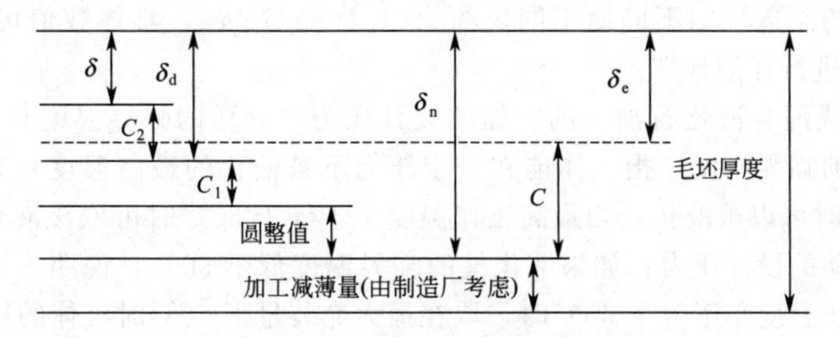

图4-5　各厚度间的关系

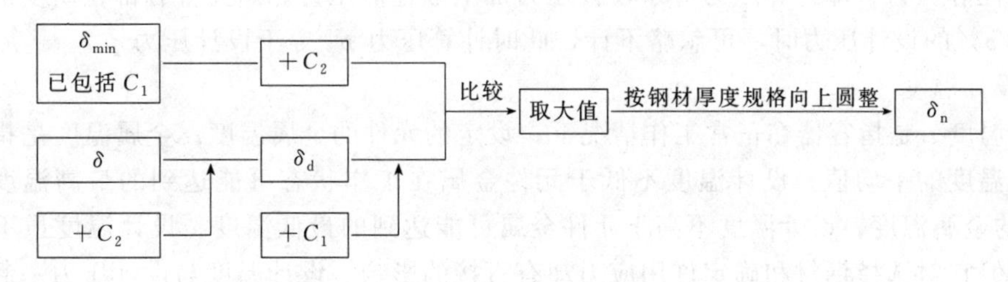

图4-6　容器的名义厚度

4. 容器的校核计算

由设计条件求容器的厚度称为设计计算，但在工程实际中也有不少情况是属于校核性计算，如旧容器的重新启用，正在使用的容器改变操作条件等。这时容器的材料及厚度是已知的，对式(4-4)和式(4-5)稍加变形便可得相应的校核公式。

圆筒形容器

$$[p_w]=\frac{2[\sigma]^t\phi\delta_e}{D_i+\delta_e} \tag{4-6}$$

球形容器

$$[p_w]=\frac{4[\sigma]^t\phi\delta_e}{D_i+\delta_e} \tag{4-7}$$

式中　$[p_w]$——容器的最大允许工作压力，MPa。

其他符号含义同前。

三、设计参数的确定

在内压薄壁圆筒与球壳的壁厚设计与强度校核公式中，直接或间接涉及设计压力、设计温度、许用应力、焊接接头系数及厚度附加量等参数，这些参数的值应按有关规定确定。

1. 设计压力

① 工作压力 p_w。工作压力 p_w 是指正常操作情况下容器顶部可能出现的最高压力。

② 设计压力 p。设计压力 p 是指设定的容器顶部的最高工作压力，与相应的设计温度一起作为设计载荷条件，其值不低于工作压力。

当容器上装有超压泄放装置时，其设计压力应根据不同形式的超压泄放装置来确定。当容器上装有安全阀时，容器的设计压力应大于等于安全阀的开启压力，为了避免安全阀不必要的泄放，通常预定的安全阀开启压力应略高于化工容器的工作压力，取其小于等于1.05～1.1倍的工作压力；当容器上装有爆破片装置时，容器的设计压力随爆破片形式、载荷性质及爆破片的制造范围不同而不同，约为(1.1～1.7)p_w，具体数值可按 GB/T 150—2011 的有关规定进行详细计算。

装液化气体或混合液化石油气的容器的设计压力与介质的临界温度和工作温度密切相关，如果液化气的临界温度（指气体能在一定压力下被液化的最高温度）高于 50℃，该液化气在 50℃以下时可以被液化，当最高工作温度小于等于 50℃时可取该液化气在 50℃时的饱和蒸气压为容器的设计压力；如果液化气的临界温度低于 50℃，说明该液化气在 50℃时是气体，最高工作温度小于等于 50℃时，取在最大充装量下 50℃时气体的压力为设计压力。

③ 计算压力 p_c。计算压力 p_c 是指在相应设计温度下，用以确定元件厚度的压力，其中包括液柱静压力。即计算压力等于设计压力加上液柱静压力。当元件各部位所受的液柱静压力小于 5%的设计压力时，可忽略不计，此时计算压力 p_c 等于设计压力 p。

2. 设计温度

设计温度 t 是指容器在正常工作情况下，设定的元件的金属温度。金属温度是指沿元件金属截面温度的平均值。设计温度不低于元件金属在工作状态可能达到的最高温度；对于0℃以下的金属温度，设计温度不高于元件金属可能达到的最低温度。设计温度虽不直接用于计算，但它对选择钢材和确定许用应力却有直接的影响。设计温度与设计压力一起作为设计载荷条件。设计温度应按下列原则来确定：

① 容器内介质被热载体或冷载体间接加热或冷却时，设计温度按表 4-1 确定。

② 容器内壁与介质直接接触且有外保温时，设计温度按表 4-2 确定。

表 4-1 设计温度（一）

传热方式	设计温度 t	传热方式	设计温度 t
外加热	热载体的最高工作温度	内加热	被加热介质的最高工作温度
外冷却	冷载体的最低工作温度	内冷却	被冷却介质的最低工作温度

表 4-2 设计温度（二） ℃

最高或最低工作温度 t_w[①]	设计温度 t	最高或最低工作温度 t_w[①]	设计温度 t
$t_w \leqslant -20$	$t_w - 10$	$15 < t_w \leqslant 350$	$t_w + 20$
$-20 < t_w \leqslant 15$	$t_w - 5$(但最低仍为-20)	$t_w > 350$	$t_w + (5\sim15)$[②]

① 当工作温度范围在 0℃以下时，考虑最低工作温度；当工作温度范围在 0℃以上时，考虑最高工作温度；当工作温度范围跨越 0℃时，则按对容器不利的情况考虑。

② 当碳素钢容器的最高工作温度为 420℃以上，铬钼钢容器的最高工作温度为 450℃以上，不锈钢容器的最高工作温度为 550 ℃以上时，其设计温度不再增加裕度。

表 4-3　钢板许用应力

钢号	钢板标准	使用状态	厚度/mm	室温强度指标		在下列温度(℃)下的许用应力/MPa															
				R_m/MPa	R_{eL}/MPa	≤20	100	150	200	250	300	350	400	425	450	475	500	525	550	575	600
Q245R	GB 713	热轧，控轧，正火	3～16	400	245	148	147	140	131	117	108	98	91	85	61	41					
			>16～36	400	235	148	140	133	124	111	102	93	86	84	61	41					
			>36～60	400	225	148	133	127	119	107	98	89	82	80	61	41					
			>60～100	390	205	137	123	117	109	98	90	82	75	73	61	41					
			>100～150	380	185	123	112	107	100	90	80	73	70	67	61	41					
Q345R	GB 713	热轧，控轧，正火	3～16	510	345	189	189	189	183	167	153	143	125	93	66	43					
			>16～36	500	325	185	185	183	170	157	143	133	125	93	66	43					
			>36～60	490	315	181	181	173	160	147	133	123	117	93	66	43					
			>60～100	490	305	181	181	167	150	137	123	117	110	93	66	43					
			>100～150	480	285	178	173	160	147	138	120	113	107	93	66	43					
			>150～200	470	265	174	163	153	143	130	117	110	103	93	66	43					
Q370R	GB 713	正火	10～16	530	370	196	196	196	196	190	180	170									
			>16～36	530	360	196	196	196	193	183	173	163									
			>36～60	520	340	193	193	193	180	170	160	150									
18MnMoNbR	GB 713	正火加回火	30～60	570	400	211	211	211	211	211	211	211	207	195	177	117					
			>60～100	570	390	211	211	211	211	211	211	211	203	192	177	117					
13MnNiMoR	GB 713	正火加回火	30～100	570	390	211	211	211	211	211	211	211	203								
			>100～150	570	380	211	211	211	211	211	211	211	200								
15CrMoR	GB 713	正火加回火	6～60	450	295	167	167	167	160	150	140	133	126	122	119	117	88	58	37		
			>60～100	450	275	167	167	157	147	140	131	124	117	114	111	109	88	58	37		
			>100～150	440	255	163	157	147	140	133	123	117	110	107	104	102	88	58	37		
14Cr1MoR	GB 713	正火加回火	6～100	520	310	193	187	180	170	163	153	147	140	135	130	123	80	54	33		
			>100～150	510	300	189	180	173	163	157	147	140	133	130	127	121	80	54	33		
12Cr2Mo1R	GB 713	正火加回火	6～150	520	310	193	187	180	173	170	167	163	160	157	147	119	89	61	46	37	
12Cr1MoVR	GB 713	正火加回火	6～60	440	245	163	150	140	133	127	117	111	105	103	100	98	95	82	59	41	
			>60～100	430	235	157	147	140	133	127	117	111	105	103	100	98	95	82	59	41	
12Cr2Mo1VR	—	正火加回火	30～120	590	415	219	219	219	219	219	219	219	219	219	193	163	134	104	72		

续表

钢号	钢板标准	使用状态	厚度/mm	室温强度指标		在下列温度(℃)下的许用应力/MPa															
				R_m /MPa	R_{eL} /MPa	≤20	100	150	200	250	300	350	400	425	450	475	500	525	550	575	600
16MnDR	GB 3531	正火，正火加回火	6～16	490	315	181	181	180	167	153	140	130									
			＞16～36	470	295	174	174	167	157	143	130	120									
			＞36～60	460	285	170	170	160	150	137	123	117									
			＞60～100	450	275	167	167	157	147	133	120	113									
			＞100～120	440	265	163	163	153	143	130	117	110									
15MnNiDR	GB 3531	正火，正火加回火	6～16	490	325	181	181	181	173												
			＞16～36	480	315	178	178	178	167												
			＞36～60	470	305	174	174	173	160												
15MnNiNbDR	—	正火，正火加回火	10～16	530	370	196	196	196	196												
			＞16～36	530	360	196	196	196	193												
			＞36～60	520	350	193	193	193	187												
09MnNiDR	GB 3531	正火，正火加回火	6～16	440	300	163	163	163	160	153	147	137									
			＞16～36	430	280	159	159	157	150	143	137	127									
			＞36～60	430	270	159	159	150	143	137	130	120									
			＞60～120	420	260	156	156	147	140	133	127	117									
08Ni3DR	—	正火，正火加回火，调质	6～60	490	320	181	181														
			＞60～100	480	300	178	178														
06Ni9DR	—	调质	6～30	680	560	252	252														
			＞30～40	680	550	252	252														
07MnMoVR	GB 19189	调质	10～60	610	490	226	226	226	226												
07MnNiVDR	GB 19189	调质	10～60	610	490	226	226	226	226												
07MnNiMoDR	GB 19189	调质	10～50	610	490	226	226	226	226												
12MnNiVR	GB 19189	调质	10～60	610	490	226	226	226	226												

资料来源：摘自 GB 150.2—2011。

③ 容器内介质用蒸汽直接加热或被插入式电热元件间接加热时，其设计温度取被加热介质的最高工作温度。

④ 对有可靠内保温层的容器及容器壁同时与两种温度的介质接触而不会出现单一介质接触的容器应由传热计算求得容器壁温作为设计温度。

⑤ 对液化气用压力容器当设计压力确定后，其设计温度就是与其对应的饱和蒸汽的温度。

⑥ 对储存用压力容器（包括液化气储罐）当壳体温度仅由大气环境条件确定时，其设计温度的最低值可取该地区历年来月平均最低气温的最低值，或据实计算。

3．许用应力

GB/T 150—2011 规定，根据材料各项强度指标分别除以相应的安全系数，取其中最小值作为许用应力。为了设计方便，在 GB/T 150—2011 中，直接给出了常用钢板的许用应力，可直接查用。表 4-3 为部分钢板的许用应力，遇设计温度的中间值时，可用内插法确定。

4．焊接接头系数

焊接接头系数 ϕ 是为了补偿焊接时可能出现的焊接缺陷对容器强度的影响而引入的，其值的大小由焊接接头的形式及无损检测的长度比例确定，可按表 4-4 选取。

表 4-4　焊接接头系数 ϕ

焊缝结构	焊接接头系数	
	100%无损检测	局部无损检测
双面焊对接接头，相当于双面焊的全焊透对接接头	1.0	0.85
单面焊对接接头（沿焊缝根部全长有紧贴基本金属的垫板）	0.9	0.8

双面焊对接接头的焊缝质量最好，因而焊接接头系数 ϕ 较高；单面焊对接接头不易焊透，ϕ 值稍低。

压力容器的焊缝一般都要作无损探伤（X 射线透视或超声波探伤）以检查其质量。按检验标准做无损探伤的焊缝可以保证质量，因而 ϕ 值可以相应提高；无损探伤的区域越大，ϕ 值越高。

5．厚度附加量

对于常压、低压和压力不很大的中压容器，其壁厚较薄，圆柱形筒体通常是由钢板冷卷后焊成，钢板或钢管在轧制过程中，其厚度可能出现正偏差，也允许出现一定大小的负偏差，出现负偏差使其实际厚度略小于名义厚度，这将影响其强度；化工容器在使用时会受到介质的腐蚀及机械磨损而使壁厚减薄。在设计容器时预先给壁厚一个增量，这就是厚度附加量。厚度附加量 C 包括钢板或钢管的厚度负偏差 C_1、腐蚀裕量 C_2，即

$$C=C_1+C_2$$

钢板的厚度负偏差按表 4-5 选取。

腐蚀裕量 C_2 根据介质的腐蚀性及容器的设计寿命确定。对介质为压缩空气、水蒸气及水的碳素钢、低合金钢制容器，腐蚀裕量不小于 1mm；当资料不全难以具体确定时，可参考表 4-6。

表 4-5　钢板的厚度负偏差 C_1　mm

名义厚度 δ_n	2	2.2	2.5	2.8～3.0	3.2～3.5	3.8～4.0	4.5～5.5	6～7	8～25	26～30	32～34	36～40	42～50	52～60
厚度负偏差 C_1	0.18	0.19	0.20	0.22	0.25	0.30	0.5	0.6	0.8	0.9	1.0	1.1	1.2	1.3

表 4-6　腐蚀裕量 C_2　mm

容器类别	碳素钢低合金钢	铬钼钢	不锈钢	备注	容器类别	碳素钢低合金钢	铬钼钢	不锈钢	备注
塔器及反应器壳体	3	2	0		不可拆内件	3	1	0	包括双面
容器壳体	1.5	1	0		可拆内件	2	1	0	包括双面
换热器壳体	1.5	1	0		裙座	1	1	0	包括双面
热衬里容器壳体	1.5	1	0						

四、容器压力试验

容器制成或检修后，必须进行压力试验。压力试验的目的是验证容器在超工作压力的条件下，器壁的宏观强度（主要指焊缝的强度）、焊缝的致密性和容器密封结构的可靠性，可以及时发现钢材、制造或检修过程中的缺陷，是对材料、设计、制造或检修的综合性检查，将压力容器的不安全因素在投产前充分暴露出来，防患于未然。因此，压力试验是保证设备安全运行的重要措施，应认真执行。容器经过压力试验合格以后才能投入生产运行。

压力试验包括液压试验和气压试验两种。

1. 液压试验

（1）试验介质及要求

凡是在压力试验时不会导致发生危险的液体，在低于其沸点温度下都可作为液压试验的介质。供试验用的液体一般为洁净的水，故又称为水压试验。

为了避免液压试验时发生低温脆性破坏，必须控制液体温度不能过低。容器材料为碳素钢、Q345R 和正火 15CrMoR 钢时，液体温度不低于 5℃；容器材料为其他低合金钢时液体温度不低于 15 ℃。如由于板厚等因素造成材料脆性转变温度升高时，还要相应提高试验液体的温度。其他钢种的容器液压试验温度按图样规定。

（2）水压试验装置及过程

水压试验是将水注满容器后，再用泵逐步增压到试验压力，检验容器的强度和致密性。图 4-7 所示为水压试验示意图。试验时将装设在容器最高处的排气阀打开，灌水将气排尽后关闭。开动试压泵使水压缓慢上升，达到规定的试验压力后，关闭直通阀保持压力 30min，在此期间容器上的压力表读数应该保持不变。然后降至工作压力并保持足够长的时间，对所有焊缝和连接部位进行检查。在试验过程中，应保持容器观察表面的干燥，如发现焊缝有水滴出现，表明焊缝有泄漏（压力表读数下降），应作标记，卸压后修补，修好后重新试验，直至合格为止。

（3）试验应力的校核

由于液压试验的压力比设计压力高，所以在进行液压试验前应对容器在规定试验压力下的强度进行理论校核，满足要求时才能进行压力试验的实际操作。

试验压力是进行压力试验时规定容器应达到的压力，其值反映在容器顶部的压力表上。

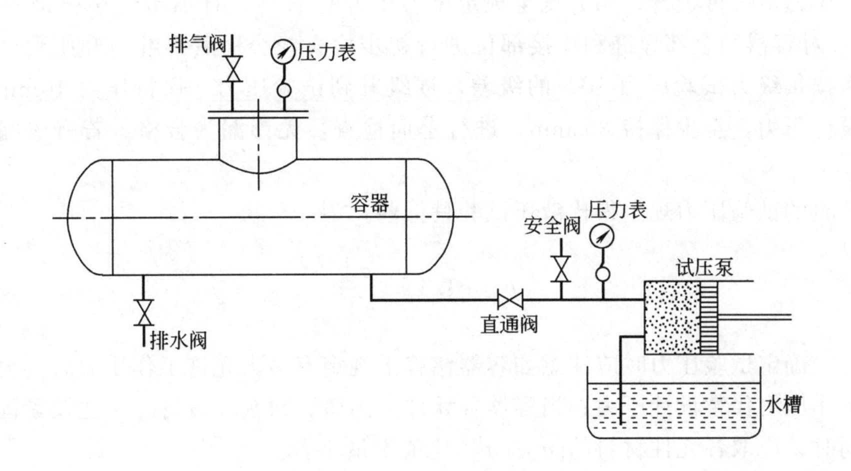

图 4-7 水压试验示意图

液压试验时试验压力为

$$p_T = 1.25p\frac{[\sigma]}{[\sigma]^t} \tag{4-8}$$

式中 p_T——容器的试验压力，MPa；

p——容器的设计压力，MPa；

$[\sigma]$——容器元件材料在试验温度下的许用应力，MPa；

$[\sigma]^t$——容器元件材料在设计温度下的许用应力，MPa。

在确定试验压力时应注意以下几点。

① 容器铭牌上规定有最大允许工作压力时，公式中应以最大允许工作压力代替设计压力。

② 容器各主要受压元件，如圆筒、封头、接管、设备法兰（或人手孔法兰）及紧固件等所用材料不同时，应取各元件材料的 $[\sigma]/[\sigma]^t$ 比值中最小者。

③ $[\sigma]^t$ 不应低于材料受抗拉强度和屈服强度控制的许用应力最小值。

④ 对于立式容器采用卧置进行液压试验时，试验压力应计入立置试验时的液柱静压力。

⑤ 工作条件下内装介质的液柱静压力大于液压试验的液柱静压力时，应适当考虑相应增加试验压力。

2. 气压试验

一般容器的试压都应首先考虑液压试验，因为液体的可压缩性极小，液压试验是安全的，即使容器爆破，也没有巨大声响和碎片，不会伤人。气体的可压缩性很大，因此气压试验比较危险，试验时必须有可靠的安全措施，该措施须经试验单位技术总负责人批准，并经本单位安全部门现场检查监督。试验时若发现有不正常情况，应立即停止试验，待查明原因采取相应措施后，方能继续进行试验。只有不宜液压试验的容器才进行气压试验，例如内衬耐火材料不易烘干的容器、生产时装有催化剂不允许有微量残液的反应器壳体等。

气压试验所用的气体应为干燥洁净的空气、氮气或其他惰性气体。对于碳素钢和低合金钢制容器，试验用气体温度不低于 15℃，其他钢种的容器按图样规定。

试验时压力应缓慢上升，当升压至规定试验压力的10%，且不超过0.05MPa时，保持压力5min，对容器的全部焊缝和连接部位进行初步检查，合格后再继续升压到试验压力的50%。其后按每级为试验压力10%的级差，逐级升到试验压力，保持压力10min。最后将压力降至设计压力，至少保持30 min，进行全面检查，无渗漏为合格。若有渗漏，返修后重新试验。

气压试验的试验压力规定得比液压试验稍低些，为

$$p_T=1.1p\frac{[\sigma]}{[\sigma]^t} \tag{4-9}$$

使用上式确定试验压力时应注意如容器铭牌上规定有最大允许工作压力时，公式中应以最大允许工作压力代替设计压力；当容器各元件（圆筒、封头、接管、法兰及紧固件等）所用材料不同时，应取各元件材料的$[\sigma]/[\sigma]^t$比值中最小者。

如果采用大于式（4-8）、式（4-9）所规定的试验压力，在耐压试验前，应校核各受压元件在试验条件下的应力水平，例如对壳体元件应校核最大总体薄膜应力σ_T。

液压试验时

$$\sigma_T \leqslant 0.9R_{eL}\phi \tag{4-10}$$

气压试验或气液组合试验时

$$\sigma_T \leqslant 0.8R_{eL}\phi \tag{4-11}$$

式中　R_{eL}——壳体材料在试验温度下的屈服强度（或0.2%非比例延伸强度），MPa；

ϕ——焊接接头系数。

[例4-1]　某化工厂液氨储罐，内径$D_i=1600$mm，置于室外，气温为$-35\sim42$℃，罐上装设安全阀，试选材并确定该罐体的壁厚。

解：(1) 选择钢材

因液氨对罐体的腐蚀性极小，又是常温操作，故可选用一般钢材，选定Q345R。

(2) 确定各设计参数

由最高操作温度42℃查得液氨的饱和蒸汽压为1.55MPa（表压，可查化工工艺设计手册），这就是储罐的最大操作压力，因装设安全阀，取设计压力$p=1.7$MPa；计算压力等于设计压力加上液柱静压力，本题中液柱静压力较小，可忽略不计，因此$p_c=p=1.7$MPa；

按表4-2，设计温度$t=62$℃；

按表4-3，假设壁厚为6～16mm，查得Q345R钢在设计温度62℃时的许用应力为$[\sigma]^t=189$MPa；

因罐径较大，罐体能采用双面焊对接接头。液氨储罐为一般容器，采用局部无损检测，由表4-4查得焊接接头系数$\phi=0.85$；

按表4-5，假设其名义厚度在8～25mm之间，则钢板厚度负偏差$C_1=0.8$mm；

按表4-6，取腐蚀裕量$C_2=1.5$mm；

厚度附加量$C=C_1+C_2=0.8+1.5=2.3$（mm）。

(3) 罐体厚度确定

① 计算厚度。

按式(4-4) 罐体计算厚度为

$$\delta=\frac{p_{\mathrm{c}}D_{\mathrm{i}}}{2[\sigma]^{\mathrm{t}}\phi-p_{\mathrm{c}}}=\frac{1.7\times1600}{2\times189\times0.85-1.7}=8.5(\mathrm{mm})$$

② 最小厚度及设计厚度。

对低合金钢容器，其最小厚度 $\delta_{\min}=3\mathrm{mm}$；设计厚度 $\delta_{\mathrm{d}}=\delta+C_2=8.5+1.5=10$ (mm)。

③ 名义厚度。

$\delta_{\mathrm{d}}+C_1=10+0.8=10.8$ (mm)，$\delta_{\min}+C_2=4.5\mathrm{mm}$，取二者中的大值 10.8mm，按钢板厚度规格向上圆整后得罐体名义厚度 $\delta_{\mathrm{n}}=11\mathrm{mm}$（与假设的厚度范围一致）。

(4) 罐体水压试验时应力校核

在常温 20℃下进行水压试验，$[\sigma]=170\mathrm{MPa}$。按式(4-8)，试验压力为

$$p_{\mathrm{T}}=1.25p\,\frac{[\sigma]}{[\sigma]^{\mathrm{t}}}=1.25\times1.7\times\frac{189}{189}=2.1(\mathrm{MPa})$$

按式(4-9)，水压试验时应满足的条件为

$$\sigma_{\mathrm{T}}=\frac{(p_{\mathrm{T}}+p_{\mathrm{L}})(D_{\mathrm{i}}+\delta_{\mathrm{e}})}{2\delta_{\mathrm{e}}}\leqslant0.9\phi R_{\mathrm{eL}}$$

查表 4-3，Q345R 钢在试验温度（按常温 20℃考虑）时 $R_{\mathrm{eL}}=345\mathrm{MPa}$，忽略水压试验时的液柱静压力，即 $p_{\mathrm{L}}=0$；$\delta_{\mathrm{e}}=\delta_{\mathrm{n}}-C=11-2.3=8.7$ (mm)，所以

$$\sigma_{\mathrm{T}}=\frac{2.1\times(1600+8.7)}{2\times8.7}=194\ (\mathrm{MPa})$$

$$0.9\phi R_{\mathrm{eL}}=0.9\times0.85\times345=264\ (\mathrm{MPa})$$

$\sigma_{\mathrm{T}}<0.9\phi R_{\mathrm{eL}}$，故水压试验时罐体强度满足要求。

第二节　内压容器封头

一、常用封头的形式

封头按其形状可分为三类：凸形封头、锥形封头和平板形封头，如图 4-8 所示。其中凸形封头包括半球形封头、球冠形封头、碟形封头和椭圆形封头四种。锥形封头分为无折边的与带折边的两种。平板形封头根据它与筒体连接方式的不同也有多种结构。

在化工生产中最先采用的是平板形、球冠形及无折边锥形封头，这几种封头加工制造比较容易，但当压力较高时，不是在平板中央，就是在封头与筒体连接处产生变形甚至破裂，因此，这几种封头只能用于低压。

为了提高封头的承压能力，在球冠形封头或无折边锥形封头与筒体相连接的地方加一段小圆弧过渡，这就形成了碟形封头与带折边的锥形封头。这两种封头所能承受的压力与不带过渡圆弧相比，就要大多了。

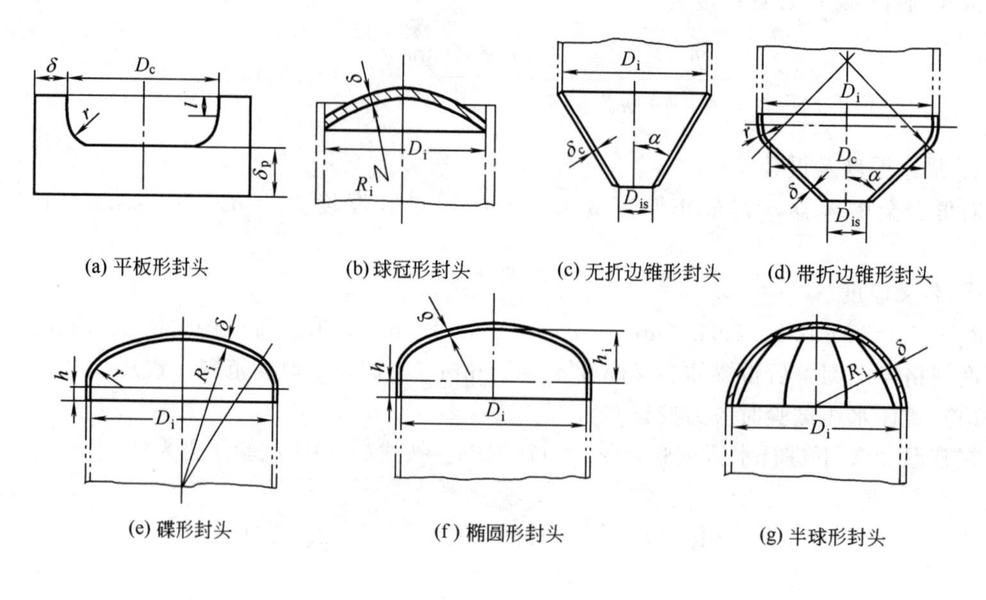

(a) 平板形封头 (b) 球冠形封头 (c) 无折边锥形封头 (d) 带折边锥形封头

(e) 碟形封头 (f) 椭圆形封头 (g) 半球形封头

图 4-8 封头的形式

随着生产的进一步发展，要求化学反应在更高的压力下进行，这就出现了半球形与椭圆形的封头。

在封头形状发展的过程中，从承压能力的角度来看，半球形、椭圆形最好，碟形、带折边的锥形次之，而球冠形、不带折边的锥形和平板形较差。不同形状的封头之所以承压能力不同，主要是因为它们与筒体之间的连接不同，导致边缘应力大小不同所致。

在筒体与封头的连接处，筒体的变形和封头的变形不相协调，互相约束，自由变形受到限制，这样就会在连接处出现局部的附加应力，这种局部附加应力称为边缘应力。边缘应力大小随封头形状不同而异，但其影响范围都很小，只存在于连接边缘附近的局部区域，离开连接边缘稍远一些，边缘应力迅速衰减，并趋于零。正因为如此，在工程设计中，一般只在结构上做局部处理，如改善连接边缘的结构，对边缘局部区域进行加强，提高边缘区域焊接接头的质量及尽量避免在边缘区域开孔等。

二、标准椭圆形封头及选用

椭圆形封头因边缘应力小，承压能力强，获得了广泛的应用。椭圆形封头［图 4-8 (f)］由两部分组成：半椭球和高度为 h 的直边。设置直边部分使椭球壳和圆筒的连接边缘与封头和圆筒焊接连接的接头错开，避免了边缘应力与热应力叠加的现象，改善了封头与圆筒连接处的受力状况。直边高度 h 的大小按封头的公称直径不同，有 25mm（封头公称直径 $DN \leqslant 2000$mm）、40mm（封头公称直径 $DN > 2000$mm）两种。

对椭圆形封头来说，随着 $D_i/2h_i$ 值的变化，封头的形状在改变。当 $D_i/2h_i=1$ 时，就是半球形封头；当 $D_i/2h_i=2$ 时，理论分析证明，此时椭圆形封头的应力分布较好，且封头的壁厚与相连接的筒体壁厚大致相等，便于焊接，经济合理，所以我国将此定为标准椭圆形封头，并已成批生产。

标准椭圆形封头的壁厚计算公式为

$$\delta=\frac{p_c D_i}{2[\sigma]^t\phi-0.5p_c} \tag{4-12}$$

标准椭圆形封头的校核计算公式为

$$[p_w]=\frac{2[\sigma]^t\phi\delta_e}{D_i+0.5\delta_e} \tag{4-13}$$

式中 δ——标准椭圆形封头的计算厚度，mm；

D_i——封头内直径，mm；

p_c——计算压力（表压），MPa；

$[p_w]$——封头最大允许工作应力，MPa；

$[\sigma]^t$——封头材料在设计温度下的许用应力，MPa；

ϕ——焊接接头系数，若为整块钢板制造，则 $\phi=1.0$；

δ_e——封头的有效厚度，mm。

三、半球形封头

半球形封头即为半个球壳［图 4-8(g)］，它的受力情况要好于椭圆形封头，但因其深度大，当直径较小时采用整体冲压制造较困难，因此，中小直径的容器很少采用半球形封头。对于大直径（$D_i>2.5$m）的半球形封头，通常将数块钢板先在水压机上用模具压制成型后，再进行拼焊。

半球形封头的壁厚计算与球形容器相同，即

$$\delta=\frac{p_c D_i}{4[\sigma]^t\phi-p_c} \tag{4-14}$$

式中各参数的意义同前。

由式(4-14) 计算所得的半球形封头的壁厚只有圆筒体壁厚的一半，但是在实际生产中，考虑封头上开孔对强度的削弱，封头与筒体对焊的方便，以及降低封头和筒体连接处的边缘应力，半球形封头的壁厚通常取与圆筒体的壁厚相同。

四、碟形封头

碟形封头由三部分组成：以 R_i 为半径的部分球面、以 r 为半径的过渡圆弧（即折边）和高度为 h 的直边［图 4-8(e)］。

碟形封头的球面区半径 R_i 越大，过渡圆弧的半径 r 越小，即 R_i/r 越大，则封头的深度将越浅，制造方便，但是边缘应力也越大。GB/T 150—2011 中推荐取 $R_i=0.9D_i$，$r=0.17D_i$（也可认为是标准碟形封头），这时球面部分的壁厚与圆筒相近，封头深度也不大，便于制造。在碟形封头中设置直边部分的作用与椭圆形封头相同。

碟形封头壁厚计算公式为

$$\delta=\frac{Mp_c R_i}{2[\sigma]^t\phi-0.5p_c} \tag{4-15}$$

碟形封头校核计算公式为

$$[p_w]=\frac{2[\sigma]^t\phi\delta_e}{MR_i+0.5\delta_e} \tag{4-16}$$

式中　R_i——碟形封头球面部分内半径，mm；

M——碟形封头形状系数，可查表确定，对于 $R_i=0.9D_i$、$r=0.17D_i$ 的碟形封头，$M=1.33$。

其他符号含义与椭圆形封头相同。

［**例 4-2**］　为例 4-1 液氨储罐选配凸形封头。已知圆筒体材料为 Q345R，内径 $D_i=1600$mm，$p_c=1.7$MPa，$t=62$℃，$[\sigma]^t=189$MPa，$C_2=1.5$mm，壁厚 $\delta_n=12$mm。

解：封头的材料和操作条件与筒体相同。因封头的直径 $D_i>1.2$m，受钢板宽度的限制，封头成形前的毛坯由钢板拼接而成，取 $\phi=0.85$。

（1）半球形封头

按式(4-14) 半球形封头的计算厚度为

$$\delta=\frac{p_c D_i}{4[\sigma]^t\phi-p_c}=\frac{1.7\times1600}{4\times189\times0.85-1.7}=4.2\ (\text{mm})$$

$\delta_d=\delta+C_2=4.2+1.5=5.7$（mm），$\delta_d+C_1=5.7+0.5=6.2$（mm），按钢板厚度规格向上圆整后得名义厚度 $\delta_n=7$mm（厚度 6～7mm 时，$C_1=0.5$mm）。

（2）椭圆形封头

采用标准椭圆形封头，按式(4-12) 计算厚度为

$$\delta=\frac{p_c D_i}{2[\sigma]^t\phi-0.5p_c}=\frac{1.7\times1600}{2\times189\times0.85-0.5\times1.7}=8.5\ (\text{mm})$$

$\delta_d=\delta+C_2=8.5+1.5=10$（mm），$\delta_d+C_1=10+0.8=10.8$（mm），按钢板厚度规格向上圆整后得名义厚度 $\delta_n=12$mm（厚度为 8～25mm 时，$C_1=0.8$mm）。

（3）碟形封头

采用 GB/T 150—2011 中推荐的 $R_i=0.9D_i$，$r=0.17D_i$ 的碟形封头，其形状系数 $M=1.33$。按式(4-15) 计算厚度为

$$\delta=\frac{Mp_c R_i}{2[\sigma]^t\phi-0.5p_c}=\frac{1.33\times1.7\times0.9\times1600}{2\times189\times0.85-0.5\times1.7}=10.2\ (\text{mm})$$

$\delta_d=\delta+C_2=10.2+1.5=11.7$（mm），$\delta_d+C_1=11.7+0.8=12.5$（mm），按钢板厚度规格向上圆整后得名义厚度 $\delta_n=14$mm。

比较上述三种封头，半球形封头用材最少，但深度大，制造困难；碟形封头比较浅，制造较容易，但比半球形封头多耗材近一倍，且封头与筒体厚度相差悬殊，结构不合格；椭圆形封头用材不多，制造较容易，故应选配椭圆形封头。

五、锥形封头

锥形封头广泛用作许多化工设备的底盖，它的优点是便于收集并卸除这些设备中的固体物料，避免凝聚物、沉淀等堆积和利于悬浮、黏稠液体排放。此外，有一些塔设备上下部分的直径不等，也常用圆锥形壳体将直径不等的两段塔体连接起来，它使气流均匀。这时的圆锥形壳体叫做变径段。

锥形封头分为两端都无折边［图 4-8(c)］、大端有折边而小端无折边［图 4-8(d)］、两端都有折边三种形式。工程设计中根据封头半顶角 α 的不同采用不同的结构形式：当半顶角 $\alpha\leqslant30°$时，大、小端均可无折边；当半顶角 $30°<\alpha\leqslant45°$时，小端可无

折边，大端须有折边；当 $45^\circ<\alpha\leqslant60^\circ$ 时，大、小端均须有折边；当半顶角 $\alpha>60^\circ$ 时，按平板形封头考虑或用应力分析方法确定。折边锥形封头的受力状况优于无折边锥形封头，但制造困难。

无折边锥形封头锥体部分壁厚计算公式为

$$\delta_c=\frac{p_c D_i}{2[\sigma]^t\phi-p_c}\times\frac{1}{\cos\alpha} \tag{4-17}$$

式中 δ_c——锥体部分计算厚度，mm；

p_c——计算压力，MPa；

D_i——封头大端内直径，mm；

$[\sigma]^t$——封头材料在设计温度下的许用应力，MPa；

ϕ——焊接接头系数，若为整块钢板制造，则 $\phi=1.0$；

α——锥形封头半顶角，(°)。

对无折边锥形封头来说，锥体大、小端与筒体连接处存在着较大的边缘应力，由于边缘应力的影响，有时按式(4-17) 计算的壁厚仍然强度不足，需要加强。关于无折边锥形封头大、小端的加强计算及折边锥形封头的设计计算可参见有关标准。

六、平板形封头

平板形封头也称为平盖，是各种封头中结构最简单，制造最容易的一种。与承受内压的圆筒体和其他形状的封头不同，平板形封头在内压作用下发生的是弯曲变形，平板形封头内存在数值比其他形状封头大得多且分布不均匀的弯曲应力。因此，在相同情况下，平板形封头比各种凸形封头和锥形封头的厚度要大得多。由于这个缺点，平板形封头的应用受到很大限制。

平板形封头的壁厚计算公式为

$$\delta_p=D_c\sqrt{\frac{Kp_c}{[\sigma]^t\phi}} \tag{4-18}$$

式中 δ_p——平板形封头的计算厚度，mm；

K——平盖系数，随平板形封头结构不同而不同，查有关标准确定；

D_c——平板形封头计算直径［见图 4-8(a)］，mm。

其他符号同前。

［例 4-3］ 某容器筒体内径 $D_i=1200$mm，上部为平板形封头，下边为半锥角 $\alpha=30^\circ$ 的锥形封头，焊接接头系数 $\phi=0.85$，计算压力 $p_c=1$MPa，设计温度 $t=200$℃，腐蚀裕量 $C_2=1$mm，材料为 Q345R。试设计上、下封头壁厚。平板形封头采用图 4-8(a) 所示的结构形式，平盖系数 $K=0.27$。

解：(1) 平板形封头壁厚设计

$D_c=D_i=1200$mm；按表 4-3，Q345R 在 200℃时的许用应力为 $[\sigma]^t=183$MPa（假设名义厚度在 36～60mm 之间）；焊接接头系数 $\phi=1.0$。

按式(4-18)，平板形封头的计算厚度为

$$\delta_p=D_c\sqrt{\frac{Kp_c}{[\sigma]^t\phi}}=1200\times\sqrt{\frac{0.27\times1}{183\times1.0}}=46.09(\text{mm})$$

设计厚度 $\delta_d=\delta_p+C_2=46.09+1=47.09$（mm），$\delta_d+C_1=47.09+1.3=48.39$(mm)，按钢板厚度规格向上圆整后得平板形封头名义厚度 $\delta_n=49$mm。

（2）锥形封头壁厚设计

按表 4-3，Q345R 在 200℃时的许用应力为$[\sigma]^t=183$MPa（假设名义厚度在 6～16mm 之间）；按表 4-5，$C_1=0.8$mm；由于半顶角为 30°，所以大、小端都可无折边。按式(4-17)，锥体部分计算厚度为

$$\delta_c=\frac{p_cD_i}{2[\sigma]^t\phi-p_c}\times\frac{1}{\cos\alpha}=\frac{1.0\times1200}{2\times183\times0.85-1.0}\times\frac{1}{\cos30^\circ}=4.47(\text{mm})$$

$\delta_d=\delta_c+C_2=4.47+1=5.47$(mm)，$\delta_d+C_1=5.47+0.8=6.27$(mm)，按钢板厚度规格向上圆整后得名义厚度 $\delta_n=8$mm。

第三节 容 器 附 件

一台化工容器除了筒体和封头基本零件外，还有法兰、支座、人孔（或手孔）、视镜、液面计和各种用途的接管等，这些统称为容器附件。

一、容器设计的标准化

为了便于化工设备的设计、安装和维修，有利于专业生产，提高制造质量，便于零部件互换，降低成本，提高劳动生产率，我国有关部门对化工容器的零、部件已制订了一系列标准，例如封头、法兰、支座、人孔、手孔、液面计等均已有各自的标准。对于某些化工设备如反应釜、换热器、储罐等也有标准系列。设计时应尽量采用标准件。

容器标准化的基本参数是公称直径和公称压力，设计时可根据公称直径和公称压力从有关标准中选用标准件。

1. 公称直径

规定公称直径的目的是使容器的直径成为一系列一定的数值，以便于部件的标准化。公称直径以符号“*DN*”表示。

对筒体及封头来说，公称直径是指它们的内径，其值见表 4-7。设计容器时应使容器内径符合表 4-7 直径标准。例如工艺计算得到容器的内径为 970 mm，则应调整为最接近的标准值 1000mm，这样可以选用 *DN* 1000 的各种标准零部件。

表 4-7 压力容器的公称直径 *DN*

mm

300	(350)	400	(450)	500	(550)	600	(650)
700	800	900	1000	(1100)	1200	(1300)	1400
(1500)	1600	(1700)	1800	(1900)	2000	(2100)	2200
2300	2400	2600	2800	3000	3200	3400	3600
3800	4000	4200	4400	4500	4600	4800	5000

注：带括号的公称直径尽量不采用。

对于管子来说，公称直径也称为公称通径，它既不是指管子的外径，也不是指管子的内径，而是小于外径的一个数值。只要管子的公称直径一定，管子的外径也就确定了，管子的内径因壁厚不同而有不同的数值。如果采用无缝钢管做筒体时，筒体或封头的公称直径就不

是管子原来的公称直径，而是指钢管的外径，见表 4-8。化工厂用来输送水、煤气以及用于取暖的管子往往采用有缝钢管，这种有缝钢管的公称直径既可用公制（mm）表示，也可用英制（in）表示。它们的尺寸系列见表 4-9。

表 4-8 无缝钢管的公称直径 *DN*、外径 D_o 与无缝钢管制作筒体时容器的公称直径 *DN* mm

公称直径 *DN*	80	100	125	150	175	200	225	250	300	250	400	450	500
外径 D_o	89	108	133	159	194	219	245	273	325	377	426	480	530
无缝钢管制作筒体时容器的公称直径 *DN*				159		219		273	325	377	426		

表 4-9 水、煤气输送钢管的公称直径 *DN* 与外径 D_o

公称直径 *DN*	mm	6	8	10	15	20	25	32	40	50	70	80	100	125	150
	in	$\frac{1}{8}$	$\frac{1}{4}$	$\frac{3}{8}$	$\frac{1}{2}$	$\frac{3}{4}$	1	$1\frac{1}{4}$	$1\frac{1}{2}$	2	$2\frac{1}{2}$	3	4	5	6
外径 D_o	mm	10	13.5	17	21.25	26.75	33.5	42.5	48	60	75.5	88.5	114	140	165

2. 公称压力

公称压力是将化工容器零、部件的承压能力规定为若干个标准的压力等级，便于选用。公称压力以符号“*PN*”表示。目前我国所规定的公称压力等级为：常压、0.25、0.6、1.0、1.6、2.5、4.0、6.4(MPa)。

化工容器的筒体和封头消耗钢材最多，但设计计算较为简单，为节省钢材，通常是按工作压力自行设计，确定材料、壁厚等。法兰、人孔等化工容器零、部件已标准化，不必自行设计，可直接选用。选择时，必须将设计压力调整为所规定的某一公称压力等级，然后根据 *DN* 与 *PN* 选定该零部件的尺寸。

二、法兰连接

1. 法兰连接的结构

法兰连接是由一对法兰、一个垫片、数个螺栓、螺母和垫圈所组成（图 4-9）。法兰连接是一种可拆连接，在化工厂中应用普遍，主要用于设备接管与管道或附件、管道与管道之间，某些设备的筒体与封头、筒体与筒体之间也采用法兰连接。用于筒体之间或筒体与封头之间连接的法兰称为压力容器法兰，用于管道之间或设备上的接管与管道之间连接的法兰称为管法兰。

法兰的外轮廓形状一般为圆形，也有方形和椭圆形（图 4-10）。方形法兰有利于把管子排列紧凑，椭圆形法兰通常用于阀门和小直径的高压管上。

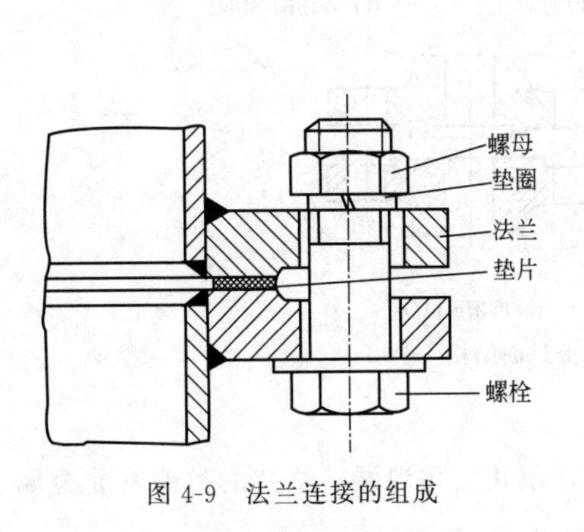

图 4-9 法兰连接的组成

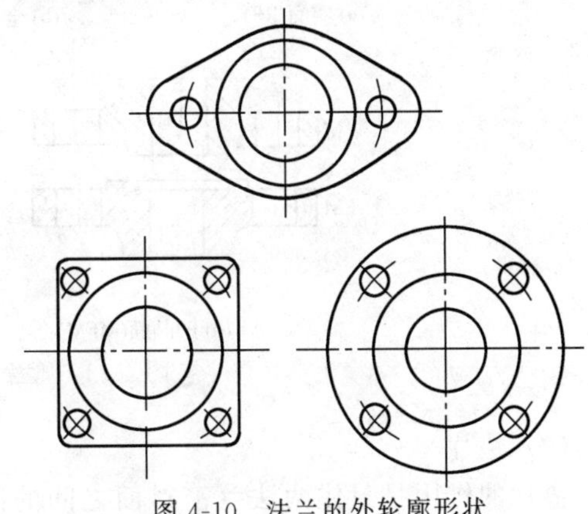
图 4-10 法兰的外轮廓形状

2. 法兰连接的密封

化工物料大多易燃易爆，有些是有毒的，一旦泄漏将造成重大事故。因此，法兰连接的密封性能是个重要问题。目前主要是通过设计合理的密封面结构和选用合适的垫片来实现密封。

(1) 法兰的密封面结构

压力容器法兰常用的密封面结构有平面、凹凸面和榫槽面三种形式，如图 4-11 所示。

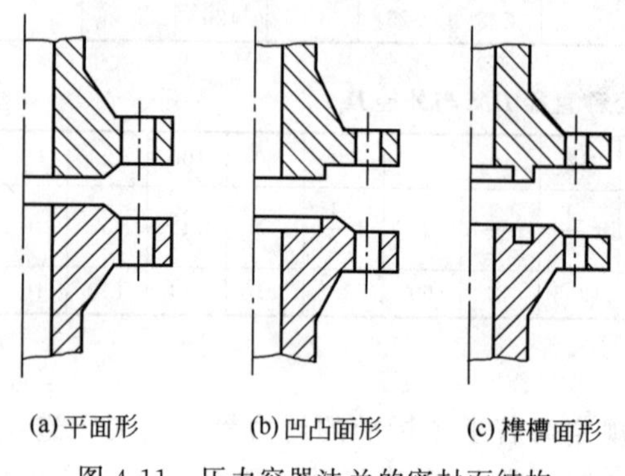

图 4-11 压力容器法兰的密封面结构

平面形密封面［图 4-11(a)］是一个光滑的平面，有时在平面上车制 2～3 条沟槽以提高密封性能。这种密封面结构简单，车制方便。但螺栓拧紧后，垫片容易往两边挤，不易压紧，密封性能较差，只能用于压力不高、介质无毒的场合。

凹凸面形密封面［图 4-11(b)］是由一个凸面和一个凹面所组成，在凹面上放置垫片。压紧时，由于凹面的外侧有挡台，垫片不会向外侧挤出来，同时也便于两个法兰对中。其密封性能比平面形密封面好，故可用于易燃、易爆、有毒介质及压力稍高的场合。

榫槽面形密封面［图 4-11(c)］是由一个榫和一个槽所组成，垫片置于槽中。由于垫片受到槽两侧的阻碍，所以不会被挤出。垫片也可以较窄，因此压紧垫片所需的螺栓力也就相应较小。即使用于压力较高之处，螺栓尺寸也不致过大。这种密封面的缺点是制造比较复杂，更换挤紧在槽中的垫片也很费事，凸出的密封面容易碰坏，因此在装拆时要特别注意。这种密封面适用于剧毒的介质和压力较高的地方。

管法兰共有五种密封面，如图 4-12 所示。突面和全平面密封的垫圈没有定位挡台，密封效果差；凹凸型和榫槽型的垫圈放在凹面或槽内，不容易被挤出，密封效果有较大改进；环连接面不常用。

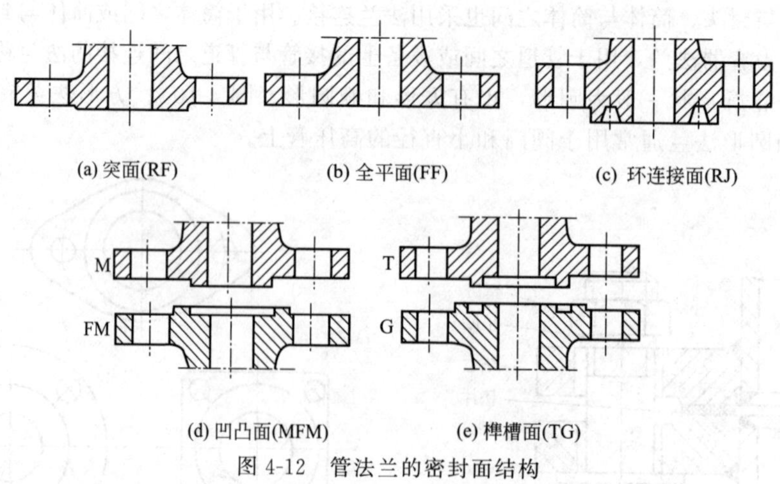

图 4-12 管法兰的密封面结构

(2) 垫片

垫片的作用是封住两法兰密封面之间的间隙，阻止流体泄漏。垫片的类型有非金属垫片、非金属与金属的组合垫片及金属垫片。

在中低压设备和管道法兰上常用橡胶、石棉橡胶、聚四氟乙烯等非金属垫片，它们的耐蚀性和柔软性较好，但强度和耐温性能较差。它们通常是从整张垫片板材上裁剪下来的，整个垫片的外形是个圆环，截面为矩形［图 4-13(a)］。

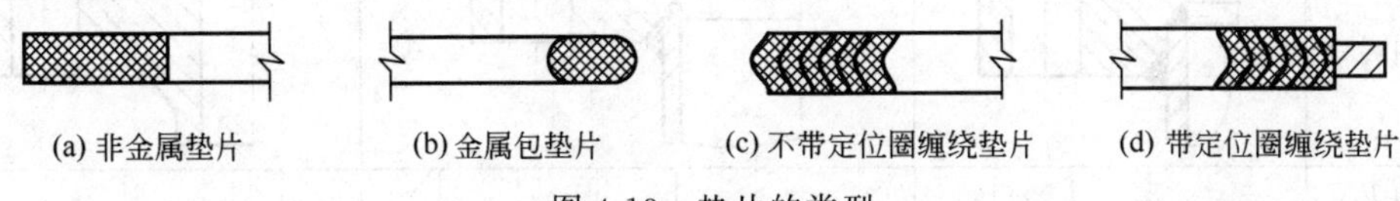

图 4-13 垫片的类型

为了提高垫片的强度和耐热性，在石棉或其他非金属材料外包以金属薄片制成金属包垫片［图 4-13(b)］；或用薄钢带与石棉带（或聚四氟乙烯带或柔性石墨带）一起绕制成缠绕式垫片［图 4-13(c)］，具有多道密封作用，且回弹性好，适用于较高的温度和压力范围，并能在压力、温度波动条件下保持良好的密封，因而被广泛采用；图 4-13(d) 也是缠绕式垫片，垫片外有个定位圈，便于安放到法兰密封面上。

在高压设备和管道的法兰上，常用金属垫片，材料有软铝、铜、软钢和不锈钢等。除了矩形截面的金属垫片外，还有截面形状为椭圆形或八角形以及其他特殊形状的金属环垫。

3. 压力容器法兰的标准及选用

我国现行法兰标准有两个：一个是压力容器法兰标准 NB/T 47021—2012～NB/T 47023—2012；另一个是钢制管法兰、垫片、紧固件标准（HG/T 20592—2009～HG 20635—2009）。在设计时，只需按所给的工艺条件就可以从标准中查到相应的标准法兰，直接加以引用。

(1) 压力容器法兰的分类

压力容器法兰分为平焊法兰和对焊法兰两类，平焊法兰又分为甲型和乙型两种。各种压力容器法兰的分类及系列参数如表 4-10 所示。

甲型平焊法兰［图 4-14(a)］是法兰盘直接与筒体或封头焊接，这种法兰在预紧和工作时都会在容器壁中产生附加的弯曲应力，法兰的刚度较差，容易变形，造成密封失效，适用于压力等级较低和筒体直径较小的情况。甲型平焊法兰配有平面形和凹凸形两种密封面，只限使用非金属垫片。

乙型平焊法兰［图 4-14(b)］与甲型平焊法兰相比，多了一个圆筒形短节，其厚度 t 为 12 mm 或 16 mm，这个厚度要比相同公称直径和公称压力下的筒体壁厚大得多，所以它加强了法兰的刚性，使它的使用范围增大。这种法兰有平面形、凹凸形和榫槽形三种密封面，可以使用非金属垫片、金属包垫片或缠绕式垫片。

对焊法兰又称长颈对焊法兰［图 4-14(c)］，这种法兰用根部增厚且与法兰盘为一整体的颈取代了乙型平焊法兰中的短节，从而进一步增大了法兰的整体刚度，它可使用于更高的压力（PN 为 0.6～6.4MPa）和直径（DN 为 0.3～2m）范围内。由于在顶部与法兰盘之间没有焊缝，消除了可能发生的焊接变形和可能存在的焊接残余应力，而且这种法兰可以用专用型钢制造，降低了法兰的成本。

由表 4-10 可见，乙型平焊法兰中 DN 2m 以下的规格均包括在长颈对焊法兰规格范围内。这两种法兰的连接尺寸和法兰厚度完全一样。DN 2m 以下的乙型平焊法兰，可以用轧制的长颈对焊法兰代替，以降低法兰的生产成本。

表 4-10　标准压力容器法兰分类及系列参数

类型		平焊法兰										对焊法兰					
		甲型				乙型						长颈					
标准号		NB/T 47021—2012				NB/T 47022—2012						NB/T 47023—2012					
简图																	
公称压力 *PN* /MPa		0.25	0.6	1.0	1.6	0.25	0.6	1.0	1.6	2.5	4.0	0.6	1.0	1.6	2.5	4.0	6.4
公称直径 *DN* /mm	300																
	350	按 *PN*1.0															
	400																
	450																
	500																
	550	按 *PN*0.6															
	600																
	650																
	700																
	800																
	900																
	1000																
	1100																
	1200																
	1300																
	1400																
	1500																
	1600																
	1700																
	1800																
	1900																
	2000																
	2200																
	2400					按 *PN*0.6											
	2600																
	2800																
	3000																

平焊法兰和对焊法兰都有带衬环与不带衬环的两种。不带衬环的法兰用碳钢或低合金钢制造；带衬环的法兰衬环用不锈钢制造，其他部分采用碳钢或低合金钢内挂不锈钢衬里，用于不锈钢设备，可以节省不锈钢。图 4-14(d) 是带不锈钢衬环的榫槽密封面对焊法兰。

(2) 压力容器法兰的公称直径和公称压力

法兰连接的基本参数是公称直径和公称压力。法兰的公称直径 *DN* 就是与其相配的筒体、封头或管子的公称直径。对于压力容器法兰，公称直径 *DN* 就是与其相配的筒体或封头的公称直径，也就是筒体或封头的内径。例如公称直径 *DN* 1000 的筒体，应当选配公称直径 *DN* 1000 的压力容器法兰，筒体或封头的内径为 1000mm。

法兰的公称压力 *PN* 表示法兰连接的承载能力，分为 7 个等级：0.25、0.60、1.00、

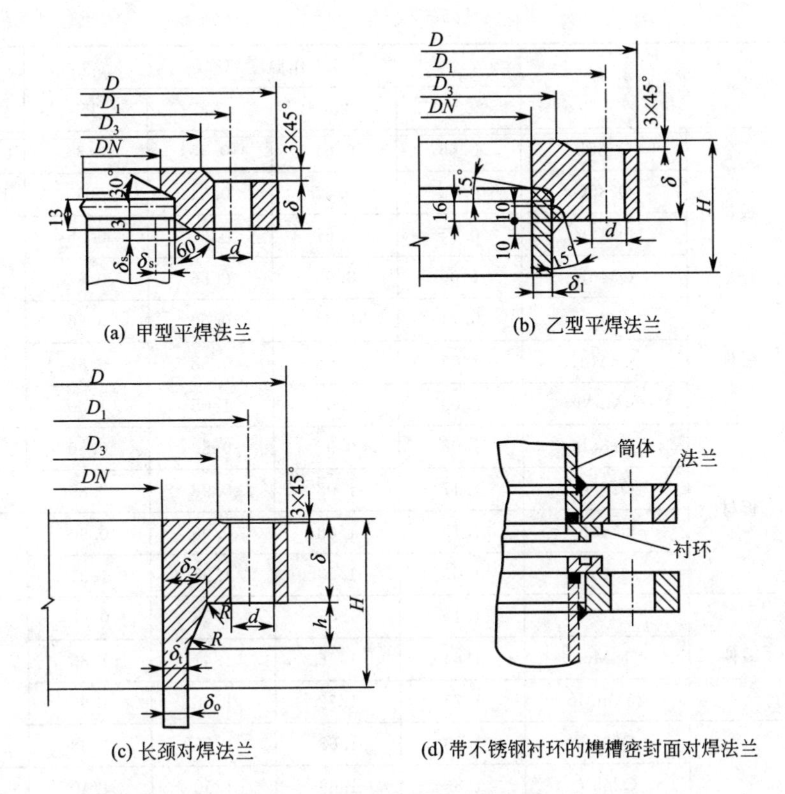

图 4-14　压力容器法兰的结构

1.60、2.50、4.00、6.40。由于材料许用应力值的不同，法兰的允许工作压力值也将不同，不同类型压力容器法兰在不同材料和不同温度时的最大允许工作压力见表 4-11。

表 4-11　甲型、乙型平焊法兰在不同材料和不同温度时的最大允许工作压力（摘录） MPa

公称压力 PN/MPa	法兰材料		工作温度/℃				备注
			−20～200	250	300	350	
0.25	板材	Q235B	0.16	0.15	0.14	0.13	工作温度下限 20℃
		Q235C	0.18	0.17	0.15	0.14	工作温度下限 0℃
		Q245R	0.19	0.17	0.15	0.14	—
		Q345R	0.25	0.24	0.21	0.20	
	锻件	20	0.19	0.17	0.15	0.14	
		16Mn	0.26	0.24	0.22	0.21	
		20MnMo	0.27	0.27	0.26	0.25	
0.6	板材	Q235B	0.40	0.36	0.33	0.30	工作温度下限 20℃
		Q235C	0.44	0.40	0.37	0.33	工作温度下限 0℃
		Q245R	0.45	0.40	0.36	0.34	—
		Q345R	0.60	0.57	0.51	0.49	
	锻件	20	0.45	0.40	0.36	0.34	
		16Mn	0.61	0.59	0.53	0.50	
		20MnMo	0.65	0.64	0.63	0.60	

续表

公称压力 PN/MPa	法兰材料		工作温度/℃				备注
			−20～200	250	300	350	
1.0	板材	Q235B	0.66	0.61	0.55	0.50	工作温度下限 20℃
		Q235C	0.73	0.67	0.61	0.55	工作温度下限 0℃
		Q245R	0.74	0.67	0.60	0.56	—
		Q345R	1.00	0.95	0.86	0.82	
	锻件	20	0.74	0.67	0.60	0.56	
		16Mn	1.02	0.98	0.88	0.83	
		20MnMo	1.09	1.07	1.05	1.00	
1.6	板材	Q235B	1.06	0.97	0.89	0.80	工作温度下限 20℃
		Q235C	1.17	1.08	0.98	0.89	工作温度下限 0℃
		Q245R	1.19	1.08	0.96	0.90	—
		Q345R	1.60	1.53	1.37	1.31	
	锻件	20	1.19	1.08	0.96	0.90	
		16Mn	1.64	1.56	1.41	1.33	
		20MnMo	1.74	1.72	1.68	1.60	
2.5	板材	Q235C	1.83	1.68	1.53	1.38	工作温度下限 0℃
		Q245R	1.86	1.69	1.50	1.40	—
		Q345R	2.50	2.39	2.14	2.05	
		20	1.86	1.69	1.50	1.40	
	锻件	16Mn	2.56	2.44	2.20	2.08	
		20MnMo	2.92	2.86	2.82	2.73	DN<1400
		20MnMo	2.67	2.63	2.59	2.50	DN≥1400
4.0	板材	Q245R	2.97	2.70	2.39	2.24	—
		Q345R	4.00	3.82	3.42	3.27	
	锻件	20	2.97	2.70	2.39	2.24	
		16Mn	4.09	3.91	3.52	3.33	
		20MnMo	4.64	4.56	4.51	4.36	DN<1500
		20MnMo	4.27	4.20	4.14	4.00	DN≥1500

资料来源：摘自 NB/T 47020—2012。

（3）压力容器法兰的选用和标记

当需要为一台压力容器的筒体或封头选配标准法兰时，可按以下步骤进行。

① 根据压力容器的内径（即法兰公称直径）和设计压力，查表 4-10 初步选定法兰的结构形式。

② 根据容器的设计压力、设计温度和准备采用的法兰材料，查表 4-11 确定法兰的公称压力。应使工作温度下法兰材料的允许工作压力不小于设计压力。

③ 根据确定的法兰的公称直径和公称压力，再查表 4-10，验证初步选定的法兰是否合适，不合适则重选。

④ 根据确定的公称压力和公称直径及法兰类型，由相关标准查出法兰的尺寸。

压力容器法兰选定后应在图样上予以标记，标记由 7 部分组成，如：

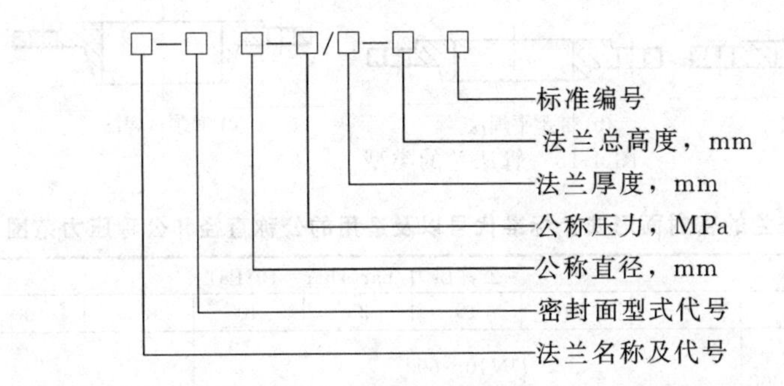

当法兰厚度及法兰总高度均采用标准值时，此两部分标记可省略。

为扩充应用标准法兰，允许修改法兰厚度 δ、法兰总高度 H，但必须满足 GB/T 150 中的法兰强度计算要求。如有修改，两尺寸均应在法兰标记中标明。

法兰类型代号见表 4-12，法兰密封面形式及代号见表 4-13。

表 4-12 法兰类型代号

法兰类型	代 号
一般法兰	法兰
衬环法兰	法兰 C

表 4-13 法兰密封面形式及代号

密封面形式	平面	凹面	凸面	榫面	槽面
代号	RF	FM	M	T	G

［例 4-4］ 某填料塔内径为 600mm，设计压力为 1.65MPa，设计温度为 40℃，筒体及法兰材料为 Q345R，若两筒节为法兰连接，试为该设备选择标准法兰。

解：(1) 初步选定法兰类型

根据 DN＝600mm，设计压力为 1.65MPa，查表 4-10 初步选取乙型平焊法兰。

(2) 选定法兰公称压力

根据法兰材料、容器设计压力及操作温度，查表 4-11 可知公称压力为 2.5MPa，法兰材料为 Q345R 的乙型平焊法兰在操作温度为 40℃时的最大允许工作压力为 2.5MPa，适合该填料塔使用。

(3) 验证初步选取的法兰的适用性

根据以上选定的法兰公称压力和设备内径（即法兰的公称直径），再查表 4-10 可知初步选取的乙型平焊法兰满足要求。

(4) 选择密封面

选择凹凸密封面。

(5) 查出相应尺寸（略）

(6) 写出法兰标记，即

法兰-MFM 600 2.5 NB/T 47021—2012

4. 管法兰标准及选用

(1) 管法兰的分类

常用的管法兰有板式平焊法兰、带颈平焊法兰、带颈对焊法兰三种类型，如图 4-15 所示。板式平焊法兰，取材方便，但刚性较差，在螺栓力作用下，法兰易变形引起泄漏，适用于 $PN \leqslant 2.5$MPa 且介质无毒、非易燃易爆及真空度要求不高的配管系统；带颈平焊法兰由于增加了与法兰盘为一整体的短颈，提高了法兰的刚度，改善了法兰的承载能力；带颈对焊法兰颈部较长，故又称高颈法兰，是承载能力最好的一种管法兰，在管法兰中，除了板式平焊法兰可有条件采用钢板外，一般应采用锻件。法兰材料尽量与管子一致。常用管法兰的密封面形式、标准代号以及适用的公称直径和公称压力范围见表 4-14。

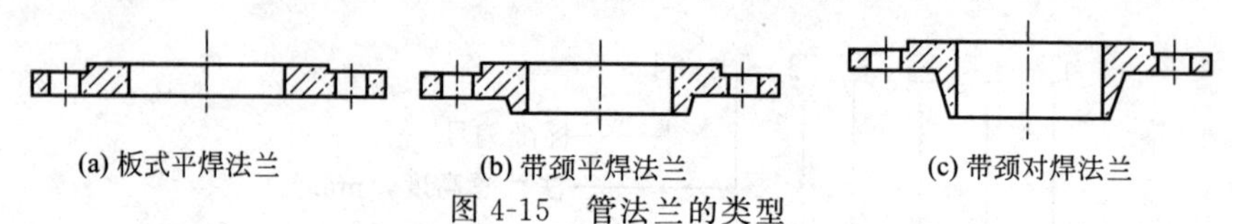

(a) 板式平焊法兰　(b) 带颈平焊法兰　(c) 带颈对焊法兰

图 4-15　管法兰的类型

表 4-14　常用管法兰的密封面形式、标准代号以及适用的公称直径和公称压力范围

<table>
<tr><th rowspan="2">法兰类型</th><th rowspan="2">密封面形式</th><th colspan="9">公称压力/bar(1bar=10^5Pa)</th></tr>
<tr><th>2.5</th><th>6</th><th>10</th><th>16</th><th>25</th><th>40</th><th>63</th><th>100</th><th>160</th></tr>
<tr><td rowspan="2">板式平焊法兰(PL)</td><td>突面(RF)</td><td>DN 10～2000</td><td colspan="5">DN10～600</td><td colspan="3">—</td></tr>
<tr><td>全平面(FF)</td><td>DN 10～2000</td><td colspan="3">DN10～600</td><td colspan="5">—</td></tr>
<tr><td rowspan="4">带颈平焊法兰(SO)</td><td>突面(RF)</td><td>—</td><td>DN 10～300</td><td colspan="4">DN10～600</td><td colspan="3">—</td></tr>
<tr><td>凹面(FM)
凸面(M)</td><td colspan="2">—</td><td colspan="4">DN10～600</td><td colspan="3">—</td></tr>
<tr><td>榫面(T)
槽面(G)</td><td colspan="2">—</td><td colspan="4">DN10～600</td><td colspan="3">—</td></tr>
<tr><td>全平面(FF)</td><td>—</td><td>DN 10～300</td><td colspan="2">DN10～600</td><td colspan="5">—</td></tr>
<tr><td rowspan="5">带颈对焊法兰(WN)</td><td>突面(RF)</td><td colspan="2">—</td><td colspan="2">DN10～2000</td><td colspan="2">DN10～600</td><td>DN 10～400</td><td>DN 10～350</td><td>DN 10～300</td></tr>
<tr><td>凹面(FM)
凸面(M)</td><td colspan="2">—</td><td colspan="4">DN10～600</td><td>DN 10～400</td><td>DN 10～350</td><td>DN 10～300</td></tr>
<tr><td>榫面(T)
槽面(G)</td><td colspan="2">—</td><td colspan="4">DN10～600</td><td>DN 10～400</td><td>DN 10～350</td><td>DN 10～300</td></tr>
<tr><td>全平面(FF)</td><td colspan="2">—</td><td colspan="2">DN10～2000</td><td colspan="5">—</td></tr>
<tr><td>环连接面(RJ)</td><td colspan="6">—</td><td colspan="2">DN15～400</td><td>DN 15～300</td></tr>
</table>

资料来源：摘自 HG/T 20592—2009。

(2) 管法兰的公称直径和公称压力

管法兰的公称直径指的是与其相连接的管子的公称直径，既不是管子的内径，也不是管子的外径，而是与内径相近的某个数值。常用钢管公称直径与其外径关系见表 4-15。

表 4-15　常用钢管公称直径与其外径关系　mm

公称直径 DN	10	15	20	25	32	40	50	65	80	100	125	150	200	250	300	350	400
钢管外径	14	18	25	32	38	45	57	76	89	108	133	159	219	273	325	377	426

管法兰的公称压力（单位为 MPa）等级有：0.25、0.60、1.00、1.60、2.50、4.00、6.30、10.0、16.0、25.0 等。

(3) 标准管法兰的选用和标记

管法兰的选用主要是根据工作压力、工作温度和介质特性，同时注意与之相连的设备、机器的接管和阀门、管件的连接方式和公称直径。选用标准管法兰的方法与选用压力容器法兰十分类似，具体按以下步骤进行。

① 按照“管法兰与相连接的管子应具有相同公称直径”的原则选取管法兰的公称直径。

② 选定管法兰的材质，并按“同一设备的主体、接管、管法兰设计压力相同”的原则，确定管法兰的设计压力。

③ 根据法兰的材质和工作温度，查表 4-16 确定管法兰的公称压力。应使工作温度下法

兰材料的允许工作压力不小于设计压力。

④ 根据公称压力和公称直径，查表 4-14 确定法兰及密封面形式。

⑤ 查管法兰标准得到相关尺寸。

表 4-16　管法兰在不同温度下的最大允许工作压力

公称压力/bar（$1bar=10^5Pa$）	法兰材质	工作温度/℃										
		≤20	50	100	150	200	250	300	350	375	400	425
		最大允许工作压力/MPa										
2.5	20	2.3	2.2	2.0	2.0	1.9	1.8	1.6	1.6	1.6	1.4	1.2
6		5.5	5.4	5.0	4.8	4.7	4.5	4.1	4.0	3.9	3.5	3.0
10		9.1	9.0	8.3	8.1	7.9	7.5	6.9	6.6	6.5	5.9	5.0
16		14.7	14.4	13.4	13.0	12.6	12.0	11.2	10.7	10.5	9.4	8.0
25		23.0	22.5	20.9	20.4	19.7	18.8	17.5	16.7	16.5	14.8	12.6
2.5	Q345	2.5	2.5	2.5	2.5	2.5	2.5	2.3	2.2	2.1	1.6	1.4
6		6.0	6.0	6.0	6.0	6.0	6.0	5.5	5.3	5.1	4.0	3.3
10		10.0	10.0	10.0	10.0	10.0	10.0	9.3	8.8	8.5	6.7	5.5
16		16.0	16.0	16.0	16.0	16.0	16.0	14.9	14.2	13.7	10.8	8.9
25		25.0	25.0	25.0	25.0	25.0	25.0	23.3	22.2	21.4	16.9	14.0
2.5	0Cr18Ni9	2.3	2.2	1.8	1.7	1.6	1.5	1.4	1.3	1.3	1.3	1.3
6		5.5	5.3	4.5	4.1	3.8	3.6	3.4	3.2	3.2	3.1	3.0
10		9.1	8.8	7.5	6.8	6.3	6.0	5.6	5.4	5.4	5.2	5.1
16		14.7	14.2	12.1	11.0	10.2	9.6	9.0	8.7	8.6	8.4	8.2
25		23.0	22.1	18.9	17.2	16.0	16.0	15.0	14.2	13.7	13.5	13.2
2.5	16MnDR	2.5	2.5	2.4	2.3	2.3	2.1	2.0	1.9	1.8	1.5	1.3
6		6.0	6.0	5.8	5.7	5.5	5.2	4.8	4.6	4.5	3.8	3.1
10		10.0	10.0	9.7	9.4	9.2	8.7	8.1	7.7	7.5	6.3	5.3
16		16.0	16.0	15.6	15.2	14.7	14.0	13.0	12.4	12.1	10.1	8.4
25		25.0	25.0	24.4	23.7	23.0	21.9	20.4	19.4	18.8	15.9	13.3

同样，管法兰选定后，也需要在图上给予标记，其标记规则为：

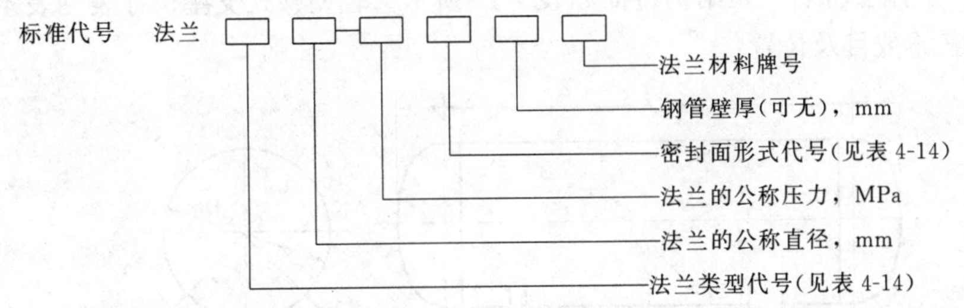

例如，钢管公称直径 100mm，壁厚 4mm，公称压力 1.0MPa，配用板式平焊法兰，突面密封，法兰材料为 20 钢，其标记为

HG/T 20593—2009 法兰　PL100-1.0　RF　S=4mm　20

[例 4-5] 为例 4-1 液氨储罐物料出口管选配法兰，管子材料为 20 钢，管子的规格为 ϕ159mm×6mm。已知设计压力为 1.7MPa，设计温度为 62℃。

解：(1) 确定管法兰公称直径

查表 4-15 可知，管子的外径为 159mm 时，其公称直径为 150mm。按照管法兰与管子应具有相同公称直径的原则得法兰的 DN 为 150mm。

(2) 确定管法兰的公称压力

根据管子材料选择法兰材料为 20 锻件；管道设计压力为 1.7MPa，按照工作温度下法兰材料的允许工作压力不小于设计压力，查表 4-16，选择公称压力为 2.5MPa 的公制管法兰。

（3）选择管法兰及密封面形式

根据法兰的公称直径和公称压力查表 4-14，选择带颈平焊法兰，榫槽面密封面。

（4）查取相关尺寸（略）

（5）法兰标记

HG/T 20594—2009 法兰　SO150-2.5　TG　S=6mm　20

三、容器的支座

容器支座的作用是支承设备，固定其位置。圆筒形容器按其轴线位置分为两类：轴线平行于地面的卧式容器和轴线垂直于地面的立式容器。对应容器的支座有两类：卧式容器支座和立式容器支座。

1. 卧式容器支座

卧式容器的支座有三种：鞍座、圈座和支承式支座。应用最多的是鞍座，对于因容器自重而可能造成严重挠曲的大直径薄壁容器可采用圈座，而支承式支座只用于小型卧式容器。

（1）鞍座的类型与结构

如图 4-16 所示，鞍座有焊制和弯制两种。焊制鞍座[图 4-16(b)]由垫板、腹板、筋板和底板构成。弯制鞍座[图 4-16(c)]与焊制鞍座的区别是其腹板与底板是由同一块钢板弯制而成。

为了使容器在壁温变化时能沿轴线自由伸缩，鞍座有固定式（代号为 F）和滑动式（代号为 S）两种。固定式鞍座底板上的螺栓孔是圆形的，滑动式鞍座底板上的螺栓孔是长圆形的，其长度方向与筒体轴线方向一致。双鞍座支承的卧式容器必须是固定式鞍座和滑动式鞍座搭配使用。

为满足公称直径相同而长度和质量（包括介质、保温等质量）不同的需要，鞍座按其允许承受的最大载荷有轻型（代号为 A）和重型（代号为 B）之分，重型鞍座的垫板、筋板和底板的厚度都比轻型的稍厚，有时筋板的数目也较多，因而承重能力较大，适宜于换热器等较重的容器。对 DN<900mm 的鞍座，由于直径较小，轻重型差别不大，故只有重型没有轻型。鞍座的类型、适用公称直径及结构特征如表 4-17 所示。轻型鞍式支座尺寸表见表 4-18。

（2）鞍座的数目及位置

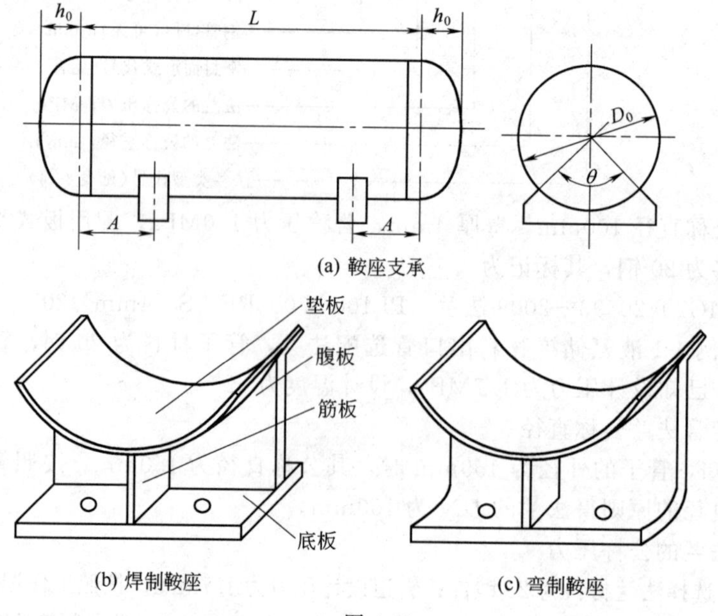

图 4-16

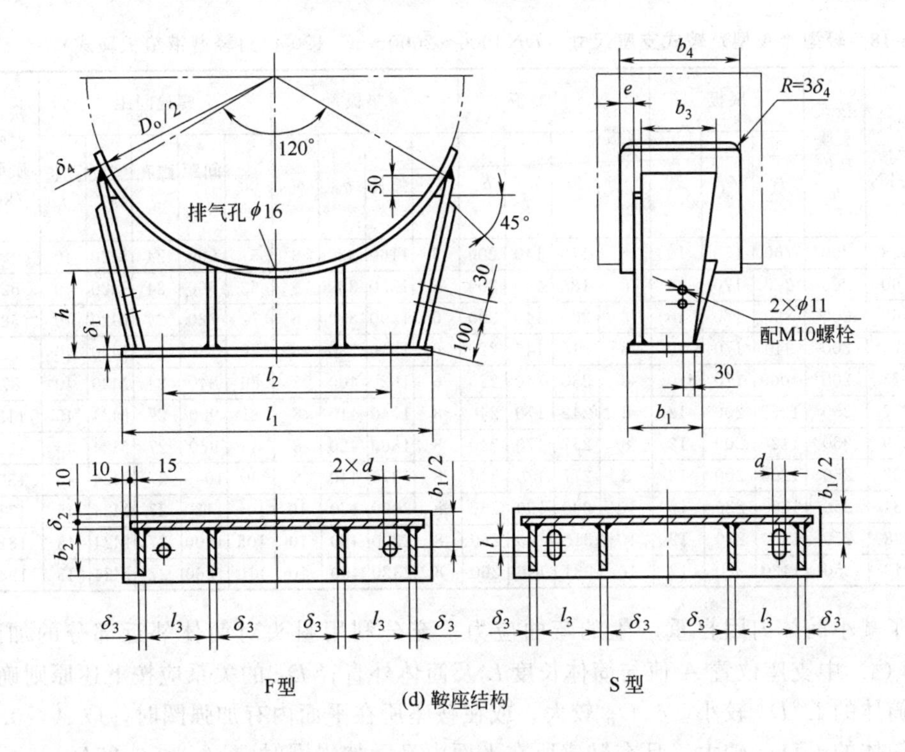

(d) 鞍座结构

图 4-16　鞍座

表 4-17　鞍座的类型、适用公称直径及结构特征

类型	代号	通用公称直径 DN/mm	结构特征
轻型	A	1000～2000	焊制,120°包角,带垫板,4 筋
		2100～4000	焊制,120°包角,带垫板,6 筋
		4100～6000	焊制,120°包角,带垫板,6 筋
重型	BⅠ	168～406	焊制,120°包角,带垫板,1 筋
		300～450	
		500～950	焊制,120°包角,带垫板,2 筋
		1000～2000	焊制,120°包角,带垫板,4 筋
		2100～4000	焊制,120°包角,带垫板,6 筋
		4100～6000	焊制,120°包角,带垫板,6 筋
	BⅡ	1000～2000	焊制,150°包角,带垫板,4 筋
		2100～4000	焊制,150°包角,带垫板,6 筋
		4100～6000	焊制,150°包角,带垫板,6 筋
	BⅢ	168～406	焊制,120°包角,不带垫板,1 筋
		300～450	
		500～950	焊制,120°包角,不带垫板,2 筋
	BⅣ	168～406	弯制,120°包角,带垫板,1 筋
		300～450	
		500～950	弯制,120°包角,带垫板,2 筋
	BⅤ	168～406	弯制,120°包角,不带垫板,1 筋
		300～450	
		500～950	弯制,120°包角,不带垫板,2 筋

每台设备一般均用两个鞍座支承，这时应采用固定式和滑动式鞍座各一个。一台卧式设备的支座多于两个是不合适的。因为容器制造、安装误差和地基沉降的不均匀，会使各鞍座的水平高度发生微小差异，造成各支座的受力不均，这时会引起筒壁内的附加应力。

表 4-18　轻型（A 型）鞍式支座尺寸（DN1000～2000mm，120°包角轻型带垫板鞍式）　mm

公称直径 DN	允许载荷 Q/kN	鞍式支座高度 h	底板			腹板 δ_2	筋板			垫板				螺栓间距					鞍式支座质量/kg	增加100mm高度增加的质量/kg
			l_1	b_1	δ_1		l_3	b_2	b_3	δ_3	弧长	b_4	δ_4	e	间距 l_2	螺孔 d	螺纹 M	孔长 l		
1000	158	200	760	170	10	6	170	140	200	6	1160	320	6	57	600	24	M20	40	48	6.1
1100	160	200	820	170	10	6	185	140	200	6	1280	330	6	62	660	24	M20	40	52	6.4
1200	162	200	880	170	10	6	200	140	200	6	1390	350	6	72	720	24	M20	40	58	6.7
1300	174	200	940	170	10	8	215	140	220	6	1510	380	8	76	780	24	M20	40	79	8.4
1400	175	200	1000	170	10	8	230	140	220	6	1620	400	8	86	840	24	M20	40	87	8.8
1500	257	250	1060	200	12	8	242	170	240	8	1740	410	8	81	900	27	M24	45	113	10.8
1600	259	250	1120	200	12	8	257	170	240	8	1860	420	8	86	960	27	M24	45	121	11.2
1700	262	250	1200	200	12	8	277	170	240	8	1970	440	8	96	1040	27	M24	45	130	11.7
1800	334	250	1280	220	12	10	296	190	260	8	2090	470	10	100	1120	27	M24	45	171	14.7
1900	338	250	1360	220	12	10	316	190	260	8	2200	480	10	105	1200	27	M24	45	182	15.3
2000	340	250	1420	220	12	10	331	190	260	8	2320	490	10	110	1260	27	M24	45	194	15.8

为了减小筒体内因自重产生的弯曲应力，充分利用封头对筒体邻近部分的加强作用，图 4-16（a）中支座位置 A 值与筒体长度 L 及筒体外直径 D_0 的关系应按下述原则确定：

当筒体的 L/D_0 较小，δ/D_0 较大，或在鞍座所在平面内有加强圈时，取 $A \leqslant 0.2L$。

当筒体的 L/D_0 较大，且在鞍座所在平面内又无加强圈时，取 $A \leqslant 0.25D_0$。

（3）鞍座的选用与标记

选用标准鞍座的一般步骤为：首先根据容器的总质量算出每个鞍座的承载。容器的总质量包括：筒体和封头的质量，容器内物料的质量或水压试验时水的质量，人孔等附件的质量，容器外保温层的质量等。然后按照容器的公称直径 DN 与鞍座的承载，从标准中选择轻型（A 型）或重型（B 型）鞍座，使鞍座的承载能力不小于其实际承载。最后从标准查取鞍座的各部分尺寸。需要时，应对鞍座的强度、筒体在支座处的局部应力、基础支承面的强度等进行验算。

鞍座的标记方法为：

NB/T 47065.1—2018，鞍座××－×

固定鞍座 F 或滑动鞍座 S

公称直径，mm

型号（A，BⅠ，BⅡ，BⅢ，BⅣ，BⅤ）

［例 4-6］　为例 4-1 液氨储罐选配支座。已知内径 $D_i = 1600$mm，壁厚 $\delta_n = 12$mm，假设筒体长 6m。

解：（1）每个鞍座的承载计算

查相关标准，公称直径 $DN = 1600$mm 的筒体每米长的容积为 2.017m^3，每米长的质量为 476kg；公称直径 $DN = 1600$mm 的椭圆形封头的容积为 0.587m^3（直边高度 25mm），质量为 285kg。则储罐的容积为

$$V = V_{筒} + V_{封} = 2.017 \times 6 + 0.587 \times 2 = 13.276 \ (\text{m}^3)$$

式中，$V_{筒}$、$V_{封}$ 分别为筒体和封头的容积。

水压试验时罐内的水质量为 $m_{水} = 13276$kg。

罐体的质量为 $m_{罐} = 476 \times 6 + 285 \times 2 = 3426$（kg）。

人孔及其他附件的估计质量约 $m_{附} = 450$kg。

则储罐的总质量 m 为

$$m=m_{水}+m_{罐}+m_{附}=13276+3426+450=17152\ (\text{kg})$$

$$每个鞍座承重=\frac{mg}{2}=\frac{17152\times9.8}{2}=84\ (\text{kN})$$

(2) 鞍座的选用

按照储罐公称直径 $DN=1600\text{mm}$ 查表 4-17，选用轻型（A 型）鞍座一对，其中固定式和滑动式各一个，单个鞍座的允许载荷为 $Q=275\text{kN}>84\text{kN}$，所选鞍座的承载能力足够。鞍座标记为：

NB/T 47065.1—2018，鞍座 A1600—F

NB/T 47065.1—2018，鞍座 A1600—S

2. 立式容器支座

立式容器的支座有腿式支座、支承式支座、耳式支座和裙式支座四种。小型直立设备采用前三种，高大的塔设备则广泛采用裙式支座。

(1) 腿式支座

腿式支座（图 4-17）由盖板、垫板、支柱和底板四部分组成，有 A 型、AN 型、B 型、

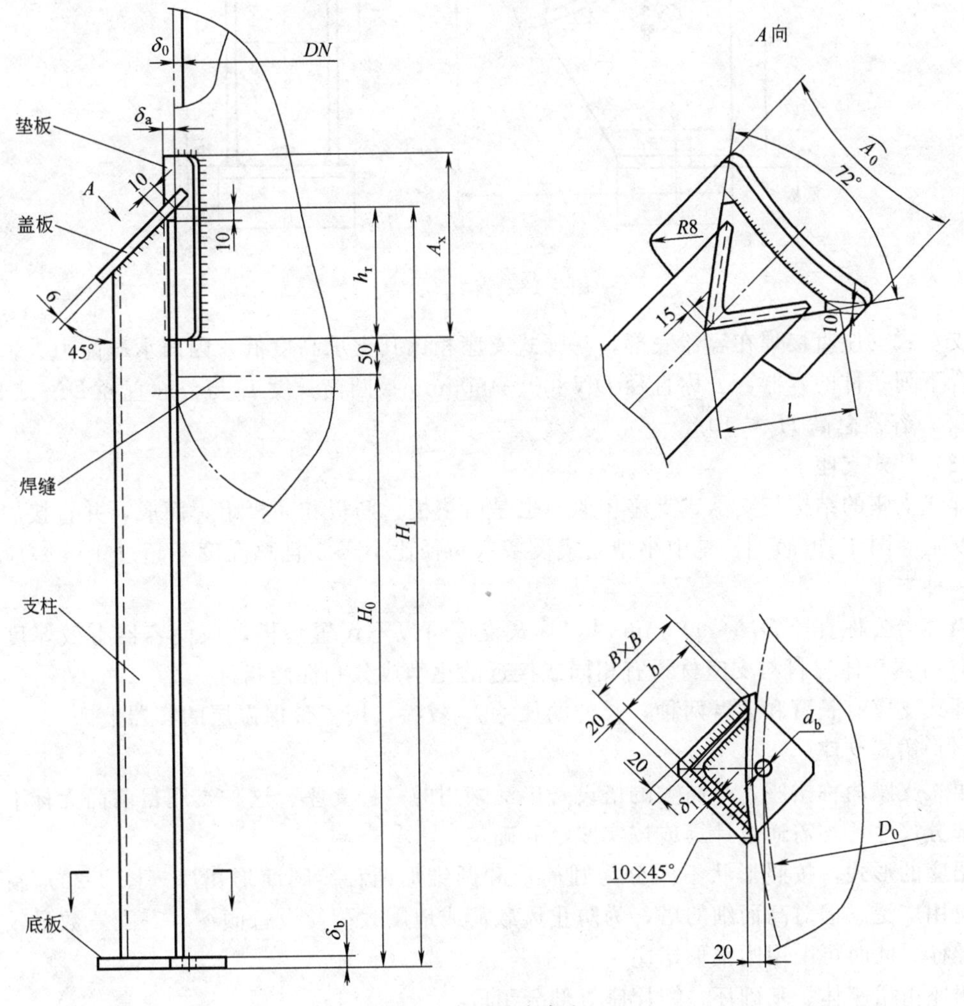

图 4-17　腿式支座

BN 型四种。A 型和 AN 型是角钢支柱；B 型和 BN 型是钢管支柱。A 型和 B 型带垫板；AN 型和 BN 型不带垫板。垫板厚度与筒体厚度相等，也可根据需要确定。

当容器直径较小时用三个支腿，容器直径较大时用四个支腿。

腿式支座适用于安装在刚性基础上，且符合下列条件的容器：公称直径 DN400～1600mm；圆筒长度 L 与公称直径 DN 之比 $L/DN \leqslant 5$；容器总高 $H_0 \leqslant 5$m。腿式支座不适合用于通过管线直接与产生脉动载荷的机器设备刚性连接的容器。

(2) 支承式支座

支承式支座有 A、B 两种形式，A 型支座如图 4-18 所示，由底板、筋板和垫板组成，B 型支座用钢管取代了 A 型中的筋板。

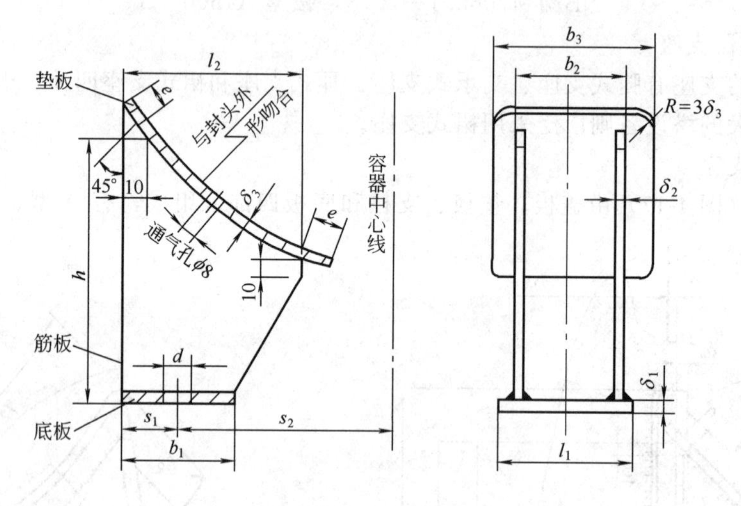

图 4-18 支承式支座

支承式支座直接焊在容器底部，与腿式支座相比其支承高度低，因而承载能力大，适用于符合下列条件的容器：公称直径 DN800～4000mm；圆筒长度 L 与公称直径 DN 之比 $L/DN \leqslant 5$；容器总高 $H_0 \leqslant 10$m。

(3) 耳式支座

耳式支座的结构与支承式支座相似，也是由垫板、筋板和底板组焊而成，并直接焊在容器外壁上［图 4-19(a)］，是中小型立式设备（高径比小于 5 且总高度不超过 10m）应用最广的一种支座。

当容器公称直径 $DN \leqslant 900$mm 时，耳式支座可以不设置垫板，应使容器有效厚度大于 3mm，容器壳体材料与支座材料有相同或接近的化学成分和性能指标。

耳式支座有长臂和短臂两种，长臂的尺寸 l_2 较大，用于带保温层的容器上。

(4) 裙式支座

裙式支座简称裙座，是高大的塔设备广泛采用的一种支座。这种支座目前尚无标准，它的各部分尺寸，均需通过计算或按实践经验确定。

裙座的形式，按照形状不同分为圆筒形和圆锥形两种。圆筒形裙座（图 4-20）制造方便，应用广泛。但对高而细的塔，为防止风载荷或地震载荷使设备倾覆，需配置数量较多的地脚螺栓，此时可采用圆锥形裙座。

裙座由裙座体、基础环、螺栓座等部分组成。

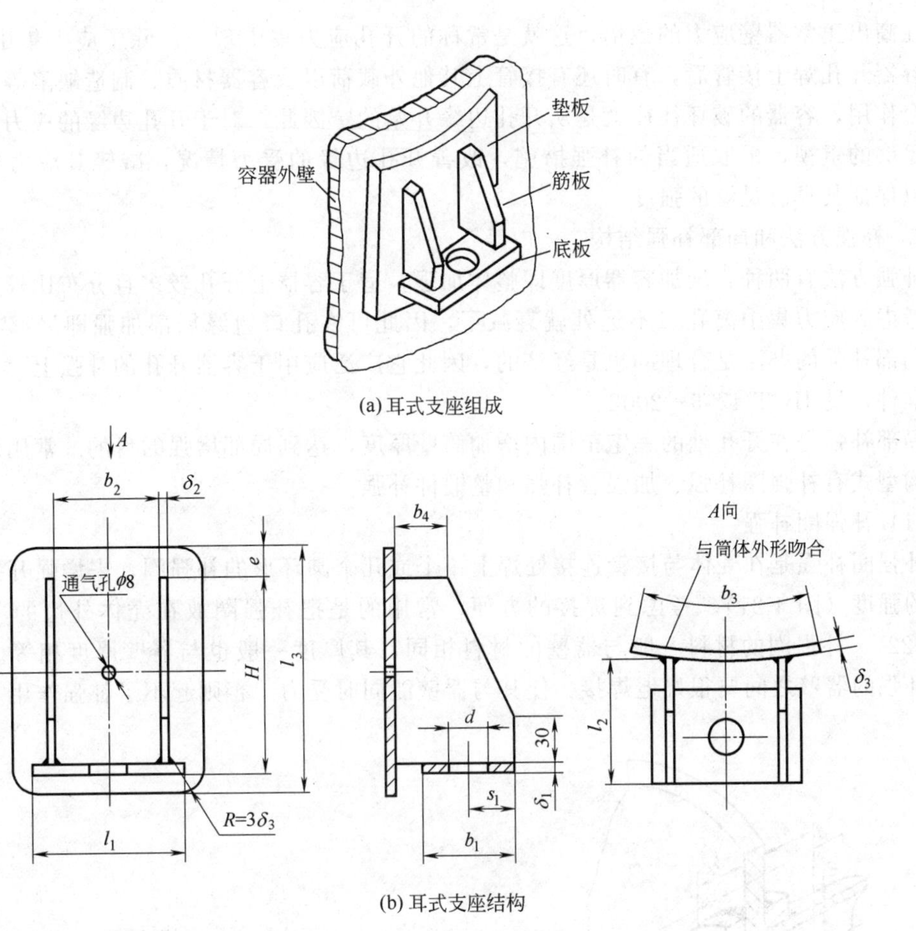

图 4-19　耳式支座

① 裙座体。它的上端与塔体底封头焊接在一起，下端焊在基础环上。裙座体承受塔体的全部载荷，并把载荷传到基础环上。在裙座体上开有检修用的人孔、引出管孔、排气孔、排液孔等。

② 基础环。基础环是一块环形垫板，它把由座体传下来的载荷，再均匀地传到基础上去。为了安装方便，基础环上的螺栓孔开成长圆缺口。

③ 螺栓座。螺栓座由盖板、筋板组成，盖板上开有圆孔，地脚螺栓从基础环上的螺栓孔及盖板上的圆孔中穿出，拧紧螺母即可固定塔设备。

四、容器的开孔与补强结构

1. 开孔补强的原因

为了实现正常的操作和维修，需在化工设备的筒体和封头上开设各种孔，例如物料的进出口接管孔、检测仪表的接管孔及人孔、手孔或检查孔等。压力容器开孔后，不仅器壁材料被削弱，同时由于结构连续性被破坏，在孔口边缘应力值显著增加，其最大应力

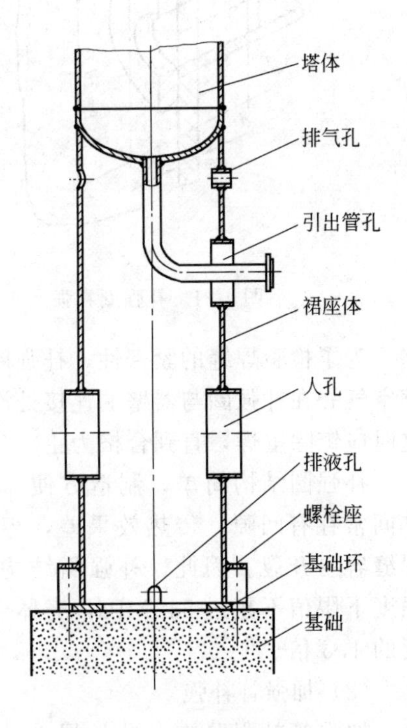

图 4-20　圆筒形裙座

值往往高出正常器壁应力的数倍，这就是常称的开孔应力集中现象。除了应力集中现象外，压力容器开孔焊上接管后，有时还有接管上其他外载荷以及容器材质、制造缺陷等各种因素的综合作用，容器的破坏往往就是从开孔边缘开始的。因此，对于开孔边缘的应力集中必须予以足够的重视，采取适当的补强措施，改善开孔边缘的受力情况，减轻其应力集中的程度，以保证其具有足够的强度。

2. 补强方法和局部补强结构

补强方法有两种：增加容器厚度即整体加强，适于容器上开孔较多且分布比较集中的场合；考虑到应力集中离孔口不远处就衰减了，因此可在孔口边缘局部加强即局部补强。显然，局部补强的办法是合理的也是经济的，因此它广泛应用于容器开孔的补强上。补强圈已有标准件，见 JB/T 4736—2002。

局部补强是在开孔处的一定范围内增加筒壁厚度，达到局部增强的目的。常用局部补强的结构型式有补强圈补强、加强管补强和整锻件补强。

(1) 补强圈补强

补强圈补强是在壳体与接管连接处焊上一个或几个圆环形的补强圈，来增强开孔边缘处金属的强度（图 4-21)。考虑到焊接的方便，常用的是把补强圈放在壳体外边的单面补强（图 4-22)。补强圈的材料一般与器壁的材料相同，其厚度一般也与器壁厚度相等。补强圈与被补强的器壁之间要很好地焊接，使其与器壁能同时受力，否则起不了补强作用。

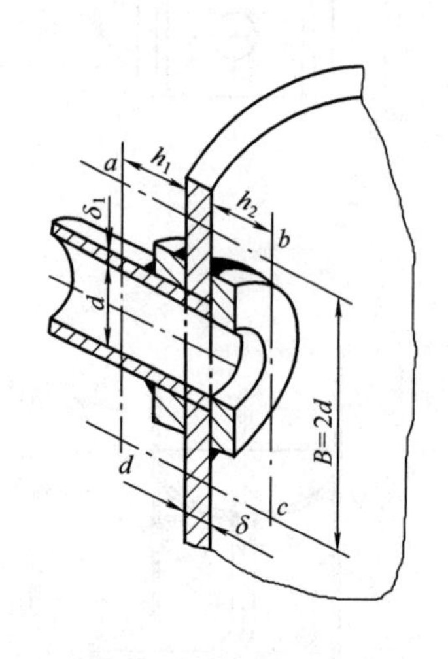

图 4-21 补强圈补强

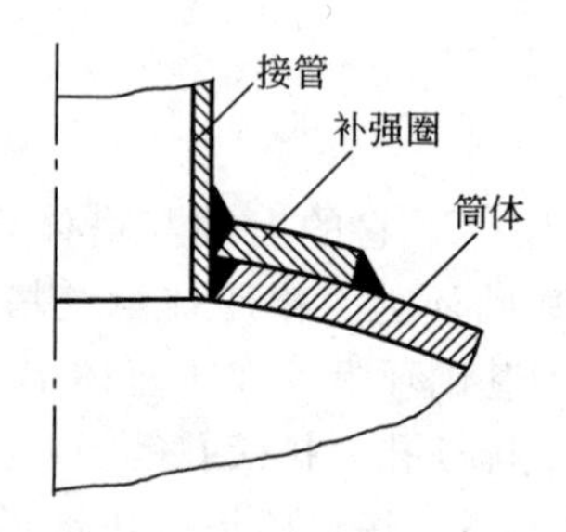

图 4-22 单面补强

为了检验焊缝的紧密性，补强圈上设有一个 M10 的小螺纹孔（图 4-23)，从这里通入压缩空气并在补强圈与器壁的连接处涂抹肥皂水，如果焊缝有缺陷，就会在该处吹起肥皂泡，这时应铲除重焊，直到合格为止。

补强圈结构简单，制造方便，使用经验成熟。缺点是：补强区域分散；补强圈与壳体间常存有间隙，传热效果差，容易引起温差应力；对于高强度钢，补强圈与壳体间的焊缝容易开裂。因此，补强圈结构适用于静压、常温的中、低压容器，钢材的标准抗拉强度下限值不超过 540MPa，壳体名义厚度不超过 38mm，补强圈厚度不超过壳体名义厚度的 1.5 倍。

(2) 加强管补强

加强管补强是在开孔处焊上一个特意加厚的短管（图 4-24)，用它多余的壁厚作为

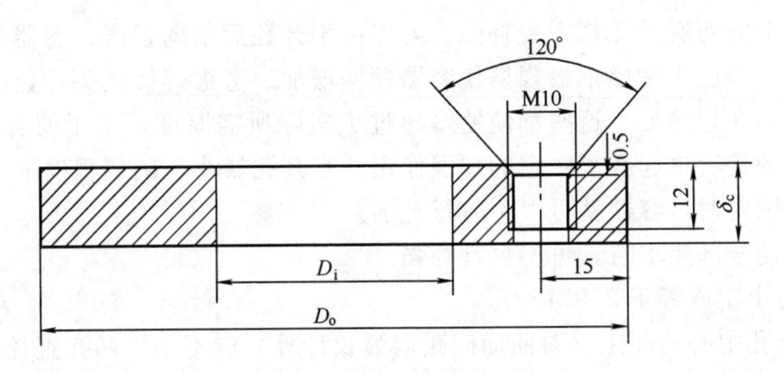

图 4-23　补强圈的结构

补强金属。在这种结构中，补强用的金属全部处于有效补强范围（图 4-21 和图 4-24 中的矩形 *abcd* 范围）内，能有效地降低开孔周围的应力集中，补强效果较好。对于现在广泛采用的低合金高强度结构钢，由于它对应力集中比低碳钢敏感，所以采用加强管补强更好。

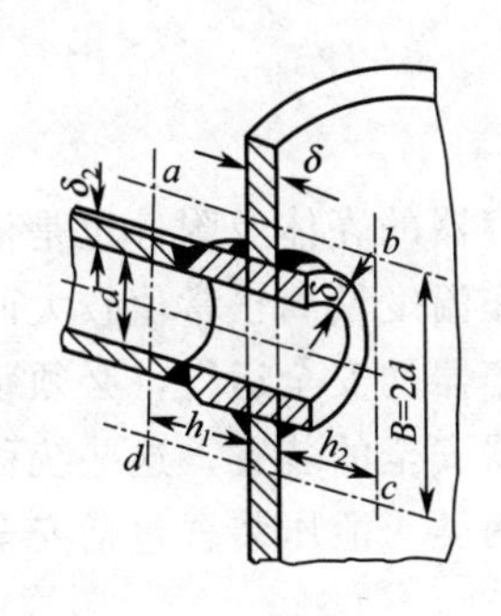

图 4-24　加强管补强

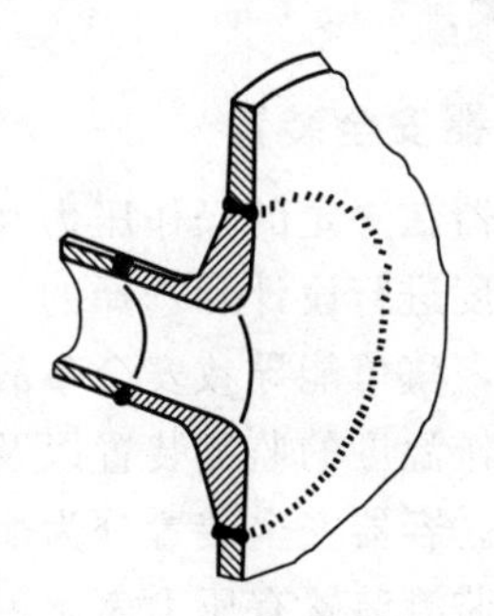

图 4-25　整锻件补强

（3）整锻件补强

整锻件补强是在开孔处焊上一个特制的锻件（图 4-25）。锻件的壁厚变化缓和，且有圆角过渡；全部焊缝都是对接焊缝并远离最大应力作用处，因而补强效果最好。锻件加工复杂，故只用在重要的设备上。

3．对容器开孔的限制

① 当采用局部补强时，筒体和封头上开孔的最大直径不允许超过以下数值。

对于圆筒，当其内径 $D_i \leqslant 1500$mm 时，开孔最大直径 $d \leqslant D_i/2$，且 $d \leqslant 520$mm；当其内径 $D_i > 1500$mm 时，开孔最大直径 $d \leqslant D_i/3$，且 $d \leqslant 1000$mm。

凸形封头或球壳的开孔最大直径 $d \leqslant D_i/2$。

锥壳（或锥形封头）开孔最大直径 $d \leqslant D_i/3$，D_i 为开孔中心处锥壳内直径。

② 在椭圆形或碟形封头过渡部分开孔时，其开孔的孔边与封头边缘间的投影距离不小于 $0.1D_o$，其孔的中心线宜垂直于封头表面。

③ 焊缝是壳体上强度比较薄弱的部位，因此开孔应该尽量避开焊缝。开孔边缘与焊缝的距离应大于壳体壁厚的 3 倍，且不小于 100mm。如果开孔必须通过焊缝时，则开孔两侧各不少于 1.5 倍开孔直径范围内的焊缝，须经 100％射线或超声波探伤，并在补强计算时考虑焊接接头系数。

4. 允许不另行补强的最大开孔直径

并不是容器上的所有开孔都需要补强。容器由于开孔而削弱强度，容器在设计时还存在一定的加强因素，如由于考虑钢板规格使容器壁厚增加、考虑焊接接头系数而使容器壁厚增加，但开孔又并不在焊缝处，这些都使壁厚超过了实际所需厚度，等于使容器整体加强了，同时开孔处焊上的接管也起到了一定的加强作用。当开孔较小、削弱程度不大、孔边应力集中在允许数值范围内时，容器就可以不另行补强。

开孔满足下述全部要求时，可不另行补强。

① 设计压力小于或等于 2.5MPa；

② 两相邻开孔中心的间距（对曲面间距以弧长计算）应不小于两孔直径之和的两倍；

③ 接管公称外径小于或等于 89mm；

④ 接管最小壁厚满足表 4-19 要求。

表 4-19 接管最小壁厚

mm

<table>
<tr><td>接管外径</td><td>25</td><td>32</td><td>38</td><td>45</td><td>48</td><td>57</td><td>65</td><td>76</td><td>89</td></tr>
<tr><td>最小壁厚</td><td colspan="3">3.5</td><td colspan="2">4.0</td><td colspan="2">5.0</td><td colspan="2">6.0</td></tr>
</table>

注：1. 钢材的标准抗拉强度下限值 $\sigma_b > 540$MPa 时，接管与壳体的连接宜采用全焊透结构形式。

2. 接管的腐蚀裕量为 1mm。

五、容器安全装置

化工容器在一定的操作压力和操作温度下运行，化工容器的壳体及附件也是依据操作压力和操作温度进行设计和选择的。一旦出现操作压力和操作温度偏离正常值较大而又得不到合适的处理，将可能导致安全事故的发生。为了保证化工容器的安全运行，必须装设测量操作压力、操作温度的监测装置以及遇到异常工况时保证容器安全的装置。这些统称为化工容器安全装置。容器安全装置分为泄压装置和参数监测装置两类。泄压装置包括安全阀、爆破膜等，参数监测装置有压力表、测温仪表等。

1. 安全阀

为了确保操作安全，在重要的化工容器上装设安全阀。常用的弹簧式安全阀如图 4-26 所示，它是由阀座、阀头、顶杆、弹簧、调节螺栓等零件组成，靠弹簧力将阀头与阀座紧闭，当容器内的压力升高，作用在阀头上的力超过弹簧力时，则阀头上移使安全阀自动开启，泄放超压气体使容器内压力降低，从而保护了化工容器。当容器内压力降低到安全值时，弹簧力又使安全阀自动关闭。拧动安全阀上的调节螺栓，可以改变弹簧力的大小，从而控制安全阀的开启压力。为了避免安全阀不必要的泄放，通常预定的安全阀开启压力应略高于化工容器的工作压力。

2. 爆破膜

当容器内盛装易燃易爆的物料，或者因物料的黏度高、腐蚀性强、容易聚合、结晶等，使安全阀不能可靠地工作时，应当装设爆破膜。爆破膜是一片金属或非金属的薄片，由夹持器夹紧在法兰中（图 4-27），当容器内的压力超过最大工作压力，达到爆破膜的爆破压力时，爆破膜破裂使容器内气体迅速泄放，从而保护了化工容器。爆破膜的爆破迅速，惰性小，结构简单，价格便宜，但爆破后必须停止生产，更换爆破膜后才能继续操作。因此，预定的爆破压力要比最大工作压力高一些。

3. 压力表

压力表用来测量介质的压力。压力表的种类较多，在化工生产中应用最广泛的是弹簧管

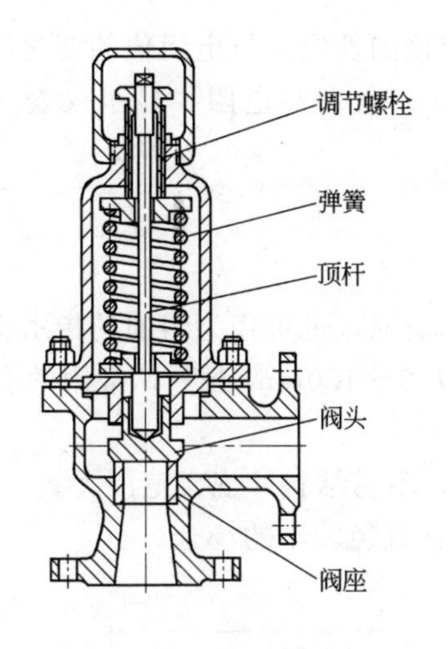

图 4-26　弹簧式安全阀

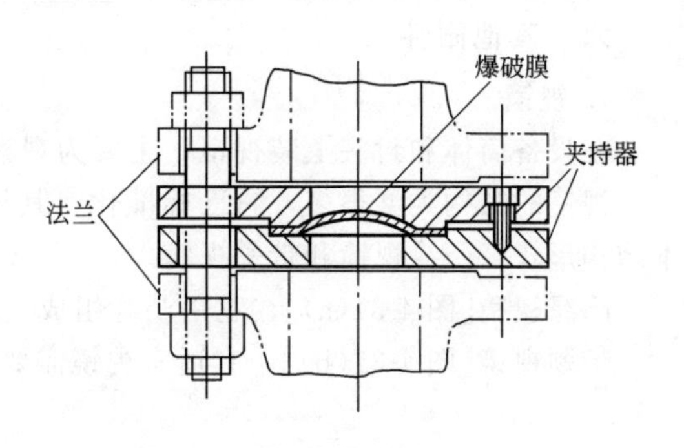

图 4-27　爆破膜

式压力表。弹簧管式压力表的测压元件是弹簧管，如图 4-28 所示。利用弹簧管测压的原理是：弹簧管的一端封口，为自由端；一端固定并可通入气体或液体。当压力大于大气压的流体通入管内时，管子的曲率要变小，管端向外移动。管端移动量的大小与管内流体的压力大小成正比，即弹簧管可把压力转换成位移，弹簧管式压力表就是根据这一原理来测量压力的。

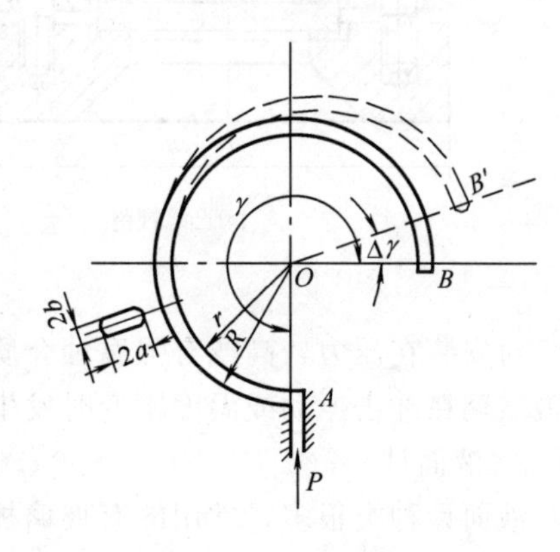

图 4-28　弹簧管

4．测温仪表

常用的测温仪表有热电偶温度计和热电阻温度计。热电偶温度计（图 4-29）是由热电偶、毫伏测量仪表（动圈仪表或电位差计等）以及连接热电偶和测量仪表的导线（铜线及补偿导线）所组成。热电偶是由两根不同的导体或半导体材料焊接或铰接而成。焊接的一端称作热电偶的热端（或工作端）；与导线连接的一端称作冷端。把热电偶的热端插入需要测温的生产设备中，冷端置于生产设备的外面。如果两端所处的温度不同（譬如，热端温度为 T，冷端温度为 T_0），则在热电偶的回路中便会产生热电势 E。该热电势 E 与热电偶两端的温度 T 和 T_0 均有关。如果保持 T_0 不变，则热电势 E 便只与 T 有关。换言之，在热电偶材料已定的情况下，它的热电势 E 只是被测温度 T 的函数，用动圈仪表或电位差计测得 E 的数值后，便可知道被测温度的大小。

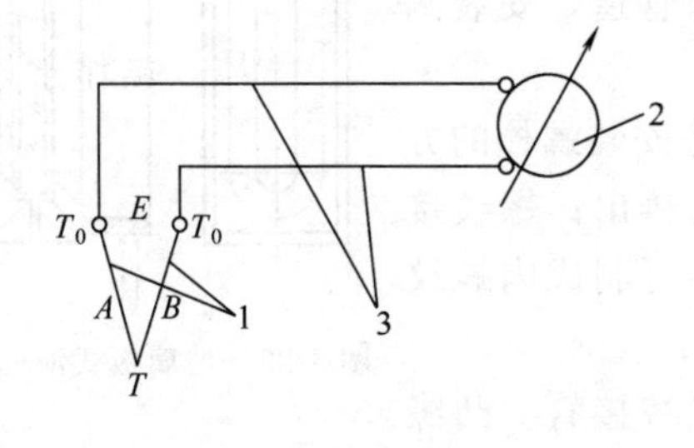

图 4-29　热电偶温度计的组成示意图
1—热电偶 AB；2—测量仪表；3—导线

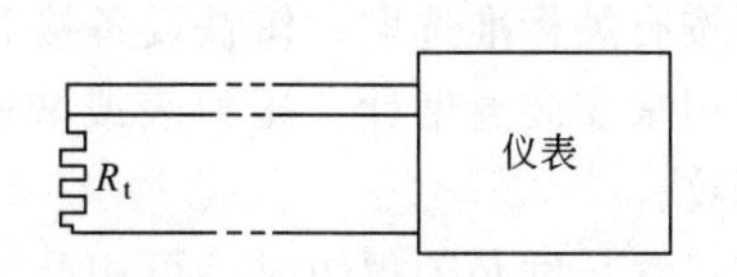

图 4-30　热电阻温度计的组成示意图

热电阻温度计是根据导体或半导体的阻值随温度变化的性质，将电阻值的变化用显示仪表反映出来，达到测温的目的。热电阻温度计（图 4-30）是由热电阻、显示仪表（带不平衡电桥或平衡电桥）以及连接它们的导线所组成。

六、其他附件

1. 视镜

在设备筒体和封头上装视镜，主要为观察设备内部情况，也可作为料面的指示镜。

视镜的结构类型很多，它已标准化，其尺寸有 DN50～150mm 五种，常用的有两种基本结构形式：凸缘视镜和带颈视镜。

凸缘视镜[图 4-31(a)]，它由凸缘组成，结构简单，不易结料，视察范围大。

带颈视镜[图 4-31(b)]，它适宜视镜需要斜装或设备直径较小的场合。

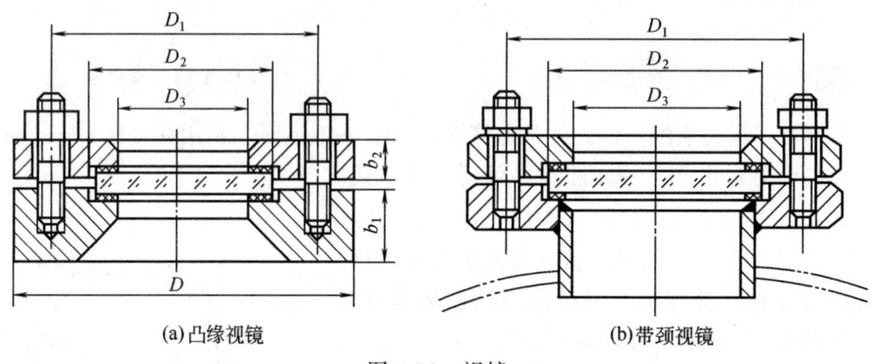

图 4-31　视镜

对安装在压力较高或有强腐蚀介质设备上的视镜，可选双层玻璃或带罩安全视镜，以免视镜玻璃在冲击振动或温度剧变时发生破裂伤人。

2. 液面计

液面计种类很多，常用的有玻璃板式和玻璃管式液面计。

对于公称压力超过 0.07MPa 的设备用玻璃板式液面计，可以直接在设备上开长条孔，利用矩形凸缘或法兰把玻璃固定在设备上（图 4-32），它有带颈和不带颈的两种形式。

对于承压设备（p<1.6MPa），常用双层玻璃板式或玻璃管式液面计。液面计与设备的连接常用法兰、活接头或螺纹接头。板式和玻璃管液面计都已标准化，设计时可直接选用。

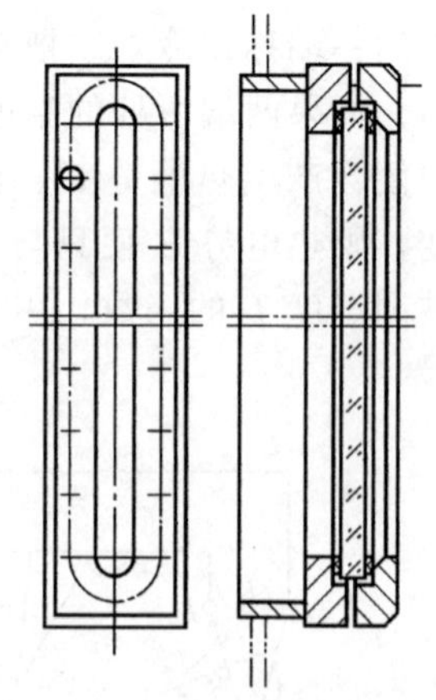

图 4-32　玻璃板式液面计

3. 接管与凸缘

设备上的接管与凸缘用来连接设备与介质的输送管道，安装测量、控制仪表。

接管如图 4-33 所示，其中焊接接管长度 h 应考虑安装螺栓的方便，可按有关标准选取；铸铁设备接管可与筒体一起铸出；螺纹接管主要用来安装温度计、压力表或液面计，根据需要可制成内螺纹和外螺纹。

当接管长度必须很短时，可用凸缘（图 4-34）代替接管。凸缘本身具有开孔的补强作用，不需要另行补强。凸缘与管道法兰配用，它的尺寸应根据所选的管法兰确定。

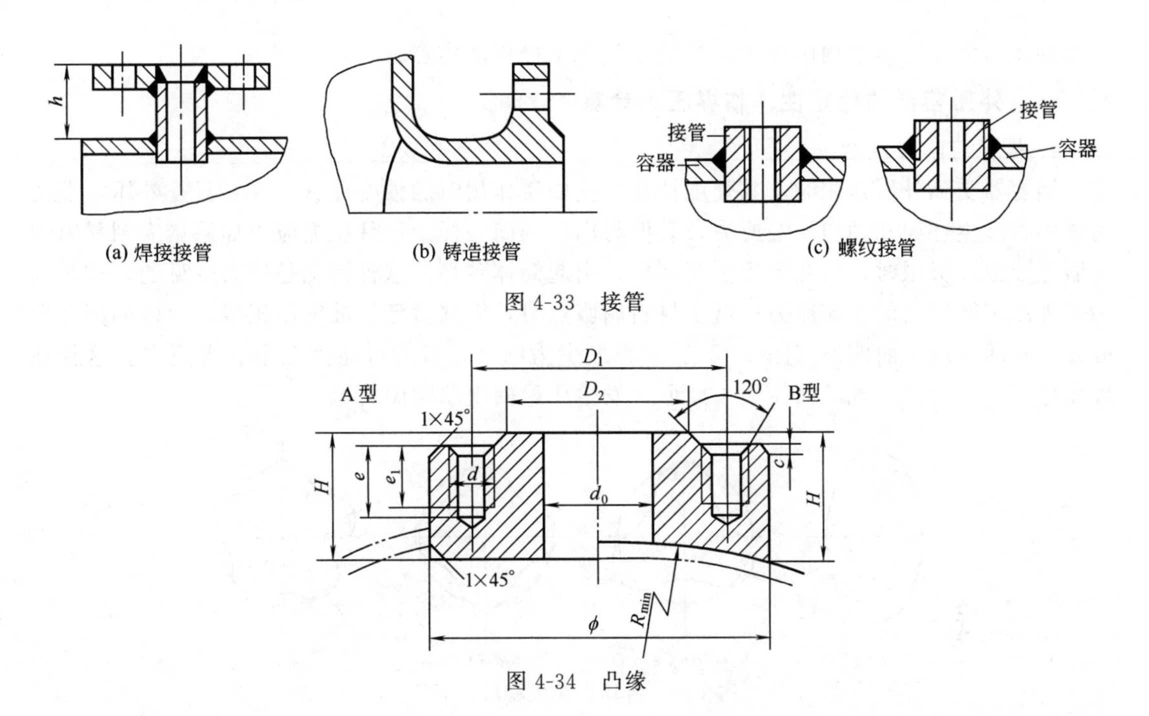

图 4-33　接管

图 4-34　凸缘

4. 人孔、手孔

设备上开手孔和人孔是为方便检查设备内部空间及装拆设备内部装置用的。

手孔直径一般为 150～250mm，当设备直径超过 900mm 时应开设人孔。人孔的形状有圆形和椭圆形两种。椭圆形人孔的短轴与压力容器的筒身轴线平行，其最小尺寸为 400mm×300mm。圆形人孔的直径一般为 400～600mm，容器压力不高时直径可选大些。

人孔与手孔具有类似的结构，水平吊盖人孔的结构如图 4-35 所示。

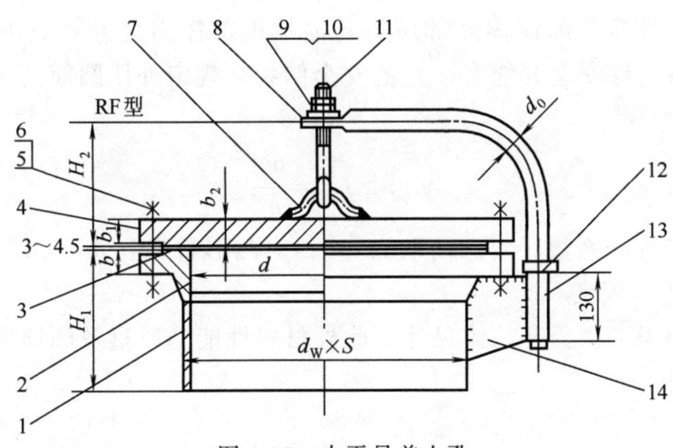

图 4-35　水平吊盖人孔

1—筒节；2—法兰；3—垫片；4—法兰盖；5—螺柱；6—螺母；7—吊环；8—转臂；9—垫圈；10—螺母；11—吊钩；12—环；13—无缝钢管；14—支承板

第四节　外压容器

在化工生产中，除了大量使用内压容器，还常使用一些外压容器，例如真空储罐、石油分馏中的减压蒸馏塔、多效蒸发中的真空冷凝器、带有蒸汽加热夹套的反应釜等。这些容器外面的压力大于容器里面的压力，是处于外压下操作的容器。

一、外压容器的稳定性、临界压力计算

1. 失稳与临界压力

当容器受到外压作用时，其强度计算与受内压作用时的强度计算一样，只是外压容器的筒体内将产生环向和轴向压缩应力，其值与内压圆筒一样。这种压缩应力如果增大到材料的屈服点或强度极限时，将和内压圆筒一样，引起筒体破坏。这种情况是极为少见的，这是因为当外压圆筒壁内的压缩应力远低于材料屈服点时，筒壁就已经被突然压瘪，筒体的圆环形截面一瞬间变成了曲波形（图 4-36）。波数最少为两个，有的可能为三个或者更多。这种在外压作用下，突然出现的筒体失去原形，发生压瘪的现象叫做失稳。

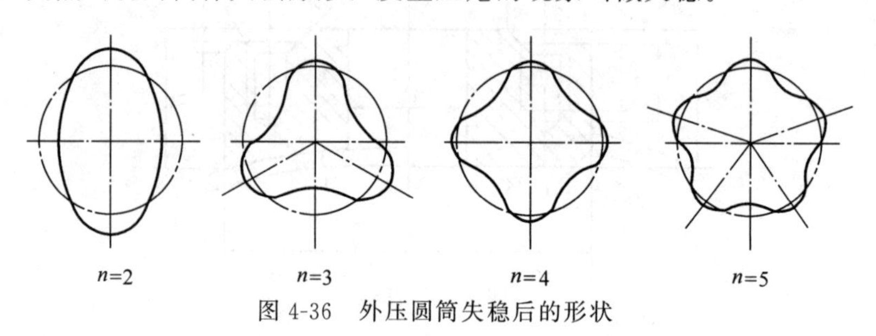

图 4-36　外压圆筒失稳后的形状

因此，对于外压容器，其失效形式有两种：一种是因强度不足而破坏；另一种是因刚度不足而失稳，而且失稳是主要的问题。

外压容器的失稳是在外压达到某一临界值时发生的。当筒壁所承受的外压未达到某一临界值以前，增加外压并不引起筒体形状的改变；而当外压一旦增大到某一临界值时，筒体的形状就发生了突变，圆形的筒体被压成椭圆或出现波形。这个外压的临界值称为该筒体的临界压力，用 p_{cr} 表示。

筒体允许的工作外压（即筒体外部压力与筒体内部压力之差）应小于该筒体的临界压力。考虑到应使设备足够安全并能有一定的安全储备，规定外压圆筒的计算外压力应当满足如下条件

$$p_c \leqslant [p] = \frac{p_{cr}}{m} \tag{4-19}$$

式中，m 为稳定安全系数，对圆筒取 $m=3$；对凸形封头取 $m=14.52$。

2. 影响临界压力的因素

影响临界压力的因素主要是筒体尺寸，此外材料性能、质量及圆筒形状精度等对临界压力也有一定的影响。

（1）筒体尺寸

① δ_e/D_o。圆筒失稳时，筒壁材料环向“纤维”受到了弯曲。显然，增强筒壁抵抗弯曲的能力可提高临界压力。在其他条件相同的情况下，筒壁 δ_e 越厚，圆筒外直径 D_o 越小，即筒壁的 δ_e/D_o 越大，筒壁抵抗弯曲能力越强，圆筒的临界压力越高。

② 圆筒长度。封头的刚性较筒体高，圆筒承受外压时，封头对筒壁能够起到一定的支撑作用。因而，在其他条件相同的情况下，筒体短者临界压力高。

封头对筒壁的支撑作用将随着圆筒几何长度的增长而减弱。当圆筒长度超过某一极限值后，封头对筒壁中部的支撑作用将全部消失，圆筒的临界压力将下降。为了在不变动圆筒几何长度的条件下提高它的临界压力值，可在筒体外边（或内壁）焊上一至数个加强圈。

只要加强圈有足够大的刚性，可以同样对筒壁起到支撑作用，从而使原来得不到封头支撑作用的筒壁得到了加强圈的支撑。

筒体焊上加强圈以后，影响临界压力的不再是筒体的几何长度，而是所谓计算长度，这一长度是指两相邻加强圈的间距，对与封头相连的那段筒体来说，应把凸形封头中 1/3 的凸面高度计入（图 4-37）。

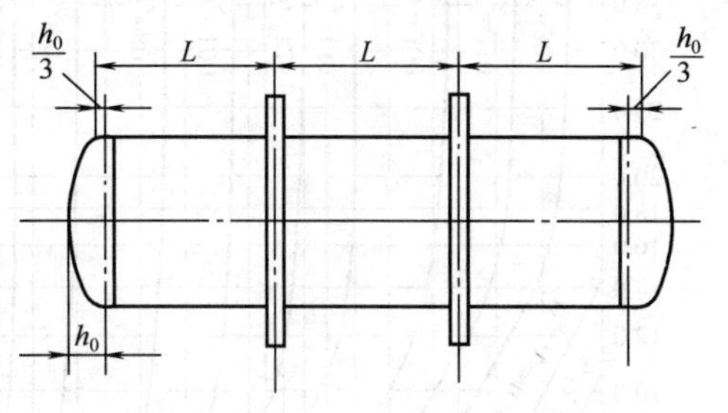

图 4-37　筒体的计算长度

（2）材料的性能、质量

圆筒的失稳不是由于强度不足引起的，而是取决于刚度。材料弹性模量 E 值越大，则刚度越大，材料抵抗变形能力越强，因而其临界压力也就越高。但是由于各种钢的 E 值相差不大，所以选用高强度钢代替一般碳钢制造容器，并不能提高筒体的临界压力，反而提高了容器的成本。此外，材料的组织不均匀也会导致临界压力的降低。

（3）圆筒的形状精度

圆筒形状不精确会导致临界压力的降低。我国规定外压容器筒体的初始椭圆度（最大直径与最小直径之差）不能超过公称直径的 0.5%，且不大于 25mm。

二、外压容器设计参数的确定

对外压容器而言，计算外压力 p_c 是确定受压元件厚度的依据，因此，计算外压力应考虑正常工作条件下可能出现的最大内、外压力差；对于真空容器，其壳体厚度按外压容器的设计方法考虑，当装有真空泄放阀类安全控制装置时，设计外压力取 1.25 倍最大内、外压力差或 0.1MPa 两者中的较小值，当无安全控制装置时，设计外压力取 0.1MPa；在以上基础上考虑相应的液柱静压力，可得计算外压力 p_c。对由两室或两个以上压力室组成的容器，如夹套容器，其计算外压力应考虑各室之间的最大压力差。

外压容器的其他设计参数，如设计温度、焊接接头系数、许用应力等与内压容器相同。

三、外压圆筒图算法

外压薄壁圆筒的壁厚计算有解析法和图算法两种，图算法是借助特制的算图来确定壁厚的，这种方法比较简便，在设计中得到了广泛的应用。

1. $D_o/\delta_e \geqslant 20$ 的外压圆筒和管子

这类圆筒或管子承受外压时仅需进行稳定性校核。

① 假设外压圆筒或管子的名义厚度为 δ_n，并按 $\delta_e=\delta_n-C$ 计算得 δ_e，按 $D_o=D_i+2\delta_n$ 计算得 D_o，定出 L/D_o 和 D_o/δ_e。

② 在图 4-38 左侧纵坐标上找到 L/D_o 值，过此点向右作水平线与 D_o/δ_e 线相交得一交点，过此交点作铅垂线与横坐标相交，得系数 A。

注意：若 $L/D_o>50$ 时，则用 $L/D_o=50$ 查图；若 $L/D_o<0.05$ 时，则用 $L/D_o=0.05$ 查图。当 L/D_o、D_o/δ_e 遇中间值时用内插法。

③ 按所用材料选用外压圆筒和球壳厚度计算图（图 4-39 或图 4-40，其余材料可查 GB/T 150 确定），在图的横坐标上找到系数 A。若 A 值位于设计温度下材料线与横坐标交点的右方，则过此点向上作铅垂线，与设计温度下的材料线相交（遇中间温度值用内插法），再过此交点作水平线，与左侧纵坐标相交得系数 B 值，并按下式计算许用外压力 $[p]$

$$[p]=\frac{B}{D_o/\delta_e}\quad \text{MPa} \tag{4-20}$$

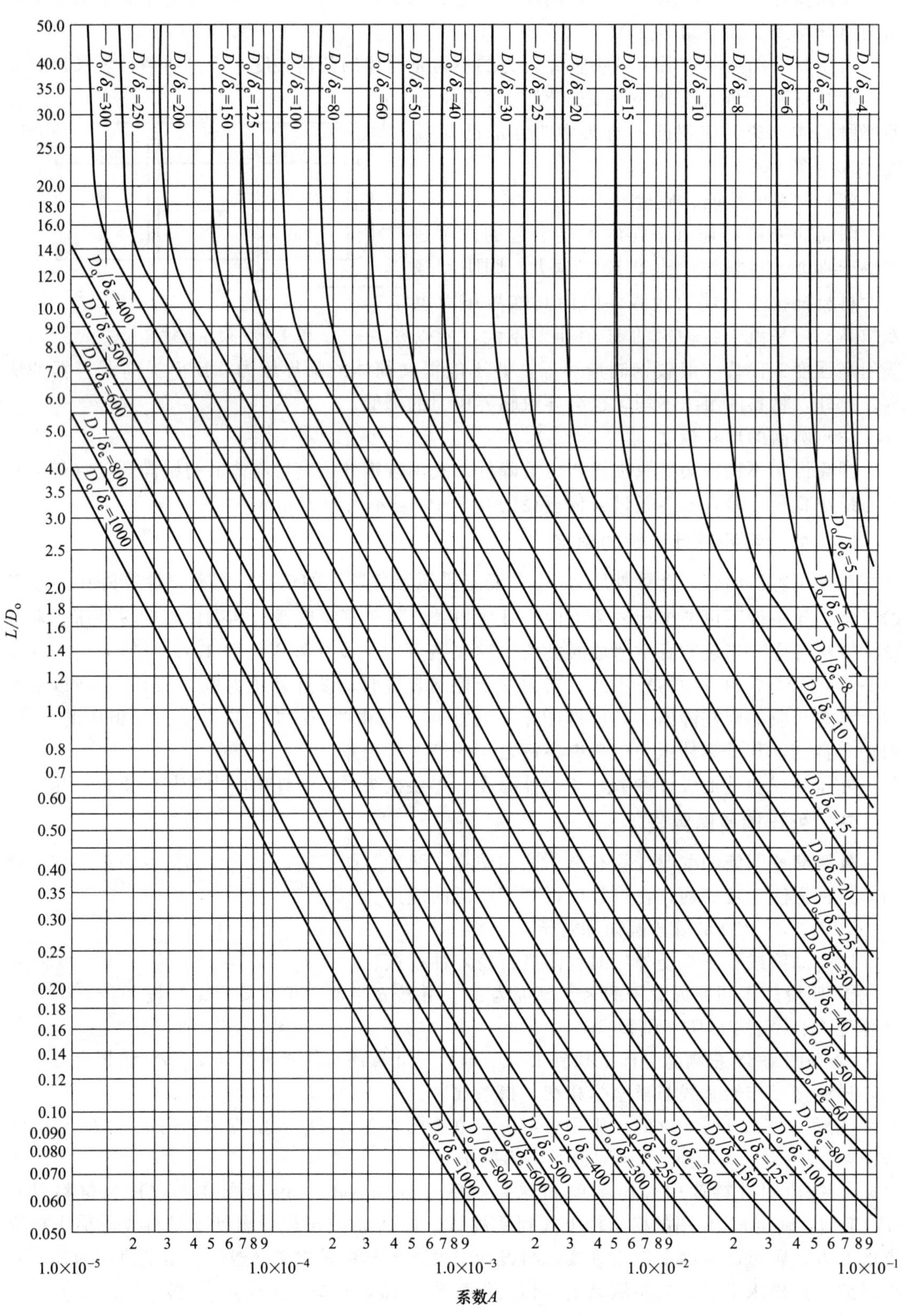

图 4-38　外压圆筒几何参数计算图

若所得 A 值位于设计温度下材料线与横坐标交点的左方，则用下式计算许用外压力 $[p]$

$$[p]=\frac{2AE}{3(D_o/\delta_e)}\quad \text{MPa} \tag{4-21}$$

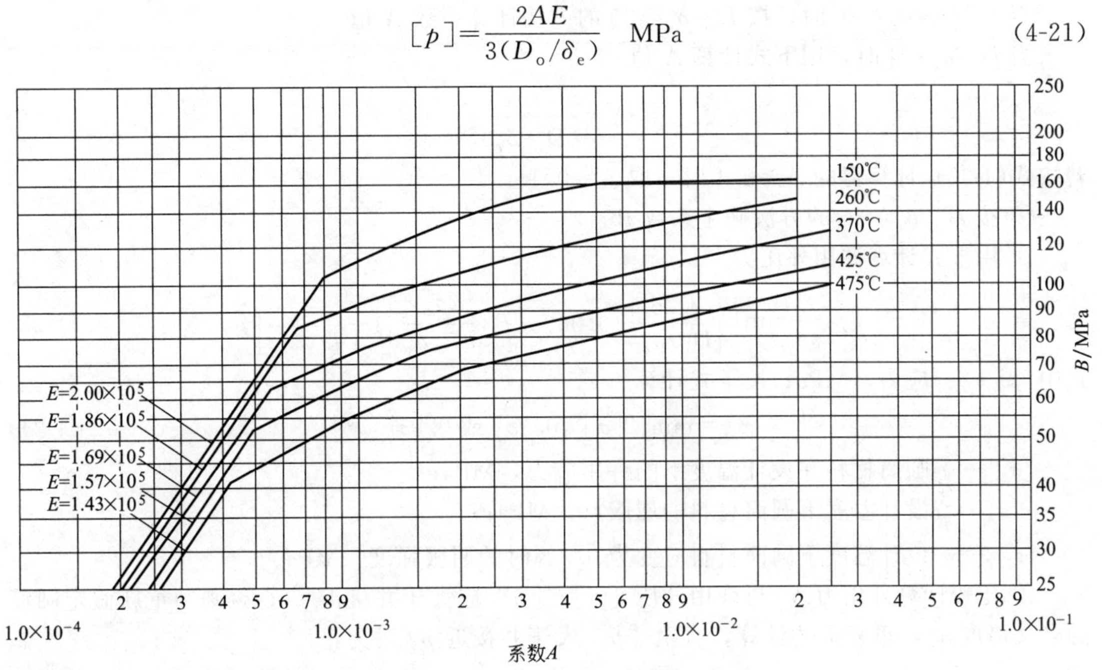

注：用于除图4-40注明的材料外，材料的屈服强度 R_{eL}>207MPa的碳钢、低合金钢和S11306钢等。

图 4-39　外压应力系数 B 曲线（一）

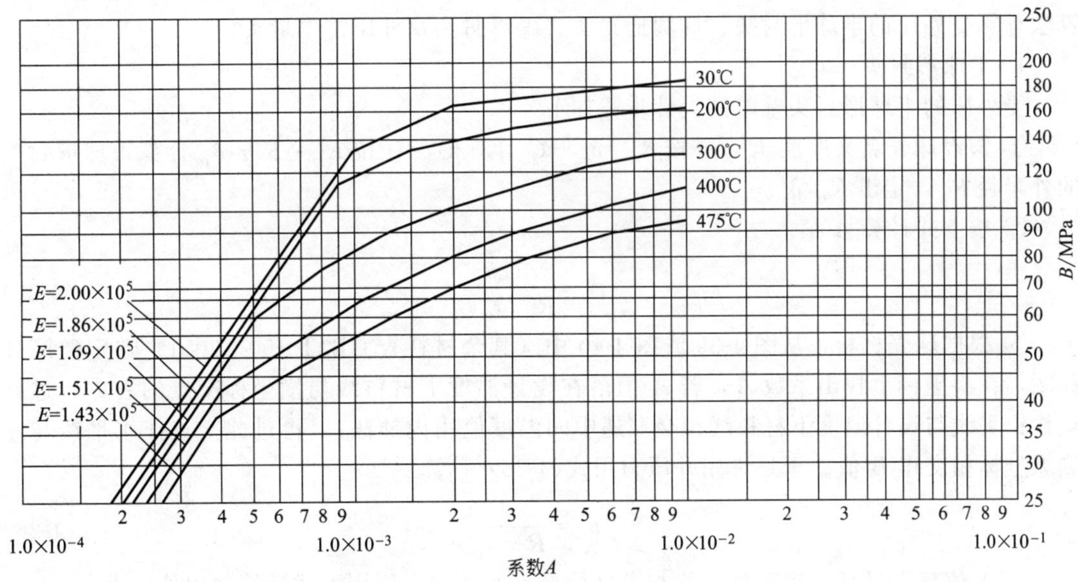

注：用于Q345R钢。

图 4-40　外压应力系数 B 曲线（二）

④ 比较计算压力 p_c 与许用外压 $[p]$，$[p]$ 应大于并接近 p_c，否则须重新假定圆筒的名义厚度 δ_n，重复上述计算，直至 $[p]$ 大于并接近 p_c 时为止。

2. 对于 $D_o/\delta_e<20$ 的外压圆筒和管子，应同时考虑强度和稳定性问题

① 计算 A 值。

当 $4\leqslant D_o/\delta_e<20$ 时，按 $D_o/\delta_e\geqslant 20$ 的方法计算系数 A 值。

当 $D_o/\delta_e<4$ 时，用下式计算 A 值

$$A=\frac{1.1}{(D_o/\delta_e)^2} \tag{4-22}$$

若按式(4-22) 计算得的 $A>0.1$ 时，取 $A=0.1$。

② 按 $D_o/\delta_e\geqslant 20$ 的方法确定系数 B。

③ 用下式计算许用外压力

$$[p]=\min\left\{\left[\frac{2.25}{D_o/\delta_e}-0.0625\right]B,\frac{2\sigma_o}{D_o/\delta_e}\left[1-\frac{1}{D_o/\delta_e}\right]\right\} \tag{4-23}$$

式中　σ_o——应力，MPa；按下式计算

$$\sigma_o=\min\{2[\sigma]^t,0.9\sigma_s^t \text{ 或 } 0.9\sigma_{0.2}^t\} \tag{4-24}$$

$[\sigma]^t$——圆筒材料在设计温度下的许用应力，MPa；

σ_s^t——设计温度下圆筒材料的屈服点，MPa；

$\sigma_{0.2}^t$——设计温度下圆筒材料应变为 0.2%时的屈服强度，MPa。

④ 比较计算外压力 p_c 与许用外压 $[p]$，$[p]$ 应大于并接近 p_c，否则须重新假定圆筒的名义厚度 δ_n，重复上述计算，直至 $[p]$ 大于并接近 p_c 时为止。

四、外压封头图算法

外压容器封头的结构型式与内压容器相同，在外压力作用下的封头与圆筒一样，也存在失稳问题。采用图算法计算外压封头的壁厚时所用算图与外压圆筒相同，下面仅介绍采用图算法计算受外压的半球形封头、椭圆形封头、碟形封头及外压锥形封头。

1. 半球形封头

受外压的半球形封头壁厚的设计步骤如下。

① 假设球壳名义厚度 δ_n，并按 $\delta_e=\delta_n-C$ 计算得 δ_e，按 $R_o=R_i+\delta_n$ 计算得球形封头的外半径 R_o，定出 R_o/δ_e。

② 按下式计算 A 值

$$A=\frac{0.125}{R_o/\delta_e} \tag{4-25}$$

③ 根据球壳材料，从图 4-39 或图 4-40 中（其余材料查 GB/T 150—2011）选定壁厚计算图，在横坐标上找出系数 A，若 A 值落在设计温度下材料线与横坐标交点的右方，过此点作铅垂线与设计温度下材料线相交（遇中间温度值用内插法），再过此交点作水平线与左侧纵坐标相交得 B 值。于是许用外压力用式(4-26) 计算

$$[p]=\frac{B}{R_o/\delta_e} \tag{4-26}$$

若 A 值落在设计温度下材料线与横坐标交点的左方，则用下式计算许用外压力 $[p]$

$$[p]=\frac{0.0833E}{(R_o/\delta_e)^2} \tag{4-27}$$

④ 比较计算外压力 p_c 与许用外压 $[p]$，$[p]$ 应大于并接近 p_c，否则须增大所设壁厚，重复上述计算，直至 $[p]$ 大于并接近 p_c 时为止。

2. 椭圆形封头

受外压（凸面受压）椭圆形封头的厚度计算，其设计步骤与外压半球形封头设计相同，只是半径 R_o 为椭圆形封头的当量球壳外半径。即

$$R_o=K_1D_o$$

式中 K_1——由椭圆形长短轴之比值决定的系数，其值见表 4-20。

表 4-20 系数 K_1 值

$D_o/2h_o$	2.6	2.4	2.2	2.0	1.8	1.6	1.4	1.2	1.0
K_1	1.18	1.08	0.99	0.90	0.81	0.73	0.65	0.57	0.50

注：中间值用内插法求得，$K_1=0.9$ 为标准椭圆形封头，$h_o=h_i+\delta_n$。

3. 碟形封头

受外压（凸面受压）碟形封头的壁厚计算，采用与半球形封头相同的图算步骤，其中 R_o 为碟形封头球面部分外半径。

4. 外压锥形封头

受外压锥形封头的壁厚计算分两种情况：当锥壳半顶角 $\alpha\leqslant 60°$ 时，按相当的外压圆筒计算，具体计算方法可参考有关设计标准；当 $\alpha>60°$ 时，按平盖计算，平盖计算直径取锥体的最大内直径。

五、外压容器的压力试验

外压容器和真空容器以内压进行压力试验，其试验压力按下列方法确定。

液压试验

$$p_T=1.25p \tag{4-28}$$

气压试验

$$p_T=1.1p \tag{4-29}$$

式中 p_T——试验压力，MPa；

p——设计外压力，MPa。

对于由两室或两个以上压力室组成的容器，如夹套容器，进行压力试验时应考虑校核相邻壳壁在试验压力下的稳定性，如果不满足稳定要求，则应规定在做压力试验时，相邻压力室内必须保持一定压力，以使在整个试验过程中（包括升压、保压和卸压）的任何时间内，各压力室的压力差不超过允许压力差，这一点也应注在设计图样上。

外压容器压力试验的方法、要求及试验前对圆筒应力的校核与内压容器相同。

[例 4-7] 某一外压圆筒形塔体，内径为 1000mm，筒体总长 8000mm（不包括封头），标准椭圆形封头高（半椭球）为 250mm，设计温度为 150℃，材料为碳素结构钢 Q245R，真空操作，无安全控制装置，取腐蚀裕量 $C_2=1.2$mm，试计算：

① 筒体的厚度；

② 椭圆形封头厚度。

解：用图算法计算。根据真空操作，无安全控制装置，假设塔外无液柱静压力，则计算外压力 $p_c=0.1$MPa。

1. 筒体厚度计算

① 假设筒体名义厚度 $\delta_n=10$mm，由表 4-5 查得 $C_1=0.8$mm，则筒体有效厚度为

$$\delta_e=\delta_n-C=\delta_n-(C_1+C_2)=10-(0.8+1.2)=8(\text{mm})$$

筒体外直径 $D_o=D_i+2\delta_n=1000+2\times 10=1020$（mm）

计算长度　　$L=8000+(1/3)\times250\times2+25\times2=8217(\text{mm})$

故

$$L/D_o=8217/1020=8.1$$

$$D_o/\delta_e=1020/8=127.5>20$$

② 用内插法查图 4-38，$L/D_o=8.1$ 与 $D_o/\delta_e=127.5$ 在图中交点处对应的 A 值为 0.000099。

③ 根据筒体材料 Q245R 钢、设计温度 150℃及 $A=0.000099$，查图 4-39 知，系数 A 落在设计温度下材料线与横坐标交点的左方，因此用式(4-21) 计算许用外压 $[p]$

$$[p]=\frac{2AE}{3(D_o/\delta_e)}=\frac{2\times0.000099\times2\times10^5}{3\times127.5}=0.104(\text{MPa})$$

④ 因 $[p]>p_c$ 且接近 p_c，故假定壁厚符合设计要求，确定壁厚为 10mm。

2. 椭圆形封头的厚度计算

① 假设封头名义厚度 $\delta_n=4\text{mm}$，由表 4-5 查得 $C_1=0.3\text{mm}$，则封头有效厚度为

$$\delta_e=\delta_n-C=\delta_n-(C_1+C_2)=4-(0.3+1.2)=2.5(\text{mm})$$

查表 4-20 知标准椭圆形封头 $K_1=0.9$，则封头的当量球壳外半径

$$R_o=K_1D_o=0.9\times1020=918\ (\text{mm})$$

计算可得

$$R_o/\delta_e=918/2.5=367.2$$

② 用式(4-25) 计算系数 A

$$A=\frac{0.125}{R_o/\delta_e}=\frac{0.125}{367.2}=0.00034$$

③ 查图 4-39 知，系数 A 落在材料线右方，因此由图中查得 $B=47$，用式(4-26) 计算许用外压 $[p]$

$$[p]=\frac{B}{R_o/\delta_e}=\frac{47}{367.2}=0.13\ (\text{MPa})$$

④ 因 $[p]>p_c$ 且接近 p_c，故假定壁厚符合设计要求，确定壁厚为 4mm。

六、提高外压容器稳定性的途径

影响临界压力的因素都影响稳定性。增大 δ_e/D_o、设置加强圈、选用 E 值大的钢种、提高材料的组织均匀性及圆筒形状精度等均可提高临界压力，因而可提高稳定性。

生产实践中一般从改变某些尺寸角度考虑提高稳定性。外压圆筒在材料和直径已定的条件下，增加筒体壁厚或者缩短筒体的计算长度，都能提高筒体的临界压力，因而可提高稳定性。从减轻容器质量、节约贵重金属出发，减小计算长度更有利。在结构上就是在筒体上焊接加强圈。

加强圈应具有足够的刚性，常用工字钢、角钢、扁钢等，如图 4-41 所示。加强圈与筒体的连接，大多采用焊接，可以是连续焊缝，也可以是间断焊缝，但必须保证加强圈与筒体紧密贴合和焊牢，否则起不到加强作用。加强圈可以设置在筒体的外部或内部，如加强圈焊在容器外壁，焊缝总长度不应小于设备圆周长度的 1/2，间断焊缝的最大间距为筒体壁厚的 8 倍；如加强圈焊在内壁，则焊缝总长度不应小于内圆周长度的 1/3，间断焊缝的最大间距为壁厚的 12 倍。

为了保证强度，加强圈不能任意削弱或割断，装在筒体外面的加强圈这一点是比较容易做到的，但是装在内部的加强圈有时就不能满足这一要求，例如在水平容器中的加强圈，往往必须开一个排液用的小孔（图 4-42)。加强圈允许割开或削弱而不需补强的最大弧长间断值，可查有关标准。

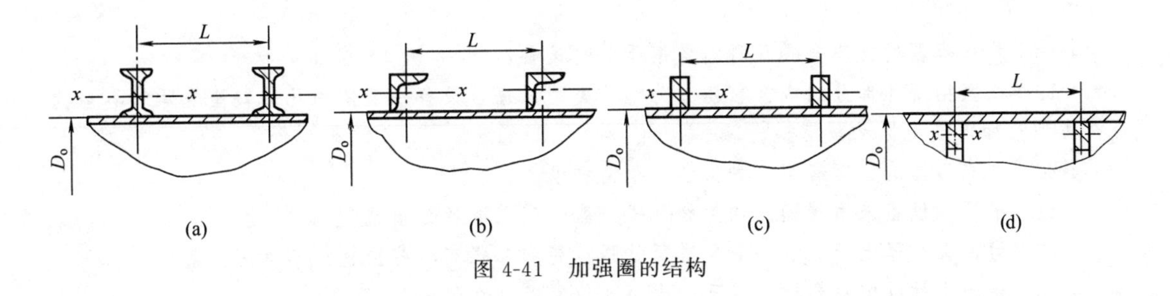

图 4-41 加强圈的结构

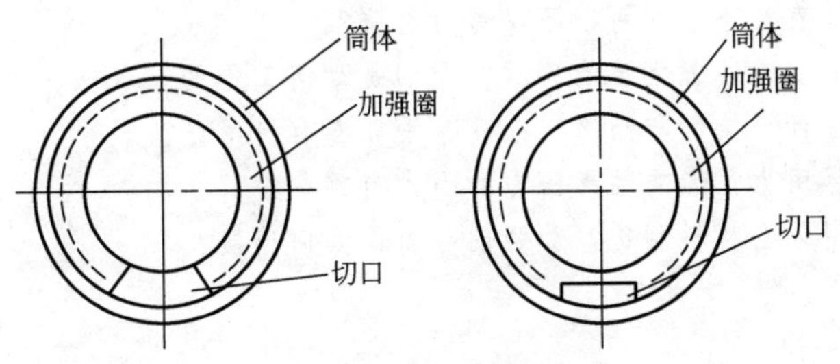

图 4-42 加强圈上的排液孔

思考题

4-1 试比较内压薄壁圆筒和球壳的强度。

4-2 从强度分析来看，内压薄壁圆筒采用无缝钢管制造比较理想。但是无缝钢管的长度是有限的，对较长的管道常需要用焊接方法把管子接长。试问，在这种情况下使用无缝钢管是否还有意义?

4-3 解释 δ、δ_d、δ_e、δ_n、δ_{min}、p、p_w、p_c、p_T、t、C_1、C_2、ϕ 的含义。

4-4 为什么要对压力容器进行压力试验? 为什么一般容器的压力试验都应首先考虑液压试验? 在什么情况下才进行气压试验?

4-5 液压试验时为什么要控制液体温度不能过低? 对各种钢液压试验时的液体温度是如何规定的?

4-6 说明水压试验的大致过程。

4-7 什么是边缘应力? 边缘应力有何特点? 工程设计中一般采用什么方法来减小边缘应力?

4-8 椭圆形封头、碟形封头和带折边锥形封头的直边有何功用?

4-9 容器标准化的基本参数有哪些? 规定公称直径的目的是什么? 筒体与封头、管子的公称直径指的是什么?

4-10 什么是公称压力? 目前我国标准中公称压力分为哪些等级?

4-11 按照整体性程度，法兰分为哪几种? 说明它们各自的特点及应用。

4-12 法兰连接的密封面有哪几种形式? 说明它们各自的特点及应用。

4-13 法兰连接的密封垫片有哪些? 说明它们各自的特点及应用。

4-14 压力容器法兰有哪几种? 说明它们各自的特点及应用。

4-15 压力容器法兰的公称直径指的是什么? 管法兰的公称直径指的是什么?

4-16 压力容器法兰的公称压力是如何规定的? 压力容器法兰的公称压力与其最大允许工作压力有何关系?

4-17 管法兰的公称压力是如何规定的? 管法兰的公称压力与其最大无冲击工作压力有何

关系？

4-18　卧式容器的支座有哪几种？各用于何种设备？

4-19　鞍座由哪几部分组成？鞍座分为哪些类型？每台设备一般使用几个鞍座支承？各应为什么类型？如何选用标准鞍座？

4-20　立式容器的支座有哪几种？各用于何种设备？

4-21　不锈钢设备采用碳钢的法兰和耳式支座，应采取什么措施？

4-22　为什么容器上开孔后一般要进行补强？局部补强有哪些措施？各有何特点？

4-23　在国家标准中对容器上开孔的大小和位置有什么限制？

4-24　为什么开孔直径不大时可以不必另行补强？

4-25　化工容器的安全装置主要有哪些？它们是如何工作的？

4-26　视镜、液面计、接管与凸缘、人孔、手孔各有何用途？

4-27　什么是临界压力？影响临界压力的因素有哪些？

4-28　加强圈常用什么材料制造？加强圈与筒体如何连接？

习题

4-1　某化工厂的反应釜，内径为1600mm，工作温度为5～100℃，工作压力为1.6MPa，有安全阀，如釜体材料选用0Cr18Ni10Ti，采用双面对接焊，局部无损探伤，试计算釜体的壁厚。

4-2　某化工厂设计一台石油气分离中的乙烯精馏塔。工艺要求为：塔体内直径 D_i＝600mm，设计压力2.2MPa，工作温度为－3～－20℃。试选择塔体材料并确定壁厚。

4-3　有一长期不用的压力容器，实测壁厚为10mm，内径为1200mm，材料为Q235-A，纵向焊缝为双面对接焊，是否做过无损探伤不清楚，今要用该容器承受1MPa的内压，工作温度为200℃，介质无腐蚀性，并装有安全阀，试判断一下该容器是否能用。

4-4　一装有液体罐形容器，罐体内径2000mm，两端为标准椭圆封头，材料Q235-A，考虑腐蚀裕量2mm，焊接接头系数0.85；罐底至罐顶高度3200mm，罐底至液面高度2500mm，液面上气体压力不超过0.15MPa，罐内最高工作温度50℃，液体密度1160kg/m^{3}随温度变化很小。试确定该容器厚度并校核水压试验应力。

4-5　设计一台不锈钢制（0Cr18Ni10Ti）承压容器，工作压力为1.6MPa，装防爆膜防爆，工作温度150℃，容器内径1200mm，纵向焊缝为双面对接焊，局部无损探伤。试确定筒体壁厚、确定合理的封头型式及其壁厚。

4-6　一内压圆筒，给定设计压力0.8MPa，设计温度100℃，圆筒内径100mm，接头采用双面对接焊，局部无损检测；工作介质对碳钢、低合金钢有轻微腐蚀，腐蚀速率为每年0.1mm，设计寿命20年。试在Q235-A・F、Q235-A、Q345R三种材料中选两种作筒体材料，并分别确定两种材料下筒体壁厚各为多少？由计算结果讨论选哪种材料更经济。

4-7　某化工厂一反应釜，釜体为圆筒，内径1400mm，工作温度5～150℃，工作压力1.5MPa；介质无毒且非易燃易爆；材料0Cr18Ni10Ti，腐蚀裕量 C_2＝0，接头采用双面对接焊，局部无损检测；其凸形封头上装有安全阀，开启压力为1.6MPa。

① 试设计釜体厚度，并说明本题采用局部无损检测是否符合要求？为什么？

② 试确定分别采用半球形、椭圆形、碟形封头时封头的壁厚。

4-8　某容器的锥形过渡段，大端内径1200mm，小端内径400mm，半顶角为30°，计算压力为1.0MPa，设计温度200℃，腐蚀裕量3mm，焊接接头系数0.85，材料20R。试确定该锥壳的厚度。

4-9 某化工设备，内径600mm，设计压力3.4MPa，设计温度300℃，介质有轻微腐蚀，但无毒不易燃，其筒体与封头用法兰连接。试为该设备选配标准法兰。设备壳体材料Q345R。

4-10 乙二醇生产中有一台真空精馏塔，内直径D_i=1000mm，塔高10m，两端椭圆形封头，操作温度≤200℃，材料为Q345R，若塔体上装设两个加强圈，试求塔体和封头的壁厚。

4-11 有一减压分馏塔，筒体内径3800mm，筒体长度12800mm，筒体两端采用半球形封头，壁厚附加量为4mm，操作温度为425℃，真空操作。筒体和封头材料均为Q345R。试计算：

① 筒体无加强圈时的厚度；

② 筒体上有五个均布加强圈时的厚度；

③ 封头厚度。

第五章

塔设备

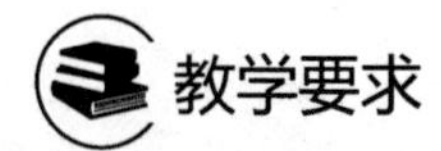

教学要求

能力目标：1. 根据工艺条件，合理选择塔设备类型的能力。

2. 根据工艺条件，合理选择塔板结构形式的能力。

3. 根据工艺条件，合理选择填料类型的能力。

知识要素：1. 填料塔的填料支承装置、喷淋装置、液体分布装置的作用、结构、类型。

2. 板式塔盘、除沫装置、接管、人孔、手孔的作用、结构、类型。

技能要求：塔设备故障分析与排除技能。

在石油、化工、轻工、医药、食品等生产过程中，常常需要将原料、中间产物或初级产品中的各个组成部分分离出来，作为产品或作为进一步生产的精制原料，如石油的分馏、合成氨的精炼等。该生产过程常称作分离过程或物质传递过程。完成这一过程的主要装置是塔设备。

塔设备通过其内部构件使气（汽）-液相和液-液相之间充分接触，进行质量传递和热量传递。通过塔设备完成的单元操作通常有：精馏、吸收、解吸、萃取等，也可用来进行介质的冷却、气体的净制与干燥以及增湿等。塔设备操作性能的优劣，对整个装置的产品产量、质量、成本、能耗、“三废”处理及环境保护等均有重大影响。随着石油、化工生产的迅速发展，塔设备的合理构造与设计越来越受到关注和重视。化工生产对塔设备提出的要求如下。

① 工艺性能好。塔设备结构要使气、液两相尽可能充分接触，具有较大的接触面积和分离空间，以获得较高的传质效率。

② 生产能力大。在满足工艺要求的前提下，使塔截面上单位时间内物料的处理量大。

③ 操作稳定性好。当气液负荷产生波动时，仍能维持稳定、连续操作，且操作弹性好。

④ 能量消耗小。要使流体通过塔设备时产生的阻力小、压降小，热量损失少，以降低塔设备的操作费用。

⑤ 结构合理。塔设备内部结构既要满足生产的工艺要求，又要结构简单、便于制造、检修和日常维护。

⑥ 选材要合理。塔设备材料要根据介质特性和操作条件进行选择，既要满足使用要求，又要节省材料，减少设备投资费用。

⑦ 安全可靠。在操作条件下，塔设备各受力构件均应具有足够的强度、刚度和稳定性，以确保生产的安全运行。

上述各项指标的重要性因不同设备而异，要同时满足所有要求很困难。因此，要根据传质种类、介质的物化性质和操作条件的具体情况具体分析，抓住主要矛盾，合理确定塔设备的类型和内部构件的结构形式，以满足不同的生产要求。

随着科学技术的进步和石油化工生产的发展，塔设备形成了多种多样的结构，以满足各种不同的工艺要求。为了便于研究和比较，人们从不同的角度对塔设备进行分类。如按操作压力将塔设备分为加压塔、常压塔、减压塔；按单元操作将塔设备分为精馏塔、吸收塔、萃取塔、反应塔和干燥塔等。但工程上最常用的是按塔的内部结构分为板式塔和填料塔。

第一节　填　料　塔

填料塔是一种以连续方式进行气、液传质的设备，其特点是结构简单、压力降小、填料种类多、具有良好的耐腐蚀性能，特别是在处理容易产生泡沫的物料和真空操作时，有其独特的优越性。过去由于填料本体特别是内件的不够完善，使填料塔局限于处理腐蚀性介质或不宜安装塔板的小直径塔。近年来，由于填料结构的改进，新型高效填料的开发，以及对填料流体力学、传质机理的深入研究，使填料塔技术得到了迅速发展，填料塔已被推广到所有大型气、液传质操作中。在某些场合，甚至取代了传统的板式塔。

填料塔主要由塔体、填料、喷淋装置、液体分布器、填料支承结构、支座等组成，如图 5-1 所示。

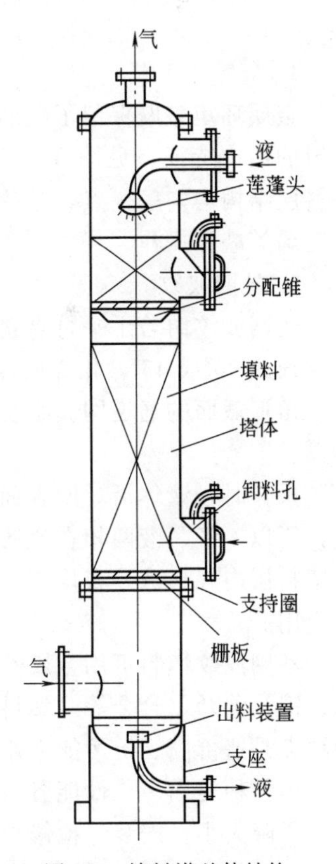

图 5-1　填料塔总体结构

一、填料

填料是填料塔气、液接触的元件，填料性能的优劣直接决定着填料塔的操作性能和传质效率。到目前为止，各种形式、各种规格、各种材料的填料达数百种之多，填料结构改进的方向为：增加填料的通过能力，以适应工业生产的需要；改善流体的分布与接触，以提高分离效率；解决放大问题。当前，在石油和化工类工厂中，使用较多的填料有以下几种。

1. 拉西环

拉西环是一个外径和高度相等的空心圆柱体，见图 5-2(a)。拉西环可用陶瓷、塑料、金属制造，以陶瓷环应用最多。拉西环的特点是结构简单、价格便宜、使用经验丰富。但阻力大，通量小，传质效率较低。

2. 鲍尔环

鲍尔环是在拉西环的基础上改进的环形填料。在填料的侧壁上开设二层长方形窗孔，小窗的舌片一端连在侧壁上，另一端弯入环心，见图 5-2(b)。

由于开设了小窗，液体分散度增大，内表面利用率增加，阻力降低，通量提高，从而也提高了传质效率。鲍尔环多用金属制造。特别适用于真空蒸馏操作。

3. 阶梯环

阶梯环是鲍尔环基础上发展起来的新型填料，见图 5-2(c)。与鲍尔环相比，高度减小了一半，而填料的一端做成翻边喇叭形，这一改进，不仅使填料在堆积时由线接触为主变为点接触为主，增加了填料颗粒的空隙，减少了阻力，而且改善了液体分布，促进了液膜更新，提高了传质效率。阶梯环填料可由金属、陶瓷和塑料等材料制造。

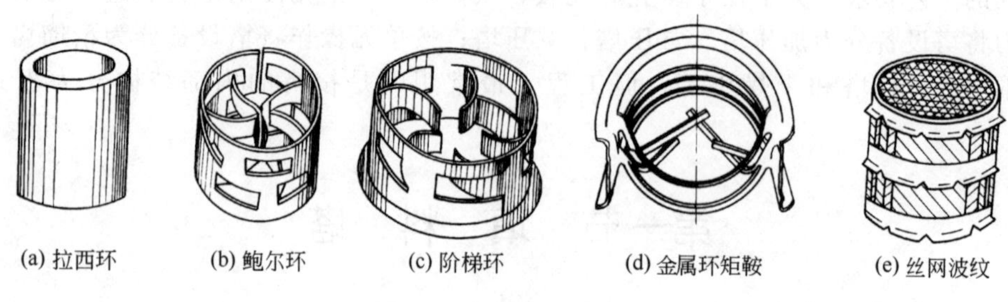

图 5-2　常用的几种填料

4. 金属环矩鞍

金属环矩鞍既保留了鞍形填料的弧形结构，又吸收了鲍尔环的环形形状和具有内弯叶片小窗的结构特征，见图 5-2(d)。它具有通过能力大、压力降低、滞液量小、容积重量轻、填料层结构均匀等优点，是一种开敞结构的、综合性能较好的新型填料。特别适用于乙烯、苯乙烯等减压操作。

5. 丝网波纹

丝网波纹由若干平行直立放置的波纹网片组成。见图 5-2(e) 所示。网片的波纹方向与塔轴线成 30°或 45°，相邻两片波纹方向相反，波纹网片之间形成一个相互交叉又相互贯通的三角形截面的通道网。组装在一起的波纹片周围用带状丝网圈箍住，构成一个圆柱形的填料盘。

操作时，液体沿丝网表面以曲折的路径向下流动，气体在两网片间的交叉通道网内通过，所以，气、液两相在流动过程中不断地、有规律地转向，从而获得较好的横向混合。由于填料层内气、液分布均匀，故放大效应不明显。这一特点有利于丝网波纹填料在大型塔器中应用。

丝网波纹填料可用金属丝网或塑料丝网制成。金属丝网材料常用的有不锈钢、黄铜、碳钢、镍、蒙乃尔合金等。塑料丝网材料有聚丙烯、聚四氟乙烯等。常用的金属丝网波纹填料的缺点是造价高、抗污能力差，且清洗困难。

填料种类繁多，性能各有差异。选用时应从生产能力、物料性质、操作条件、传质效率、压降大小、安装、检修难易程度、填料价格及供应情况等方面综合考虑，以确定填料的类型、填料的材料以及填料的尺寸规格等。

二、填料支承装置

填料的支承装置结构对填料塔的操作性能影响很大。若设计不当，将导致填料塔无法正常工作。对填料支承装置的基本要求为：有足够的强度以支承填料的重量；有足够的自由截面，以使气、液两相通过时阻力较小；装置结构要有利于液体的再分布；制造、安装、拆卸要方便。常用的填料支承装置有栅板、格栅板、开孔波形板等。

1. 栅板

栅板通常由若干扁钢组焊成型，栅板间距一般为散堆填料环外径的 0.6～0.8 倍，如图 5-3 所示。当塔径小于 350mm 时，栅板可直接焊在塔壁上；当塔径为 400～500mm 时，栅板需搁置在焊于塔壁的支持圈上；当塔体直径较大时，栅板不仅需搁置在支持圈上，而且支持圈还得用支持板来加强。若塔径不大（≤500mm），可采用整块式栅板，塔径较大时，宜采用分块式栅板。栅板外径比塔内径小 10～40mm。分块式中每块栅板的宽度为 300～400mm，以便从人孔送入塔内进行组装。

栅板支承结构简单，强度较高，是填料塔应用较多的支承结构。但栅板自由截面积较小，气速较大时易引起液泛，且塔内组装时，各块之间常有卡嵌现象。

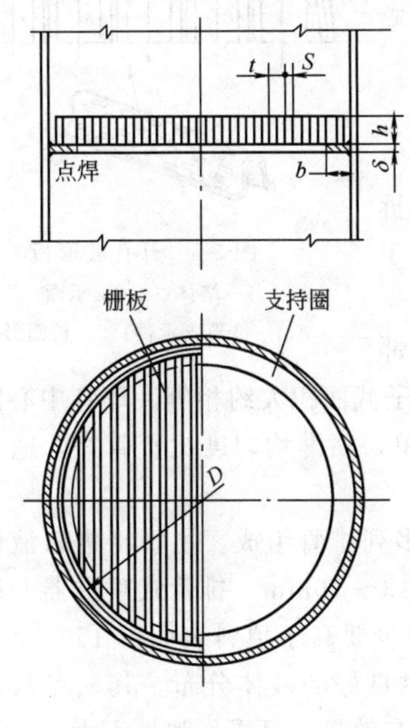

图 5-3　整块式栅板结构图

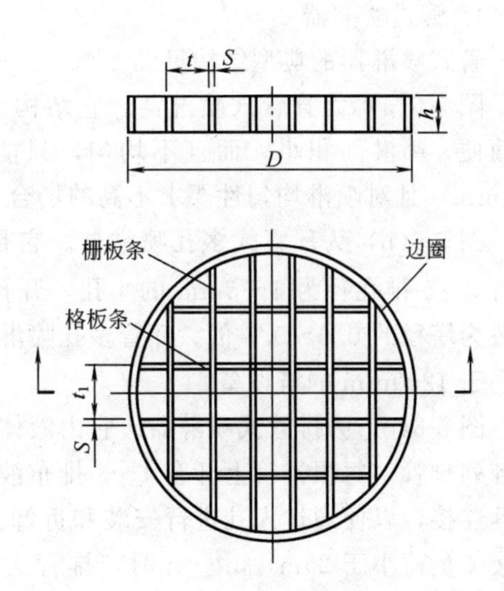

图 5-4　整块式格栅板结构

2. 格栅板

格栅板由格条、栅条以及边圈组成，如图 5-4 所示。当塔径小于 800mm 时，可采用整块式格栅板，当塔径大于 800mm 时，应采用分块式格栅板。栅板条间距 t 一般为 100～200mm，塔径小时取小值。格板条间距 t_1 一般为 300～400mm，塔径小时取小值。分块式格栅板每块宽度不大于 400mm。格栅板通常由碳钢制成。当介质腐蚀性较大时，可采用不锈钢制造。格栅板适用于规整填料的支承。

3. 开孔波形板

开孔波形板属于梁形气体喷射式支承装置。波形板由开孔金属平板冲压为波形而成。其结构见图 5-5。在每个波形梁的侧面和底部上开有许多小孔，上升的气体从侧面小孔喷出，下降的液体从底部小孔流下，故气液在波形板上为分道逆流。既减少了流体阻力，又使气、液分布均匀。开孔波形板的特点是：支承板上开孔的自由截面积大，需要时，可达 100%；支承板上气液分道逆流，允许较高的气、液负荷；气体通过支承板时所产生的压降小；支承板做成波形，提高了刚度和强度。波形板结构为多块拼装形式，每块支承件之间用螺栓连接，波形的间距与高度和塔径有关。

三、液体喷淋装置

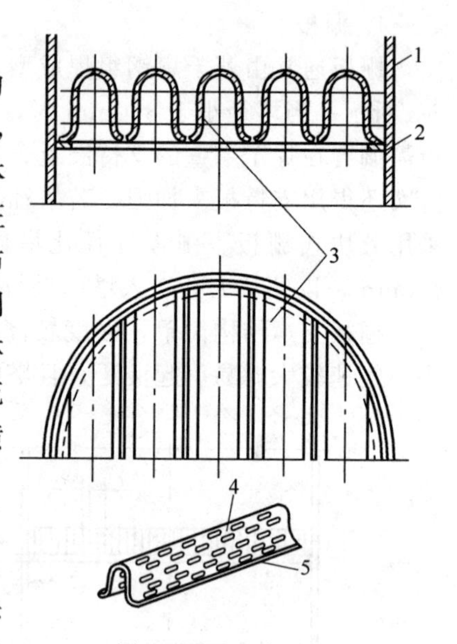

图 5-5　开孔波形板

1—塔体；2—支承圈；
3，4—波形支承件；5—长圆形孔

填料塔在操作时，保证在任一截面上气、液的分布均匀十分重要，它直接影响到塔内填料表面的有效利用率，进而影响传质效率。而气液是否能均匀分布，取决于液体能否均匀分布，液体从管口进入塔内的均匀喷淋，是保证填料塔达到预期分离效果的重要条件。液体是否初始分布均匀，依赖于液体喷淋装置的结构与性能。为了满足不同塔径、不同液体流量以及不同均布程度的要求，液体喷淋装置有多种结构形式，按操作原理可分为喷洒形、溢流形、冲击形等，按结构又可分为管式、喷头式、溢流型喷淋器、冲击型喷淋器等形式。

1. 管式喷淋器

管式喷淋器的典型结构见图 5-6。

图 5-6(a) 为直管式喷淋器。它结构简单，安装、拆卸简便。喷淋面积小，而且不均匀，只能用于塔径小于 300mm，且对喷淋均匀性要求不高的场合。

图 5-6(b) 为环管式多孔喷淋器。它是在环管的下部开有 3～5 排孔径为 4～5mm 的小孔，开孔总面积与管子截面积大约相等。环管中心圆直径一般为塔径的 0.6～0.8 倍。环管多孔喷淋器结构较简单，喷淋均匀度比直管好，适用于直径小于 1200mm 的塔设备。

图 5-6(c) 为排管式喷淋器。它由液体进口主管和多列排管组成。主管将进口液体分流给各列排管。每根排管上开有 1～3 排布液孔，孔径为 $\phi3$～$\phi6$mm。排管式喷淋器一般采用可拆连接，以便通过人孔进行安装和拆卸。安装位置至少要高于填料表面层 150～200mm。当液体负荷小于 $25m^3/m^2 \cdot h$ 时，排管式喷淋器可提供良好的液体分布。其缺点是当液体负荷过大时，液体高速喷出，易形成雾沫夹带，影响分布效果，且操作弹性不大。

2. 喷头式喷淋器

喷头式喷淋器又叫莲蓬头，是应用较多的液体分布装置。莲蓬头一般由球面构成。莲蓬头直径 d 为塔径 D 的 $\frac{1}{3}$～$\frac{1}{5}$，球面半径 r 为 $(0.5～1)d$，见图 5-7，球面上小孔的直径为 $\phi3$～$\phi10$mm，开孔总数由计算确定。莲蓬头距填料表面高度约为塔径的 0.5～1 倍。为装拆方便，莲蓬头与进口管可采用法兰连接。莲蓬头喷淋器结构简单，安装方便，但易堵塞，一般适用于直径小于 600mm 的塔设备。

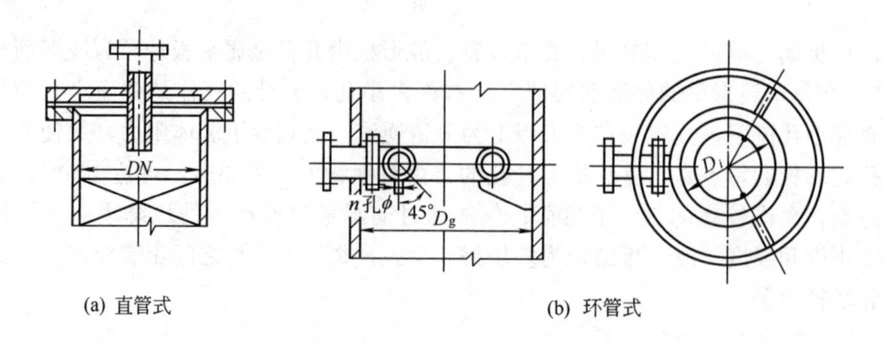

(a) 直管式　　(b) 环管式

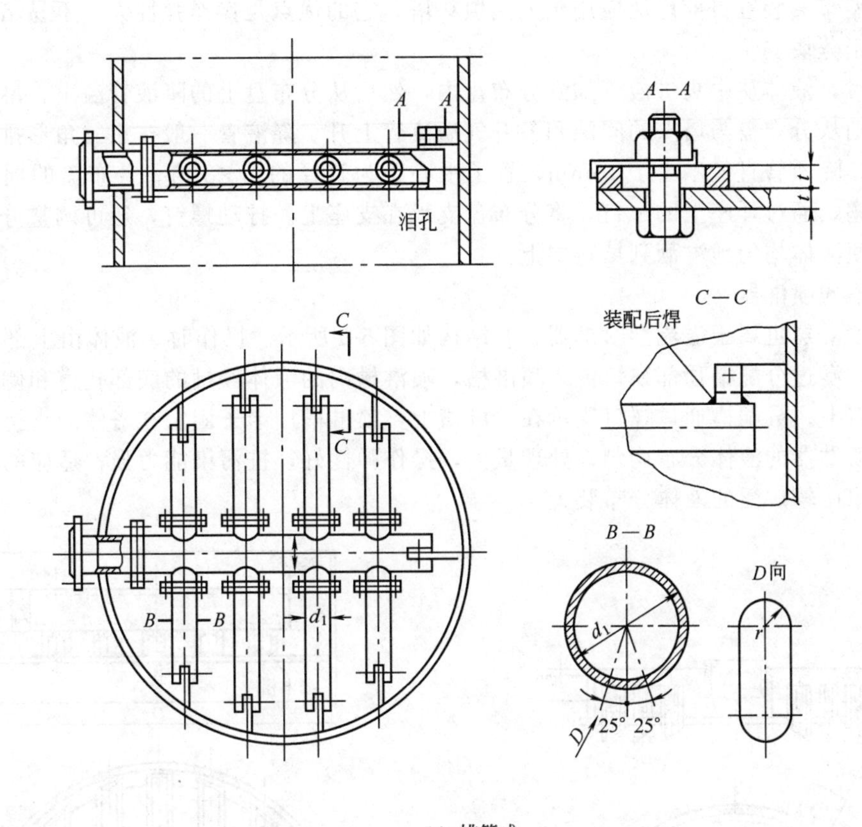

(c) 排管式

图 5-6　管式喷淋器

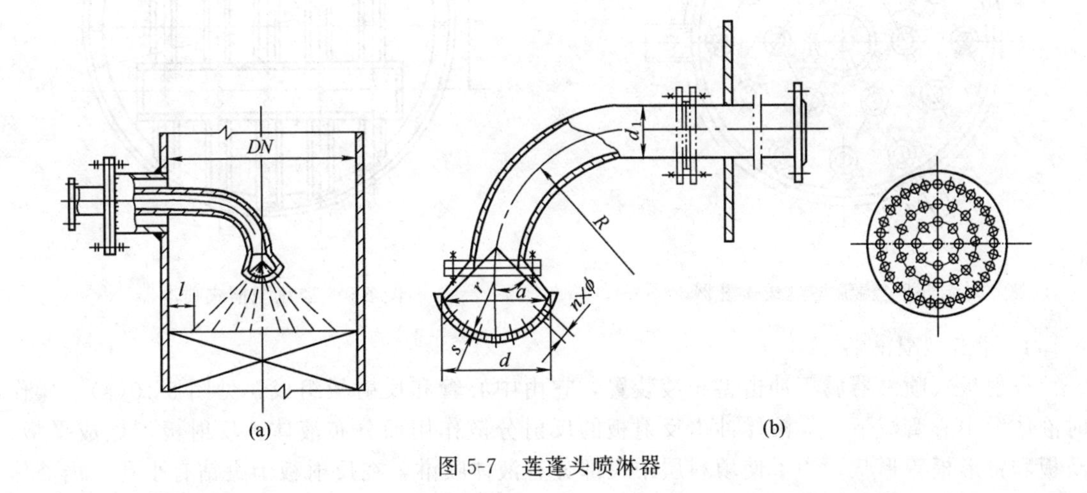

(a)　(b)

图 5-7　莲蓬头喷淋器

3．溢流型喷淋器

溢流型喷淋器有盘式喷淋器和槽式喷淋器两种典型结构。

（1）盘式喷淋器

图 5-8 所示为一溢流型盘式喷淋器。它与多孔式液体喷淋器不同，进入布液器的液体超过堰的高度时，依靠液体的自重通过堰口流出，并沿着溢流管壁呈膜状流下，淋洒至填料层

上。溢流型布液装置目前广泛应用于大型填料塔。它的优点是操作弹性大，不易堵塞，操作可靠且便于分块安装。

操作时，液体从中央进液管加到分布盘内，然后从分布盘上的降液管溢出，淋洒到填料上。气体则从分布盘与塔壁的间隙和各升气溢流管上升。降液管一般按正三角形排列。为了避免堵塞，降液管直径不小于 15mm，管子中心距为管径的 2～3 倍。分布盘的周边一般焊有三个耳座，通过耳座上的螺钉，将分布盘支承在支座上。拧动螺钉，还可调整分布盘的水平度，以便液体均匀地淋洒到填料层上。

（2）槽式喷淋器

槽式喷淋器也属于溢流型喷淋器，其结构如图 5-9 所示。操作时，液体由上部进液管进入分配槽，漫过分配槽顶部缺口流入喷淋槽，喷淋槽内的液体经槽的底部孔道和侧部的堰口分布在填料上。分配槽通过螺钉支承在喷淋槽上，喷淋槽用卡子固定在塔体的支持圈上。

槽式喷淋器的液体分布均匀，处理量大，操作弹性好，抗污染能力强，适应的塔径范围广，是应用比较广泛的液体分布装置。

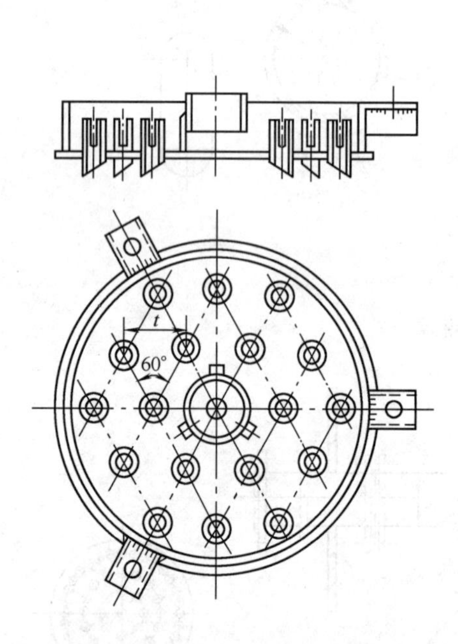

图 5-8　溢流型盘式喷淋器

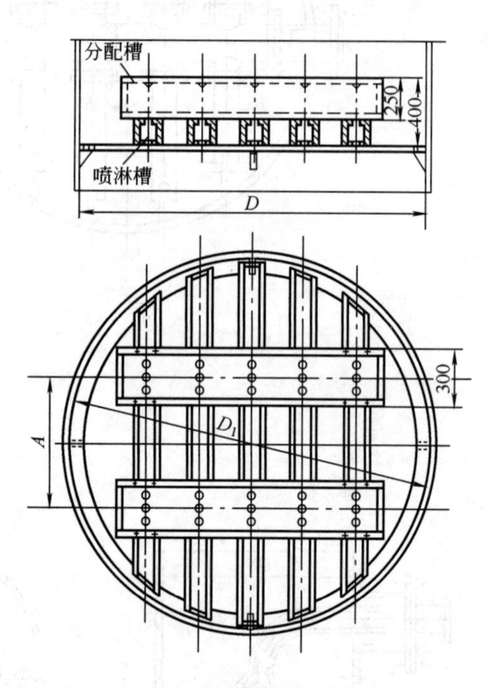

图 5-9　溢流型槽式喷淋器

4. 冲击型喷淋器

反射板式喷淋器属于冲击型布液装置，它由中心管和反射板组成，见图 5-10(a)。操作时液体沿中心管流下，靠液体冲击反射板的反射分散作用而分布液体。反射板可做成平板、凸板和锥形板等形状，为了使填料层中央部分有液体喷淋，在反射板中央钻有小孔。当液体喷淋均匀性要求较高时，还可由多块反射板组成宝塔式喷淋器，如图 5-10(b) 所示。

冲击型喷淋器喷洒范围大，液体流量大、结构简单、不易堵塞。应当在稳定的压头下工作，否则影响喷淋范围和效果。

四、液体再分布装置

当液体沿填料层流下时，由于周边液体向下流动阻力较小，故液体有逐渐向塔壁方向流

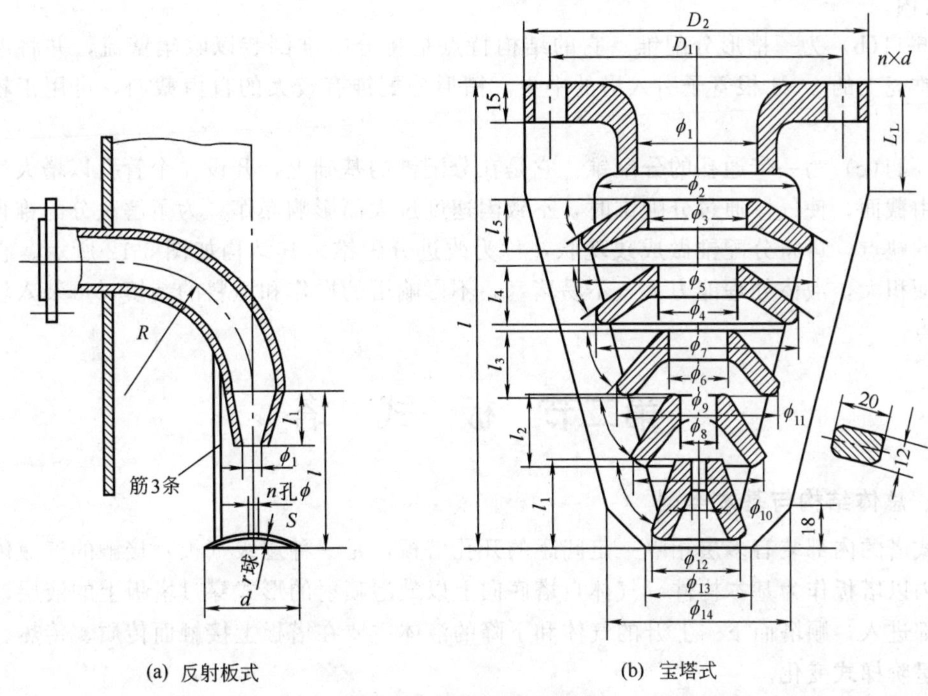

(a) 反射板式　　(b) 宝塔式

图 5-10　冲击型喷淋器

动的趋势，使液体沿塔截面分布不均匀，降低了传质效率。为了克服这种现象，必须设置液体再分布装置。同时，为了提高塔的传质效率，应将填料层分段，在各填料层之间，安装液体再分布器。当采用金属填料时，每段填料高度不应超过 7m，采用塑料填料时，每段填料高度不应超过 4.5m。工厂中应用最多的是锥形分布器，其结构见图 5-11。

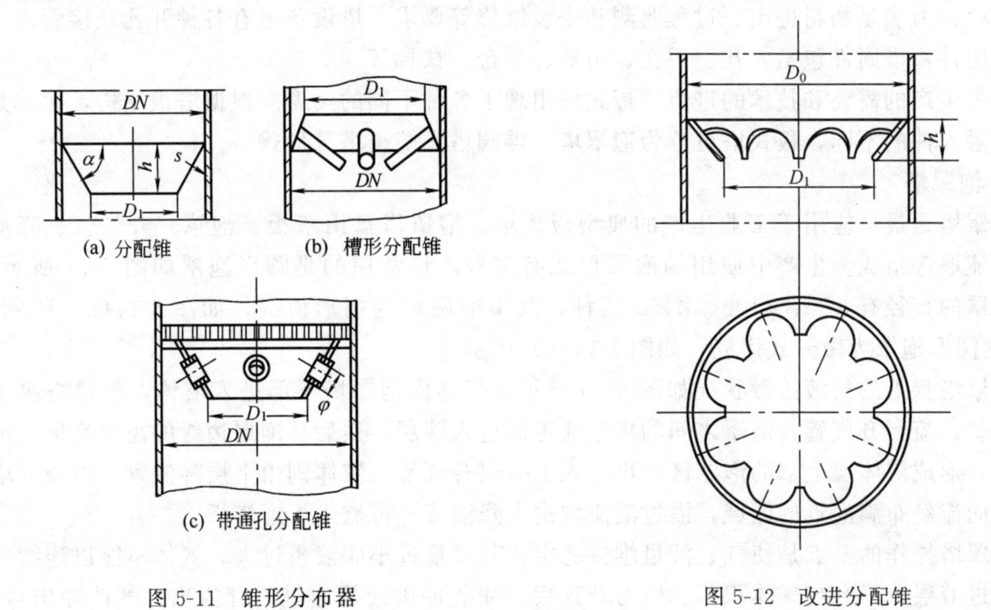

图 5-11　锥形分布器　　图 5-12　改进分配锥

图 5-11(a) 所示为一分配锥。锥壳下端直径为 0.7～0.8 倍塔径，上端直径与塔体内径相同，并可直接焊在塔壁上。分配锥结构简单，但安装后减少了气体流通面积，扰乱了气体流动，且在分配锥与塔壁连接处形成了死角，妨碍填料的装填。分配锥只能用于直径小于

1m 的塔内。

图 5-11(b) 为一槽形分配锥。它的结构特点是将分配锥倒装以收集壁流，并将液体通过设在锥壳上的 3～4 根管子引入塔的中央。槽形分配锥有较大的自由截面，可用于较大直径的塔。

图 5-11(c) 为一带通孔的分配锥。它是在分配锥的基础上，开设 4 个管孔以增大气体通过的自由截面，使气体通过分配锥时，不致因速度过大而影响操作。为了解决分配锥自由截面过小的缺点，可将分配锥做成玫瑰状，称为改进分配锥。其结构如图 5-12 所示。它具有自由截面积大，液体处理能力大，不易堵塞，不影响塔的操作和填料的装填，可装入填料层内等优点。

第二节　板　式　塔

一、总体结构与基本类型

板式塔的内部装有多层相隔一定间距的开孔塔板，是一种逐级（板）接触的气液传质设备。塔内以塔板作为基本构件，气体自塔底向上以鼓泡喷射的形式穿过塔板上的液层，液体从塔顶部进入，顺塔而下。上升的气体和下降的液体主要在塔板上接触而传质、传热。两相的组分呈阶梯式变化。

板式塔的总体结构如图 5-13 所示，主要构件如下。

塔体：塔体是塔设备的外壳，通常由等直径、等壁厚的钢制圆筒和上、下椭圆封头组成。

支座：支座是塔体与基础的连接部件。塔体支座的形式一般为裙式支座。

塔内件：板式塔内件由塔板、降液管、溢流堰、紧固件、支承件及除沫装置等组成。

接管：为满足物料进出、过程监测和安装维修等要求，塔设备上有各种开孔及接管。

塔附件：塔附件包括人孔、手孔、吊柱、平台、扶梯等。

随着生产的需要和技术的进步，板式塔出现了各种不同的类型。根据塔板结构，尤其是气液接触元件的不同，板式塔可分为泡罩塔、浮阀塔、筛板塔等形式。

1. 泡罩塔

泡罩塔是最早应用于工业生产的典型板式塔。泡罩塔盘由塔板、泡罩、升气管、降液管、溢流堰等组成。生产中使用的泡罩形式有多种，最常用的是圆形泡罩如图 5-14 所示，圆形泡罩的直径有 $\phi80$、$\phi100$、$\phi150$ 三种，其中前两种为矩形齿缝，如图 5-14(a) 所示，$\phi150$ 的圆形泡罩为敞开式齿缝，如图 5-14(b) 所示。

泡罩塔盘上的气液接触状况如图 5-15 所示。气体由泡罩塔下部进入塔体，经过塔盘上的升气管，流经升气管与泡罩之间的环形通道而进入液层，然后从泡罩边缘的齿缝流出，搅动液体，形成液体层上部的泡沫区，再进入上一层升气管。液体则由上层降液管出口流入塔板，横向流经布满泡罩的区域，漫过溢流堰进入降液管，再流入下层塔板。

泡罩塔操作的要点是使气、液量维持稳定。若气量过小而液量过大，气体不能以连续的方式通过液层，只有当气体积蓄、压力升高后，才能冲破液层通过齿缝溢出。气体冲出后，压力下降，只有等待气体压力再次升高，才能重新冲破液层溢出，形成脉冲方式，并可能产生漏液现象；若气量过大而液量过小，则难以形成液封，液体可能从泡罩的升气管流入下层塔板，使塔板效率下降。气量过大还可能形成雾沫夹带和液泛现象。

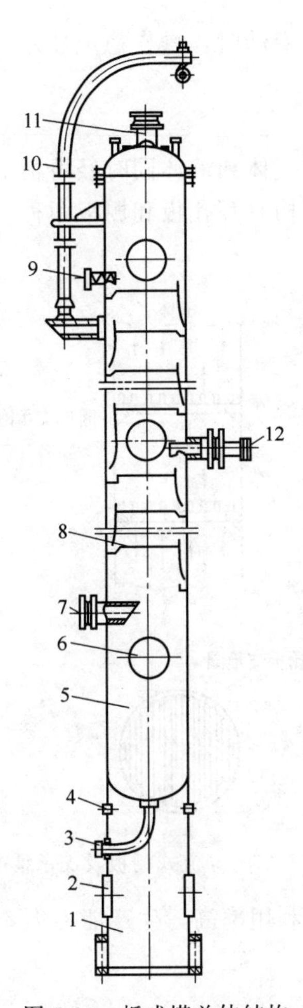

图 5-13　板式塔总体结构

1—裙座；2—裙座人孔；3—塔底液体出口；
4—裙座排气孔；5—塔体；6—人孔；7—蒸气入口；
8—塔盘；9—回流入口；10—吊柱；11—塔顶蒸气出口；
12—进料口

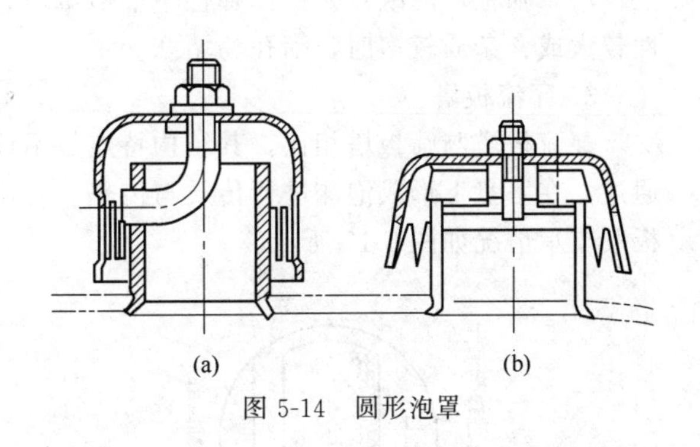

图 5-14　圆形泡罩

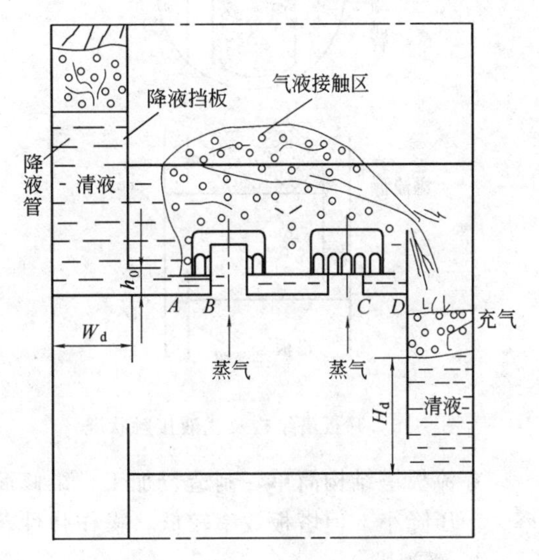

图 5-15　泡罩塔盘上气液接触状况

泡罩塔的优点是：相对于其他塔形操作稳定性较好，易于控制，负荷有变化时仍有较好的弹性，介质适应范围广。缺点是生产能力较低，流体流经塔盘时阻力与压降大，且结构较复杂，造价较高，制造加工有较大难度。

2. 筛板塔

筛板塔的塔盘为一钻有许多孔的圆形平板。筛板分为筛孔区、无孔区、溢流堰、降液管区等几个部分。筛孔直径一般为 $\phi3$～$\phi8$mm，通常按正三角形布置，孔间距与孔径的比值为 3～4。近年来，发展了大孔径（$\phi20$～$\phi25$mm）和导向筛板等多种形式。

筛板塔内的气体从下而上，通过各层筛板孔进入液层鼓泡而出，与液体接触进行气、液间的传质与传热。液体则从降液管流下，横经筛孔区，再由降液管进入下层塔板。筛板塔的结构及气液接触状况见图 5-16。

筛板塔与泡罩塔相比，生产能力提高 20%～40%，塔板效率高 10%～15%，压力降小于 30%～50%，且结构简单，造价较低，制造、加工、维修方便，故在许多场合都取代了泡罩塔。筛板塔的缺点是操作弹性不如泡罩塔，当负荷有变动时，操作稳定性差。当介质黏性较大或含杂质较多时，筛孔易堵塞。

3. 穿流板塔

穿流板塔与筛板塔相比，其结构特点是不设降液管。气体和液体同时经由板上孔道逆流通过，在塔盘上形成泡沫进行传质与传热。常用的塔板结构有筛孔板和栅板两种。穿流式栅板及支承情况如图 5-17 所示。

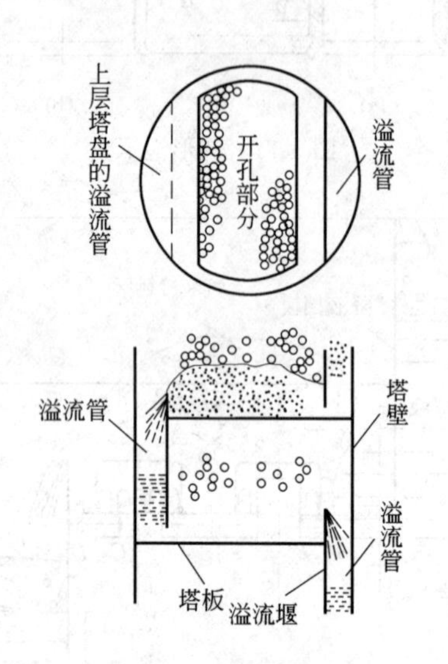

图 5-16　筛板塔结构及气液接触状况

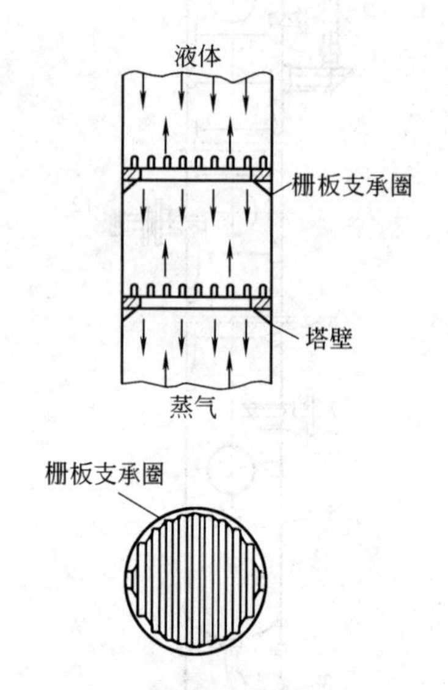

图 5-17　穿流式栅板及支承情况

穿流板塔结构简单，制造、加工、维修简便，塔截面利用率高，生产能力大，塔盘开孔率大，压降小。但塔板效率较低，操作弹性较小。

4. 浮阀塔

浮阀塔应用于精馏、吸收、解吸等传质过程。浮阀塔塔盘结构的特点是在塔板上开设有阀孔，阀孔里装有可上下浮动的浮阀（阀片）。浮阀可分为盘状浮阀与条状浮阀两大类，如图 5-18 所示。目前应用最多的是 F_1 形浮阀。气体经阀孔上升，冲开阀片经环形缝隙沿水平方向吹入液层形成鼓泡。当气速有变化时，浮阀能在一定范围内升降，以保持操作的稳定性，见图 5-19。

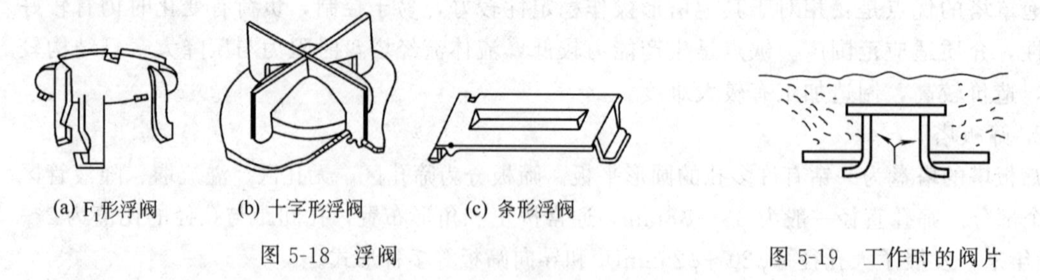

图 5-18　浮阀

图 5-19　工作时的阀片

浮阀塔生产能力大，操作弹性好，液面落差小，塔板效率高（比泡罩塔高 15%左右）。流体压降和流体阻力小，结构简单，造价较低，是一种综合性能较好的塔形。

5. 舌形塔

舌形塔属于喷射形塔，与开有圆形孔的筛板不同，舌形塔板的气体通道是按一定排列方式冲出的舌孔（见图 5-20）。舌孔有三面切口和拱形切口两种，如图 5-20(b) 和图 5-20(c) 所示。常用的三面切口舌片的开启度一般为 20°，如图 5-20(d) 所示。

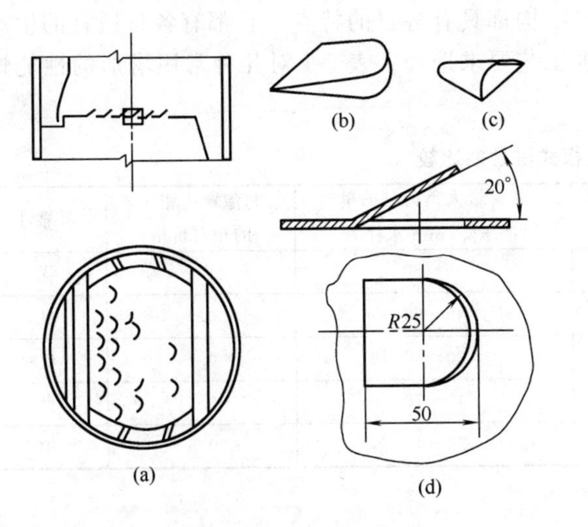

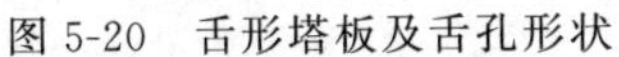

图 5-20 舌形塔板及舌孔形状

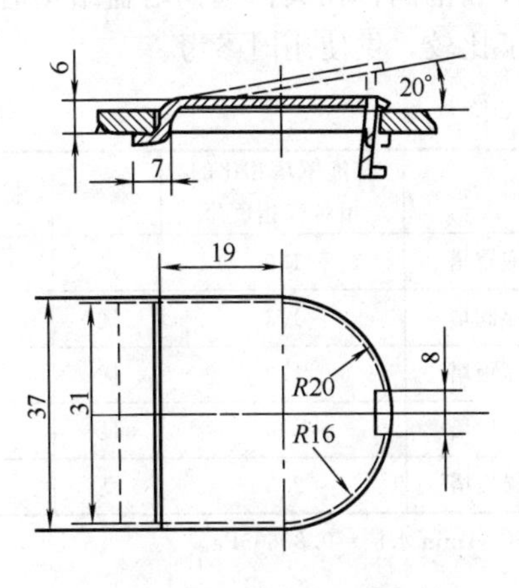

图 5-21 浮动舌片结构

由于舌孔方向与液流方向一致，故气体从舌孔喷出时，可减小液面落差，减薄液层，减少雾沫夹带。舌形塔盘物料处理量大，压降小，结构简单，安装方便。但操作弹性小，塔板效率低。

6. 浮动舌形塔

浮动舌形塔盘是在塔板孔内装设了可以浮动的舌片（见图 5-21）。浮动舌片既保留了舌形塔倾斜喷射的结构特点，又具有浮阀操作弹性好的优点。

浮动舌形塔具有处理量大、压降小、雾沫夹带少、操作弹性大、稳定性好、塔板效率高等优点。缺点是在操作过程中浮舌易磨损。

7. 导向筛板塔

导向筛板塔是近年来开发应用的新型塔形，是在普通筛板塔的基础上改进而成。它的结构特点是：在塔盘上开有一定数量的导向孔，通过导向孔的气流与液流方向一致，对液流有一定的推动作用，有利于减少液面梯度；在塔板的液体入口处增设了鼓泡促进结构，有利于液体刚流入塔板就可以生产鼓泡，形成良好的气液接触条件，以提高塔板利用率，减薄液层，减小压降。与普通筛板塔相比，塔板效率可提高 13%左右，压降可下降 15%左右。

导向筛板与鼓泡促进器如图 5-22 所示。导向孔的形状如同百叶窗，类似于舌片冲压而成，所不同的是，开口为细长的矩形缝。缝长有 12mm、24mm、36mm 三种。导向孔开缝高度常为 1～3mm。导向孔的开孔率一般为 10%～20%。鼓泡促进器是在塔板入口处形成的凸起部分。凸起高度一般为 3～5mm，斜面的正切一般在 0.1～0.3 之间，斜面上通常仅开有筛孔而不开设导向孔。

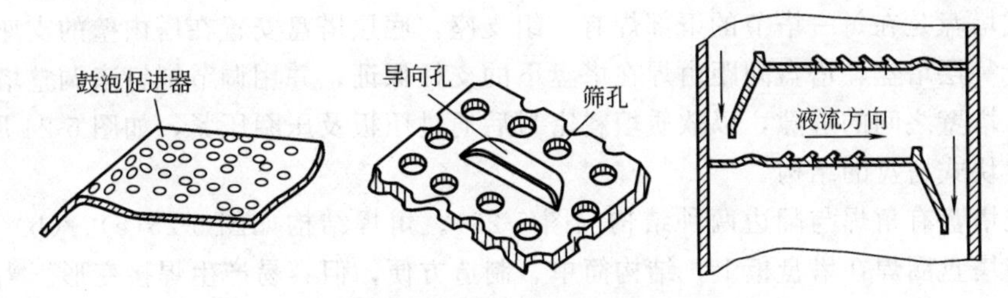

图 5-22 导向筛板与鼓泡促进器

8. 板式塔比较

板式塔的结构形式多种多样，各种塔盘结构都具有各自的特点，且都有各自适宜的生产条件和范围，在具体选择塔盘结构时应根据工艺要求选择。表 5-1 对几种常用塔形的性能进行了比较，供使用时参考。

表 5-1 板式塔性能比较

塔 形	与泡罩塔相比的相对气相负荷	效率	操作弹性	85%最大负荷时的单板压降/mm 水柱①	与泡罩塔相比的相对价格	可靠性
泡罩塔	1.0	良	超	45～80	1.0	优
浮阀塔	1.3	优	超	45～60	0.7	良
筛板塔	1.3	优	良	30～50	0.7	优
舌形塔	1.35	良	超	40～70	0.7	良
栅板塔	2.0	良	中	25～40	0.5	中

① 1mm 水柱=9.80665Pa。

二、塔盘结构

塔盘是板式塔完成传质、传热过程的主要部件。板式塔塔盘可分为穿流式与溢流式两大类。穿流式塔盘上无降液管装置，气液两相同时通过孔道逆流，处理量大，压降小。但塔板效率较低，操作弹性较差。溢流式塔盘上装有供液相流体进入下层塔板的降液管，液层高度可通过堰高来调节，有利于传质和传热。本节介绍溢流式塔盘。

塔盘由气液接触元件、塔板、受液盘、溢流堰、降液管、塔盘支承件和紧固件组成。

（一）塔盘

根据塔径大小及塔盘结构特点，塔盘可分为整块式和分块式两种。

1. 整块式塔盘

整块式塔盘用于内径小于 700～800mm 的板式塔。塔体由若干个塔节组成，每个塔节内安装若干块塔盘，每个塔节之间通过法兰连接。根据塔盘的组装方式不同，整块式塔盘又可分为定距管式和重叠式两种。

（1）定距管式塔盘

定距管式塔盘结构如图 5-23 所示。塔盘通过拉杆和定距管固定在塔节内的支座上，定距管起着支承塔盘的作用并保持塔板间距。塔盘与塔壁间的缝隙，以软填料密封并用压圈压紧。

塔节的长度取决于塔径，当塔径为 300～500mm 时，只能伸入手臂安装，塔节长度为 800～1000mm 为宜；当塔径为 500～800mm 时，人可进入塔内，塔节长度一般不宜超过 2000～2500mm。为避免安装困难，每个塔节的塔板数一般不超过 6 块。

（2）重叠式塔盘

重叠式塔盘是在每一塔节的下部焊有一组支座，底层塔盘安置在塔内壁的支座上，然后依次装入上一层塔盘，塔盘间距由焊在塔盘下的支柱保证，并用调节螺钉来调整塔盘的水平度。塔盘与塔壁之间的缝隙，以软质填料密封后通过压板及压圈压紧，如图 5-24 所示。

（3）整块式塔盘的结构

整块式塔盘有角焊与翻边两种结构（图 5-25）。角焊结构如图 5-25(a)、(b) 所示。采用角焊是将塔盘圈焊在塔盘板上，结构简单、制造方便，但容易产生焊接变形。当塔盘圈较低时用图 5-25(a) 结构；当塔盘圈较高时用图 5-25(b) 结构。翻边结构见图 5-25(c)、(d)

所示。此结构中塔盘圈是由塔板翻边而成。当塔盘圈较低时，可将塔板整体冲压成型，如图 5-25(c) 所示；当塔盘较高时，可在冲压翻边的基础上加焊塔盘圈，如图 5-25(d) 所示。

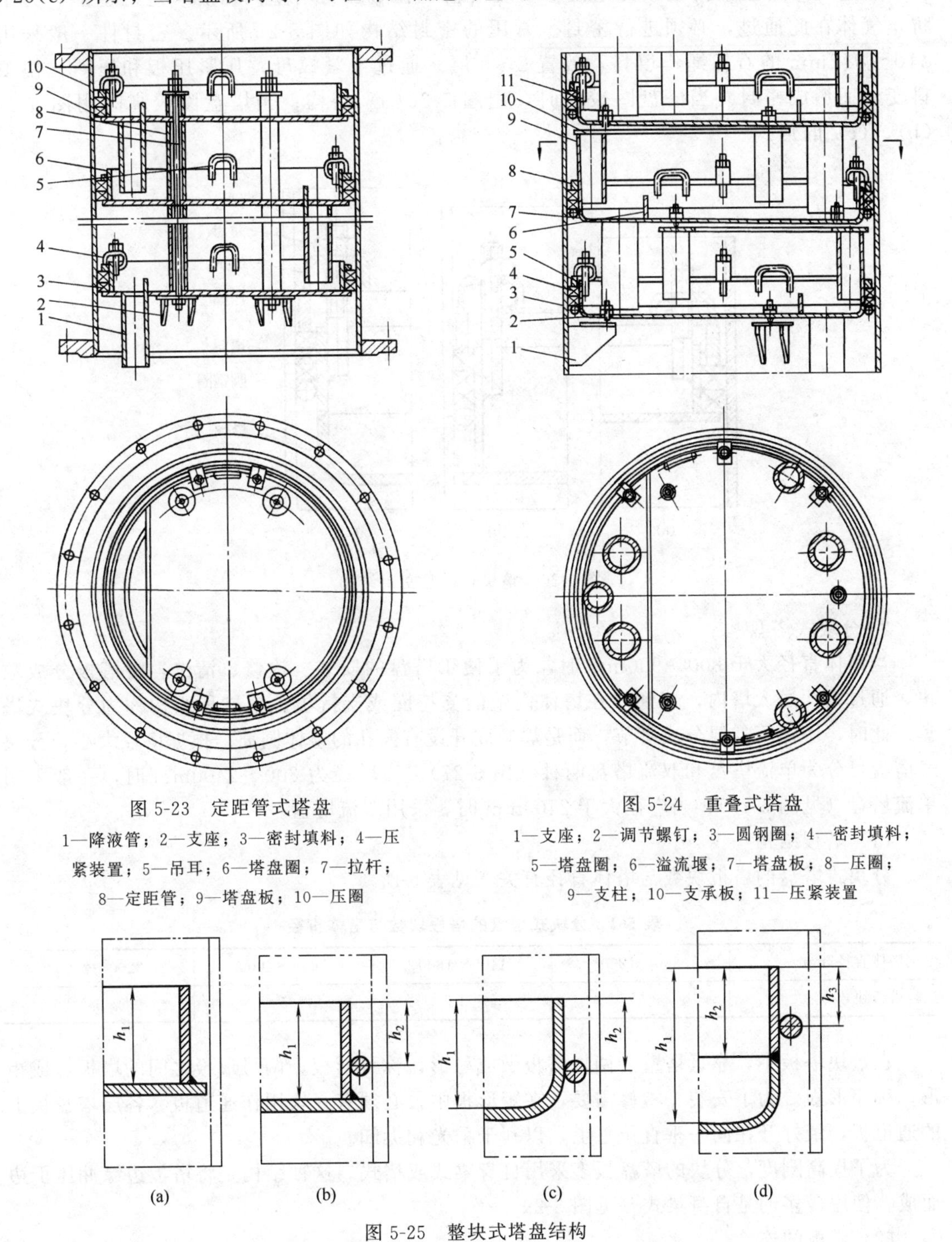

图 5-23　定距管式塔盘

1—降液管；2—支座；3—密封填料；4—压紧装置；5—吊耳；6—塔盘圈；7—拉杆；8—定距管；9—塔盘板；10—压圈

图 5-24　重叠式塔盘

1—支座；2—调节螺钉；3—圆钢圈；4—密封填料；5—塔盘圈；6—溢流堰；7—塔盘板；8—压圈；9—支柱；10—支承板；11—压紧装置

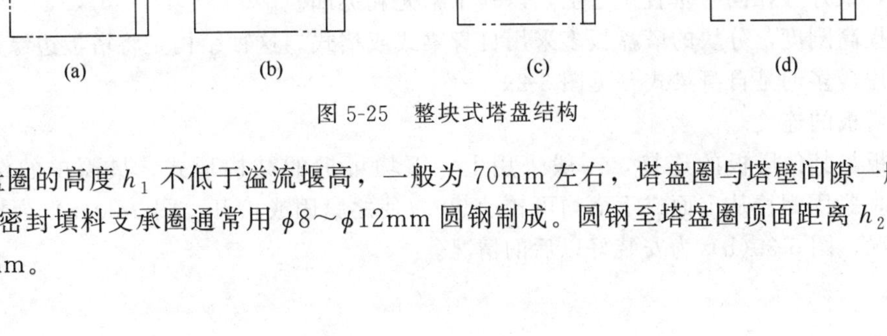

图 5-25　整块式塔盘结构

塔盘圈的高度 h_1 不低于溢流堰高，一般为 70mm 左右，塔盘圈与塔壁间隙一般是 10～12mm，密封填料支承圈通常用 $\phi8$～$\phi12$mm 圆钢制成。圆钢至塔盘圈顶面距离 h_2，一般取 30～40mm。

(4) 整块式塔盘的密封

在整块式塔盘结构中，为了便于安装塔盘，在塔盘与塔壁间留有一定的空隙，为了防止气体在此通过，必须进行密封。常用的密封结构如图 5-26 所示。密封件一般采用 $\phi10\sim\phi12$mm 的石棉绳作填料，放置 2～3 层。通过上紧螺母，压紧压板和压圈，使填料变形而形成密封。当塔盘圈较低时，用图 5-26(a) 结构；当塔盘圈较高时用图 5-26(b)、(c) 的形式。

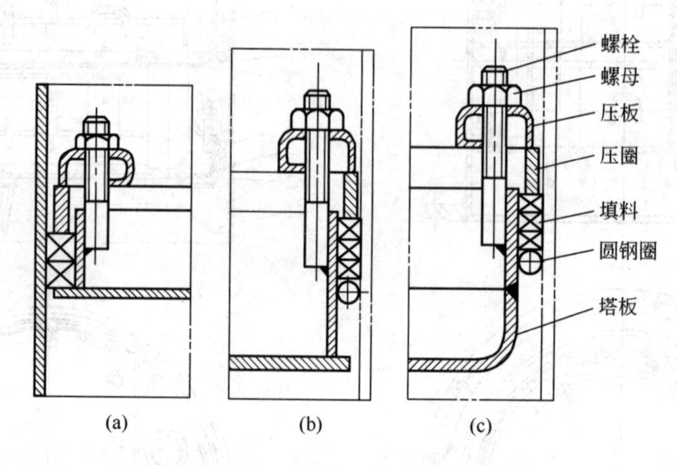

图 5-26　整块式塔盘密封结构

2. 分块式塔盘

当塔体直径大于 800～900mm 时，为了便于塔盘的安装、检修、清洗，将塔板分成数块，通过人孔送入塔内，装到焊在塔体内壁的支持圈或支持板上，这种结构称为分块式塔盘。此时，塔体不需要分成塔节，而是焊制成开设有人孔的整体圆筒。根据塔径大小，分块式塔盘可分为单流塔盘和双流塔盘两种（图 5-27）。当塔径为 800～2400mm 时，一般采用单流塔盘（见图 5-28）；当塔径大于 2400mm 时，采用双流塔盘。

(1) 塔板结构

分块式塔盘的塔板块数与塔体直径有关，见表 5-2。

表 5-2　分块式塔盘的塔板块数与塔体直径

塔体直径/mm	800～1200	1400～1600	1800～2000	2200～2400
塔板块数	3	4	5	6

在数块塔板中，靠近塔壁的两块塔板做成弓形，称弓形板。两弓形板之间的塔板做成矩形，称矩形板。为了安装、检修需要，在矩形板中，必须有一块用作通道板。各层塔盘板上的通道板，最好开在同一垂直位置上，以利于采光和拆卸。

为了提高刚度，分块的塔盘板多采用自身梁式或槽式。这种结构是将塔板边缘冲压折边而成。使用最多的是自身梁式（见图 5-29）。

(2) 塔板的连接

通道板与其他塔板的连接，一般采用上、下均可拆的结构形式。最简单的结构如图 5-30 所示，紧固螺栓从上面或下面均可转动 90°，使之紧固或松开。图 5-30(a) 为拆卸通道板时的情况，图 5-30(b) 为安装好以后的情况。

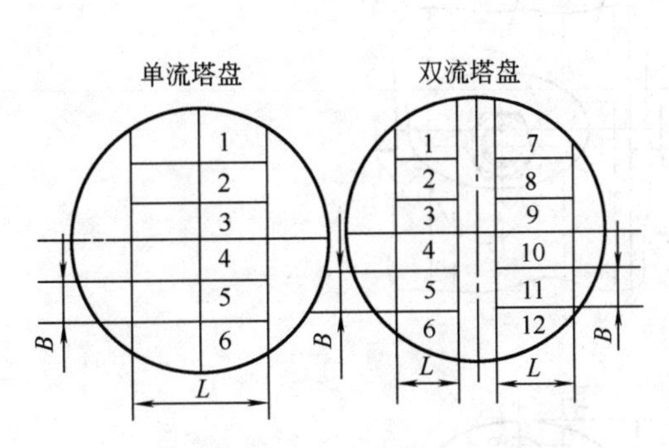

图 5-27 分块式塔盘示意图

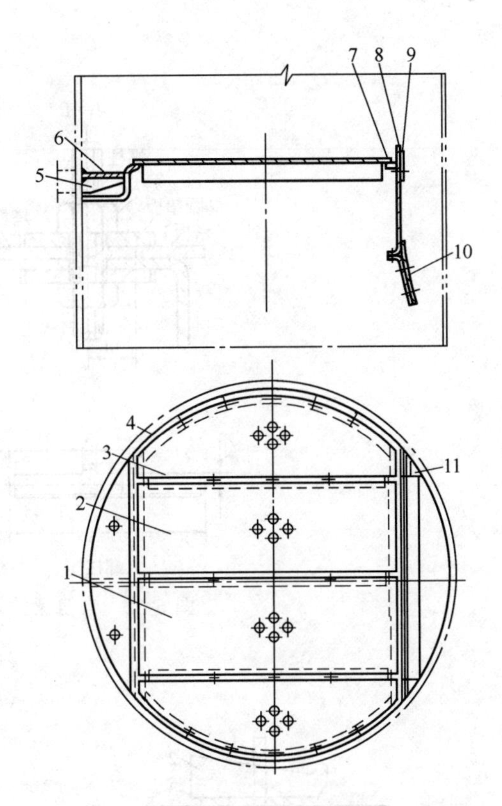

图 5-28 单流塔盘结构

1—通道板；2—矩形板；3—弓形板；4—支持圈；5—筋板；6—受液板；7—支持板；8—固定降液板；9—可调堰板；10—可拆降液板；11—连接板

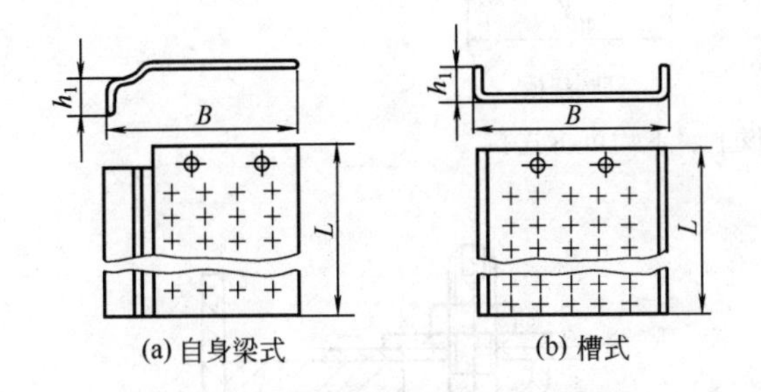

图 5-29 自身梁式与槽式塔板

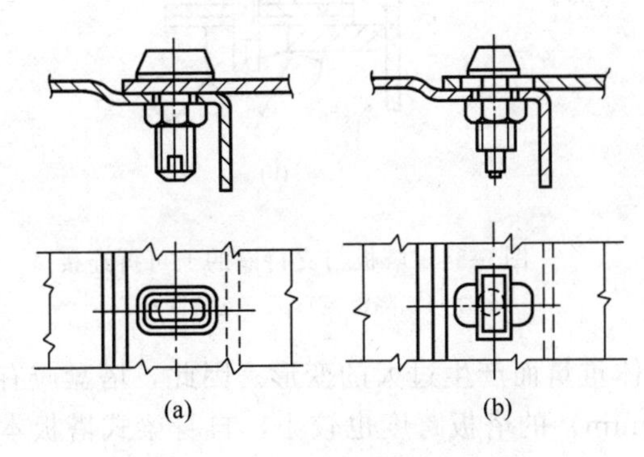

图 5-30 上、下均可拆的通道板

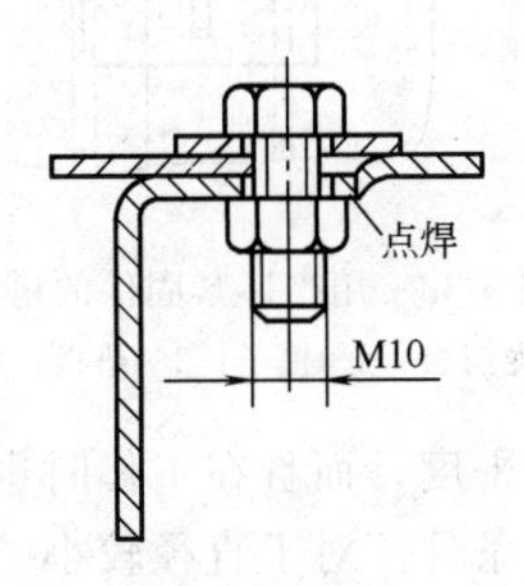

图 5-31 自身梁式塔板上可拆连接

塔板之间的连接按人孔位置及检修要求，分为上可拆连接和上、下均可拆两种，如图 5-31 和图 5-32 所示。

塔板之间的连接也可采用楔形紧固件的结构。其特点是结构简单，装拆方便。典型结构如图 5-33 所示。

塔板与支持圈（或支持板）一般用上可拆的卡子连接（见图 5-34）。连接结构由卡子、卡板、螺柱、螺母、椭圆垫板及支持圈组成。支持圈焊在塔壁或降液板上。

(3) 塔盘的支承

为了使塔板上液层厚度一致、气体分布均匀，传质效果良好，不仅塔板在安装时要保证

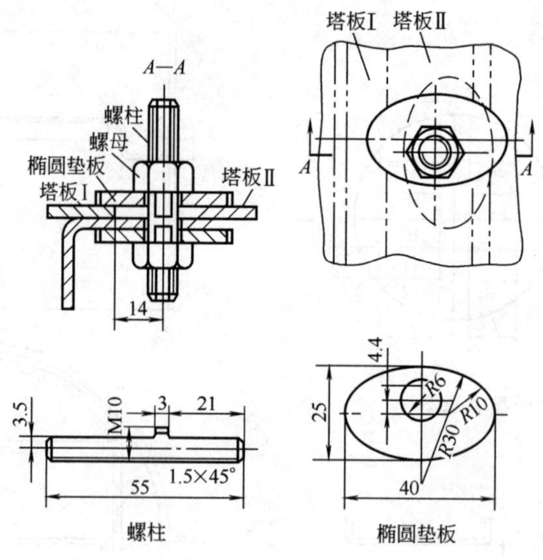

图 5-32　自身梁式塔板上、下均可拆连接

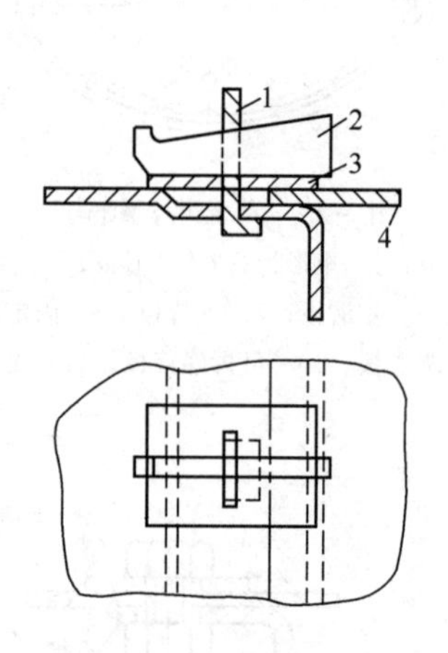

图 5-33　用楔形紧固件的塔板连接

1—龙门板；2—楔子；3—垫板；4—塔盘板

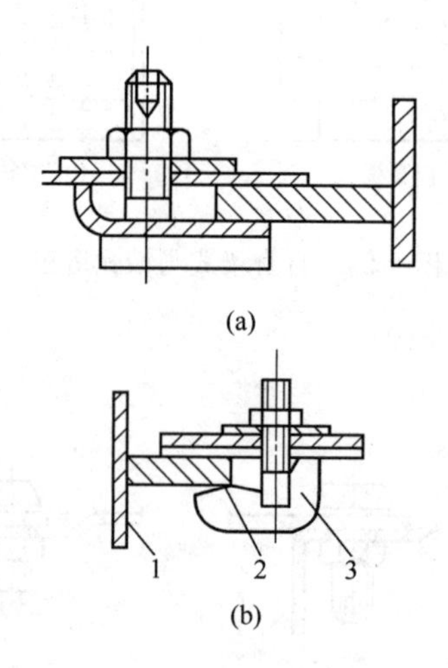

图 5-34　塔板与支持圈的上可拆连接

1—塔壁（或降液板）；2—支持圈；3—卡子

规定的水平度，而且在工作时也不能因承受液体重量而产生过大的变形。因此，塔盘应有良好的支承条件。对于直径较小的塔（D_i<2000mm）的塔板跨度也较小，自身梁式塔板本身有较大的刚度，所以通常采用焊在塔壁上的支持圈来支承即可。对于直径较大的塔，为了避免塔板跨度过大而引起刚度不足，通常在采用支持圈支承的同时，还采用支承梁结构，如图5-35 所示。分块塔板一端支承在支持圈上，另一端支承在支承梁上。

（二）溢流装置

板式塔内溢流装置包括降液管、受液盘、溢流堰等部件。

1. 降液管

降液管有圆形与弓形两大类（见图 5-36）。常用的是弓形降液管。弓形降液管由平板和弓形板焊制而成，并焊接固定在塔盘上。当液体负荷较小或塔径较小时，可采用圆形降液管。圆形降液管有带溢流堰和兼作溢流堰两种结构。

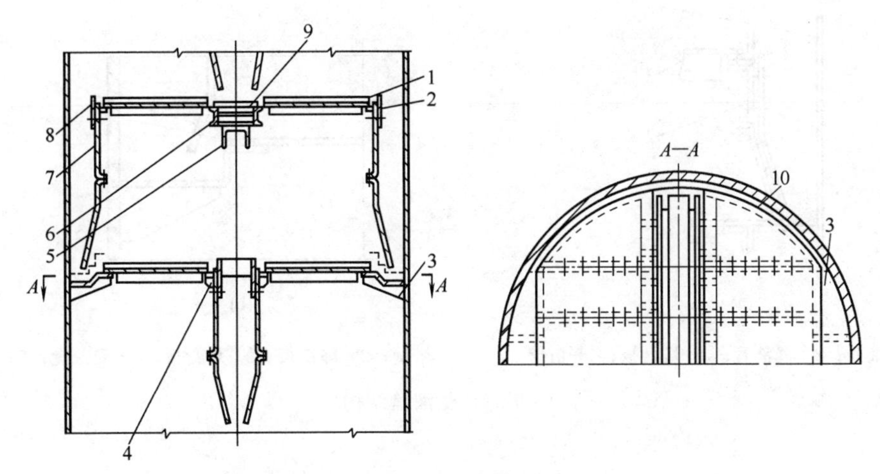

图 5-35 双溢流分块式塔盘支承结构

1—塔盘板；2—支持板；3—筋板；4—压板；5—支座；6—主梁；7—两侧降液板；8—可调溢流堰板；9—中心降液板；10—支持圈

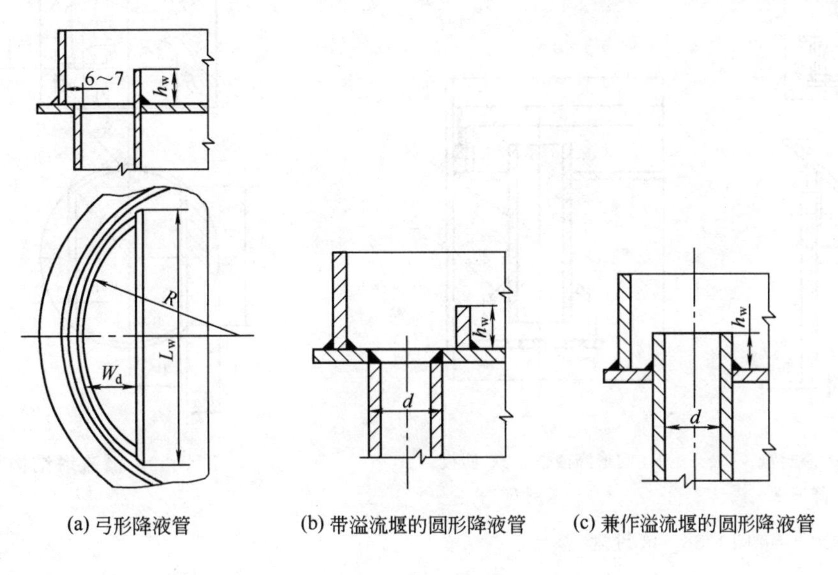

图 5-36 降液管

2. 受液盘

为了保证降液管出口处的液封，在塔盘上一般都设置有受液盘。受液盘的结构形式对塔的侧线取出、降液管的液封、液体流出塔盘的均匀性都有影响。受液盘有平形和凹形两种。平形受液盘有可拆和焊接两种结构，图 5-37(a) 为一种可拆式平形受液盘。平形受液盘因可避免形成死角而适应易聚合的物料。当液体通过降液管与受液盘时，如果压降过大或采用倾斜式降液管，则应采用凹形受液盘，见图 5-37(b)。凹形受液盘的深度一般大于 50mm，而小于塔板间距的 1/3。

在塔或塔段的最底层塔盘降液管末端应设液封盘，以保证降液管出口处的液封。用于弓形降液管的液封盘如图 5-38(a) 所示。用于圆形降液管的液封盘如图 5-38(b) 所示。液封盘上开设有泪孔，以供停工时排液。

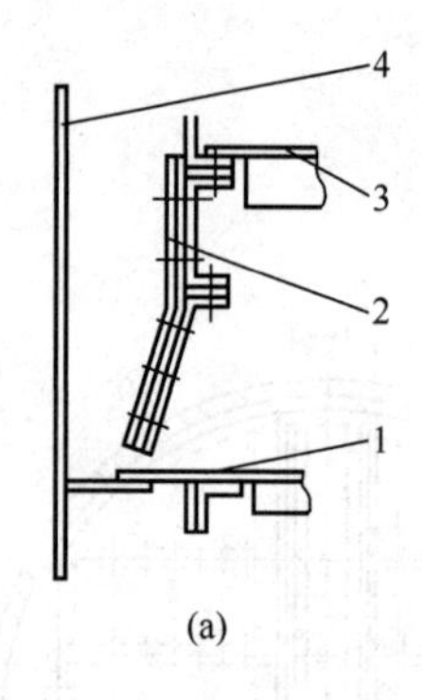

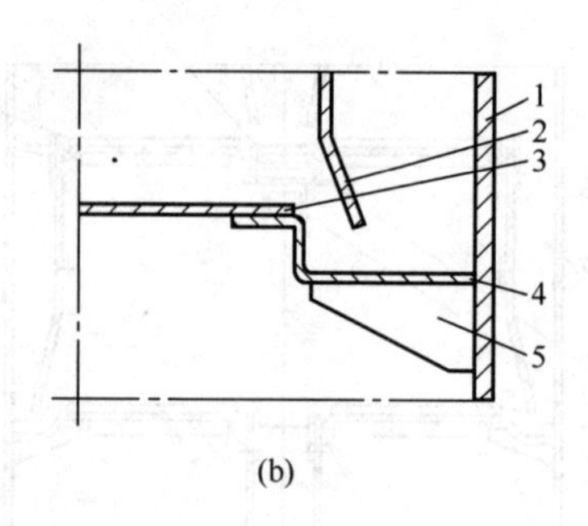

1—受液盘；2—降液管；3—塔盘板；4—塔壁　　1—塔壁；2—降液板；3—塔盘板；4—受液盘；5—筋板

图 5-37　受液盘结构

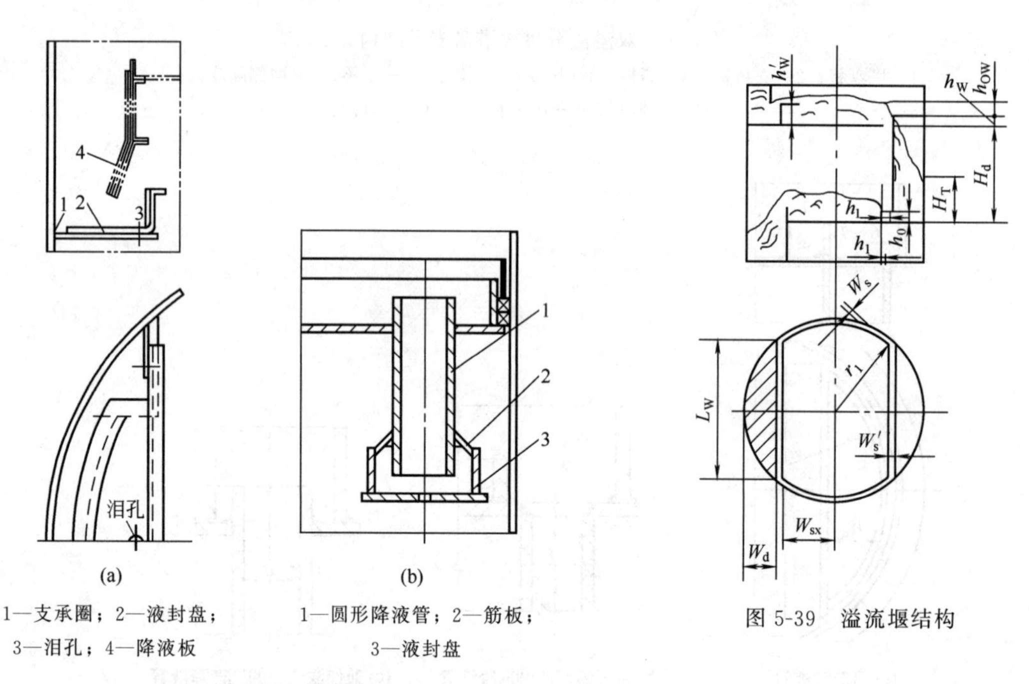

1—支承圈；2—液封盘；3—泪孔；4—降液板　　1—圆形降液管；2—筋板；3—液封盘

图 5-38　液封盘

图 5-39　溢流堰结构

3. 溢流堰

根据溢流堰在塔盘上的位置可分为进口堰和出口堰。当塔盘采用平形受液盘时，为保证降液管的液封，使液体均匀流入下层塔盘，并减少液流沿水平方向的冲击，应在液体进口处设置进口堰。其高度为：当出口堰高度 h_w 大于降液管底边至受液盘的间距 h_0 时，可取 h'_W 为 6～8mm，或取 $h'_W>h_0$；当 $h_W<h_0$ 时，h'_W 应大于 h_0 以保证液封。进口堰与降液管的水平距离 h_1 应大于 h_0（见图 5-39）。出口堰的作用是保持塔盘上液层的高度。出口堰的长度 L_W 一般为：单流形取 $(0.6\sim0.8)D_i$；双流形取 $(0.5\sim0.7)D_i$。堰的高度与物料性质、塔形、液相流量及塔板压降有关。

三、除沫装置

除沫装置的作用是分离出塔气体中含有的雾沫和液滴，以保证传质效率，减少物料损失，确保气体纯度，改善后续设备的操作条件。

常用的除沫装置有丝网除沫器、折流板除沫器、旋流板除沫器等。

1. 丝网除沫器

丝网除沫器具有比表面积大、重量轻、空隙率大、效率高、压降小和使用方便等特点，从而得到广泛应用。丝网除沫器适用于洁净的气体，不宜用于液滴中含有易黏结物的场合，以免堵塞网孔。丝网除沫器由丝网、格栅、支承结构等构成。丝网可由金属和非金属材料制造。常用的金属丝网材料有奥氏体不锈钢、镍、铜、铝、钛、银、钽等有色金属及其合金；常用的非金属材料有聚乙烯、聚丙烯、聚氯乙烯、聚四氟乙烯、涤纶等。丝网材料的选择要由介质的物性和工艺操作条件确定。

丝网除沫器已有行业标准，选用时可查阅 HG/T 21618—1998。当选用的除沫器直径较小且与出口管径相近时，可采用图 5-40 的结构；当除沫器直径较大而接近塔径时，可采用图 5-41 的形式。

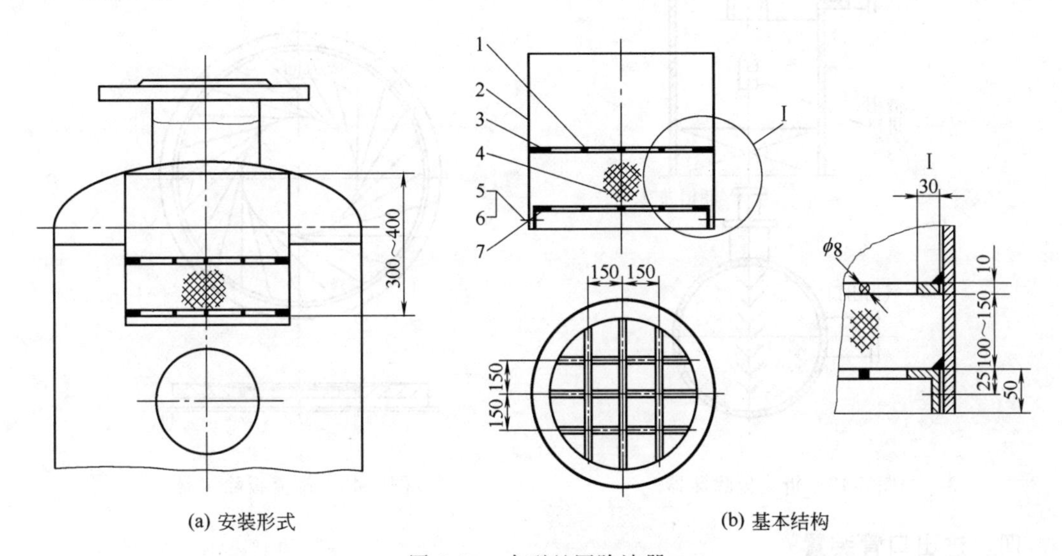

(a) 安装形式　　(b) 基本结构

图 5-40　小型丝网除沫器

1—格栅；2—筒体；3—扁钢圈；4—丝网；5—螺栓；6—螺母；7—角钢圈

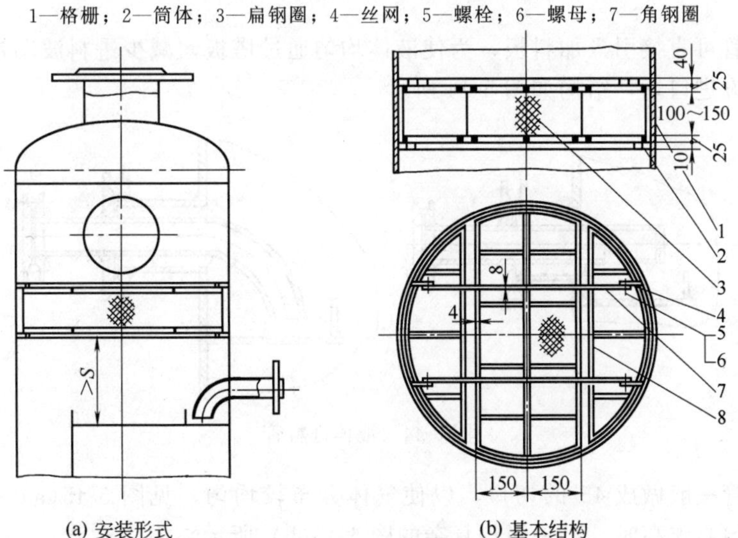

(a) 安装形式　　(b) 基本结构

图 5-41　大型丝网除沫器

1—塔体；2—支承圈；3—丝网；4—支耳；5—螺栓；6—螺母；7—压板；8—栅板

2. 折流板除沫器

折流板除沫器（图 5-42）结构简单，但消耗金属量大，造价较高。若增加折流次数，能有较高的分离效率。除沫器的折流板常由 50mm×50mm×3mm 的角钢制成。

3. 旋流板除沫器

旋流板除沫器由固定的叶片组成风车状（图 5-43）。夹带液滴的气体通过叶片时产生旋转和离心作用。在离心力作用下，将液滴甩至塔壁，实现气、液的分离。除沫效率可达 95%。

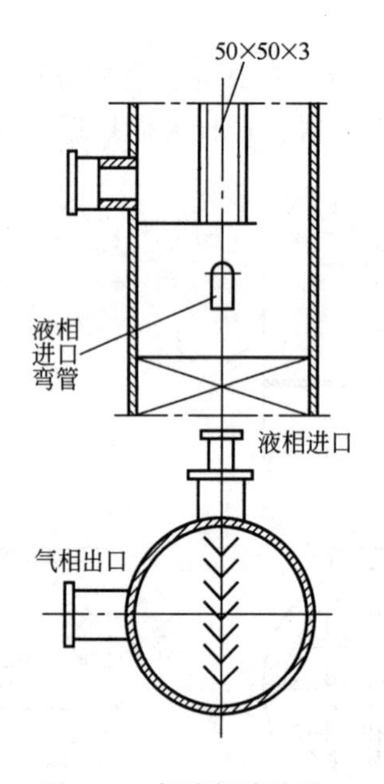

图 5-42 折流板除沫器

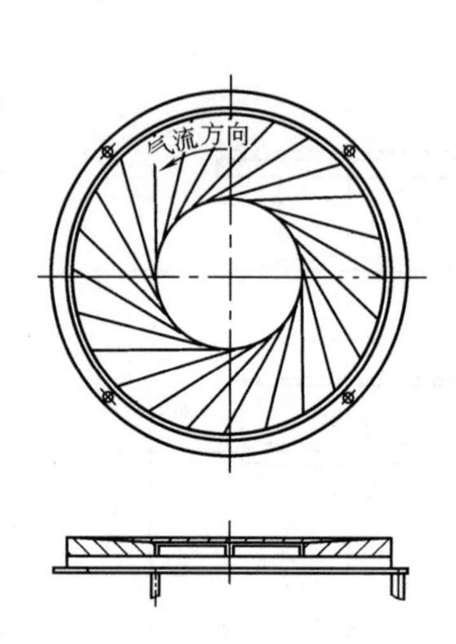

图 5-43 旋流板除沫器

四、进出口管装置

1. 进料管

液体进料管可直接引入加料板，为使液体均匀通过塔板，减少进料波动带来的影响，通常在加料板上设进口堰，结构如图 5-44 所示。

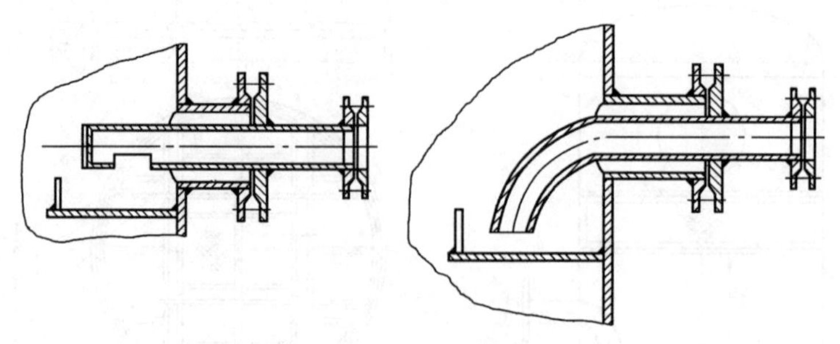

图 5-44 液体进料管

气体进料管一般做成 45°的切口，以使气体分布较均匀，见图 5-45(a)。当塔径较大或对气体分布均匀要求高时，可采用较复杂的图 5-45(b) 所示结构。

气液混合进料时，可采用图 5-46 所示结构，加料盘间距增大，有利气、液分离，同时保护塔壁不受冲击。

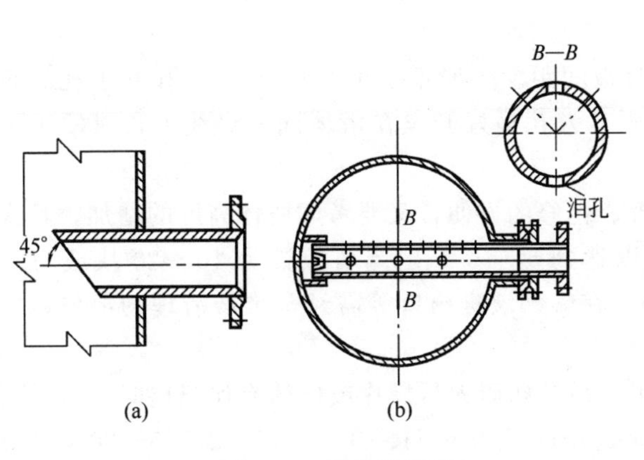

图 5-45　气体进料管

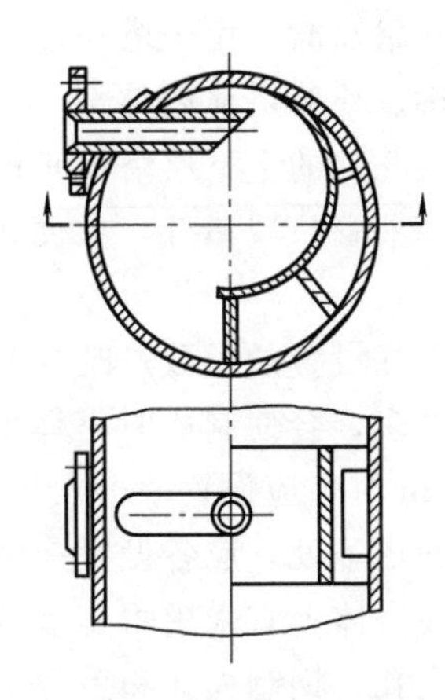

图 5-46　气液混合进料管

2. 出料管

塔底部的液体出料管结构如图 5-47 所示。塔径小于 800mm 时，采用图 5-47(a) 的形式。为了便于安装，先将弯管段焊在塔底封头上，再将支座与封头相焊，最后焊接法兰短节。在图 5-47(b) 中，支座上焊有引出管，以使安装、检修方便，适用于直径大于 800mm 的塔。

塔顶部气体出料管直径不宜过小，以减小压降，避免夹带液滴。通常在出口处装设挡板（见图 5-48）。当液滴较多或对夹带液滴量有严格要求时，应安装除沫装置。

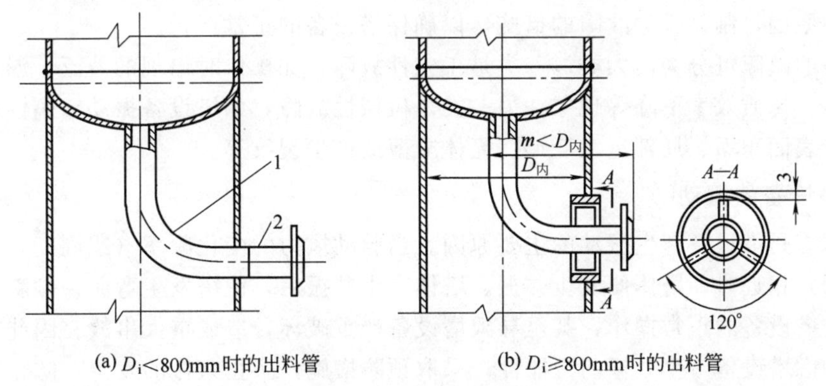

图 5-47　液体出料管

1—弯管段；2—法兰短节

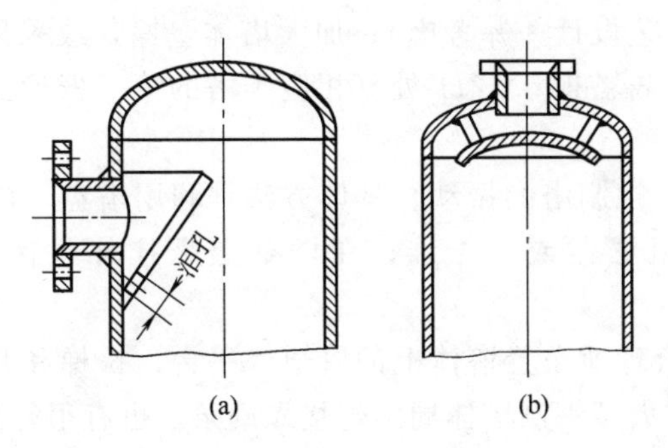

图 5-48　塔顶出料管

五、人孔与手孔

分块式塔盘的塔体一般都开设有人孔。人孔是人员进出塔器和传送内件的通道。当采用整块式塔盘时，由于塔径过小（D_i<800mm），人员难以进入塔内，塔体上可开设手孔，便于装拆、检修塔体内件。

人孔处的上下层塔板间距要大于正常板间距。一般不小于600mm。人孔和手孔的布置要与降液管位置错开，方便人员出入。所有人孔最好开设在塔体同一经线上，以便于施工作业。

人孔设置的个数，既要考虑内件装拆、检修的方便，又要考虑塔体高度的增加，且人孔设置过多，会使制造时塔体的弯曲度难以达到要求。一般当塔板数为10～20块或塔高在5～10m时，应设置一个人孔。除此之外，在气、液进出口等需经常维修清理的部位，以及塔顶和塔釜处，应各设置一个人孔。

在塔体上宜采用垂直吊盖人孔。若垂直吊盖妨碍人员操作或塔体有保温层时，可采用回转盖人孔。钢制人孔和手孔都有标准件，选用时可查阅HG/T 21515～21535—2014。根据设计压力、设计温度、介质特性以及安装环境等因素选用。

第三节　塔设备常见机械故障及排除方法

塔设备在操作时，不仅受到风载荷、地震载荷等外部环境的影响，还承受着内部介质压力、温度、腐蚀等作用。这些因素将可能导致塔设备出现故障，影响塔设备的正常使用。所以在设计与使用时，应采取预防措施，减少故障的发生。一旦出现故障，应及时发现，分析产生故障的原因，制订排除故障的措施，以确保塔设备的正常运行。

塔设备的故障可分为两大类。一类是工艺性故障，如操作时出现的液泛、漏液量大、雾沫夹带过多、传质效率下降等现象。另一类是机械性故障，如塔设备振动、腐蚀破坏、密封失效、工作表面积垢、局部过大变形、壳体减薄或产生裂纹等。

一、塔设备的振动

脉动风力是塔设备产生振动的主要原因。当脉动风力的变化频率（或周期）与塔自振频率（或周期）相近时，塔体便发生共振。塔体产生共振后，使塔发生弯曲、倾斜，塔板效率下降，影响塔设备的正常操作，甚至导致塔设备严重破坏，造成重大事故。因此在塔的设计阶段就应考虑塔设备产生共振的可能性，采取预防措施，防止共振的发生。防止塔体产生共振通常采用以下三方面的办法。

① 提高塔体的固有频率，从根本上消除产生共振的根源。具体方法：降低塔体总高度，增加塔体内径（但需与工艺设计一并考虑）；加大塔体壁厚，或采用密度小、弹性模量大的材料；如条件允许，可在离塔顶0.22H处（相应于塔的第二振形曲线节点位置）安装一个铰支座。

② 增加塔体的阻尼，抑制塔的振动。具体方法：利用塔盘上的液体或塔内填料的阻尼作用；在塔体外部装置阻尼器或减振器；在塔壁上悬挂外包橡胶的铁链条；采用复合材料等。

③ 采用扰流装置。合理地布置塔体上的管道、平台、扶梯和其他连接件，以破坏或消除周期性形成的旋涡。在大型钢制塔体周围焊接螺旋条，也有很好的防震作用。

二、塔设备的腐蚀

由于塔设备一般由金属材料制造，所处理的物料大多为各种酸、碱、盐、有机溶剂及腐蚀性气体等介质，故腐蚀现象非常普遍。据统计，塔设备失效有一半以上是由腐蚀破坏造成的。因此，在塔设备设计和使用过程中，应特别重视腐蚀问题。

塔设备腐蚀几乎涉及腐蚀的所有类型。既有化学腐蚀，又有电化学腐蚀。既可能是局部腐蚀，又可能是均匀腐蚀。造成腐蚀的原因更是多种多样，它与塔设备的选材、介质的特性、操作条件及操作过程等诸多因素有关。如炼油装置中的常压塔，产生腐蚀的原因与类型有：原油中含有的氯化物、硫化物和水对塔体和内件产生的均匀腐蚀，致使塔壁减薄，内件变形；介质腐蚀造成的浮阀因点蚀而不能正常工作；在塔体高应力区和焊缝处产生的应力腐蚀，导致裂纹扩展穿孔；在塔顶部因温度过低而产生的露点腐蚀等。

为了防止塔设备因腐蚀而破坏，必须采取有效的防腐措施，以延长设备使用寿命，确保生产正常进行。防护措施应针对腐蚀产生的原因、腐蚀类型来制定。一般采用的方法有如下几种。

1. 正确选材

金属材料的耐腐性能与所接触的介质有关，因此，应根据介质的特性合理选择。如各种不锈钢在大气和水中或氧化性的硝酸溶液中具有很好的耐蚀性能，但在非氧化性的盐酸、稀硫酸中，耐蚀性能较差；铜及铜合金在稀盐酸、稀硫酸中相当耐蚀，但不耐硝酸溶液的腐蚀。

2. 采用覆盖层

覆盖层的作用是将主体与介质隔绝开来。常用的有金属覆盖层与非金属覆盖层。金属覆盖层是用对某种介质耐蚀性能好的金属材料覆盖在耐蚀性能较差的金属材料上。常用的方法如电镀、喷镀、不锈钢衬里等。非金属保护层常用的方法是在设备内部衬以非金属材料或涂防腐涂料。

3. 采用电化学保护

电化学保护是通过改变金属材料与介质电极电位来达到保护金属免受电化学腐蚀的办法。电化学保护分阴极保护和阳极保护两种。其中阴极保护法应用较多。

4. 设计合理的结构

塔设备的腐蚀在很多场合下与它们的结构有关，不合理的结构往往引起机械应力、热应力、应力集中和液体的滞留，这些都会加剧或产生腐蚀。因此，设计合理的结构也是减少腐蚀的有效途径。

5. 添加缓蚀剂

在介质中加入一定量的缓蚀剂，可使设备腐蚀速度降低或停止。但选择缓蚀剂时，要注意对某种介质的针对性，要合理确定缓蚀剂的类型和用量。

三、其他常见机械故障

1. 介质泄漏

介质泄漏不仅影响塔设备正常操作，恶化工作环境，甚至可能酿成重大事故。介质泄漏一般发生在构件连接处，如塔体连接法兰、管道与设备连接法兰以及人孔等处。泄漏的原因有：法兰安装时未达到技术要求；受力过大引起法兰刚度不足而变形；法兰密封件失效，操作压力过大等。采取的措施是保证安装质量；改善法兰受力情况或更换法兰；选择合适的密封件材料或更换密封件；稳定操作条件，不超温、不超压。

2. 壳体减薄与局部变形

塔设备在工作一段时间后，由于介质的腐蚀和物料的冲刷，壳体壁厚可能减小。对于可能壁厚减薄的塔设备，首先应对其进行厚度测试，确定是否能继续使用，以确保安全。其次是在塔设备设计时，应针对介质腐蚀特性和操作条件合理选择耐蚀、耐磨的材料或采用衬里，以确保其服役期内的正常运转。

在塔设备的局部区域，可能由于峰值应力、温差应力、焊接残余应力等原因造成过大的变形。对此，要通过改善结构来改善应力分布状态；在满足工艺条件的前提下减少温差应力；在设备制造时进行焊后热处理以消除焊接残余应力。当局部变形过大时，可采用挖补的方法进行修理。

3. 工作表面积垢

塔设备工作表面的积垢通常发生在结构的死角区（如塔盘支持圈与塔壁连接焊缝处、液体再分布器与塔壁连接处等），因介质在这些地方流动速度降低，介质中杂质等很容易形成积淀，也可能出现在塔壁、塔盘和填料表面。积垢严重时，将影响塔内件的传质、传热效率。积垢的消除通常有机械除垢法和化学除垢法等方法。

思考题

5-1 简述塔设备的作用及总体结构。

5-2 塔体上常有哪些接管？其作用是什么？

5-3 常用填料有哪几种？怎样选择填料？

5-4 液体分布器有哪几种结构形式？各有何特点？

5-5 填料塔为什么要设液体再分布器？分配锥有哪几种结构？

5-6 常用的除沫装置有哪几种？各有何特点？

5-7 常见板式塔的类型有哪些？各有何特点？

5-8 塔盘由哪些部件组成？各有何作用？

5-9 塔盘在塔内如何支承？怎样密封？

5-10 分块式塔盘怎样进行组装和连接？

5-11 填料塔的传质机理与板式塔有何不同？

5-12 塔设备常见故障有哪些？原因是什么？

5-13 排除塔设备故障的措施有哪些？

第六章
换热器

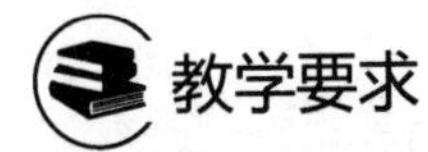

教学要求

能力目标：1. 合理选用换热器类型的能力。
2. 典型换热器结构分析能力。
3. 标准换热器的选用能力。

知识要素：1. 间壁式换热器的主要类型与结构。
2. 管壳式换热器的结构分析、特点及适应场合。
3. 管板结构及与壳体、管子的连接方式。
4. 管箱、折流板、挡板、温差补偿装置的作用与结构。

技能要求：管壳式换热器常见故障的分析及排除的技能。

第一节　概　　述

使热量从热流体传递到冷流体的设备叫换热设备。在化工生产中，一般都包含有化学反应过程。为了使化学反应顺利进行，适宜的反应温度是非常重要的外部条件。即使在一些采用物理方法处理的生产过程中，提高或降低物料的温度，也有利于获得更好的处理效果（如传质过程等）。因此，在工艺流程中常常需要将低温流体加热或将高温流体冷却，将液体气化成气体或将气体冷凝成液体，这些过程都与热量传递密切相关，都可通过换热设备来实现。按换热过程可分为加热、冷却、蒸发、冷凝、干燥等。相应设备可分为加热器、冷却器、蒸发器、冷凝器、干燥器及锅炉、再沸器等。在化工类工厂中，换热设备的投资占总投资的10%～20%，在炼油厂中，约占总投资的35%～40%。

化工生产对换热设备提出的要求是：

① 能实现所规定的工艺条件；

② 结构设计合理、传热效率高、流体阻力小；

③ 设备的强度、刚度、稳定性足够，满足安全生产的要求；

④ 便于制造、安装、操作和日常维护；

⑤ 节省材料、成本低廉、经济性好。

一、换热设备的分类

根据传热原理和实现热量交换的形式不同，换热设备可分为三大类。

1. 混合式换热器

通过冷热流体直接混合进行热量交换的设备称为混合式换热器，或直接式换热器，如冷却塔、气压冷凝器、在传质的同时进行传热的塔设备等。它的优点是结构简单，传热效率高，但只适用于允许两流体混合的场合，混合式换热器如图 6-1 所示。

2. 蓄热式换热器

蓄热式换热器利用冷热两种流体交替通过换热器内的同一通道而进行热量传递，见图 6-2。当热流体通过时，把热量传给换热器内的蓄热体（如固体填料、多孔格子砖等），待冷流体通过时，将积蓄的热量带走。由于冷、热流体交替通过同一通道，不可避免地会有两种流体的少量混合。因此，不能用于两流体不允许混合的场合。

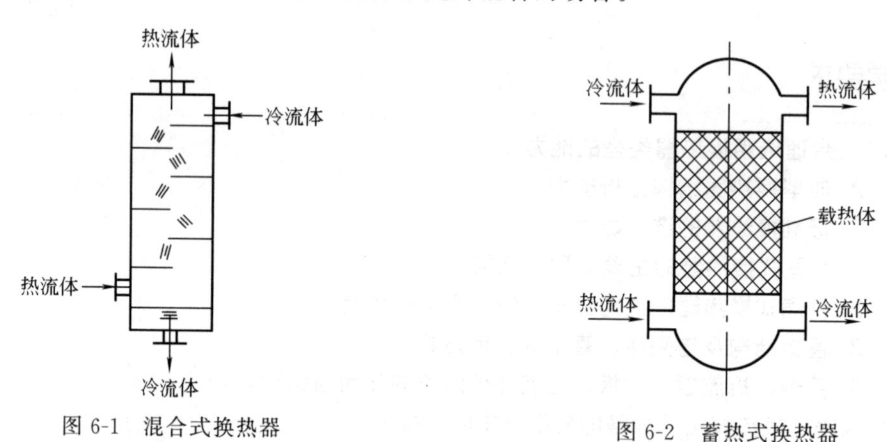

图 6-1 混合式换热器

图 6-2 蓄热式换热器

3. 间壁式换热器

间壁式换热器内的冷流体和热流体被固定壁面隔开，通过固体壁面（传热面）进行热量传递。间壁式换热器的特点是能将冷、热两种流体截然分开，适应了生产的要求，故应用最为广泛。

二、间壁式换热器的主要类型

间壁式换热器可分为管式换热器和板面式换热器两大类。

1. 管式换热器

管式换热器是以管子作为传热元件的传热设备。常用的管式换热器有套管式、蛇管式、螺旋管式和管壳式。

(1) 套管式换热器

套管式换热器由两根不同直径、同心组装的直管和连接内管的U形弯管所组成，见图 6-3。

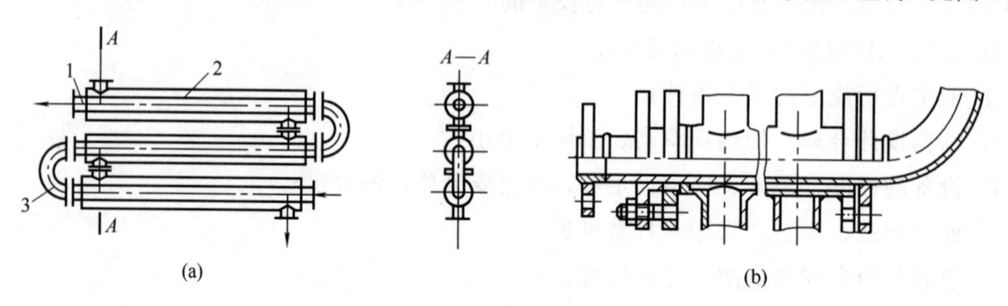

图 6-3 套管式换热器

1—内管；2—外管；3—U形弯管

进行换热的两种流体分别进入内管和内、外管的环形通道进行换热（通常采用逆流方式）。当需要较大传热面积时，可将几段套管串联排列。套管式换热器结构简单，传热面积可调整，但金属消耗量大，且弯管连接处易发生泄漏。套管式换热器多用于流量较小而压力较高的两流体传热，常用作冷却器和冷凝器。

（2）蛇管式换热器

蛇管式换热器由弯曲成蛇形的管子组成。蛇管的弯曲形状有折曲形、螺旋形、方形、盘形等形状，如图 6-4 所示。

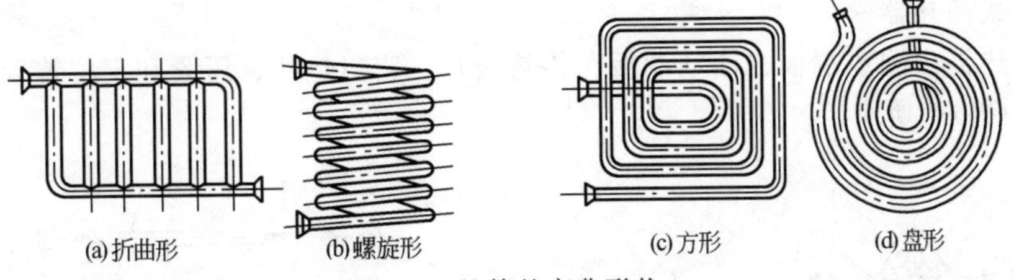

图 6-4　蛇管的弯曲形状

蛇管的材料常有钢管、有色金属管、陶质管、石墨管等。蛇管式换热器有沉浸式和喷淋式两种结构。

沉浸式蛇管换热器如图 6-5 所示。它是将蛇管置于装有需加热或需冷却的介质的容器中，一般管内通入蒸汽、热水和冷却液，通过管壁与容器中的介质传热。其结构简单，形状可与容器形状相配，蛇管能承受高压，传热效率低，结构笨重。常用作高压流体的冷却和反应釜的传热构件。

喷淋式蛇管换热器结构如图 6-6 所示。它主要由水平放置、上下排列在同一垂直面上的直管（换热管）和 U 形连接弯管及喷淋管组成。操作时，通常是热流体自下而上流动，冷流体自上向下喷淋，通过换热管传热。与沉浸式相比，传热效果较好，检修和清洗较方便，多用于热流体的冷却与冷凝。

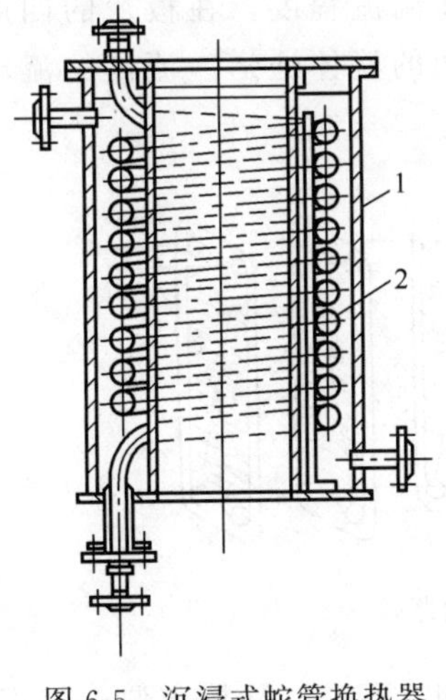

图 6-5　沉浸式蛇管换热器

1—壳体；2—蛇管

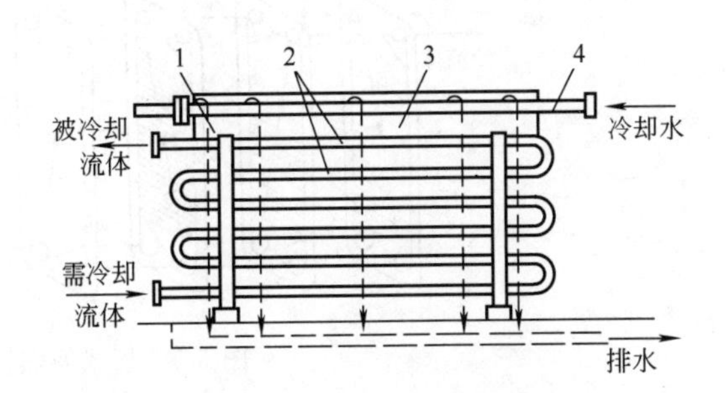

图 6-6　喷淋式蛇管换热器

1—支架；2—换热管；3—淋水板；4—喷淋管

（3）螺旋管式换热器

螺旋管式换热器如图 6-7 所示。它是由一组或多组缠绕成螺旋状的管子置于壳体之中制成的。它的特点是结构紧凑、传热面比直管大，温差应力小，但管内的清洗较困难，可用于较高黏度的流体加热或冷却。

（4）管壳式换热器

管壳式换热器是由圆柱形壳体和安装在壳体内的许多管子组成的管束构成的。管壳式换热器是间壁式换热设备中应用最多的一种结构形式。

2. 板面式换热器

板面式换热器的传热元件是板面，其传热性能优于管式换热器。常用的结构形式有板式换热器、螺旋板式换热器、板翅式换热器、板壳式换热器等。

（1）板式换热器

板式换热器由固定端板、活动端板、传热板片、密封垫片、压紧和定位装置等构成。其总体结构如图 6-8 所示。

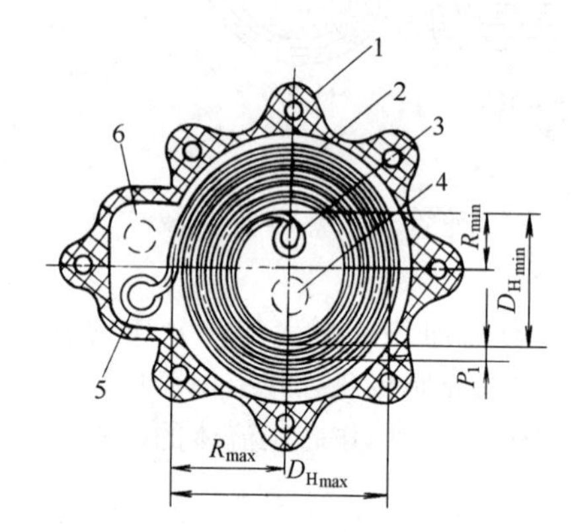

图 6-7　螺旋管式换热器

1—壳体；2—传热管；3—入口管；4—壳侧出口；5—出口管；6—壳侧入口

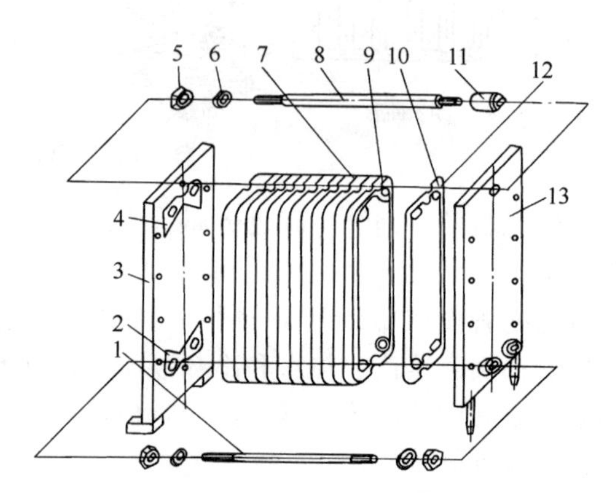

图 6-8　板式换热器总体结构

1—压紧螺杆；2，4—固定端板垫片；3—固定端板；5—螺母；6—小垫圈；7—传热板片；8—定位螺杆；9—中间垫片；10—活动端板垫片；11—定位螺母；12—换向板片；13—活动端板

板式换热器的板面通常做成波形以增加刚度和流体湍流程度，在板片的四周粘贴垫片，垫片的作用：一是为了密封；二是隔出两板片之间的流体通道。流体的流动路径见图 6-9。

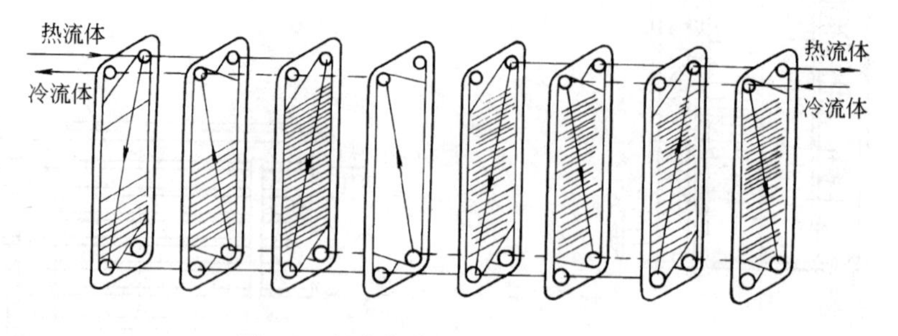

图 6-9　板式换热器的流体流动路径

板式换热器结构紧凑，传热效率高，便于组装和拆卸，清洗、除垢方便，但流道狭窄，处理量小，密封圈较长，流动阻力较大，承压能力差，适应温差和压力都不大的场合。

（2）螺旋板式换热器

图 6-10 为一螺旋板式换热器的典型结构，它由螺旋板、顶盖、接管口等组成。螺旋板由两张卷制成螺旋状的金属板制成（见图 6-11）。

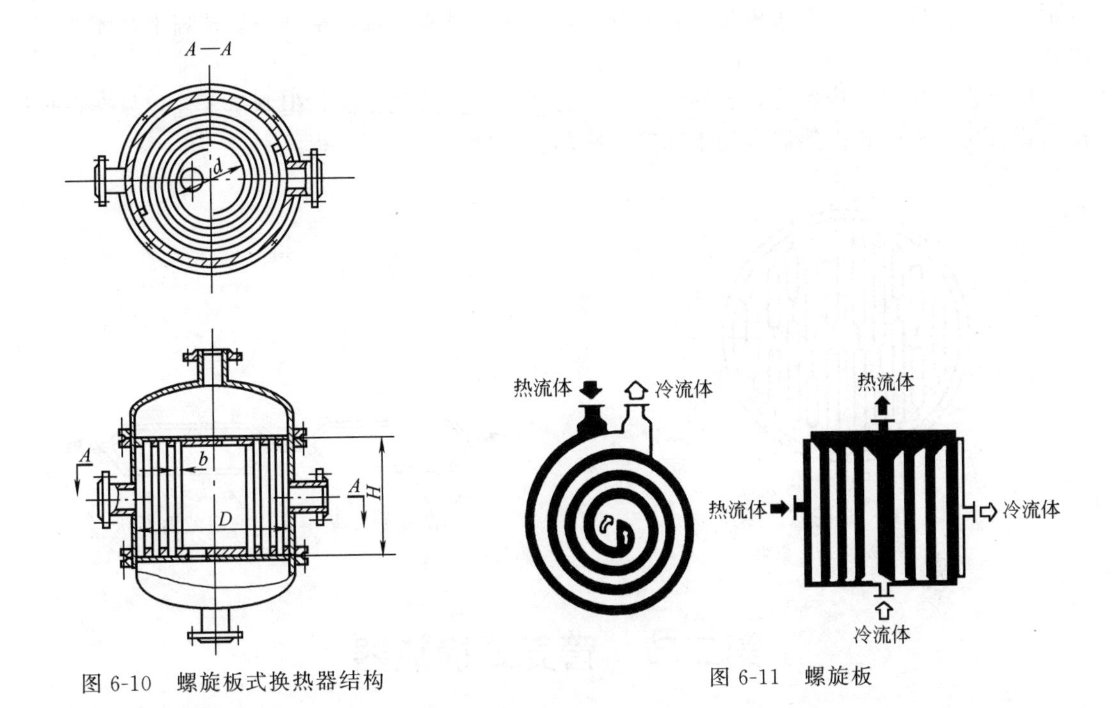

图 6-10 螺旋板式换热器结构

图 6-11 螺旋板

螺旋板式换热器结构紧凑（单位体积内传热面积是管壳式换热器的 2～3 倍），传热效率高（可达管壳式换热器的 2 倍），有自冲刷作用，不易结垢，缺点是不能承受高压，适用于黏性流体或含有固体颗粒的悬浮液的换热。

（3）板翅式换热器

板翅式换热器由隔板、翅片、封条等组成，见图 6-12(a)。它是在两块平行金属隔板之间放置波纹状的金属导热翅片，并在其两侧边缘以封条密封而组成单元体，对各单元体进行不同的组合和适当的排列，并用钎焊焊牢，组成板束，把若干板束按需要组装，便构成不同的流型，冷、热两种流体分别流过间隔排列的冷流层和热流层进行热量传递，如图 6-12 (b)、(c)、(d) 所示。

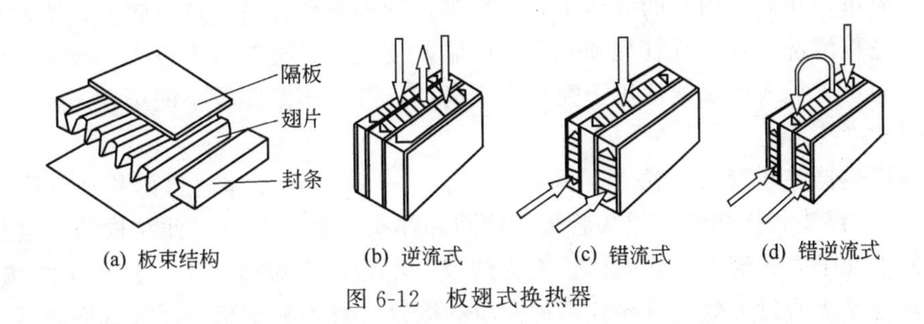

图 6-12 板翅式换热器

板翅式换热器传热效率很高（为管壳式换热器的 3～10 倍），单位体积内传热面积大（2500～4300m^2/m^3），适应性广，但制造难度大，清洗与检修困难。板翅片换热器可用于冷凝和蒸发，特别适应低温和超低温操作。

（4）板壳式换热器

板壳式换热器由壳体和板束组成，如图 6-13 所示。壳体形状随板束形状而异，多数是圆筒形，结构与管壳式壳体相似。板束是由若干长度不等的基本元件组成。每一元件由两块节距相等的冷轧成型的金属板条组合并缝焊接而成。基本元件的横截面呈现扁平状流道，如图 6-14 所示。

板壳式换热器结构紧凑，容易清洗，压力降小，传热效率高，但制造工艺较复杂，焊接技术要求高。板壳式换热器常用于加热、冷却、冷凝、蒸发等过程。

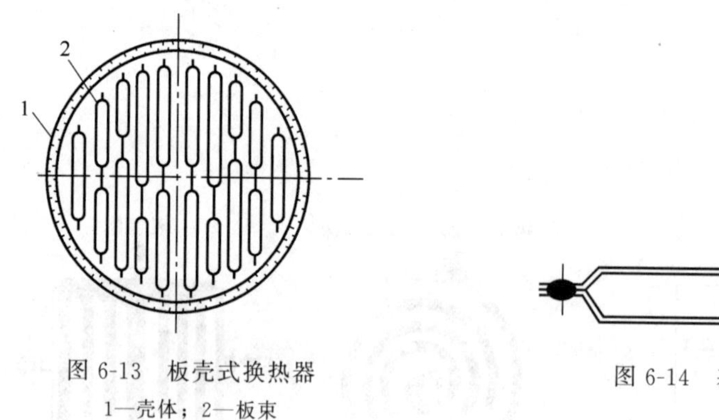

图 6-13　板壳式换热器

1—壳体；2—板束

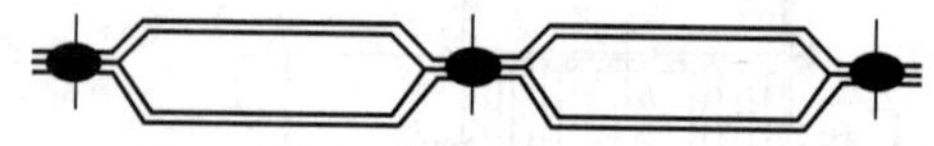

图 6-14　基本元件的横截面形状

第二节　管壳式换热器

管壳式换热器虽然在传热效率、结构紧凑性、金属消耗量等方面不及板面式换热器等其他新型换热装置，但是它具有结构坚固、操作弹性大、材料范围广、适应性强等自身独特的优点，目前仍然是化工生产中换热设备的主要形式，特别是在高温、高压和大型换热器中占有绝对优势。

一、管壳式换热器的形式与结构

管壳式换热器由管束、管板、壳体，各种接管等主要部件组成。根据其结构特点，可分为固定管板式、浮头式、U 形管式、填料函式四种形式，见图 6-15 所示。

1. 固定管板式换热器

固定管板式换热器的管束两端通过焊接或胀接固定在管板上，如图 6-15(a) 所示。它的优点是结构简单，在同一内径的壳体中布管数多，管程清洗容易，造价较低，堵管和更换管子方便。但壳程清洗困难，且管程和壳程介质温差较大时，温差应力也大，故常需设置温差补偿装置。固定管板式换热器适用于壳程介质清洁，两流体温差较小的场合。

2. 浮头式换热器

浮头式换热器一端管板与法兰用螺栓固定，另一端可在壳体内自由移动（称为浮头），见图 6-15(b)。浮头式换热器由浮头管板、钩圈和浮头端盖所组成。此结构的优点是管束可以抽出，便于管子内外清洗，管束伸长不受约束，不会产生温差应力。缺点是结构较复杂，造价较高，若浮头密封失效，将导致两种介质的混合，且不易觉察。浮头式换热器适用于两流体温差较大，且容易结垢需经常清洗的场合。

3. U 形管式换热器

U 形管式换热器内只有一块管板，管束弯成 U 形，管子两端都固定在一块管板上，如图 6-15(c) 所示。其优点是管束可以抽出清洗，操作时不会产生温差应力。缺点是由于受弯管曲率半径的影响，布管较少，管板利用率低，壳程流体易形成短路，管内难于清洗，拆修更换管子困难。U 形管换热器适用于两流体温差大，特别是管内流体清洁的高温、高压、

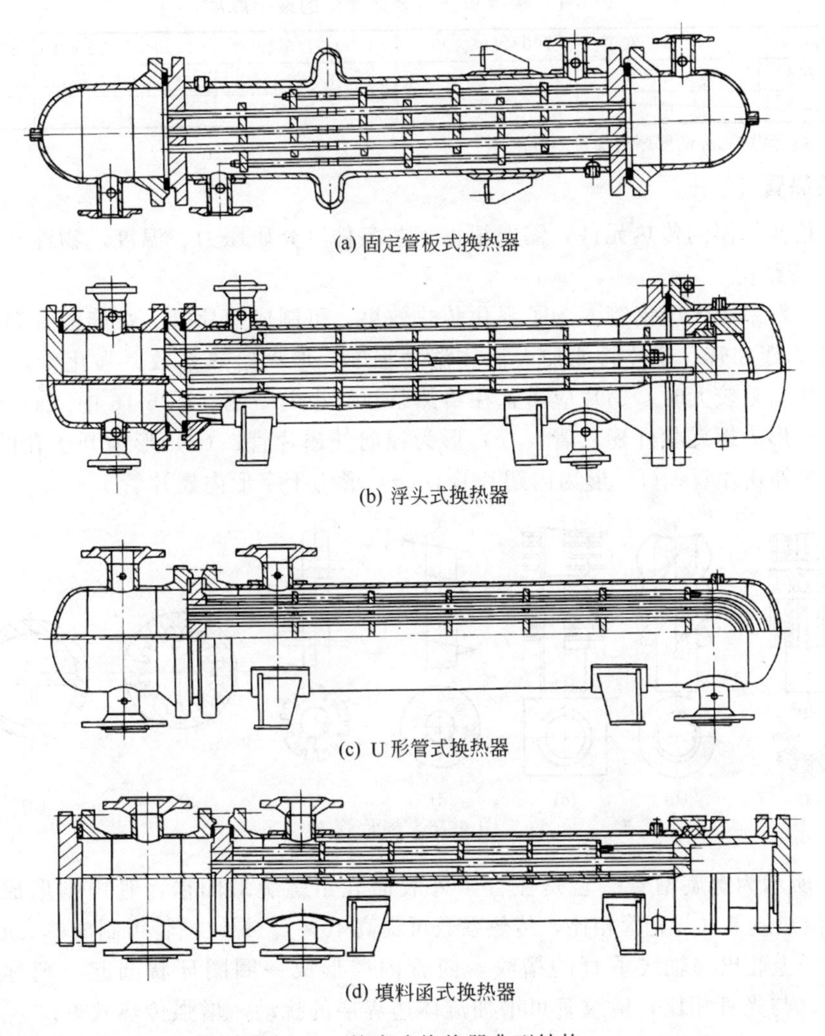
(a) 固定管板式换热器

(b) 浮头式换热器

(c) U形管式换热器

(d) 填料函式换热器

图 6-15 管壳式换热器典型结构

介质腐蚀性强的场合。

4. 填料函式换热器

填料函式换热器如图 6-15(d) 所示。两管板中一块与法兰通过螺栓固定连接，另一块类似于浮头，与壳体间隙处通过填料密封，可作一定量的移动。此结构的特点是结构较简单，加工、制造、检修、清洗较方便，但填料密封处易产生泄漏。填料函式换热器适应压力和温度都不高、非易燃、难挥发的介质传热。

二、换热器壳体

一般来说，当换热器壳体的公称直径大于 400mm 时，壳体由钢板卷制而成；当壳体公称直径小于 400mm 时，其壳体可由管材制作。

壳体的壁厚应按 GB/T 150—2011 的规定进行强度计算，同时还应满足最小厚度的要求。提出最小厚度的目的是增加壳体的刚性，减少变形，以利管板和管束的安装。尤其是浮头式和 U 形管换热器，由于得不到管板的加强，故保证最小厚度显得更为重要。壳体的最小厚度见表 6-1。

表 6-1　碳钢和低合金钢壳体的最小厚度

mm

公称直径 D	$400 \leqslant D \leqslant 700$	$700 < D \leqslant 1000$	$1000 < D \leqslant 1500$	$1500 < D \leqslant 2000$	$2000 < D < 2500$
浮头式 U 形管式	8	10	12	14	16
固定管板式	6	8	10	12	14

注：表中数据考虑 1mm 的壁厚附加量。

三、换热管

换热管是换热器的传热元件，需要根据工艺条件（介质压力、温度、物性）来选择。

1. 换热管结构

换热管一般采用无缝钢管。为了强化传热效果，可制成翅片管、螺旋槽管等。

图 6-16 为翅片管。翅片管能加大流体湍动程度，增大给热系数，强化传热效果。当管内外给热系数相差较大时，翅片应布置在给热系数较小的一侧。图 6-16 中（a）形为轴向外翅片管；（b）形为螺旋状外翅片管；（c）形为径向外翅片管；（d）形为开了孔的外翅片管；（e）形为扭曲外翅片管；（f）形为内翅片管；（g）形为十字形内翅片管。

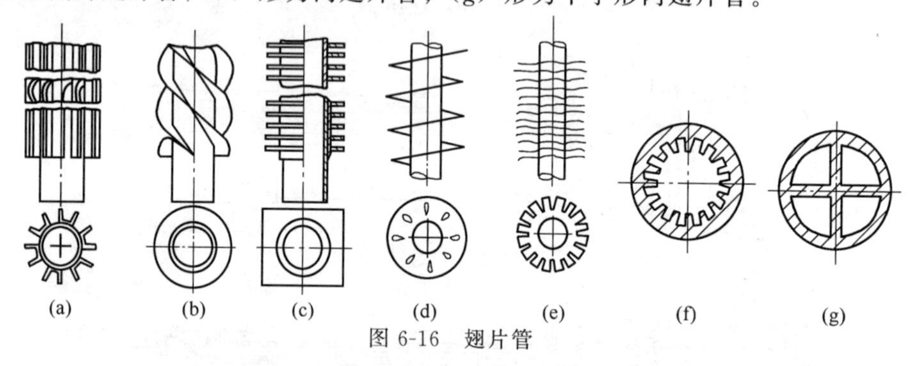

图 6-16　翅片管

图 6-17 所示为螺旋槽管。它是在管子外表面轧出螺旋形凹槽，管内则形成螺旋凸起，有利于提高传热效果（与光管相比，传热系数可提高 40%）。螺纹槽管可制成单头形或多头形。

若在管子上轧出与轴线垂直的槽纹，使管内壁形成一圈圈环状凸起，则称为横纹管，（见图 6-18），与光管相比，横纹管可增加流体边界层的扰动，增强传热效果。

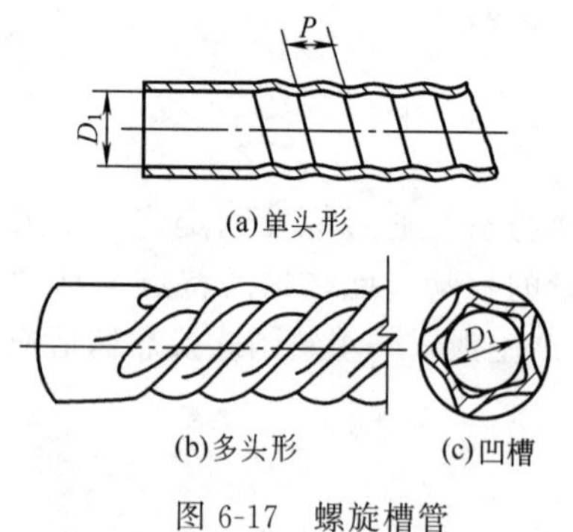

图 6-17　螺旋槽管

图 6-18　横纹管

2. 换热管尺寸

换热管尺寸一般用外径与壁厚来表示，常用碳素钢管规格为 $\phi 19 \times 2$、$\phi 25 \times 2.5$、$\phi 38 \times 2.5$（单位为 mm）；不锈钢管规格为 $\phi 25 \times 2$、$\phi 38 \times 2.5$（单位为 mm）。管长规格有 1.5、2.0、3.0、4.5、6.0 和 9.0（单位为 m）。采用小管径，可增大单位体积的传热面积，使传热系数提高，结构紧凑，金属消耗少。但流体阻力增加、不便清洗、容易堵塞。一般情况下，小管径用于较清洁的流体，而大管径适合用于流体黏度大或污浊易结垢的介质。

3．换热管常用材料

换热管的材料应根据工艺条件和介质腐蚀性来选择。常用的金属材料有：碳素钢、低合金钢、不锈钢和铜、铝、钛等有色金属及其合金；非金属材料有：石墨、陶瓷、聚四氟乙烯等。

4．换热管的布置

换热管在管板上的排列主要有正三角形、转角正三角形、正方形和转角正方形四种主要形式（图 6-19 中的流向箭头垂直于折流板切边）。除此之外，还有等腰三角形和同心圆排列方式。其中正三角形排列的管数最多，故应用最广。而正方形排列最便于管外清洗，多用在壳程流体不洁净的情况下。换热管之间的中心距一般不小于管外径的 1.25 倍。

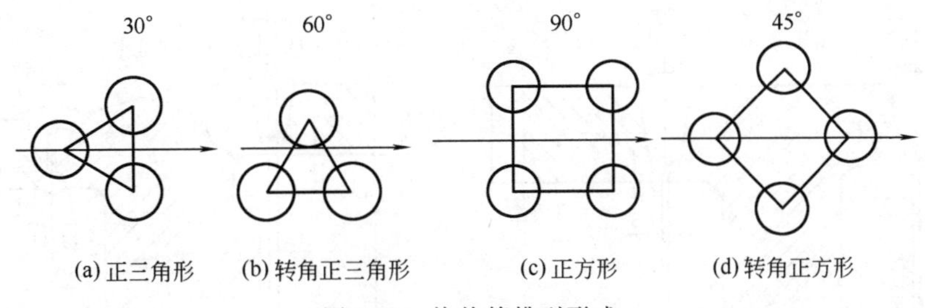

图 6-19　换热管排列形式

四、管板

管板一般为一开孔的圆形平板或凸形板，其作用主要是连接和固定换热管，并分隔管程与壳程。其结构形式与换热器类型及与壳体的连接方式有关。

1．固定管板式换热器管板结构

固定管板式换热器的管板，可分为兼作法兰和不兼作法兰两类。

兼作法兰的固定管板的常用结构、与壳体的连接及适用范围，见图 6-20。

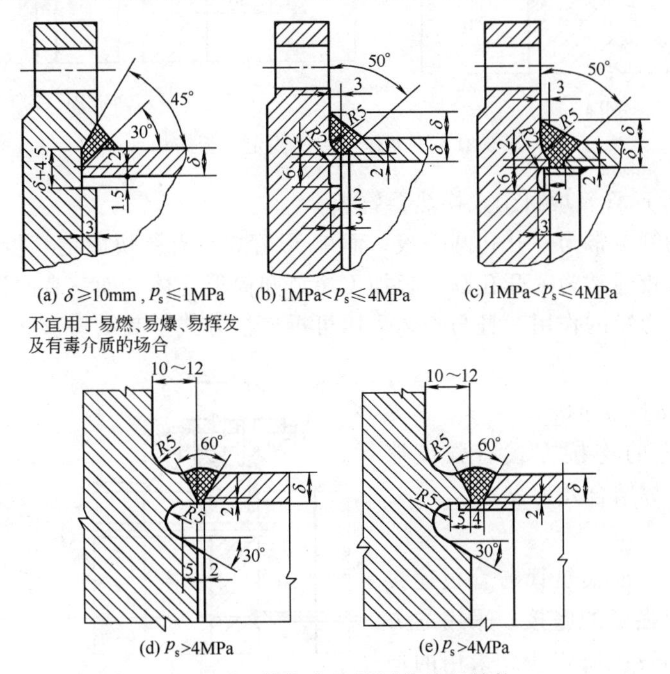

图 6-20　兼作法兰的固定管板结构

不兼作法兰时，固定管板的常用结构、与壳体的连接及适用范围，见图 6-21。

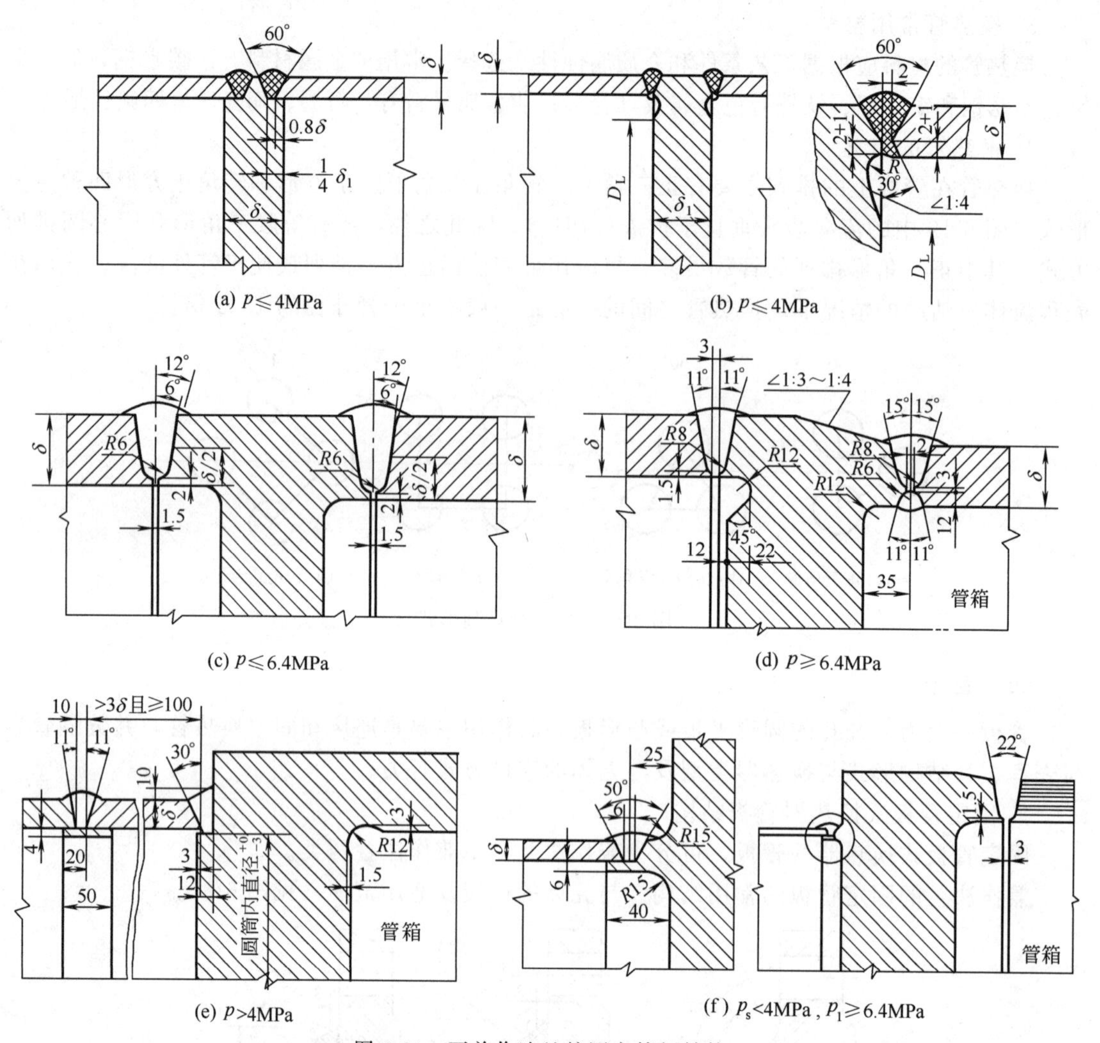

图 6-21　不兼作法兰的固定管板结构

2. 浮头式、U 形管、填料函式换热器管板

浮头式的活动管板常为一开孔圆平板；而 U 形管式只有一块固定管板，没有活动管板。填料函式的活动管板通常为一开孔圆平板加上短节圆筒形壳体。而三者的固定管板一般不兼作法兰，不受法兰力矩的作用，且与壳体采用可拆连接方式。其结构形式、与壳体的连接见图 6-22。

3. 管子在管板上的连接

管子在管板上的连接方式有强度胀接、强度焊接、胀焊结合几种方式。

(1) 强度胀接

强度胀接是指保证换热管与管板连接密封性能和抗拉脱强度的胀接。采用的方法有机械胀管法和液压胀管法。采用的原理都是促使换热管产生塑性变形与管板贴合。其结构与适应范围见图 6-23。

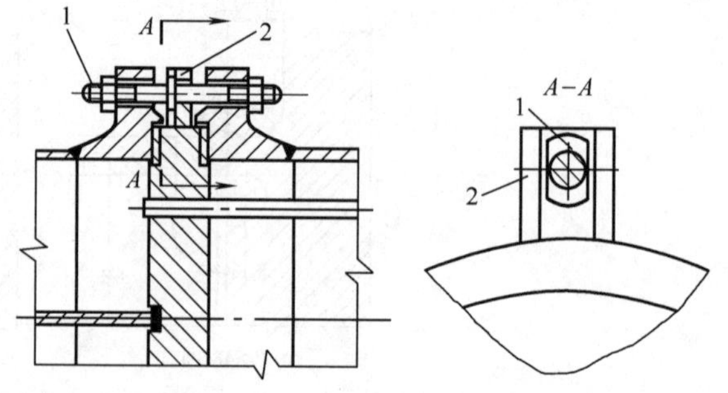

图 6-22　不兼作法兰的固定端管板连接结构

1—带肩双头螺柱；2—防松支耳

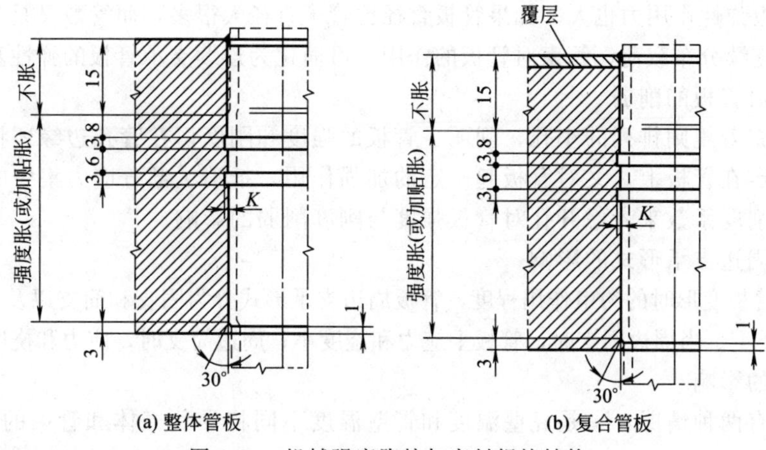

(a) 整体管板 (b) 复合管板

图 6-23 机械强度胀接加密封焊接结构

(2) 强度焊接

强度焊接是指保证换热管与管板连接密封性和抗拉脱强度的焊接。其特点是制造加工简单，连接处强度高，但不适应于有较大振动和容易产生间隙腐蚀的场合。强度焊接加贴胀管孔结构见图 6-24。

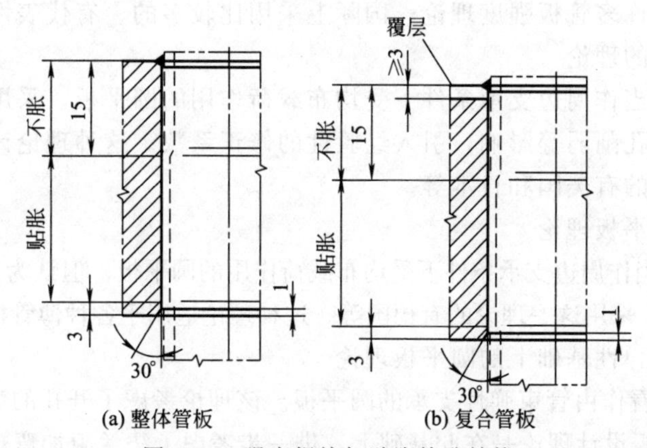

(a) 整体管板 (b) 复合管板

图 6-24 强度焊接加贴胀管孔结构

(3) 胀焊结合

采用强度胀接虽然管子与管板孔贴合较好，但在压力与温度有变化时，抗疲劳性能差，连接处易产生松动；采用强度焊接时，虽然强度和密封性能好，但管子与管板孔壁处有环形缝隙，易产生间隙腐蚀。故工程上常采用胀焊结合的方法来改善连接处的状况。按目的不同，胀焊结合有强度胀加密封焊；强度焊加密封胀；强度胀加强度焊等几种方式。按顺序不同，又有先胀后焊与先焊后胀之分。但一般采用先焊后胀，以免先胀后焊时残留的润滑油影响后焊的焊接质量。

4. 管板的强度

管板是管壳式换热器的重要部件，其设计是否得当，关系到换热器能否正常工作。管板强度的影响因素很多，主要的有以下几个方面。

(1) 管束对管板的支承作用

换热管通过焊接或胀接固定在管板上，当管板在外载荷作用下发生弯曲变形时，管束也将产生变形，管束的变形有端部的弯曲变形和中间部分的伸长或压缩变形两种。管束的轴向变形，对管板产生弹性约束反力，弹性反作用力随位置（管板半径）的不同而变化，挠度大的地方，管子对管板弹性作用力也大。如果管板直径比管子直径大很多，而管数又是足够多时，可将弹性力看作连续分布载荷，管束对管板的作用，可简化为连续支承管板的弹性基础。

(2) 开孔对管板的削弱

管板上密布着规则排列的小孔，削弱了管板的强度和刚度，在管孔边缘还将产生应力集中。但管子固定在管板上，又对管板起一定的加强作用，抵消了部分应力集中的影响，设计时，通常采用削弱系数来考虑开孔对管板强度与刚度削弱的影响。

(3) 管板周边支承形式的影响

根据其对管板变形时的约束作用程度，管板周边支承形式分为固支和简支以及介于二者之间的半固支三种类型。当周边固支时，管板上应力和挠度小；周边简支时，应力和挠度均较大。

(4) 温差的影响

温差应力有两种情况：一是壳壁温度和管壁温度不同将导致壳体和管束的伸长量不同，致使管板产生弯曲变形；二是管板上下表面接触的是两种温度不同的流体，温度的不同将在管板上产生温差应力。

其他的影响因素还有管板是否兼作法兰的不同影响，当管板兼作法兰时，要考虑法兰力矩的影响，以及周边不布管区对管板边缘的应力下降的影响等。

由于影响管板强度的因素很多，受力情况非常复杂，吸引了许多专家和工程技术人员对此进行研究，提出了许多管板强度理论。国际上采用比较多的、有代表性的有以下几种。

(1) 基于圆平板的理论

这种理论将管板当作周边支承条件下受均布载荷作用的圆平板，采用平板理论公式确定管板厚度，再考虑开孔削弱等影响，引入经验性的修正系数。这种理论计算简单，但局限性较大。采用这一理论的有美国和日本等。

(2) 固定支承圆平板理论

这种理论将管板当作周边支承条件下受均布载荷作用的圆平板，但认为管板的厚度取决于管板上不布管区的范围。采用这一理论的有德国等。这种理论适用于各种薄管板的强度校核。

(3) 基于安置在弹性基础上的圆平板理论

这种理论将管板看作由管束弹性支承的圆平板。该理论考虑了开孔的影响。采用这一理论的有英国等。中国管板设计理论是在此基础上，进一步考虑了法兰附加弯矩、管板周边布管情况等方面的影响，在理论上更完备，在结果上更精确，管板所需厚度最小，但计算更为复杂。

管板的强度计算和厚度确定非常复杂，计算方法繁琐。通常采用强度校核法。即首先假定一个计算厚度，然后计算各种参数，再校核在各种载荷作用下危险状况的应力，最后通过强度校核来判断初设的厚度是否合适。在需要具体计算时，可参看《热换热器》GB/T 151—2014。

五、管箱、折流板与支承板、挡板

1. 管箱

管箱是位于换热器两端的重要部件。它的作用是接纳由进口管来的流体，并分配到各换热管内，或是汇集由换热管流出的流体，将其送入排出管输出。常用的管箱结构如图 6-25 所示。

管箱的结构与换热器是否需要清洗和是否需要分程等因素有关。图 6-25(a) 所示管箱是双程带流体进出口管的结构。在检查及清洗管内时，需拆下连接管道，故只适应管内走清洁流体的情况。图 6-25(b) 为在管箱上装箱盖，检查与清洗管内时，只需拆下箱盖即可，但材料消耗较多。图 6-25(c) 是将管箱与管板焊成一体，在管板密封处不会产生泄漏，但管箱

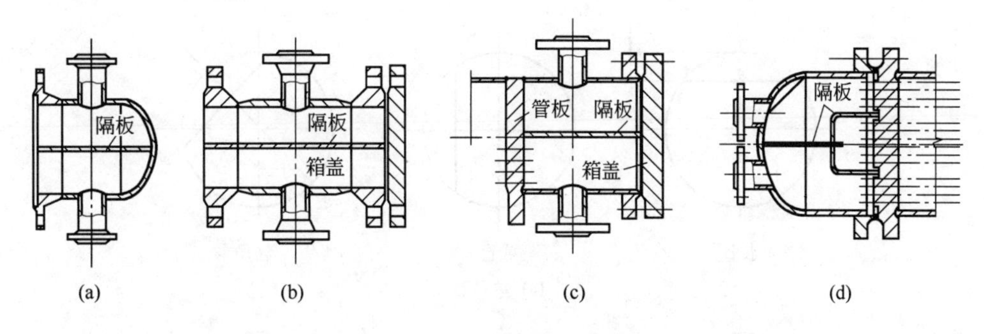

图 6-25　管箱结构形式

不能单独拆卸，检查与清洗不便，已较少采用。图 6-25(d) 为一种多程隔板的安置形式。

2. 折流板与支承板

在换热器中设置折流板是为了提高壳程流体的流速，增加流体流动的湍动程度，控制壳程流体的流动方向与管束垂直，以增大传热系数。在卧式换热器中，折流板还起着支撑管束的作用。常用的折流板有弓形与圆盘-圆环形两种，其结构如图 6-26 所示。

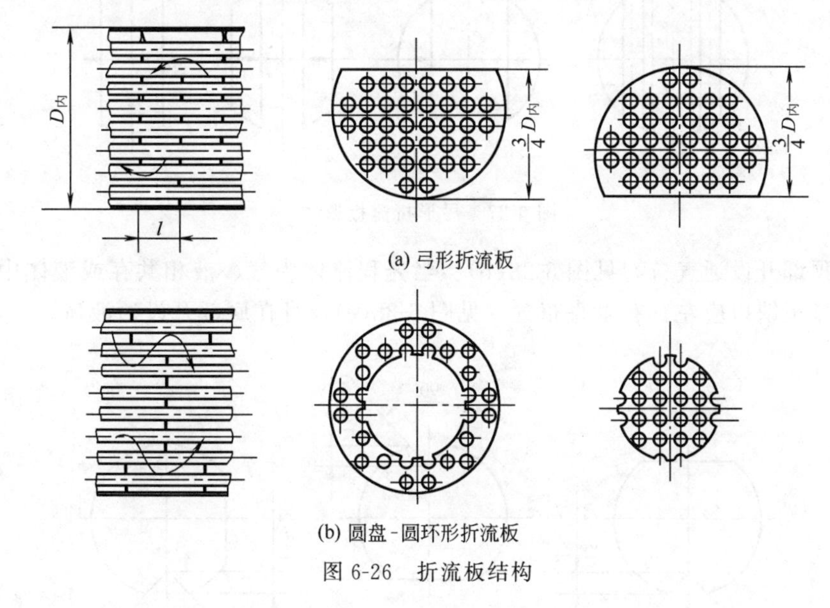

(a) 弓形折流板

(b) 圆盘-圆环形折流板

图 6-26　折流板结构

弓形折流板有单弓形、双弓形和三弓形三种形式，多弓形适应壳体直径较大的换热器，其安装位置可以是水平、垂直或旋转一定角度，如图 6-27 所示。

弓形折流板的缺口高度应使流体通过缺口时与横向流过管束时的流速大致相等，一般情况下，取缺口高度为 0.25 倍壳体内径。折流板一般在壳体轴线方向按等距离布置。最小间距不小于 0.2 倍壳体内径，且不小于 50mm；最大间距应不大于壳体内径。管束两端的折流板应尽量靠近壳体的进、出口接管。折流板上管孔与换热管之间的间隙及折流板与壳体内壁的间隙要符合要求。间隙过大，会因短路现象严重而影响传热效果，且易引起振动，间隙过小会使安装、拆卸困难。

在卧式换热器中，折流板弓形缺口应上、下水平布置，如图 6-28 所示。当壳程流体为气体，且含有少量液体时，应在缺口朝上的弓形板底部开设通液口，见图 6-28(a)。通液口通常为 90°的扇形小缺口，以利排液。当壳程流体为液体，且含有少量气体时，应在缺口朝

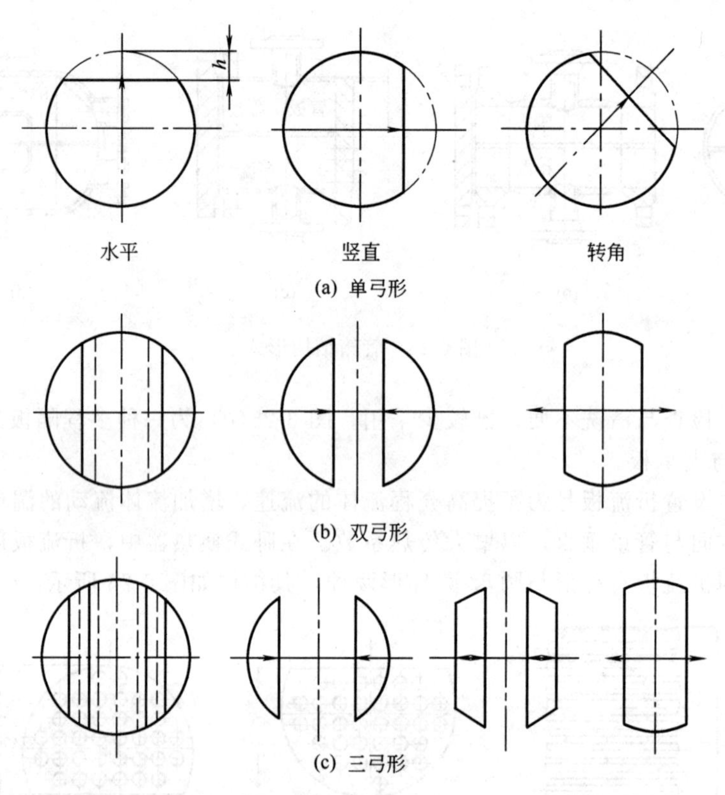

图 6-27　弓形折流板形式

下的折流板顶部开设通气口，见图 6-28(b)。当壳程流体为气、液相共存或液体中含有固体颗粒时，折流板缺口应左、右垂直布置，见图 6-28(c)，且在底部开设通液口。

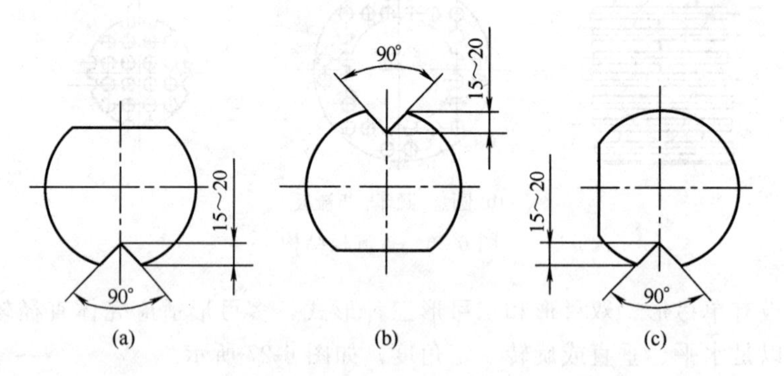

图 6-28　折流板缺口布置

折流板的安装定位采用拉杆-定距管结构，如图 6-29(a)所示。当换热管径较小时（$d_0 \leqslant$ 14mm），可采用将折流板点焊在拉杆上而不用定距管，见图 6-29(b)。

换热器内一般都装有折流板，既起折流作用，又起支承作用。但当工艺上无折流板要求而换热管比较细长时，应考虑有一定数量的支承板，以便于安装和防止管子过大变形。支承板的结构和尺寸，可按折流板处理。

3. 挡板

当选用浮头式、U 形管式或填料函式换热器时，在管束与壳体内壁之间有较大环形空

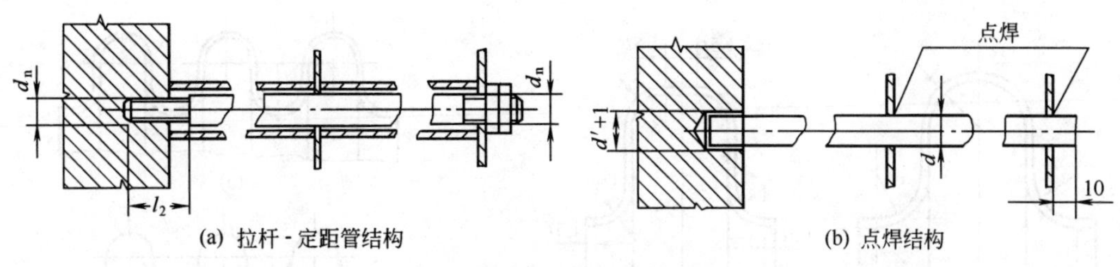

(a) 拉杆-定距管结构 (b) 点焊结构

图 6-29 拉杆结构

隙，形成短路现象而影响传热效果。对此，可增设旁路挡板，以迫使壳程流体垂直通过管束进行换热。旁路挡板数量可取 2～4 对，一般为 2 对。挡板可用钢板或扁钢制作，材质一般与折流板相同。挡板常采用嵌入折流板的方式安装。先在折流板上铣出凹槽，将条状旁路挡板嵌入折流板，并点焊固定。旁路挡板结构如图 6-30 所示。

在 U 形管换热器中，U 形管束中心部分有较大的间隙，流体在此处走短路而影响传热效率。对此，可采取在 U 形管束中间通道处设置中间挡板的办法解决。中间挡板数一般不超过 4 块。中间挡板可与折流板点焊固定，如图 6-31 所示。

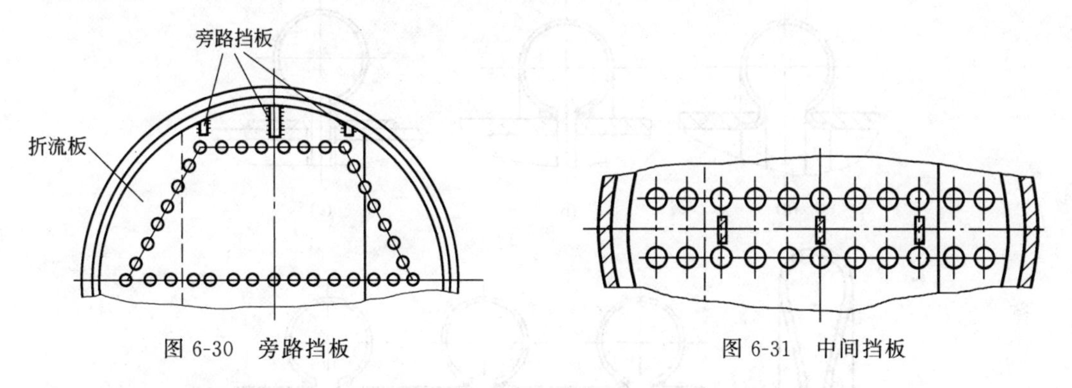

图 6-30 旁路挡板　　图 6-31 中间挡板

六、温差补偿装置

在固定管板式换热器中，管束与壳体是刚性连接的。当管程流体温度较高而壳程流体温度较低时，管束的壁温高于壳体的壁温，管束的伸长要大于壳体的伸长。壳体受拉而管束受压，在壳壁上和管壁上产生了应力。这个应力是由于管壁与壳壁的温度差引起的，称为温差应力或热应力。当管程流体温度较低而壳程流体温度较高时，则壳体受压而管束受拉。当管壁温度与壳壁温度的差值越大时，所引起的温差应力也越大。情况严重时，可引起管子弯曲变形，甚至造成管子从管板上拉脱或顶出，导致生产无法进行。

在设计换热器时，应根据冷、热流体的温度，确定壳体和管子的壁温，然后计算由温差引起的温差应力，再校核在温差应力作用下，管束与管板的连接强度。若在连接处强度不足，则应采取温差补偿措施。

工程上应用最多的温差补偿装置是膨胀节。膨胀节是装在固定管板式换热器壳体上的挠性构件，由于它轴向柔度大，当管束与壳体壁温不同而产生温差应力时，通过协调变形而减少温差应力。膨胀节壁厚越薄，弹性越好，补偿能力越大，但膨胀节的厚度要满足强度要求。

工厂中使用最多的是单波 U 形膨胀节，它结构简单，补偿性能好，价格便宜，已有标准件可供选用（GB/T 16749—2018），其结构如图 6-32 所示。若需要较大补偿量时，则可采用多波 U 形膨胀节（见图 6-33）。

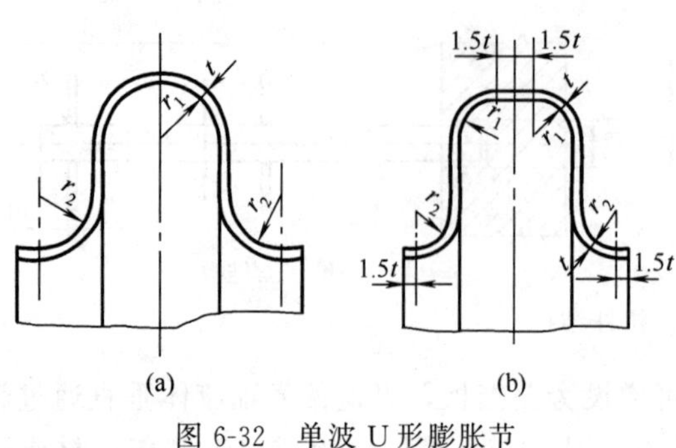

图 6-32　单波 U 形膨胀节

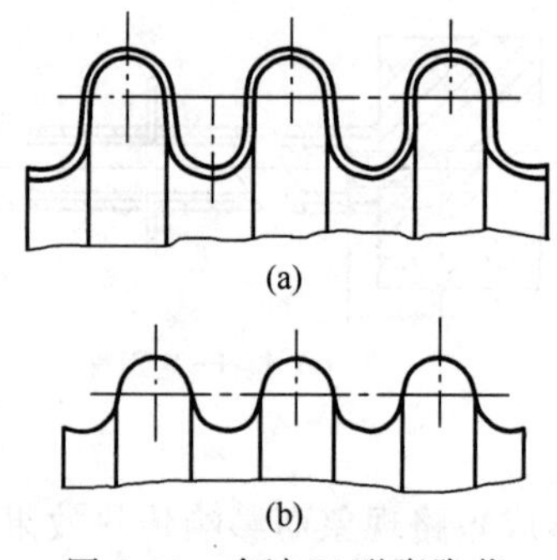

图 6-33　多波 U 形膨胀节

当壳程流体介质压力较高时，U 形膨胀节的厚度也需要增加。增大壁厚不仅增加了材料消耗，而且降低了膨胀节的弹性变形能力，减小了补偿量。此时可考虑选用 Ω 形膨胀节，因 Ω 形膨胀节内的应力与介质压力关系不大，而取决于自身结构。Ω 形膨胀节根据与壳体的连接结构和自身形状有多种形式，见图 6-34。

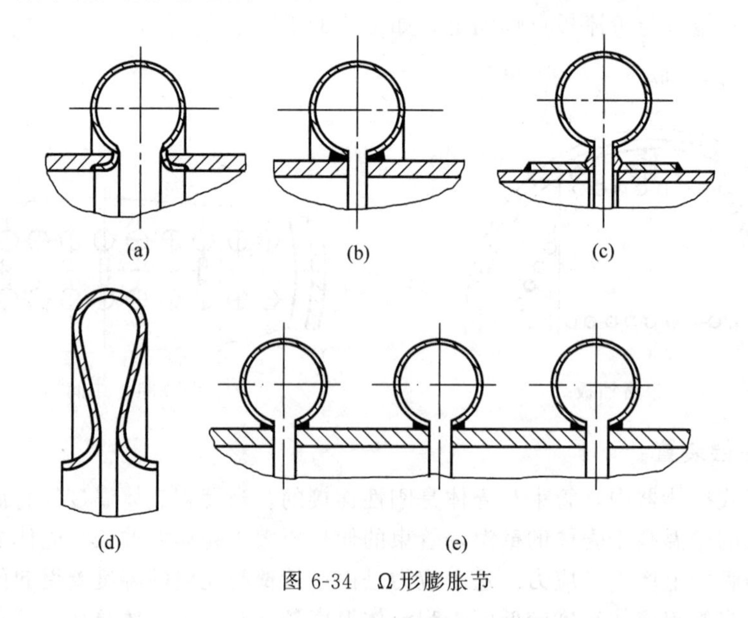

图 6-34　Ω 形膨胀节

第三节　换热器技术的发展及标准化

随着石油、化工、农药、冶金等过程工业的发展，对广泛应用的传热装置的结构形式、传热效果、成本费用、使用维护等方面提出了越来越高的要求，换热器技术也不断发展。其主要成果表现为三个方面：一是逐步形成典型换热器的标准化生产，降低了生产成本，适应了大批量、专业化生产需要，方便了使用和日常维护检修；二是创新传热理论，奠定传热技术发展的基础；三是换热器的结构改进与更新，提高了传热效果。

一、传热理论创新

① 对冷凝传热过程，提出了在垂直管内部冷凝时所形成的冷凝液膜，从层状直到受重力或蒸汽剪力而引起的湍动，可分为重力控制的层状膜，重力诱导的湍动膜和蒸汽剪切控制的湍动膜等，并提出了有关热量传递公式。

② 进行了管束中的沸腾试验（过去只在单管或圆盘上做试验），指出了沸腾传热的一些基本性能。特别是对釜式再沸器，认为池沸腾（即当加热表面浸入液体的自由表面以下时的沸腾过程）可以控制的热传递机理。

其他方面的研究，如电磁场对电导流体热传递的影响、蒸发冷却、低密度气体与固体表面间的热传递和融磨冷却等都取得了新的进展。

二、设备结构的改进

1. 新型高效换热器的应用

在管壳式换热器的基础上发展起来的板式换热器，螺旋板换热器、板翅式换热器、伞板式换热器、热管式换热器、非金属材料制造的石墨换热器、聚四氟乙烯换热器等新型换热器越来越多地投入使用，适应了不同工艺的要求，增强了传热效果。

2. 改进传热元件结构，提高传热效率

在光管基础上进行形状改造，出现了螺旋槽管、横纹管，内翅片管、外翅片管等多种结构的传热管，增强了流体湍动程度，增大了给热系数，增强了传热效果。

3. 管板结构形式多样化

传统的管板为圆形平板，厚度较大。近年来已使用的椭圆形管板是以椭圆形封头做管板，且常与壳体采用焊接连接，使管板的受力情况大为改善，因而其厚度比圆平板小许多。与此同时，各种结构的薄管板也越来越多地投入使用。薄管板不仅节约了金属材料的消耗，而且减少了温差应力，改善了受力状况。

三、换热器标准及选用

为了适应生产发展的需要，中国对使用较多的几种典型换热器结构实行了标准化。现有标准为：《浮头式换热器和冷凝器型式与基本参数》《固定管板式换热器型式与基本参数》《立式热虹吸式重沸器型式与基本参数》《U形管式换热器型式与基本参数》等，见JB/T 4714～4717—1992。

换热器标准是根据公称直径、公称压力和传热面积来制订的，现以固定管板式换热器为例说明标准选用。

① 固定管板式换热器壳体的直径分别为 ϕ159、ϕ219、ϕ273、ϕ325、ϕ400、ϕ450、ϕ500、ϕ600、ϕ800、ϕ1000、ϕ1200、ϕ1400、ϕ1600、ϕ1800（单位mm）等。当直径小于 ϕ400mm 时采用无缝钢管制造，其余采用钢板卷焊而成。

② 固定管板式换热器的公称压力等级为0.6、1.0、1.6、2.5、4.0、6.0（单位MPa）六个级别。与此相对的温度为200℃，当使用温度超过200℃时，允许升温降压使用。

③ 换热管的传热面积按下式计算

$$A=\pi d(L-2\delta-0.06)n$$

式中 A——计算换热面积，m^2；

d——换热管外径，m；

L——换热管长度，m；

δ——管板厚度，m；

n——换热管根数。

④ 固定式管板换热器的基本参数。当采用 ϕ25mm 换热管，按正三角形排管，管间距取1.25倍管子外径时，固定式管板换热器的基本参数见表6-2。

表 6-2　固定式管板换热器基本参数

公称直径 DN/mm	公称压力 PN/MPa	管程数 N	管子根数 n	中心排管数	管程流通面积/m^2		计算换热面积/m^2					
							换热管长度 L/mm					
					$\phi25\times2$	$\phi25\times2.5$	1500	2000	3000	4500	6000	9000
159	1.60	1	11	3	0.0038	0.0035	1.2	1.6	2.5	—	—	—
219			25	5	0.0087	0.0079	2.7	3.7	5.7	—	—	—
273	2.50	1	38	6	0.0132	0.0119	4.2	5.7	8.7	13.1	17.6	—
		2	32	7	0.0055	0.0050	3.5	4.8	7.3	11.1	14.8	—
325	4.00	1	57	9	0.0197	0.0179	6.3	8.5	13.0	19.7	26.4	—
	6.40	2	56	9	0.0097	0.0088	6.2	8.4	12.7	19.3	25.9	—
		4	40	9	0.0035	0.0031	4.4	6.0	9.1	13.8	18.5	—
400	0.60	1	98	12	0.0339	0.0308	10.8	14.6	22.3	33.8	45.4	—
		2	94	11	0.0163	0.0148	10.3	14.0	21.4	32.5	43.5	—
		4	76	11	0.0066	0.0060	8.4	11.3	17.3	26.3	35.2	—
450	1.00	1	135	13	0.0468	0.0424	14.8	20.1	30.7	46.6	62.5	—
		2	126	12	0.0218	0.0198	13.9	18.8	28.7	43.5	58.4	—
		4	106	13	0.0092	0.0083	11.7	15.8	24.1	36.6	49.1	—
500	1.60	1	174	14	0.0603	0.0546	—	26.0	39.6	60.1	80.6	—
		2	164	15	0.0284	0.0257	—	24.5	37.3	56.6	76.0	—
		4	144	15	0.0125	0.0113	—	21.4	32.8	49.7	66.7	—
600	2.50	1	245	17	0.0849	0.0769	—	36.5	55.8	84.6	113.5	—
		2	232	16	0.0402	0.0364	—	34.6	52.8	80.1	107.5	—
		4	222	17	0.0192	0.0174	—	33.1	50.5	76.7	102.8	—
		6	216	16	0.0125	0.0113	—	32.2	49.2	74.6	100.0	—
700	4.00	1	355	21	0.1230	0.1115	—	—	80.0	122.6	164.4	—
		2	342	21	0.0592	0.0537	—	—	77.9	118.1	158.4	—
		4	322	21	0.0279	0.0253	—	—	73.3	111.2	149.1	—
		6	304	20	0.0175	0.0159	—	—	69.2	105.0	140.8	—
800	0.60	1	467	23	0.1618	0.1466	—	—	106.3	161.3	216.3	—
		2	450	23	0.0779	0.0707	—	—	102.4	155.4	208.5	—
	1.60	4	442	23	0.0383	0.0347	—	—	100.6	152.7	204.7	—
		6	430	24	0.0248	0.0225	—	—	97.9	148.5	119.2	—
900	2.50	1	605	27	0.2095	0.1900	—	—	137.8	209.0	280.2	422.7
		2	588	27	0.1018	0.0923	—	—	133.9	203.1	272.3	410.8
	4.00	4	554	27	0.0480	0.0435	—	—	126.1	191.4	256.6	387.1
		6	538	26	0.0311	0.0282	—	—	122.5	185.8	249.2	375.9

续表

公称直径 DN/mm	公称压力 PN/MPa	管程数 N	管子根数 n	中心排管数	管程流通面积/m^2		计算换热面积/m^2					
							换热管长度 L/mm					
					$\phi25\times2$	$\phi25\times2.5$	1500	2000	3000	4500	6000	9000
1000	0.60	1	749	30	0.2594	0.2352	—	—	170.5	258.7	346.9	523.3
		2	742	29	0.1285	0.1165	—	—	168.9	256.3	343.7	518.4
		4	710	29	0.0615	0.0557	—	—	161.6	245.2	328.8	496.0
		6	698	30	0.0403	0.0365	—	—	158.9	241.1	323.3	487.7
(1100)	1.60	1	931	33	0.3225	0.2923	—	—	—	321.6	431.2	650.4
		2	894	33	0.1548	0.1404	—	—	—	308.8	414.1	624.6
	2.50	4	848	33	0.0734	0.0666	—	—	—	292.9	392.8	592.5
		6	830	32	0.0479	0.0434	—	—	—	286.7	384.4	579.9
1200	4.00	1	1115	37	0.3862	0.3501	—	—	—	385.1	516.4	779.0
		2	1102	37	0.1908	0.1730	—	—	—	380.6	510.4	769.9
		4	1052	37	0.0911	0.0826	—	—	—	363.4	487.2	735.0
		6	1026	36	0.0592	0.0537	—	—	—	354.4	475.2	716.8
(1300)	0.25 0.60 1.00 1.60 2.50	1	1301	39	0.4506	0.4085	—	—	—	449.4	602.6	908.9
		2	1274	40	0.2206	0.2000	—	—	—	440.0	590.1	890.1
		4	1214	39	0.1051	0.0953	—	—	—	419.3	562.3	848.2
		6	1192	38	0.0688	0.0624	—	—	—	411.7	552.1	832.8
1400	0.25	1	1547	43	0.5358	0.4858	—	—	—	—	716.5	1080.8
		2	1510	43	0.2615	0.2371	—	—	—	—	699.4	1055.0
		4	1454	43	0.1259	0.1141	—	—	—	—	673.4	1015.8
		6	1424	42	0.0822	0.0745	—	—	—	—	659.5	994.9
(1500)	0.60	1	1753	45	0.6072	0.5504	—	—	—	—	811.9	1224.7
		2	1700	45	0.2944	0.2669	—	—	—	—	787.4	1187.7
		4	1688	45	0.1462	0.1325	—	—	—	—	781.8	1179.3
		6	1590	44	0.0918	0.0832	—	—	—	—	736.4	1110.9
1600	1.00	1	2023	47	0.7007	0.6352	—	—	—	—	937.0	1413.4
		2	1982	48	0.3432	0.3112	—	—	—	—	918.0	1384.7
		4	1900	48	0.1645	0.1492	—	—	—	—	880.0	1327.4
		6	1884	47	0.1088	0.0986	—	—	—	—	872.6	1316.3
(1700)	1.60	1	2245	51	0.7776	0.7049	—	—	—	—	1039.8	1568.5
		2	2216	52	0.3838	0.3479	—	—	—	—	1026.3	1548.2
		4	2180	50	0.1888	0.1711	—	—	—	—	1009.7	1523.1
		6	2156	53	0.1245	0.1128	—	—	—	—	998.6	1506.3
1800	2.50	1	2559	55	0.8863	0.8035	—	—	—	—	1185.3	1787.7
		2	2512	55	0.4350	0.3944	—	—	—	—	1163.4	1755.1
		4	2424	54	0.2099	0.1903	—	—	—	—	1122.7	1693.2
		6	2404	53	0.1388	0.1258	—	—	—	—	1113.4	1679.6

第四节 管壳式换热器的常见故障及排除方法

壳程式换热器在使用的过程中，最容易发生故障的是作为换热元件的管子。流体对管束的冲刷、腐蚀，都可能造成管子的损坏。因此在日常的维护中应经常对换热器进行检查，以便及时发现故障，并采取相应的措施进行修理。管壳式换热器的常见故障有管子振动、管壁积垢、腐蚀与磨损、介质泄漏等。

一、管子的振动与防振措施

管壳式换热器中管子产生振动是一种常见故障。引起振动的原因有：管束与泵、压缩机产生的共振；由于流速、管壁厚度、折流板间距、管束排列等综合因素的影响而引起的振动；流体横向穿过管束时产生的冲击等。如振动现象严重，可能产生的结果有：相邻管子或管子与壳体间发生碰撞；管子和壳壁因受到磨损而开裂；管子撞击折流板而被切断；管端与管板连接处松动而发生泄漏；管子发生疲劳破坏；增大壳程流体的流动阻力等。

当换热管发生振动时，应针对振动产生的不同原因采取不同的对策。常用的方法有：在流体入口处前设置缓冲装置防止脉冲；折流板上的孔径与管子外径间隙尽量地小；减小折流板间隔，使管子振幅变小；加大管壁厚度和折流板厚度，增加管子刚性等。

二、管壁积垢

由于换热器操作中所处理的流体，有的是悬浮液，有的夹带有固体颗粒，有的黏结物含量高，有的含有泥沙、藻类等杂质。随着使用时间的延长，在换热管的内外表面上会产生积垢。积垢引起的故障有：总导热系数下降，传热效率降低；换热管的管径因积垢而减小，使流体通过管内的流速增加，造成压力损失增大；积垢导致管壁腐蚀，腐蚀严重时，造成管壁穿孔，两种流体混合而破坏正常操作。

对积垢采取的措施有：加强巡回检查，了解积垢的程度；对某些可净化的流体，在进入换热器前进行净化（如水处理）；对于易结垢的流体，应采用容易检查、拆卸和清洗的结构；定期进行污垢的清除等。

三、管子的泄漏

管子发生泄漏的事故较多，主要原因有介质的冲刷引起的磨损，导致管壁破裂；介质或积垢腐蚀穿孔；管子振动引起管子与管板连接处泄漏。

当发现管子有泄漏现象时，采取的措施视泄漏管数的多少而定。如果管束中仅有一根或数根管子泄漏，可采用堵塞的方法进行修理。即用做成锥形的金属材料塞在管子两端打紧焊牢，将损坏的管子堵死不用。金属材料的硬度应低于管子材料的硬度。金属锥塞的锥度一般为3°～5°之间。采用堵管的方法解决管子泄漏现象简单易行，但堵管总数不能超过10%，否则将对传热效果产生较大影响。当发生泄漏的管子较多时，应更换管子。更换管子时，首先采用钻孔、铰孔或錾削的方法拆除已损坏的管子，拆除管子时，应注意不要损坏管板的孔口，以便更新管子时，使管子与管板有较严密的连接。然后采用胀接或焊接的方法将新管连接在管板上。

思考题

6-1 换热设备有哪些类型？各适应什么场合？

6-2 管式换热器主要有哪几种？各有何特点？

6-3　板面式换热器主要有哪几种？各有何特点？

6-4　固定管板式换热器由哪些主要部件组成？其作用是什么？

6-5　U形管式换热器有何特点？适应哪些场合？

6-6　换热管在管板上有哪几种连接方式？各有哪些特点？

6-7　影响管板强度的因素有哪些？管板强度理论有哪几种？

6-8　固定管板式换热器中的温差应力是怎样产生的。常用的温差应力补偿装置有哪些？各有何特点？

6-9　折流板的作用是什么？有哪些常见形式？如何安装固定？

6-10　换热器有哪些常见故障？产生的原因是什么？应采取什么措施？

6-11　我国制订了哪些换热器的标准？其标准代号是什么？如何进行选择？

第七章

搅拌反应釜

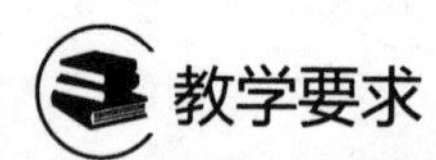

教学要求

能力目标：1. 合理选用反应釜传热装置的能力。
2. 合理选用反应釜搅拌装置的能力。
3. 合理选用反应釜传动装置的能力。

知识要素：1. 搅拌反应釜的作用、总体结构。
2. 搅拌器的类型、结构、特点及应用场合。
3. 填料密封、机械密封的机理与结构。
4. 进出口接管、挡板、导流筒的作用与结构。

技能要求：合理确定反应釜内筒直径、高度、壁厚和搅拌轴直径的计算技能。

第一节 概 述

一、反应釜的作用

在化工生产过程中，许多工艺都是先对生产原料进行物理处理，再按工艺要求进行化学反应，得到最终产品。如在合成氨生产中，就是经过造气、精制，得到氢氮混合气，混合气进入氨合成塔，在一定的压力、温度和催化剂作用下，生成产品氨气。因此，反应设备往往是工艺过程中的关键设备。常用的反应设备主要有固定床反应器、流化床反应器和搅拌反应器。

反应釜的作用是：通过对参加反应的介质的充分搅拌，使物料混合均匀；强化传热效果和相间传质；使气体在液相中作均匀分散；使固体颗粒在液相中均匀悬浮；使不相容的另一液相均匀悬浮或充分乳化。

二、反应釜的设计

反应釜设计可分为工艺设计和机械设计两大部分。工艺设计的主要内容有：反应釜所需容积；传热面积及构成形式；搅拌器形式和功率、转速；管口方位布置等。工艺设计所确定的工艺要求和基本参数是机械设计的基本依据。机械设计的内容一般包括：

① 确定反应釜的结构形式和尺寸；

② 进行筒体、夹套、封头、搅拌轴等构件的强度计算；

③ 根据工艺要求选用搅拌装置；

④ 根据工艺条件选用轴封装置；

⑤ 根据工艺条件选用传动装置。

由于化工产品种类繁多，物料的相态各异，反应条件差别很大，工业上使用的反应器形式也多种多样。按设备的结构特征可分为搅拌釜式、管式、固定床和流化床反应器等。本章仅介绍应用最广泛的搅拌反应釜。

三、搅拌反应釜的总体结构

搅拌反应釜主要由筒体、传热装置、传动装置、轴封装置和各种接管组成。图 7-1 所示为夹套式搅拌反应釜。

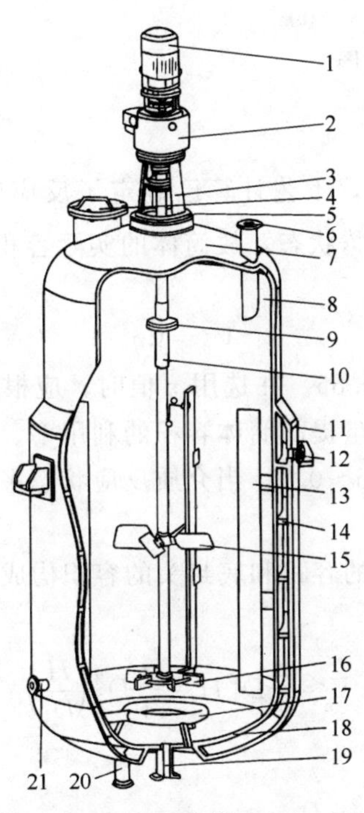

图 7-1　夹套式搅拌反应釜结构

1—电动机；2—减速器；3—机架；4—人孔；5—密封装置；6—进料口；7—上封头；
8—筒体；9—联轴器；10—搅拌轴；11—夹套；12—载热介质出口；13—挡板；
14—螺旋导流板；15—轴向流搅拌器；16—径向流搅拌器；17—气体分布器；
18—下封头；19—出料口；20—载热介质进口；21—气体进口

釜体内筒通常为一圆柱形壳体，它提供反应所需空间；传热装置的作用是满足反应所需温度条件；搅拌装置包括搅拌器、搅拌轴等，是实现搅拌的工作部件；传动装置包括电机、减速器、联轴器及机架等附件，它提供搅拌的动力；轴封装置是保证工作时形成密封条件，阻止介质向外泄漏的部件。

第二节　釜体和传热装置

釜体的内筒一般为钢制圆筒。容器的封头大多选用标准椭圆形封头，为满足工艺要求，釜体上安装有多种接管，如物料进出面口管、监测装置接管等。

常用的传热方式有夹套结构的壁传热和釜内装设换热管传热两种形式，应用最多的是夹套传热，见图 7-2(a)。当反应釜内筒体采用衬里结构或夹套传热不能满足温度要求时，常用蛇管传热方式，见图 7-2(b)。

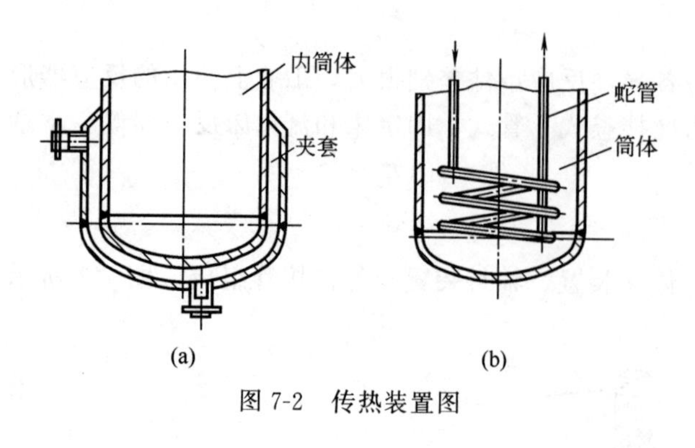

图 7-2　传热装置图

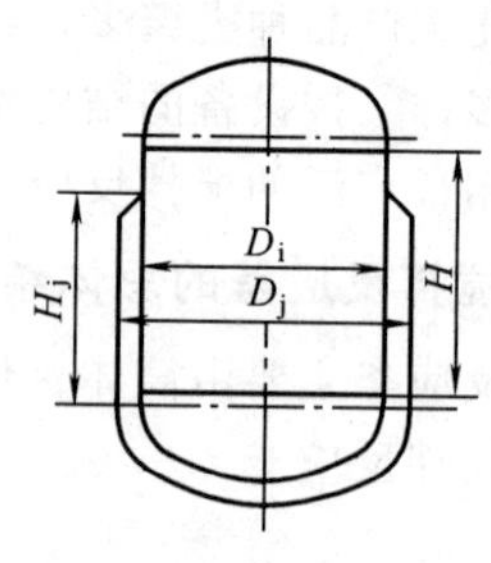

图 7-3　筒体几何尺寸

一、釜体结构

为了满足介质反应所需空间，工艺计算已确定了反应所需的容积 V_0，在实际操作时，反应介质可能产生泡沫或呈现沸腾状态，故筒体的实际容积 V 应大于所需容积 V_0，这种差异用装料系数 η 来考虑，即

$$V_0 = V\eta \tag{7-1}$$

通常装料系数 η 可取 0.6～0.85。在选用 η 值时，应根据介质特性和反应时的状态以及生成物的特点，合理选取，以尽量提高筒体容积的利用率。当介质反应易产生泡沫或沸腾状态时，η 应取较小值，一般为 0.6～0.7；当介质反应状态平稳时，可取 η 为 0.8～0.85；若介质黏度大，则可取最大值。

釜体的实际容积由圆筒部分的容积和底封头的容积构成，如图 7-3 所示。若将底封头容积忽略不计，则筒体容积为

$$V \approx \frac{\pi}{4} D_i^2 H = \frac{\pi}{4} D_i^3 \left(\frac{H}{D_i}\right) \tag{7-2}$$

式中　V——筒体实际容积，m^3；

D_i——筒体的内直径，m；

H——圆筒部分的高度，m。

从式(7-2) 中可知，釜体容积的大小取决于筒体直径 D_i 和高度 H 的大小。若容积一定，则应考虑筒体高度与直径的适合比例。当搅拌器转速一定时，搅拌器的功率消耗与搅拌桨直径的 5 次方成正比，若筒体直径增大，为保证搅拌效果，所需搅拌桨直径也要大，此时功率消耗很大，因此，直径不宜过大。若高度增加，能使夹套式容器传热面积增大，有利于传热，故对于发酵罐之类反应釜，为保证充分的接触时间，希望高径比大些为好。但是，若釜体高度过大，则搅拌轴长度亦相应要增加，此时，对搅拌轴的强度和刚度的要求将会提高，同时为保证搅拌效果，可能要设多层桨，使费用增加。因此，选择筒体高径比时，要综合考虑多种因素的影响。在确定高径比时，可根据物料情况，从表 7-1 中选取。

表 7-1　几种搅拌釜的 H/D_i 值

种　　类	釜内物料性质	H/D_i
一般搅拌釜	液-液相或液-固相	1～1.3
	气-液相	1～2
发酵釜	发酵液	1.7～2.5

将式(7-1) 代入式(7-2) 并整理，可得

$$D_{\mathrm{i}}=\sqrt[3]{\frac{4V_0}{\pi\left(\frac{H}{D_{\mathrm{i}}}\right)\eta}} \tag{7-3}$$

由式(7-3)，即可根据反应所需容积 V_0 和选定的装料系数 η 以及选择的高径比 H/D_{i}，初步计算出釜体内径 D_{i}。然后，再将 D_{i} 值圆整成圆筒标准直径代入下式，计算出筒体高度 H。

$$H=\frac{V}{\frac{\pi}{4}D_{\mathrm{i}}^2}=\frac{\frac{V_0}{\eta}}{\frac{\pi}{4}D_{\mathrm{i}}^2} \tag{7-4}$$

最后，将计算所得的 H 值圆整，校核 H/D_{i} 值是否合适。若合适则可，否则，应重新调整直至满足要求。通过以上计算就确定了筒体的直径和高度，即保证了反应所需的容积空间。

筒体与夹套的厚度要根据强度条件或稳定性要求来确定。夹套承受内压时，按内压容器设计。筒体既受内压又受外压，应根据开车、操作和停工时可能出现的最危险状态来设计。当釜内为真空外带夹套时，筒体按外压设计，设计压力为真空容器设计压力加上夹套内设计压力；当釜内为常压操作时，筒体按外压设计，设计压力为夹套内的设计压力；当釜内为正压操作时，则筒体应同时按内压和外压设计，其厚度取两者中之较大者。

二、夹套结构

夹套是搅拌反应釜最常用的传热结构，由圆柱形壳体和底封头组成。夹套与内筒的连接有可拆连接与不可拆（焊接）连接两种方式。可拆连接结构用于操作条件较差，或要求进行定期检查内筒外表面和需经常清洗夹套的场合。可拆连接是将内筒和夹套通过法兰来连接的。常用的可拆连接如图 7-4 所示。如图 7-4(a) 所示形式，要求在内筒上另装一连接法兰；如图 7-4(b) 所示是将内筒上端法兰加宽，将上封头和夹套都连接在宽法兰上，以增加传热面积。

不可拆连接主要用于碳钢制反应釜。通过焊接将夹套连接在内筒上。不可拆连接密封可靠、制造加工简单。常用的连接方式如图 7-5 所示。

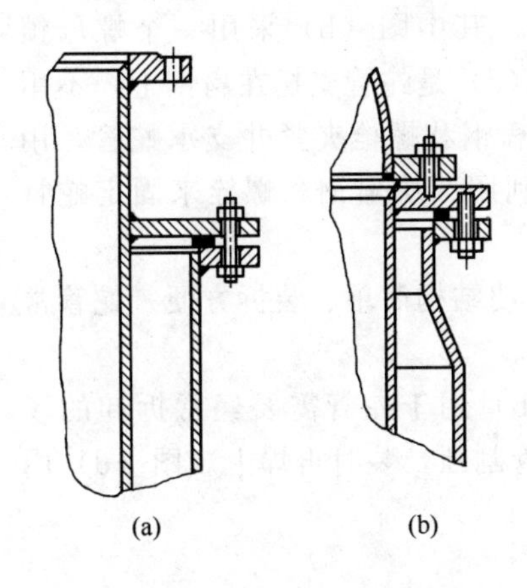

图 7-4 筒体与夹套可拆连接结构

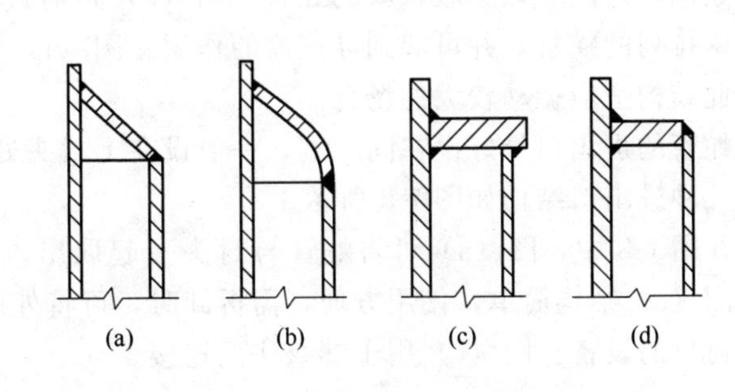

图 7-5 筒体与夹套不可拆连接结构

夹套上设有蒸汽、冷却水或其他加热、冷却介质的进出口。当加热介质是蒸汽时，进口管应靠近夹套上端，冷凝液从底部排出；当加热（冷却）介质是液体时，则进口管应设在底部，使液体下进上出，有利于排出气体和充满液体。

三、蛇管结构

如果所需传热面积较大，而夹套传热不能满足要求或不宜采用夹套传热时，可采用蛇管传热。蛇管置于釜内，沉浸在介质中，热量能充分利用，传热效果比夹套结构好。但蛇管检修困难，还可能因冷凝液积聚而降低传热效果。蛇管和夹套可同时采用，以增加传热效果。

蛇管一般由公称直径为$\phi25\sim\phi70$mm 的无缝钢管绕制而成。常用结构形状有圆形螺旋状、平面环形、U 形立式、弹簧同心圆组并联形式等。

若数排蛇管沉浸于釜内（图 7-6），其内外圈距离 t 一般为 $(2\sim3)d$。各圈垂直距离 h 一般为 $(1.5\sim2)d$。最外圈直径 D_0 一般比筒体内径 D_i 小 200～300mm。

蛇管在筒体内需要固定，固定形式有多种。当蛇管中心直径较小，圈数较少时，蛇管可利用进出口管固定在釜盖或釜底上；若中心直径较大、圈数较多、重量较大时，则应设立固定支架支撑。常见的几种固定形式如图 7-7 所示。

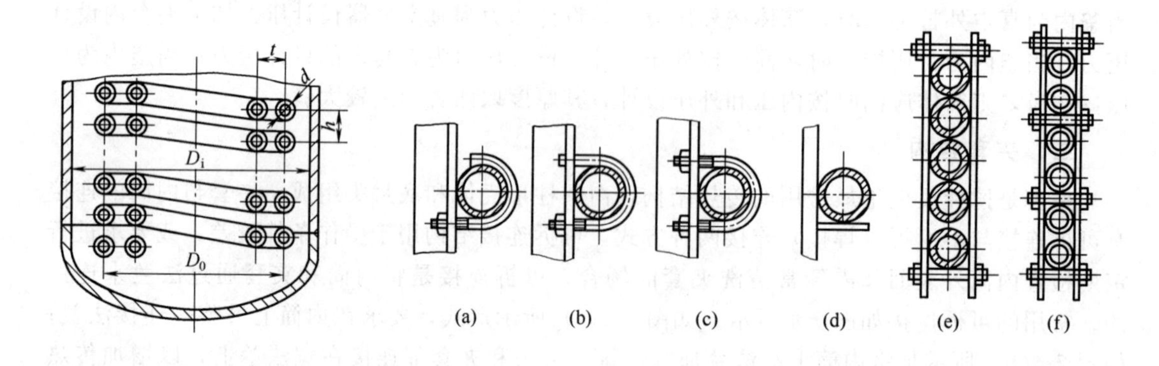

图 7-6 蛇管传热

图 7-7 蛇管的固定形式

在图 7-7 中，图（a）是蛇管支承在角钢上，用半 U 形螺栓固定，制造简单，但难以锁紧，适用于振动小、蛇管公称直径小的场合。图（b）和图（c）的蛇管支承在角钢上，用 U 形螺栓固定，适用于振动较大和蛇管公称直径较大的情况。其中图（b）采用一个螺母锁紧，安装简单。图（c）采用 2 个螺母锁紧，固定可靠。图（d）是蛇管支托在扁钢上，不用螺栓紧固，适用于热膨胀较大的蛇管。图（e）是通过两块扁钢和螺栓夹紧并支承蛇管，用于紧密排列的蛇管，并可起到导流筒的作用。图（f）也是利用两块扁钢和螺栓来固定蛇管的，此结构适应振动较大的场合。

蛇管的进出口最好设在同一端，一般设在上封头处，以使结构简单、装拆方便。蛇管常用的几种进出口结构如图 7-8 所示。

在图 7-8 中，图（a）可将蛇管与封头一起取出。图（b）用于蛇管需要经常拆卸的场合。图（c）结构简单，使用方便，需拆卸时，可将外面短管割断，装时再焊上。图（d）用于有衬里的设备。图（e）用于螺纹法兰连接。

四、顶盖

反应釜的顶盖（上封头）为满足装拆需要常做成可拆式的。即通过法兰将顶盖与筒体相连接。带有夹套的反应釜，其接管口大多开设在顶盖上。此外，反应釜传动装置也大多直接

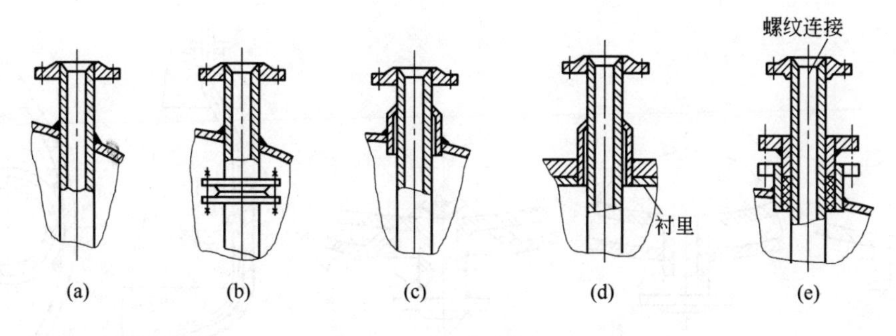

图 7-8 蛇管进出口结构

支承在顶盖上。故顶盖必须有足够的强度和刚度。顶盖的结构形式有平盖、碟形盖、锥形盖，而使用最多的还是椭圆形盖。

五、工艺接管

反应釜筒体的接管主要有：物料进出所需要的进料管和排出管；用于安装检修的人孔或手孔；观察物料搅拌和反应状态的视镜接管；测量反应温度用的温度计接口；保证安全而设立的安全装置接管等。

1. 进料管

进料管一般设在顶部。其常用结构如图 7-9 所示。进料管的下端一般成 45°的切口，以防物料沿壁面流动。图（a）为一般常用结构。图（b）为套管式结构，便于装拆更换和清洗，适用于易腐蚀、易磨损、易堵塞的介质。图（c）管子较长，沉浸于料液中，可减少进料时产生的飞溅和对液面的冲击，并可起液封作用。为避免虹吸，在管子上部开有小孔。

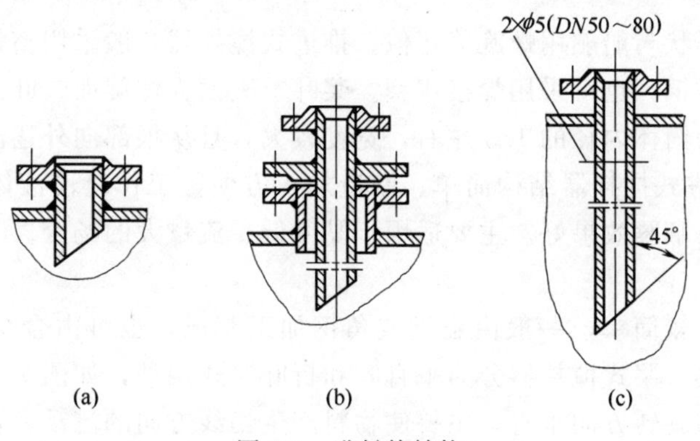

图 7-9 进料管结构

2. 出料管

出料管分为上出料管和下出料管两种形式。

下部出料适用于黏性大或含有固体颗粒的介质。常见的下部出料接管形式如图 7-10 所示。图中（a）用于不带夹套的筒体，图（b）和图（c）适用于带夹套的筒体。其中图（c）结构较复杂，多用在内筒与夹套温差较大的场合。

当物料需要输送到较高位置或需要密闭输送时，必须装设压料管，使物料从上部排出。压料管及固定方式如图 7-11 所示。上部出料常采用压缩空气或其他惰性气体，将物料从釜内经压料管压送到下一工序设备。为使物料排除干净，应使压出管下端位置尽可能低些，且底部作成与釜底相似形状。

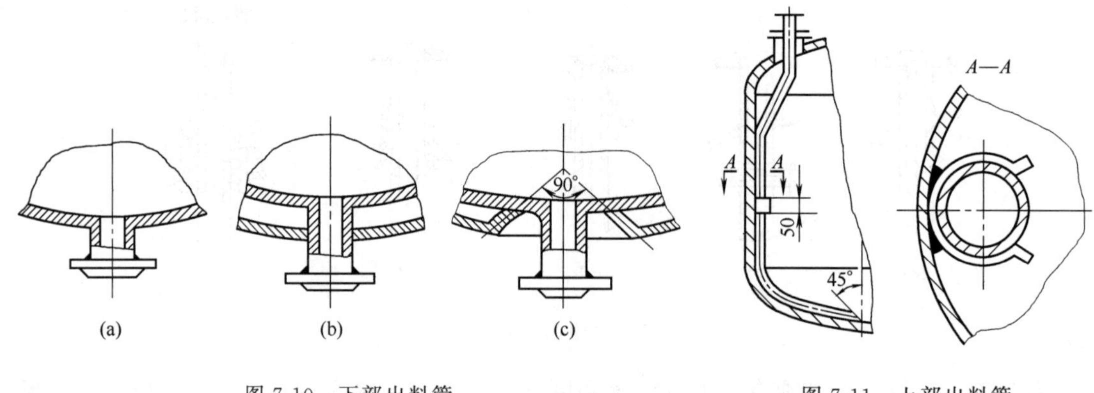

图 7-10　下部出料管　　　　图 7-11　上部出料管

第三节　反应釜搅拌装置

搅拌装置是反应釜的关键部件。反应釜内的反应物借助搅拌器的搅拌，达到物料充分混合、增强物料分子碰撞、加快反应速率、强化传质与传热效果、促进化学反应的目的。所以设计和选择合理的搅拌装置是提高反应釜生产能力的重要手段。搅拌装置通常包括搅拌器、搅拌轴、支承结构以及挡板、导流筒等部件。中国对搅拌装置的主要零部件均已实行标准化生产，供使用时选用。

一、搅拌器类型

1. 推进式搅拌器

推进式搅拌器形状与船舶用螺旋桨相似。推进式搅拌器一般采用整体铸造方法制成，常用材料为铸铁或不锈钢，也可采用焊接成型。桨叶上表面为螺旋面，叶片数一般为三个。桨叶直径较小，一般为筒体内径的 1/3 左右，宽度较大，且从根部向外逐渐变宽，其结构形式如图 7-12 所示。推进式搅拌器结构简单、制造加工方便，工作时使液体产生轴向运动，液体剪切作用小，上下翻腾效果好。主要适用于黏度低、流量大的场合。

2. 桨式搅拌器

桨式搅拌器结构较简单，一般由扁钢或角钢加工制成，也可由合金钢、有色金属等制造。按桨叶安装方式，桨式搅拌器分为平直叶和折叶桨式两种，如图 7-13 所示。

平直叶的叶片与旋转方向垂直，主要使物料产生切线方向的流动，若加设有挡板也可产生一定程度的轴向搅拌作用。折叶式则与旋转方向成一倾斜角度，产生的轴向分流比平直叶多。小型桨叶与轴的连接常采用焊接，即将桨叶直接焊在轮毂上，然后用键、止动螺钉将轮毂连接在搅拌轴上。直径较大的桨叶与搅拌轴的连接多采用可拆连接。将桨叶的一端制出半个轴环套，两片桨叶对开地用螺栓将轴环套夹紧在搅拌轴上。

桨式搅拌器的直径一般为筒体内径的 0.35～0.8 倍，其中 $D/B=4\sim10$。搅拌桨转速较低，一般为 20～80r/min。当液层较高时，常装多层桨叶，且相邻两层桨叶交错 90°安装。

3. 涡轮式搅拌器

涡轮结构如同离心泵的翼轮，轮叶上的叶片有平直形、弯曲形等形状。涡轮搅拌器形式较多，可分为开启式和带圆盘两大类，如图 7-14 所示。涡轮式搅拌器的桨叶直径一般为筒体内径的 0.25～0.5 倍，且一般在 ϕ700mm 以下。涡轮的标准转速为 2～10m/s，$D/B=$

5～8。涡轮式搅拌器适用于各种黏度物料的搅拌操作。

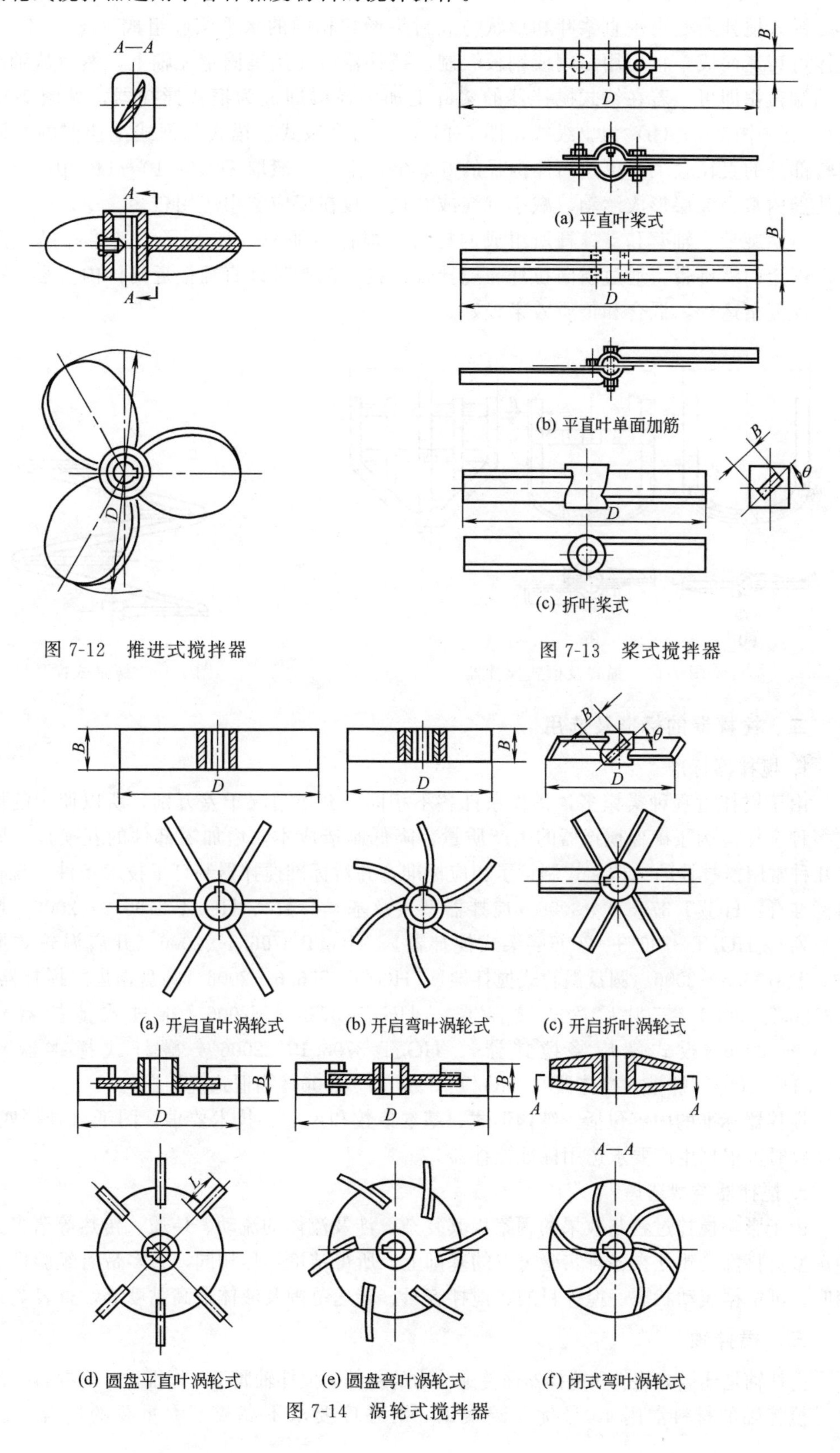

(a) 平直叶桨式

(b) 平直叶单面加筋

(c) 折叶桨式

图 7-12 推进式搅拌器

图 7-13 桨式搅拌器

(a) 开启直叶涡轮式 (b) 开启弯叶涡轮式 (c) 开启折叶涡轮式

(d) 圆盘平直叶涡轮式 (e) 圆盘弯叶涡轮式 (f) 闭式弯叶涡轮式

图 7-14 涡轮式搅拌器

4. 锚式和框式及螺带式搅拌器

锚式搅拌器是由垂直桨叶和形状与底封头形状相同的水平桨叶组成（图 7-15）。整个旋转体可铸造而成，也可用扁钢或钢板煨制。搅拌器可先用键固定在轴上，然后从轴的下端拧上轴端盖帽即可。若在锚式搅拌器的桨叶上加固横梁即成为框式搅拌器，见图 7-15(b) 和 (c)。其中图 7-15（b）为单级式，图 7-15（c）为多级式。锚式和框式搅拌器的共同特点是旋转部分的直径较大，可达筒体内径的 0.9 倍以上，一般取 $D/B=10\sim14$。由于直径较大，能使釜内整个液层形成湍动，减小沉淀或结块，故在反应釜中应用较多。

由螺旋带、轴套和支撑杆所组成的螺带式搅拌器如图 7-16 所示。其桨叶是一定宽度和一定螺矩的螺旋带，通过横向拉杆与搅拌轴连接。螺旋带外直径接近筒体内直径，搅动时液体呈现复杂运动，混合和传质效果较好。

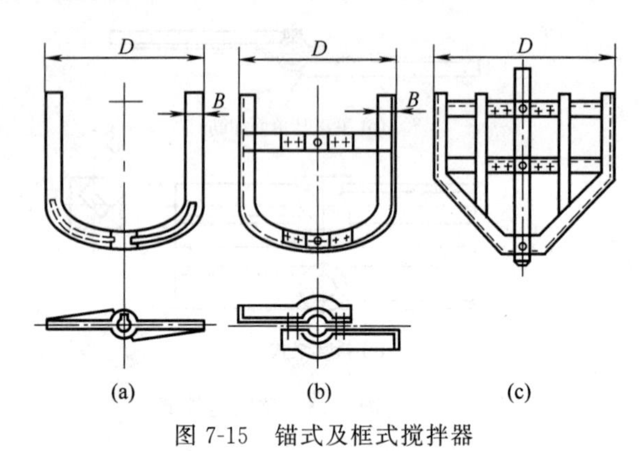

图 7-15 锚式及框式搅拌器

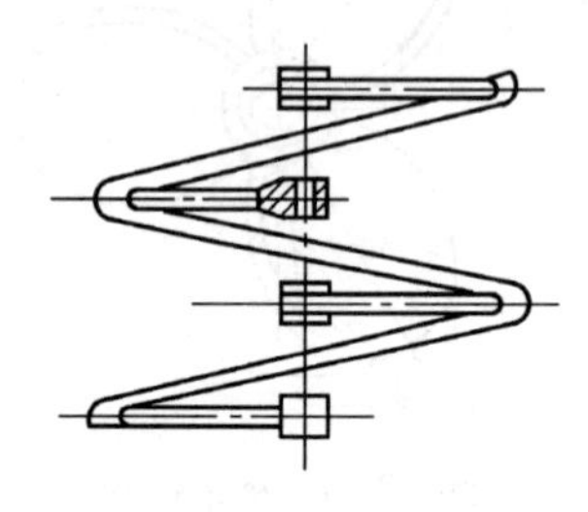

图 7-16 螺带式搅拌器

二、搅拌器的标准及选用

1. 搅拌器标准

由于搅拌过程种类繁多，操作条件各不相同，介质情况千差万别，所以使用的搅拌器形式多种多样。为了确保搅拌器的生产质量，降低制造成本，增加零部件的互换性，原化工部对几种常用搅拌器的结构形式制订了相应标准，并对标准搅拌器制订了技术条件。现行的搅拌器标准有：HG/T 3796.1—2006《搅拌器型式及基本参数》、HG/T 3796.2—2006《搅拌轴轴径系列》、HG/T 3796.3—2006《桨式搅拌器》、HG/T 3796.4—2006《开启涡轮式搅拌器》、HG/T 3796.5—2006《圆盘涡轮式搅拌器》、HG/T 3796.6—2006《圆盘锯齿式搅拌器》、HG/T 3796.7—2006《三叶后弯式搅拌器》、HG/T 3796.8—2006《推进式搅拌器》、HG/T 3796.9—2006《板式螺旋桨搅拌器》、HG/T 3796.10—2006《螺杆式搅拌器》、HG/T 3796.11—2006《螺带式搅拌器》、HG/T 3796.12—2006《锚框式搅拌器》。

搅拌器标准的内容包括：结构形式、基本参数和尺寸、技术要求、图纸目录等四个部分。在需要时可根据生产要求选用标准搅拌器。

2. 搅拌器类型选择

由于影响搅拌过程与效果的因素极其复杂，涉及流体的流动、传质、传热等诸多方面，各种选型资料都是建立在各自实验重点的基础上，所得结论不尽相同，大多带有经验性。实际选用时，可根据流动状态、搅拌目的、搅拌容量、转速范围及液体最高黏度等，查表 7-2 确定。

三、搅拌轴

搅拌轴是连接减速机和搅拌器而传递动力的构件。搅拌轴属于非标准件，需要自行设计。

搅拌轴的材料常用 45 号优质碳素钢，对强度要求不高或不太重要的场合，也可选用

Q325 钢。当介质具有腐蚀性或不允许铁离子污染时，可采用不锈耐酸钢或采取防腐措施。

表 7-2　搅拌器形式选择

搅拌器形式	流动状态			搅拌目的									搅拌设备容量/m^3	转速/$(r \cdot min^{-1})$	最高黏度/$(Pa \cdot s)$
	对流循环	湍流扩散	剪切流	低黏度液混合	高黏度液混合及传热反应	分散	溶解	固体悬浮	气体吸收	结晶	传热	液相反应			
涡轮式	○	○	○	○	○	○	○	○	○	○	○	○	1～100	10～300	50
桨式	○	○	○	○	○		○	○	○		○	○	1～200	10～300	2
推进式	○	○		○		○	○	○		○	○	○	1～1000	100～500	50
折叶开启涡轮式	○	○		○		○	○	○			○	○	1～1000	10～300	50
锚式	○				○		○						1～100	1～100	100
螺杆式	○				○		○						1～50	0.5～50	100
螺带式	○				○		○						1～50	0.5～50	100

注：表中“○”为适合，空白为不适或不许。

搅拌轴的结构与一般机械传动轴相同。搅拌轴一般采用圆截面实心轴或空心轴。其结构形式视轴上安装的搅拌器类型、轴的支承形式、轴与联轴器连接等要求而定，如连接推进式和涡轮式搅拌器的轴头常采用如图 7-17 所示的结构。

搅拌轴通常依靠减速箱内的一对轴承支承，支承形式为悬臂梁。由于搅拌轴往往细而长，而且要带动搅拌器进行搅拌操作。搅拌轴工作时承受着弯扭联合作用，如变形过大，将产生较大离心力而不能正常转动，甚至使轴遭受破坏。为保证轴的正常运转，悬臂支承的条件为（见图 7-18）。

$$L_1/B=4\sim5$$
$$L_1/d=40\sim45$$

式中　L_1——悬臂轴的长度，m；

B——轴承间距，m；

d——搅拌轴直径，m。

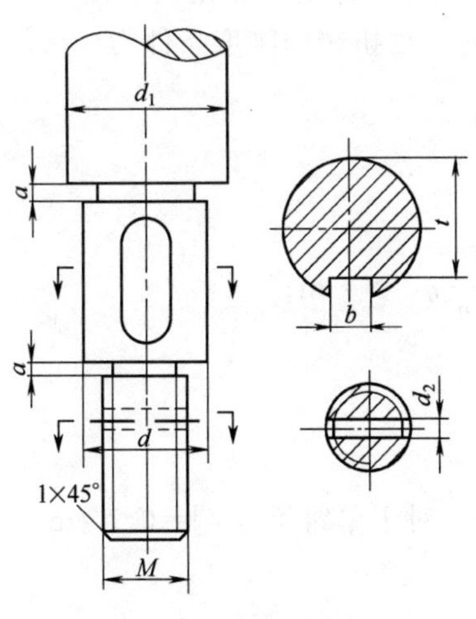

图 7-17　轴头结构

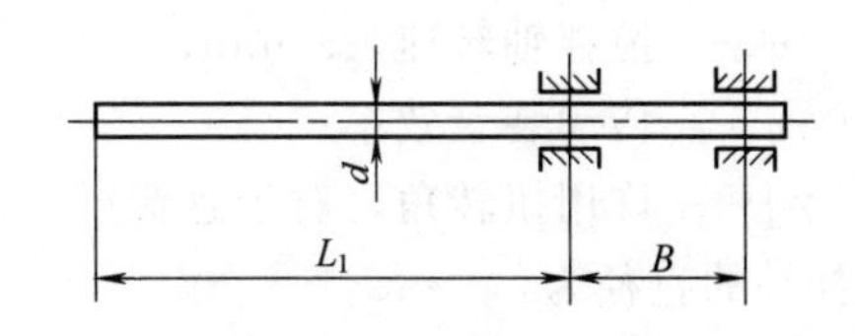

图 7-18　搅拌轴的支承

若轴的直径裕量大、搅拌器经过平衡检验且转速较低时可取偏大值。如不能满足上述要求，则应考虑安装中间轴承或底轴承。

搅拌轴的直径大小，要经过强度计算、刚度计算、临界转速验算，还要考虑介质腐蚀情况。

（1）按强度条件计算搅拌轴的直径

搅拌轴在扭转和弯曲联合作用下，若轴截面上剪切应力过大，将使轴发生剪切破坏，故应将最大剪应力限制在材料许用剪应力之内。搅拌轴的强度条件为

$$\tau_{max}=\frac{M_{te}}{W_p}\leqslant[\tau] \tag{7-5}$$

式中 τ_{max}——轴截面上最大剪应力，Pa；

M_{te}——轴上扭转和弯曲联合作用时的当量弯矩，$M_{te}=\sqrt{M_n^2+M^2}$，N·m；

M_n——扭矩，N·m；

M——弯矩，$M=M_R+M_A$，N·m；

M_R——由水平推力引起的弯矩，N·m；

M_A——由轴向力引起的弯矩，N·m；

W_p——抗扭截面模量，对空心轴 $W_p=\frac{\pi D^3}{16}(1-\alpha^4)$，$m^3$；

对实心轴 $W_p=\frac{\pi D^3}{16}$，m^3；

D——实心轴直径或空心轴外径；m；

α——空心轴内外径之比，$\alpha=d/D$；

$[\tau]$——轴材料的许用剪应力，$[\tau]=\frac{\sigma_b}{16}$，Pa；

σ_b——轴材料的拉伸强度，Pa。

由式(7-5) 可计算出空心轴的直径为

$$d=1.72\left\{\frac{M_{te}}{[\tau](1-\alpha^4)}\right\}^{\frac{1}{3}} \tag{7-6}$$

(2) 按刚度条件计算搅拌轴直径

搅拌轴受扭矩和弯矩联合作用，扭转变形过大会造成轴的振动和扭曲，使轴的密封失效，故应限制单位长度上的最大扭转角在允许的范围内。轴扭转的刚度条件为

$$\gamma=\frac{583.6M_{n\max}}{GD^4(1-\alpha^4)}\leqslant[\gamma] \tag{7-7}$$

式中 G——轴材料剪切弹性模量，Pa；

$M_{n\max}$——轴传递的最大扭矩，$M_{n\max}=9.55\times10^3\frac{P_e}{n}\eta$，N·m；

P_e——电机功率，kW；

n——搅拌轴转速，r/min；

η——传动装置效率；

$[\gamma]$——许用扭转角，对于悬臂梁 $[\gamma]=0.35°/m$，对于单跨梁 $[\gamma]=0.7°/m$。

则搅拌轴的直径为

$$d=4.92\left\{\frac{M_{n\max}}{[\gamma]G(1-\alpha^4)}\right\}^{\frac{1}{4}} \tag{7-8}$$

由以上强度条件和刚度条件确定的搅拌轴的直径是最危险截面处的直径。实际上，由于搅拌轴上因安装零部件和制造需要，常开有键槽、轴肩、螺纹孔、倒角、退刀槽等结构，削弱了横截面的承载能力，因此轴的直径应按计算直径适当放大，同时还要进行临界转速的验

算和允许径向位移的验算。

四、挡板与导流筒

1. 挡板

(1) 挡板的作用

釜体内安装挡板后，可使流体的切向流动转变为轴向和径向流动。同时，增大液体的湍动程度，从而改善搅拌效果。

(2) 挡板的结构与安装

挡板是固定在釜体内壁上的长条形板。挡板宽度为筒体内径的$\frac{1}{12}\sim\frac{1}{10}$。挡板数视容器直径而定，当$D_i<1m$时为2～4块；当$D_i>1m$时为4～6块，一般装4块。安装时，挡板上边缘可与静止液面平齐，下边缘可至釜底。当流体黏度较小时，挡板可紧贴内壁安装，见图7-19(a)。当流体黏度较大或含有固体颗粒时，挡板应与壁面保持一定距离，以防物料黏结和堆积，见图7-19(b)。也可将挡板倾斜一定角度安装，见图7-19(c)。如物料黏度高且使用桨式搅拌器，还可装横向挡板，见图7-19(d)。

2. 导流筒

导流筒是一个圆筒，安装在搅拌器外面，常用于推进式和涡轮式搅拌器（见图7-20）。导流筒的作用是使从搅拌器排出的液体在导流筒内部和外部形成上下循环的流动，以增加流体湍动程度，减少短路机会，增加循环流量和控制流型。

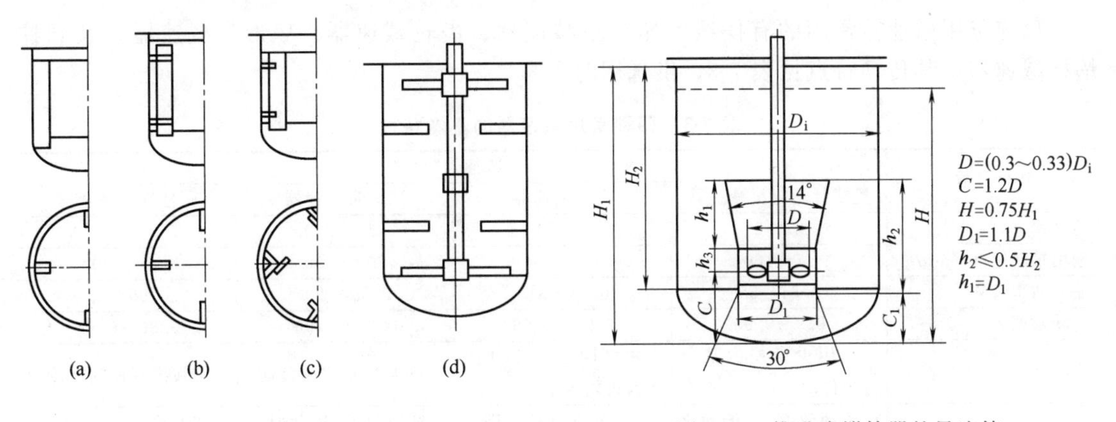

图7-19　挡板安装方式　　图7-20　推进式搅拌器的导流筒

第四节　反应釜传动装置

传动装置通常设置在反应釜顶盖上，一般采用立式布置。反应釜传动装置包括电动机、减速器、支架、联轴器、搅拌轴等，如图7-21所示。

传动装置的作用是将电动机的转速，通过减速器调整至工艺要求所需的搅拌转速，再通过联轴器带动搅拌轴旋转，从而带动搅拌器工作。

一、电动机的选用

反应釜的电动机大多与减速器配套使用，因此电动机的选用一般可与减速器的选用配套进行。在许多场合下，电动机与减速器一并配套供应，设计时可根据选定的减速器选用配套的电动机。

电动机型号应根据电动机功率和工作环境等因素选择。工作环境包括防爆、防护等级、腐蚀情况等。电动机选用主要是确定系列、功率、转速、安装方式等内容。

电动机的功率是选用的主要参数，可由搅拌功率计算电动机的功率 P_e

$$P_e=\frac{P+P_s}{\eta} \tag{7-9}$$

式中 P——工艺要求的搅拌功率，kW；

P_s——轴封消耗功率，kW；

η——传动系统的机械效率。

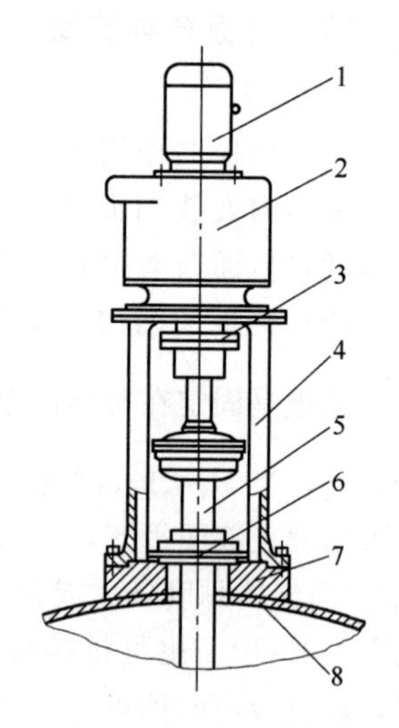

图 7-21 传动装置

1—电动机；2—减速器；3—联轴器；4—支架；5—搅拌轴；6—轴封装置；7—凸缘；8—顶盖（上封头）

二、减速器的选用

减速器的作用是传递运动和改变转动速度，以满足工艺条件的要求。减速机是工业生产中应用很广的典型装置。为了提高产品质量，节约成本，适应大批量专业生产，已制订了相应的标准系列，并由有关厂家定点生产。需要时，可根据传动比、转速、载荷大小及性质，再结合效率、外廓尺寸、重量、价格和运转费用等各项参数与指标，进行综合分析比较，选定合适的减速器类型与型号，外购即可。

反应釜用减速器常用的有摆线针轮行星减速器、齿轮减速器、V 形带减速器以及圆柱蜗杆减速器，其传动特点见表 7-3，供选用时参考。

表 7-3 四种常用减速器的基本特性

特性参数	减速器类型			
	摆线针轮行星减速器	齿轮减速器	V 形带减速器	圆柱蜗杆减速器
传动比 i	87～9	12～6	4.53～2.96	80～15
输出轴转速/(r/min)	17～160	65～250	200～500	12～100
输入功率/kW	0.04～55	0.55～315	0.55～200	0.55～55
传动效率	0.9～0.95	0.95～0.96	0.95～0.96	0.80～0.93
传动原理	利用少齿差内啮合行星传动	两级同中心距并流式斜齿轮传动	单级 V 形皮带传动	圆弧齿圆柱蜗杆传动
主要特点	传动效率高，传动比大，结构紧凑，拆装方便，寿命长，重量轻，体积小，承载能力高，工作平稳。对过载和冲击载荷有较强的承受能力，允许正反转，可用于防爆要求	在相同传动比范围内具有体积小，传动效率高，制造成本低，结构简单，装配检修方便，可以正反转，不允许承受外加轴向载荷，可用于防爆要求	结构简单，过载时能打滑，可起安全保护作用，但传动比不能保持精确，不能用于防爆要求	凹凸圆弧齿廓啮合，磨损小，发热低，效率高，承载能力高，体积小，重量轻，结构紧凑，广泛用于搪玻璃反应釜，可用于防爆要求

三、机架

搅拌反应釜的传动装置是通过机架安装在釜体顶盖上的。机架的结构形式要考虑安装联轴器、轴封装置以及与之配套的减速器输出轴径和定位结构尺寸的需要。釜用机架的常用结构有单支点机架（图 7-22）和双支点机架（图 7-23）两种。

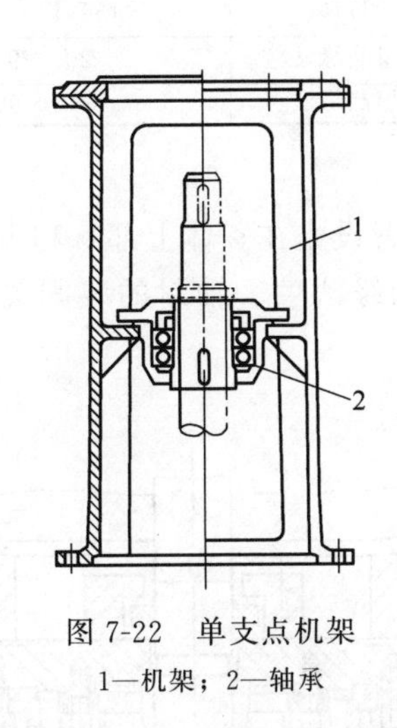

图 7-22　单支点机架

1—机架；2—轴承

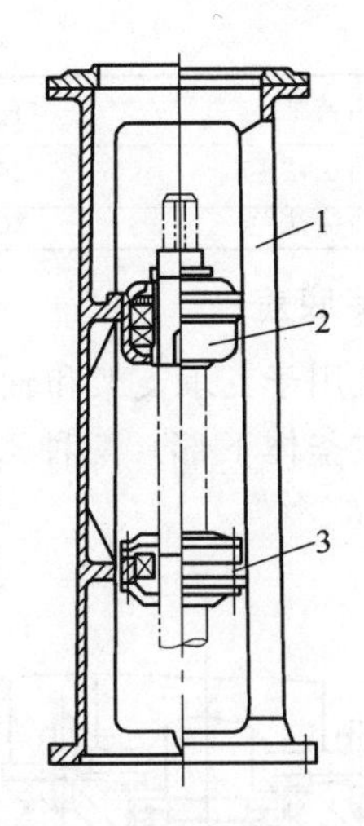

图 7-23　双支点机架

1—机架；2—上轴承；3—下轴承

单支点支架用以支承减速器和搅拌轴，适合电动机或减速器可作为一个支点，或容器内可设置中间轴承和可设置底轴承的情况。搅拌轴的轴径应在 30～160mm 范围。

当减速器中的轴承不能承受液体搅拌所产生的轴向力时，应选用双支点机架，由机架上的两个支点承受全部的轴向载荷。对于大型设备，或对搅拌密封要求较高的场合，一般都采用双支点机架。

四、凸缘法兰

凸缘法兰用于连接搅拌器传动装置的安装底盖。凸缘法兰下部与釜体顶盖焊接连接，上部与安装底盖法兰相连。搅拌传动装置—凸缘法兰（HG/T 21564）有四种结构形式，如表 7-4 和图 7-24 所示。标准凸缘法兰适应设计压力为 0.1～1.6MPa，设计温度为－20～300℃的反应釜。

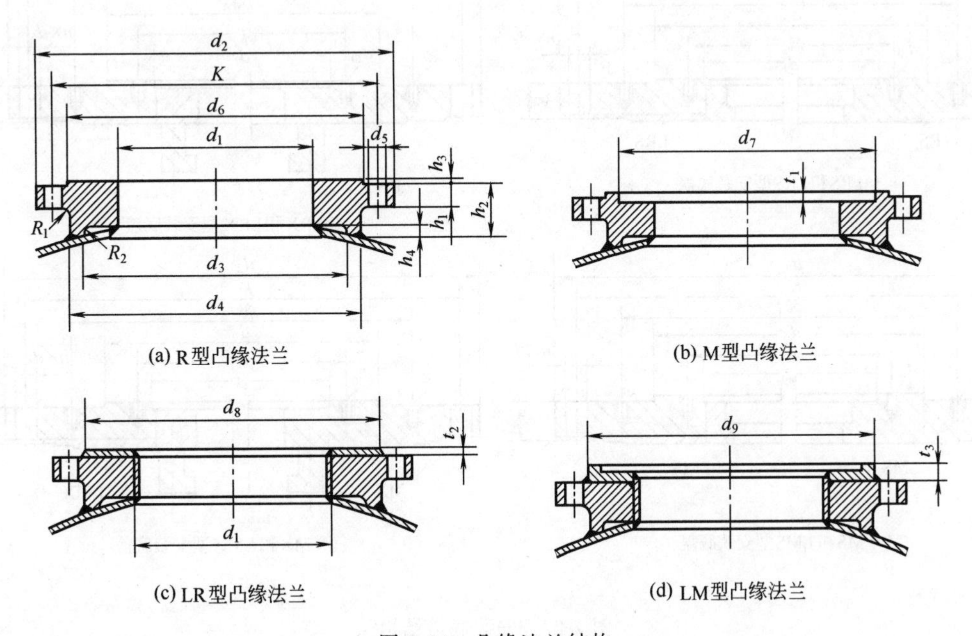

图 7-24　凸缘法兰结构

表 7-4　凸缘法兰形式

形式	结构特征	公称直径 DN/mm	形式	结构特征	公称直径 DN/mm
R	突面凸缘法兰	200～900	LR	突面衬里凸缘法兰	200～900
M	凹面凸缘法兰	200～900	LM	凹面衬里凸缘法兰	200～900

五、安装底盖

安装底盖用于支承支架和轴封，分为上装式（传动装置设立在釜体上部）和下装式（传动装置设立在釜体下部）两种形式，安装底盖、机架、凸缘法兰、轴封的装配关系，见图 7-25 和图 7-26。

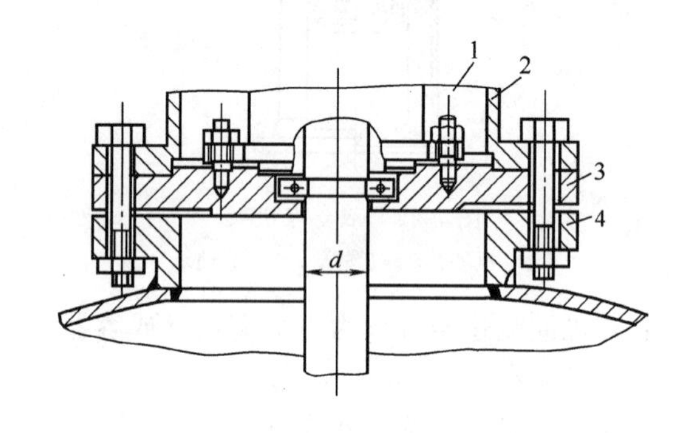

图 7-25　上装式

1—轴封；2—机架；3—安装底盖；4—凸缘法兰

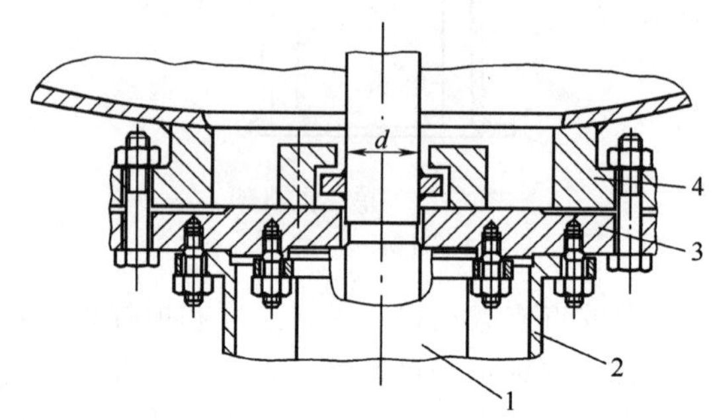

图 7-26　下装式

1—轴封；2—机架；3—安装底盖；4—凸缘法兰

安装在釜体上的安装底盖的结构，上装式和下装式各有四种形式，见表 7-5 和图 7-27。标准底盖的适应范围与凸缘法兰相同。

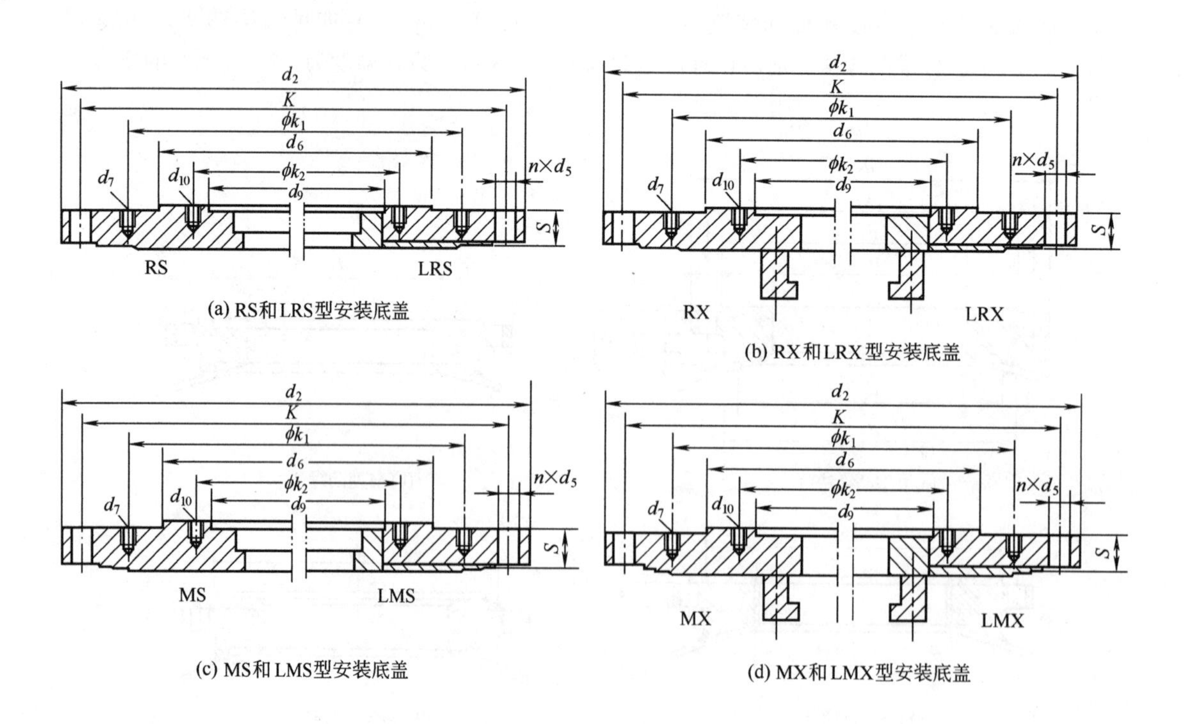

图 7-27　安装底盖结构

表 7-5　安装底盖形式

传动轴安装形式	密封面形式			
	凸面（R）		凹凸面（M）	
	整体	衬里（L）	整体	衬里（L）
上装式(S)	RS	LRS	MS	LMS
下装式（X）	RX	LRX	MX	LMX

第五节　反应釜轴封装置

搅拌反应釜的密封除了各种接管的静密封外，还要考虑搅拌轴与顶盖之间的动密封。由于搅拌轴是旋转运动的，而顶盖是固定静止的，这种运动件和静止件之间的密封称为动密封。

对动密封的基本要求是：结构简单、密封可靠、维修装拆方便、使用寿命长。搅拌反应釜常用的动密封有填料密封与机械密封两种。

一、填料密封

填料密封是搅拌反应釜最早采用的一种转轴密封形式。填料密封结构简单、易于制造。适应非腐蚀性和弱腐蚀性介质、密封要求不高、可定期维护的低压、低速搅拌设备。

填料密封由填料、填料箱体、衬套、压盖、压紧螺栓、油杯等组成。图 7-28 为一带夹套的铸铁填料密封箱。

1. 填料密封结构及密封原理

填料箱本体固定在顶盖的底座上。在压盖压力作用下，装在搅拌轴与填料箱本体之间的填料被压缩，对搅拌轴表面产生径向压紧力。由于填料中含润滑剂，因此，在对搅拌轴产生径向压紧力的同时，形成一层极薄的液膜。它一方面使搅拌轴得到润滑，另一方面又阻止设备内流体的溢出或外部流体的渗入，达到密封的目的。填料中所含润滑剂是在制造填料时加入的，在使用过程中将不断消耗，所以，需在填料密封装置中设置油杯，便于适时加油以确保搅拌轴和填料之间的润滑。

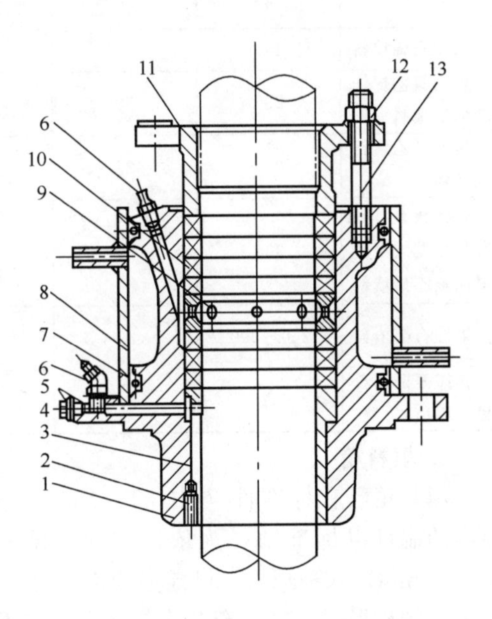

图 7-28　带夹套铸铁填料密封箱

1—本体；2—螺钉；3—衬套；4—螺塞；5—油圈；6—油杯；7—O 形密封圈；8—水夹套；9—油杯；10—填料；11—压盖；12—螺母；13—双头螺柱

填料密封是通过压盖施加压紧力使填料变形来获得的。压紧力过大，将使填料过紧地压在转动轴上，会加速轴与填料间的磨损，导致间隙增大反而使密封快速失效；压紧力过小，填料未能贴紧转动轴，将会产生较大的间隙泄漏。所以工程上从延长密封寿命考虑，允许有一定的泄漏量，一般为 150～450mL/h。泄漏量和压紧程度通过调整压盖的压紧力来实现，并规定更换填料的周期，以确保密封效果。

2. 填料

填料是形成密封的主要元件，其性能优劣对密封效果起关键性作用。对填料的基本要求是：

① 具有足够的塑性，在压盖压紧力下能产生较大的塑性变形；

② 具有良好的弹性，吸振性能好；

③ 具有较好的耐介质及润滑剂浸泡、腐蚀性能；

④ 耐磨性好，使用寿命长；

⑤ 摩擦系数小，降低摩擦功的消耗；

⑥ 导热性能好，散热快；

⑦ 耐温性能好。

填料的选用应根据介质特性、工艺条件、搅拌轴的轴径及转速等情况进行。

对于低压、无毒、非易燃易爆等介质，可选用石棉绳作填料。

对于压力较高且有毒、易燃易爆的介质，一般可用油浸石墨石棉填料或橡胶石棉填料。

对于高温高压下操作的反应釜，密封填料可选用铅、紫铜、铝、蒙乃尔合金、不锈钢等金属材料作填料。

常用的非金属填料见表 7-6。

表 7-6 常用非金属填料选用表

填料名称	介质极限温度/℃	介质极限压力/MPa	线速度/(m/s)	适用条件(接触介质)
油浸石棉填料	450	6		蒸汽、空气、工业用水、重质石油产品、弱酸液等
聚四氟乙烯纤维编结填料	250	30	2	强酸、强碱、有机溶剂
聚四氟乙烯石棉填料	260	25	1	酸碱、强腐蚀性溶液、化学试剂等
石棉线或石棉线与尼龙线浸渍聚四氟乙烯填料	300	30	2	弱酸、强碱、各种有机溶剂、液氨、海水、纸浆废液等
柔性石墨填料	250～300	20	2	醋酸、硼酸、柠檬酸、盐酸、硫化氢、乳酸、硝酸、硫酸、硬脂酸、水钠、溴、矿物油料、汽油、二甲苯、四氯化碳等
膨体聚四氟乙烯石墨填料	250	4	2	强酸、强碱、有机溶液

3. 填料箱

填料箱已有标准件（HG/T 21537—1992）或搪玻璃填料箱（HG/T 2048.1—2018）。标准的制订以标准轴径为依据，轴径系列有 ϕ30、ϕ40、ϕ50、ϕ65、ϕ80、ϕ95、ϕ110 和 ϕ130（mm）八种规格，已能适应大部分厂家的要求。填料箱的材质有铸铁、碳钢、不锈钢三种。结构形式有带衬套及冷却水夹套和不带衬套与冷却水夹套两种。当操作条件符合要求时，可直接选用。

4. 压盖与衬套

压盖的作用是盖住填料，并在压紧螺母拧紧时将填料压紧，从而达到轴封的目的。压盖的内径应比轴径稍大，而外径应比填料室内径稍小，使轴向活动自由，以便于压紧和更换填料。

通常在填料箱底部加设一衬套，它的作用如同轴承。衬套与箱体通过螺钉做周向固定。衬套上开有油槽和油孔。油杯中的油通过油孔润滑填料。衬套常选用耐磨材料较好的球墨铸铁、铜或其他合金材料制造，也可采用聚四氟乙烯、石墨等抗腐蚀性能较好的非金属材料。

二、机械密封

用垂直于轴的平面来密封转轴的装置称为机械密封或端面密封。与填料密封相比，机械密封是一种功耗小、泄漏率低、密封性能可靠、使用寿命长的转轴密封形式。

1. 密封结构与密封机理

机械密封装置主要由动环、静环、弹簧加荷装置和辅助密封圈等四部分组成，其结构如图 7-29 所示。

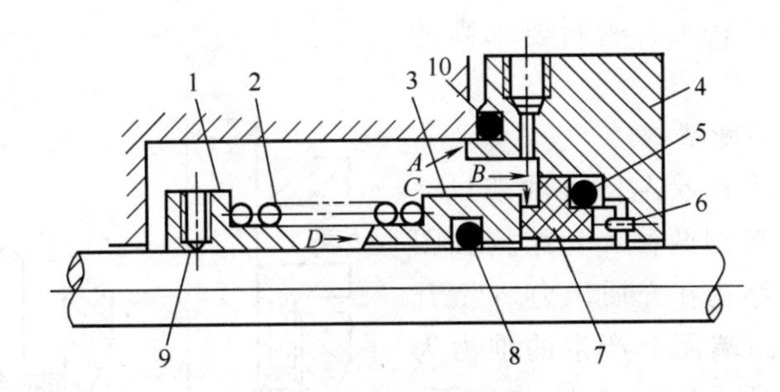

图 7-29　机械密封

1—弹簧座；2—弹簧；3—动环；4—静环座；5—静环密封圈；6—防转销；7—静环；8—动环密封圈；9—紧定螺钉；10—静环座密封圈

图 7-29 中静环 7 利用防转销 6 与静环座 4 连接起来，中间加静环密封圈 5。利用弹簧 2 把动环 3 压紧于静环上，使其紧密贴合形成一个回转密封面，弹簧还可调节动环以补偿密封面磨损产生的轴向位移。动环内有密封圈 8 以保证动环在轴上的密封，弹簧座 1 靠紧定螺钉（或键）固定在轴（或轴承）上。动环、动环密封圈、弹簧及弹簧座随轴一起转动。

机械密封在结构上要防止四条泄漏途径，形成了四个密封点 A，B，C，D（见图 7-29），A 点是静环座与设备之间的静密封，密封元件是静环座密封圈 10；B 点是静环与静环座之间的静密封，密封元件是静环密封圈 5；D 点是动环与轴（或轴套）之间的静密封，密封元件是动环密封圈 8；C 点是动环与静环之间有相对运动的两个端面的密封，属于动密封，是机械密封的关键部位。它依靠介质的压力和弹簧力使两端面紧密贴合，并形成一层极薄的液膜起密封作用。

2. 机械密封的分类

机械密封通常依据动静环的对数、弹簧的个数等结构特征以及介质在端面上引起的压力情况等加以区分。常见的结构形式有如下几种。

(1) 单端面与双端面

当密封装置中只有一对摩擦副（即一个动环、一个静环）时称为单端面，其结构如图 7-30 所示；有两个摩擦副的（即有两个动环、两个静环）称为双端面，其结构如图 7-31 所示。

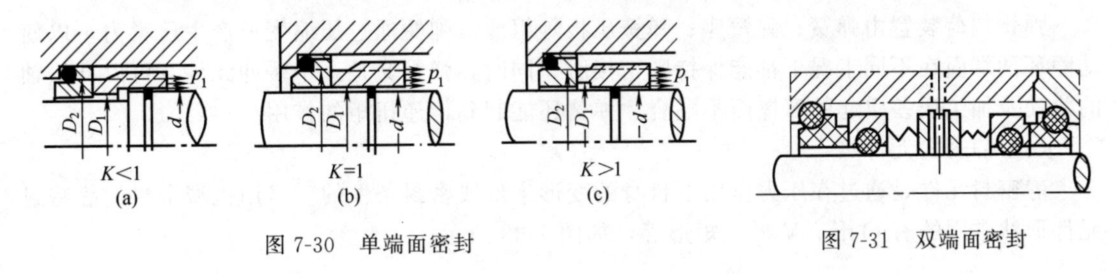

图 7-30　单端面密封

图 7-31　双端面密封

单端面结构简单，制造与装拆方便，但密封效果不如双端面，适合于密封要求不太高，介质压力较低的场合。双端面的两对摩擦副间的空腔注入压力略大于操作压力的中性液体，能起到密封和润滑的双重作用，故密封效果好。但双端面密封结构复杂，制造装拆较困难，同时还需要配备一套封液输送装置。

（2）大弹簧与小弹簧

大弹簧又称单弹簧，即在密封装置中仅有一个与轴同心安装的弹簧。只有大弹簧时结构简单、安装简便，但作用在端面上的压力分布不均匀，且难于调整，适应轴径较小的场合。小弹簧又称多弹簧，即在密封装置中装设数个沿圆周分布的小弹簧。小弹簧弹力分布均匀、缓冲性能好，适应轴径较大、密封要求高的场合。

（3）平衡型与非平衡型

根据接触面负荷平衡状况，机械密封又可分为平衡型与非平衡型两种，其结构如图7-32所示。非平衡型结构在介质压力 p 上升时，负荷面积为 A_1 的端面上产生的推力为 A_1p，如图7-32(a) 所示。在 A_1p 作用下，紧贴的端面向上移动，为保证端面密封，则事先得增大弹簧力，而当介质压力消除后，负荷面受力不平衡，即空载运转时将引起端面的磨损和发热，甚至使密封失效，故非平衡型仅适应介质压力较低场合。从图7-32(b) 中可知当介质压力 p 上升时，除了动环上的弹簧力之外，还有负荷面 A_2 上的介质压力 A_2p 与之抗衡，由于 A_2p 的存在，无须增大弹簧力，因此平衡型适宜于压力较高或压力波动较大的场合。

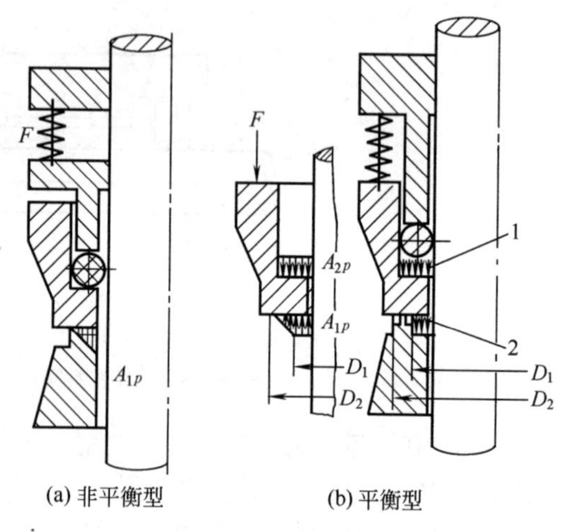

图7-32　平衡型与非平衡型

1—甲负荷面；2—乙负荷面

3. 主要零部件

（1）动环和静环

动环和静环是机械密封中最重要的元件。由于工作时，动环和静环产生相对运动的滑动摩擦，因此，动静环要选用耐磨性、减摩性和导热性能好的材料。一般情况下，动环材料的硬度要比静环高，可用铸铁、硬质合金、高合金钢等材料，介质腐蚀严重时，可选用不锈钢。当介质黏度较小时，静环材料可选择石墨、氟塑料等非金属材料，介质黏度较高时，也可采用硬度比动环材料低的金属材质。由于动环与静环两接触端面要产生相对摩擦运动，且要保证密封效果，故两端面加工精度要求很高。

（2）弹簧加荷装置

弹簧加荷装置由弹簧、弹簧座、弹簧压板等组成。弹簧通过压缩变形产生压紧力，以使动静环两端面在不同工况下都能保持紧密接触。同时，弹簧又是一个缓冲元件，可以补偿轴的跳动及加工误差引起的摩擦面不贴合。弹簧还能起到传递扭矩的作用。

（3）静密封元件

静密封元件是通过在压力作用下自身的变形来形成密封条件的。釜用机械密封的静密封元件形状常用的有O形、V形、矩形等，如图7-33所示。

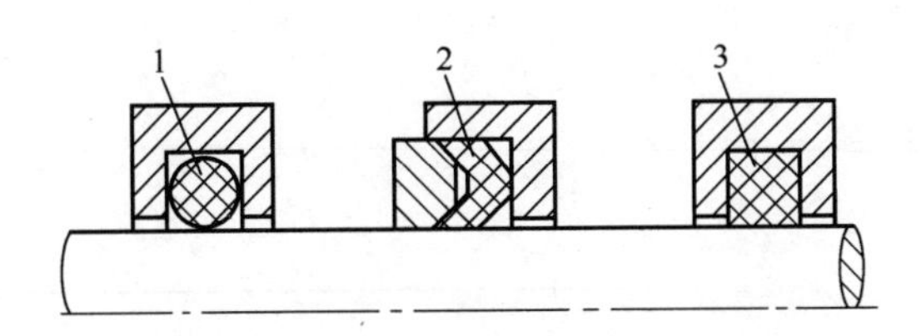

图 7-33　静密封元件

1—O 形环；2—V 形环；3—矩形环

思考题

7-1　搅拌反应器有哪些主要部分？各部分的作用是什么？

7-2　在确定筒体内径与高度时，应考虑哪些因素？

7-3　夹套传热与蛇管传热各有何特点？夹套和蛇管在筒体上的安装或连接有哪些结构形式？

7-4　常用搅拌器有哪几种结构形式？各有何特点？各适应什么场合？

7-5　搅拌轴的设计需要考虑哪些因素？

7-6　为什么在搅拌反应器内常设置挡板和导流筒？

7-7　搅拌反应器常用的减速器有哪几种？各有什么特点？各适应什么场合？

7-8　机架、凸缘、底盖有哪些标准结构形式？

7-9　简述填料密封的结构组成、工作原理及密封特点。

7-10　简述机械密封的结构组成、工作原理及密封特点。

第八章
化工管路

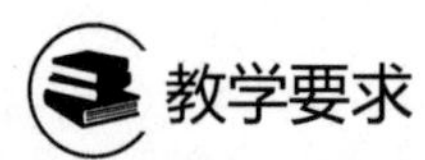

教学要求

能力目标：1. 根据工艺条件，正确选择管子材料的能力。
2. 正确选用管件和阀门的能力。
3. 合理选用管路连接方法的能力。

知识要素：1. 管子常用材料及适用场合。
2. 常用管件的结构型式。
3. 阀门的分类、结构、工作原理及应用场合。
4. 管路温差应力及温差补偿装置。

技能要求：管路常见故障分析及故障排除的技能。

化工管路是化工生产中所使用的各种管路的总称，其主要作用是用来输送和控制流体介质。化工管路按工艺要求将各台化工设备和机器相连接以完成生产过程，因此它是整个化工生产装置中不可缺少的组成部分。正确合理地设计化工管路，对于优化设备布置，降低工程投资和减少日常管理费用以及方便操作都起着十分重要的作用。

化工管路一般由管子、管件、阀门、管架等组成。在石油化工生产中，由于管路所输送的介质的性质和操作条件各不相同，因此化工管路也有多种分类方法。

按管路的材质可分为金属管路和非金属管路。金属管常用材料有铸铁、碳素钢、合金钢和有色金属；非金属管常用的有塑料、橡胶、陶瓷、水泥等。

按输送介质的温度可分为低温管（$t<-20$℃）、常温管（$-10℃<t<200℃$）、高温管（$t>200$℃）。

按输送介质的种类可分为水管、蒸汽管、气体管、油管以及输送酸、碱、盐等腐蚀性介质的管路。

为了简化管子和管件等产品的规格，使其既满足化工生产的需要，又适应批量生产的要求，方便设计制造和安装检修，有利于匹配互换，国家制订了管路标准和系列。管路标准是根据公称直径和公称压力两个基本参数来制订的。根据这两个基本参数，统一规定了管子和管件的主要结构尺寸与参数，使具有相同公称直径和公称压力的管子与管件，都可相互配合和互换使用。

第一节 压力管道概念

随着化工生产的规模扩展和技术进步，对化工管路的运行条件，提出了更为苛刻的要求。由于化工管路内的介质通常都具有一定的压力，故化工管路一般属于压力管道的范畴。为了确保压力管道的安全运行，国务院颁布了专门法令，将压力管道与锅炉、压力容器等一并列为涉及生命安全、危险性较大的特种设备，进一步加强对压力管道安全运行的管理。

一、压力管道的概念

《特种设备安全监察条例》规定，压力管道是指利用一定的压力，用于输送气体或液体的管状设备，其范围规定为最大工作压力大于或者等于 0.1MPa（表压）的气体、液化气体、蒸汽介质或者可燃、易爆、有毒、有腐蚀性、最高工作温度高于或等于标准沸点的液体介质，且公称直径大于 25mm 的管道。

二、压力管道的分类与分级

1. 压力管道的分类

为了便于运行管理，通常将压力管道分为长输管道、公用管道和工业管道三个大类，化工管路属于工业管道。

2. 压力管道的分级

压力管道通常根据其危害程度实施分级安全监察。一般将压力管道按安全等级分为 GC1、GC2、GC3 三级。具体划分见表 8-1。

表 8-1　压力管道级别（摘自 GB/T 20801.1—2020）

管道级别	适用范围
GC1	①输送《危险化学品目录(2015 版)》中规定的毒性程度为急性毒性类别 1 介质、急性毒性类别 2 气体介质和工作温度高于其标准沸点的急性毒性类别 2 液体介质的压力管道 ②输送 GB 50160—2008、GB 50016—2014 中规定的火灾危险性为甲、乙类可燃气体或甲类可燃液体(包括液化烃),并且设计压力大于或等于 4.0MPa 的压力管道 ③输送除前两项介质以外的流体,并且设计压力大于或等于 10.0MPa,或设计压力大于或等于 4.0MPa,且设计温度高于或等于 400℃的压力管道
GC2	介质毒性或易燃性危险和危害程度、设计压力和设计温度低于(GC1 级)规定的压力管道
GC3	GC2 中列出的,且符合输送无毒、不可燃、无腐蚀性液体介质,设计压力小于或等于 1.0MPa,且设计温度高于−20℃,但不高于 185℃的压力管道

注：1. GC3 级管道不适用于 GC1 中列出的压力管道。

2. 输送毒性或易燃性危险和危害程度不同的混合介质时，应按照此标准中的规定确定压力管道等级。

三、石油化工管道的分级

石油化工管道根据介质的性质和工艺条件分为 13 级。管道级别是压力管道设计、施工和工程验收的基本依据，应在管道表、管道布置图和相关技术文件中分项标注。石油化工管道的分级如表 8-2 所示。

表 8-2　石油化工管道级别（摘自 SH/T 3059—2012）

序号	管道级别	输送介质	设计条件	
			设计压力 p /MPa	设计温度 t /℃
1	SHA1	①极度危害介质(苯除外)、高度危害丙烯腈、光气介质	—	—
		②苯介质、高度危害介质(丙烯腈、光气除外)、中度危害介质、轻度危害介质	$p \geqslant 10$	—
			$4 \leqslant p < 10$	$t \geqslant 400$
			—	$t < -29$

续表

序号	管道级别	输送介质	设计条件	
			设计压力 p /MPa	设计温度 t /℃
2	SHA2	③苯介质、高度危害介质（丙烯腈、光气除外）	$4\leqslant p<10$	$-29\leqslant t<400$
			$p<4$	$t\geqslant -29$
3	SHA3	④中度危害介质、轻度危害介质	$4\leqslant p<10$	$-29\leqslant t<400$
		⑤中度危害介质	$p<4$	$t\geqslant -29$
		⑥轻度危害介质	$p<4$	$t\geqslant 400$
4	SHA4	⑦轻度危害介质	$p<4$	$-29\leqslant t<400$
5	SHB1	⑧甲类、乙类可燃气体介质和甲类、乙类、丙类可燃液体介质	$p\geqslant 10$	—
			$4\leqslant p<10$	$t\geqslant 400$
			—	$t<-29$
6	SHB2	⑨甲类、乙类可燃气体介质和甲$_A$类、甲$_B$类可燃液体介质	$4\leqslant p<10$	$-29\leqslant t<400$
		⑩甲$_A$类可燃液体介质	$p<4$	$t\geqslant -29$
7	SHB3	⑪甲类、乙类可燃气体介质，甲$_B$类、乙类可燃液体介质	$p<4$	$t\geqslant -29$
		⑫乙类、丙类可燃液体介质	$4\leqslant p<10$	$-29\leqslant t<400$
		⑬丙类可燃液体介质	$p<4$	$t\geqslant 400$
8	SHB4	⑭丙类可燃液体介质	$p<4$	$-29\leqslant t<400$
9	SHC1	⑮无毒、非可燃介质	$p\geqslant 10$	—
			—	$t<-29$
10	SHC2	⑯无毒、非可燃介质	$4\leqslant p<10$	$t\geqslant 400$
11	SHC3	⑰无毒、非可燃介质	$4\leqslant p<10$	$t\geqslant 400$
			$1<p<4$	$t\geqslant 400$
12	SHC4	⑱无毒、非可燃介质	$1<p<4$	$-29\leqslant t<400$
			$p\leqslant 1$	$t\geqslant 185$
			$p\leqslant 1$	$-29\leqslant t\leqslant -20$
13	SHC5	⑲无毒、非可燃介质	$p\leqslant 1$	$-20<t<185$

注：石油化工管道分级除应符合本规范表 8-2 中的规定外，尚应符合下列规定：

a. 输送氧气介质管道级别应根据设计条件按本规范表 8-2 中乙类可燃气体确定；

b. 输送毒性或可燃性不同的混合介质管道级别应按其危害程度及含量确定；

c. 输送同时具有毒性和可燃性介质管道级别应按本规范表 8-2 中高级别管道确定。

第二节 管子常用材料

一、金属管

金属管在化工管路中应用极为广泛，常用的有铸铁管、钢管、有色金属管。

1. 铸铁管

铸铁管可分为普通铸铁管和硅铁铸铁管两大类。

普通铸铁管由灰铸铁铸造而成。铸铁中含有耐腐蚀的硅元素和微量石墨，具有较强的耐蚀性能。通常在铸铁管内外壁面涂有沥青层，以提高其使用寿命。普通铸铁管常用作埋入地下的给、排水管，煤气管道等。由于铸铁组织疏松，质脆强度低，不能用于压力较高或有毒易爆介质的管路上。

普通铸铁管的直径为 ϕ50～ϕ300mm，壁厚为 4～7mm，管长有 3m、4m、6m 等系列。

硅铁铸铁管是指含碳 0.5%～1.2%，含硅 10%～17%的铁硅合金，由于硅铁铸铁管表面能形成坚固的氧化硅保护膜，因而具有很好的耐腐蚀性能，特别是耐多种强酸腐蚀。硅铁铸铁管硬度高，但耐冲击和抗振动性能差。

硅铁铸铁管的直径一般为 ϕ32～ϕ300mm，壁厚 10～16mm，管长规格为 150～2000mm。

2. 钢管

用于制造钢管的常用材料有普通碳素钢、优质碳素钢、低合金钢和不锈钢等。按制造方式又可分为有缝钢管和无缝钢管。

有缝钢管又称为焊接钢管，一般由碳素钢制成。表面镀锌的有缝钢管叫镀锌管或白口管，不镀锌的叫黑铁管。有缝钢管常用于低压流体的输送。如水、煤气、天然气、低压蒸汽和冷凝液等。

表 8-3 为流体输送用无缝钢管的力学性能（GB/T 8163—2018）。

表 8-4 为流体输送用不锈钢无缝钢管的常用规格（GB/T 14976—2012）。

无缝钢管质量均匀、品种齐全、强度高、韧性好、管段长，是工业管道中最常用的管材。按轧制方法不同，无缝钢管分为热轧管和冷轧管两种。钢管的通常长度应符合以下规定：热轧（挤、扩）钢管，2000～12000mm；冷拔（轧）钢管，1000～12000mm。普通无缝钢管的材质由 10、20、Q345、Q390、Q420、Q460 牌号的钢制造。表 8-3 列举了普通流体输送用无缝钢管的一些力学性能。不锈钢无缝钢管常用材质有 06Cr19Ni10、022Cr19Ni10、06Cr13Al、10Cr15、06Cr13、12Cr13 等。表 8-4 列举了流体输送用不锈钢无缝钢管的一些力学性能。

表 8-3　流体输送用无缝钢管的力学性能（GB/T 8163—2018）

<table>
<tr><th rowspan="2">牌号</th><th rowspan="2">质量等级</th><th colspan="3">拉伸性能</th><th colspan="2">冲击试验</th></tr>
<tr><th>抗拉强度 R_m /MPa</th><th>下屈服强度[a] R_{eL} /MPa 不小于</th><th>断后伸长率 A /% 不小于</th><th>试验温度 /℃</th><th>吸收能量 KV_2 /J 不小于</th></tr>
<tr><td>10</td><td>—</td><td>335～475</td><td>205</td><td>24</td><td>—</td><td>—</td></tr>
<tr><td>20</td><td>—</td><td>410～530</td><td>245</td><td>20</td><td>—</td><td>—</td></tr>
<tr><td rowspan="5">Q345</td><td>A</td><td rowspan="5">470～630</td><td rowspan="5">345</td><td rowspan="2">20</td><td>—</td><td>—</td></tr>
<tr><td>B</td><td>+20</td><td rowspan="3">34</td></tr>
<tr><td>C</td><td rowspan="3">21</td><td>0</td></tr>
<tr><td>D</td><td>−20</td></tr>
<tr><td>E</td><td>−40</td><td>27</td></tr>
<tr><td rowspan="5">Q390</td><td>A</td><td rowspan="5">490～650</td><td rowspan="5">390</td><td rowspan="2">18</td><td>—</td><td>—</td></tr>
<tr><td>B</td><td>+20</td><td rowspan="3">34</td></tr>
<tr><td>C</td><td rowspan="3">19</td><td>0</td></tr>
<tr><td>D</td><td>−20</td></tr>
<tr><td>E</td><td>−40</td><td>27</td></tr>
<tr><td rowspan="5">Q420</td><td>A</td><td rowspan="5">520～680</td><td rowspan="5">420</td><td rowspan="2">18</td><td>—</td><td>—</td></tr>
<tr><td>B</td><td>+20</td><td rowspan="3">34</td></tr>
<tr><td>C</td><td rowspan="3">19</td><td>0</td></tr>
<tr><td>D</td><td>−20</td></tr>
<tr><td>E</td><td>−40</td><td>27</td></tr>
<tr><td rowspan="3">Q460</td><td>C</td><td rowspan="3">550～720</td><td rowspan="3">460</td><td rowspan="3">17</td><td>0</td><td rowspan="2">34</td></tr>
<tr><td>D</td><td>−20</td></tr>
<tr><td>E</td><td>−40</td><td>27</td></tr>
</table>

[a]：拉伸试验时，如不能测定 R_{eL}，可测定 $R_{p0.2}$ 代替 R_{eL}。

表 8-4　流体输送用不锈钢无缝钢管的常用规格（GB/T 14976—2012）

组织类型	序号	GB/T 20878 序号	GB/T 20878 统一数字代号	牌号	推荐热处理制度	力学性能（不小于）抗拉强度 R_m /MPa	规定塑性延伸强度 $R_{p0.2}$ /MPa	断后伸长率 A /%	密度 ρ /(kg/dm³)
奥氏体型	1	13	S30210	12Cr18Ni9	1010～1150℃，水冷或其他方式快冷	520	205	35	7.93
	2	17	S30438	06Cr19Ni10	1010～1150℃，水冷或其他方式快冷	520	205	35	7.93
	3	18	S30403	022Cr19Ni10	1010～1150℃，水冷或其他方式快冷	480	175	35	7.90
	4	23	S30458	06Cr19Ni10N	1010～1150℃，水冷或其他方式快冷	550	275	35	7.93
	5	24	S30478	06Cr19Ni9NbN	1010～1150℃，水冷或其他方式快冷	685	345	35	7.98
	6	25	S30453	022Cr19Ni10N	1010～1150℃，水冷或其他方式快冷	550	245	40	7.93
	7	32	S30908	06Cr23Ni13	1030～1150℃，水冷或其他方式快冷	520	205	40	7.98
	8	35	S31008	06Cr25Ni20	1030～1180℃，水冷或其他方式快冷	520	205	40	7.98
	9	38	S31608	06Cr17Ni12Mo2	1010～1150℃，水冷或其他方式快冷	520	205	35	8.00
	10	39	S31603	022Cr17Ni12Mo2	1010～1150℃，水冷或其他方式快冷	480	175	35	8.00
	11	40	S31609	07Cr17Ni12Mo2	≥1040℃，水冷或其他方式快冷	515	205	35	7.98
	12	41	S31668	06Cr17Ni12Mo2Ti	1000～1100℃，水冷或其他方式快冷	530	205	35	7.90
	13	43	S31658	06Cr17Ni12Mo2N	1010～1150℃，水冷或其他方式快冷	550	275	35	8.00
	14	44	S31653	022Cr17Ni12Mo2N	1010～1150℃，水冷或其他方式快冷	550	245	40	8.04
	15	45	S31688	06Cr18Ni12Mo2Cu2	1010～1150℃，水冷或其他方式快冷	520	205	35	7.96
	16	46	S31683	022Cr18Ni14Mo2Cu2	1010～1150℃，水冷或其他方式快冷	480	180	35	7.96
	17	49	S31708	06Cr19Ni13Mo3	1010～1150℃，水冷或其他方式快冷	520	205	35	8.00
	18	50	S31703	022Cr19Ni13Mo3	1010～1150℃，水冷或其他方式快冷	480	175	35	7.98
	19	55	S32168	06Cr18Ni11Ti	920～1150℃，水冷或其他方式快冷	520	205	35	8.03

3. 有色金属管

(1) 铜管

铜管有紫铜管和黄铜管两种。紫铜管含铜量为 99.5%～99.9%。黄铜管材料则为铜和锌的合金。铜管的常用规格为：外径 ϕ5～ϕ155mm，长度 1～6m，壁厚 1～3mm。铜管导热性能好，大多用于制造换热设备、深冷管路，也常用作仪表测量管和液压传输管路。

(2) 铝及铝合金

铝管常用 1060、1050A、1035、1200 等工业纯铝制造。铝合金管则多采用 5A02、5A03、5A05、5A06、3A21、2A11、2A12 等制成。由于铝及铝合金具有良好的耐腐蚀性和导热性，常用于输送脂肪酸、硫化氢、二氧化碳气体等介质，还可用于输送硝酸、醋酸、磷酸等腐蚀性介质，但不能用于盐酸、碱液等含氯离子的化合物。铝及铝合金属的使用温度一般不超过 150℃，介质压力不超过 0.6MPa。

(3) 铅管

常用铅管有软铅管和硬铅管两种。软铅管用 Pb2、Pb3、Pb4、Pb5 等含铅量在 99.95%以上的纯铅制成，最常用的是 Pb4 铅管。硬铅管由锑铅合金制成，最常用的是 PbSb4 和 PbSb6 铅管。铅管硬度小、重度大，具有良好的耐蚀性，在化工生产中主要用来输送浓度在 70%以下的冷硫酸，浓度 40%以下的热硫酸和浓度 10%以下的冷盐酸。由于铅的强度和熔点都较低，故使用温度一般不超过 140℃。

二、非金属管

1. 塑料管

在非金属管路中，应用最广泛的是塑料管。塑料管种类很多，分为热塑性塑料管和热固性塑料管两大类。属于热塑性的有聚氯乙烯管，聚乙烯管，聚丙烯管、聚甲醛管等；属于热固性的有醛塑料管等。塑料管的主要优点是耐蚀性能好、质量轻、成型方便、加工容易，缺点是强度较低，耐热性差。

2. 陶瓷管

陶瓷管结构致密，表面光滑平整，硬度较高，具有优良的耐腐蚀性能。除氢氟酸和高温碱、磷酸外，几乎对所有的酸类、氯化物、有机溶剂均具有抗腐蚀作用。陶瓷管的缺点是质脆易破裂，耐压和耐热性能差，一般用于输送温度小于 120℃，压力为常压或一定真空度的强腐蚀介质。

3. 橡胶管

橡胶管是用天然橡胶或合成橡胶制成。按性能和用途不同有纯胶管、夹布胶管、棉线纺织胶管、高压胶管等。橡胶管质量轻、挠性好，安装拆卸方便，对多种酸碱液具有耐蚀性能。橡胶管为软管，可任意弯曲，多用来作临时性管路和某些管路的挠性连接件。橡胶管不能用作输送硝酸、有机酸和石油产品的管路。

4. 玻璃钢管

玻璃钢管是以玻璃纤维及其制品为增强材料，以合成树脂为黏结剂，经过一定的成型工艺制作而成。玻璃钢管具有质量轻、强度高、耐腐蚀的优点，但易老化、易变形、耐磨性差，一般用作温度小于 150℃，压力小于 1MPa 的酸性和碱性介质的输送管路。

5. 玻璃管

玻璃管一般由硼玻璃或高铝玻璃制成，具有透明、耐蚀、阻力小、价格低等优点，缺点是质脆，不耐冲击和振动。玻璃管在化工生产中常用作监测或实验的管路。

三、管子选材原则

① 满足工艺条件（如压力、温度等）的要求。

② 针对不同介质物性的适应性（如对腐蚀介质的抗腐蚀性，对易燃介质的适应性等）。

③ 良好的力学性能（如强度、韧性、塑性、抗冲击性等）。

④ 良好的制造性、可焊性、热处理性等。

⑤ 较好的经济性。

第三节　管径选择与壁厚确定

一、影响管径大小的因素

流体输送管路的直径可根据流量和流速确定。流量是指单位时间内，通过有效截面的流体体积或质量，它一般由工艺条件所决定。流速是指流体单位时间内在流动方向上通过的距离，是影响管径的关键因素。若流速选得过大，虽可减小管径，但流体流过管道时阻力增大，消耗的动力也大，操作费用随之增加。反之，若流速选择过小，虽可降低操作费用，但管径增大，管路的基建投资上升。所以在确定流速时，应在满足工艺条件的前提下，在操作费用和基建费用之间通过经济权衡来确定适宜流速，进而确定管子直径。

流体在管道中的适宜流速的大小与流体的性质及操作条件有关，可根据表 8-5 经验数据选取。

表 8-5　流体常用流速范围

流体名称		流速范围/(m/s)
饱和蒸汽	主管	30～40
	支管	20～30
低压蒸汽<0.98MPa(绝压)		15～20
中压蒸汽 0.98～3.92MPa(绝压)		20～40
一般气体(常压)		10～20
压缩空气 0.098～0.196MPa(表压)		10～15
氢气		≤8.0
工业供水 0.785MPa(表压)以下盐水		1.5～3.5 1.0～2.0
制冷设备中盐水		0.6～0.8
离心泵	吸入口	1～2
	排出口	1.5～2.5

流体名称		流速范围/(m/s)
空气压缩机	吸入口	<10～15
	排出口	15～20
易燃易爆液体		<1
石灰乳(粥状)		≤1.0
乙炔气(外管线)0.0098～1.47MPa(表压)(中压)		2.0～4.0
(外管线)0.0098MPa(表压)以下(低压)		1.0～2.0
(车间内)0.0098～1.47MPa(表压)(中压)		4.0～8.0
(车间内)0.0098MPa 以下(表压)(低压)		3.0～4.0
煤气		2.5～15
液氨≤0.588MPa(表压)		8.0～10(经济流速)
		0.3～0.5

二、管径的计算与选用

流量与流速及流通截面积之间的关系为

$$Q_v = uA \tag{8-1}$$

式中　Q_v——流体体积流量，m^3/s；

u——流体流速，m/s；

A——流体流通截面积，m^2。

化工生产中所用管道通常为圆管，以 $A=(\pi/4)d^2$ 代入式(8-1) 可得

$$d=\sqrt{\frac{4Q_v}{\pi u}} \tag{8-2}$$

式中　d——圆管内直径，m。

若采用质量流量，则质量流量与体积流量的关系为

$$Q_m = Q_v \gamma \tag{8-3}$$

式中　Q_m——流体的质量流量，kg/s；

γ——流体密度，kg/m^3。

采用质量流量时管径计算公式为

$$d=\sqrt{\frac{4Q_m}{\pi u \gamma}} \tag{8-4}$$

由式(8-2) 和式(8-4) 计算所得直径为构成流通面积的直径即内径，而选择管径的基本参数是公称直径。一般情况下，管子公称直径既不等于内径，也不等于外径。同一公称直径，其管壁厚度不同而内径不一。因此，在根据公称直径选择管子时，应使其内径与计算直径接近。

三、管子壁厚计算与选用

当管道输送流体介质时，通常管内介质具有一定的压力，因而要求管壁必须具有足够的

厚度，以保证管道系统的安全运行。承受介质压力的圆管，受力情况相当于内压圆筒。

1. 管子计算厚度

$$\delta=\frac{p_{c}D_{i}}{2[\sigma]\phi-p_{c}} \tag{8-5}$$

式中 δ——管子计算厚度，mm；

p_{c}——管子计算压力，MPa；

$[\sigma]$——管子许用应力，MPa；

ϕ——管子基本许用应力修正系数，对于无缝钢管，取 $\phi=1$，对于有缝钢管，按表 8-6 选取。

表 8-6 纵缝焊接钢管基本许用应力修正系数

焊接方法	焊缝形式	ϕ
手工焊或气焊	双面焊接有坡口对接焊缝	1.00
	有氩弧焊打底的单面焊接,有坡口对接焊缝	0.90
	无氩弧焊打底的单面焊接,有坡口对接焊缝	0.75
熔剂层下的自动焊	双面焊接对接焊缝	1.00
	单面焊接,有坡口对接焊缝	0.85
	单面焊接,无坡口对接焊缝	0.80

2. 管子壁厚选取

管子的计算厚度是满足管子承受介质压力的强度要求所必需的，在确定管壁厚度时，还要考虑介质腐蚀和管子制造偏差可能造成的管壁厚度减少的情况，故需在计算厚度的基础上加上厚度附加量，并据此按钢管规格标准选取管子厚度。

第四节 管件与阀门

在化工管路中，除了作为主体的直管外，还设置有短管、弯头、三通、异径管、法兰、盲板等配件，用来改变管路方向，接出支管，改变管径以及封闭管路等，以满足生产工艺和安装检修的需要。通常把管路中各种配件总称为管件。

为了控制流体介质的压力，流量，化工管路中还使用着多种类型的阀门。

一、常用管件

1. 弯头

弯头的作用主要是用来改变管路的走向。弯头可用直管弯曲而成，也可用管子组焊，还可用铸造或锻造的方法制造。弯头的常用材料为碳钢和合金钢。弯头的形状常有 45°、60°、90°、180°等，见图 8-1。

2. 三通

当管路之间需要连通或分流时，其接头处的管件称为三通。三通可用铸造或锻造方法制造，也可组焊而成。根据接入管的角度和旁路管径的不同，可分为正三通、斜三通。接头处的管件除三通外，还有四通、Y 形管等，见图 8-2。

3. 短管和异径管

为了安装、拆卸的方便，在化工管路中通常装有短管。短管两端面直径相同的叫等径管，两端面直径不同的叫异径管。异径管可改变流体的流速。短管与管子的连接通常采用法兰或螺纹连接方式，也可采用焊接。短管与异径管的结构形式如图 8-3 所示。

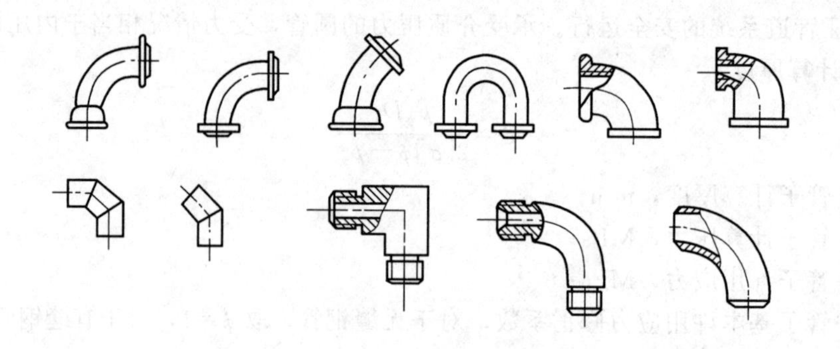

图 8-1 弯头

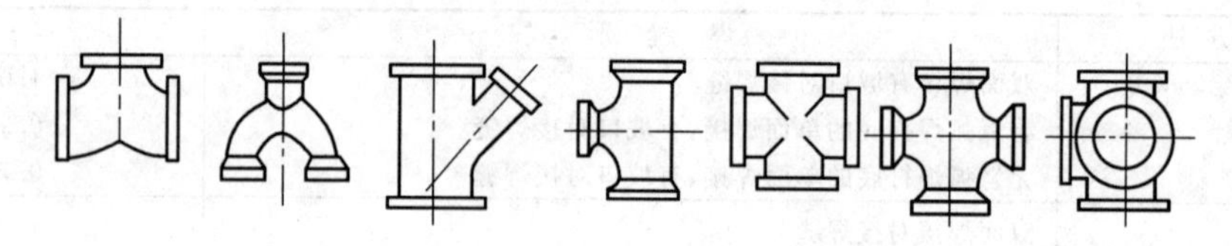

图 8-2 三通、四通及 Y 形管

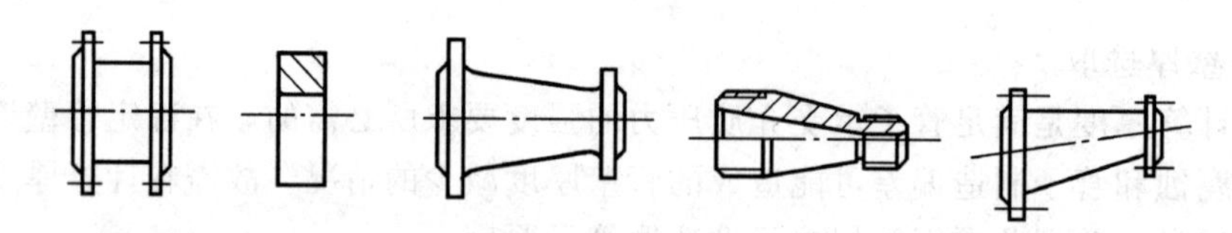

图 8-3 短管与异径管

4. 法兰与盲板

为了管路安装和检修的需要，管路中需装设管道法兰。管法兰已标准化，使用时可根据公称压力和公称直径选取。

通常管路的末端装有法兰盖（实心法兰），以便于检修和清理管路。法兰盖与法兰尺寸相同，材质有铸铁和钢制两种。

在化工管路中还因检修设备需要，在两法兰之间插入盲板，以切断管路中的介质，确保人身安全。盲板常用材质为钢材，大小可与插入处法兰密封面外径相同，厚度一般为 3～6mm。

法兰盖和盲板如图 8-4 所示。

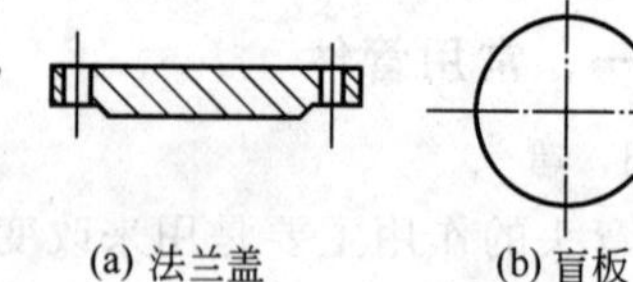

图 8-4 法兰盖和盲板

二、阀门

阀门是化工管路中用来控制管内流体流动的装置，它的用途主要有：启闭作用（截断或沟通管内流体的流动）；调节功能（改变管路阻力，调节流体的流动）；节流效应（流体流过阀门后，可产生较大的压力降）。化工厂中所使用的阀门种类繁多，可根据阀门的不同性能分类。

1. 闸阀

闸阀的结构如图 8-5 所示，它是利用闸板与阀座的配合来控制启闭的阀门。闸板与管内流体流动方向垂直，通过闸板的升降改变其与阀座的相对位置，从而改变流体通道的大小。当闸板与整个阀座紧密配合时，流体不能通过阀门而处于关闭状态。为了使阀门在关闭时严密不漏，闸板与阀座之间的配合面需要经过研磨，通常在闸板和阀座上镶有耐腐蚀、耐磨的

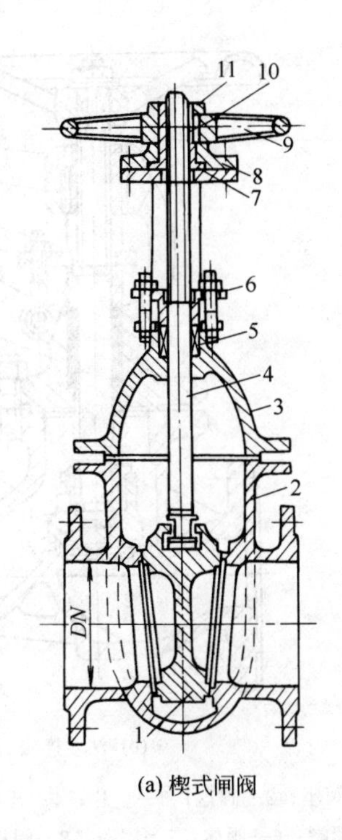

(a) 楔式闸阀

1—楔式闸板；2—阀体；3—阀盖；4—阀杆；
5—填料；6—填料压盖；7—套筒螺母；8—压紧环；
9—手轮；10—键；11—压紧螺母

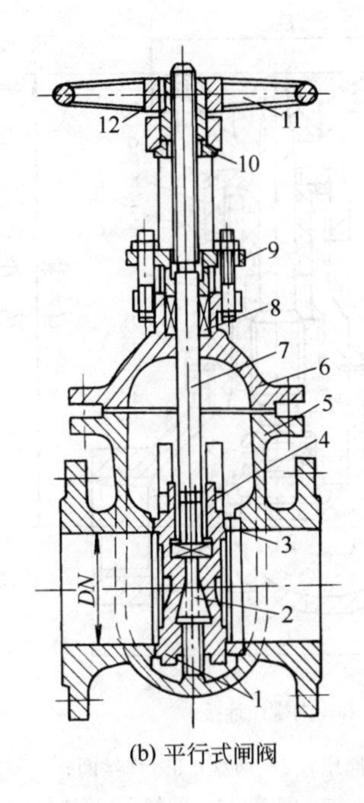

(b) 平行式闸阀

1—平行式的双闸板（圆盘）；2—楔块；3—密封圈；4—铁箍；
5—阀体；6—阀盖；7—阀杆；8—填料；9—填料压盖；
10—套筒螺母；11—手轮；12—键或紧固螺钉

图 8-5 闸阀

金属密封圈（青铜、黄铜、不锈钢等）。

闸阀的特点是流体阻力小，开启缓慢，易于调节，但结构复杂，造价较高，且磨损快，维修更换困难。闸阀在化工厂中应用较广，多用于大直径上水管道，也可用于真空管路和低压气体管路，但不宜用于蒸汽管路。

2. 截止阀

截止阀又叫球心阀或球形阀，是化工生产中应用比较广泛的一种阀门，其结构如图 8-6 所示。

截止阀的密封零件是阀盘和阀座。通过转动手轮，带动阀杆和阀盘作轴线方向的升降，改变阀盘与阀座之间距离，从而改变流体通道面积大小，使流体的流量改变或截断通道。为了使截止阀关闭严密，阀盘与阀座配合面应经过研磨或使用垫片，也可在密封面镶青铜、不锈钢等耐蚀、耐磨材料。阀盘与阀杆采用活动连接，以利阀盘与阀杆严密贴合。阀盘的升降由阀杆控制，阀杆上部是手轮，中部是螺纹及填料密封段，填料的作用是防止阀体内部介质沿阀杆泄漏。对于小型阀门［图 8-6(a)］，螺纹位于阀体内部，故结构紧凑，但易受介质腐蚀。对于大型阀门［图 8-6(b)］，螺纹位于阀体之外，既方便润滑又不受介质腐蚀。

截止阀在管路中的主要作用是截断和接通流体，不宜长期用于调节压力和流量，否则，密封面可能被介质冲刷腐蚀，破坏密封性能。

截止阀可用于水、蒸汽、压缩空气等管路，但不宜用于黏度大，易结焦，易沉淀的介质管路，以免破坏密封面。

3. 旋塞阀

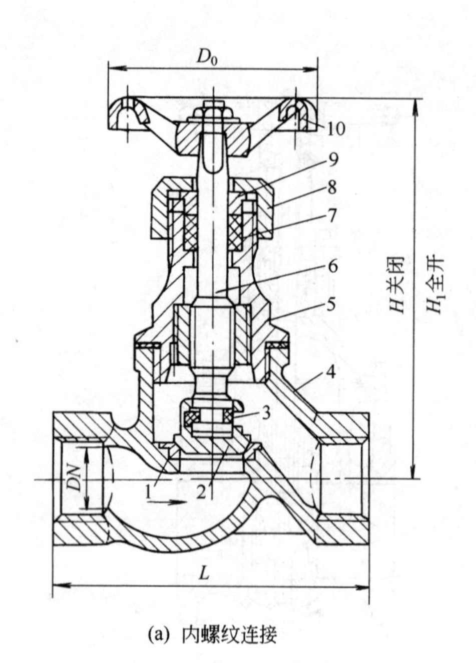

(a) 内螺纹连接

1—阀座；2—阀盘；3—铁丝圈；
4—阀体；5—阀盖；6—阀杆；7—填料；
8—填料压盖螺帽；9—填料压盖；10—手轮

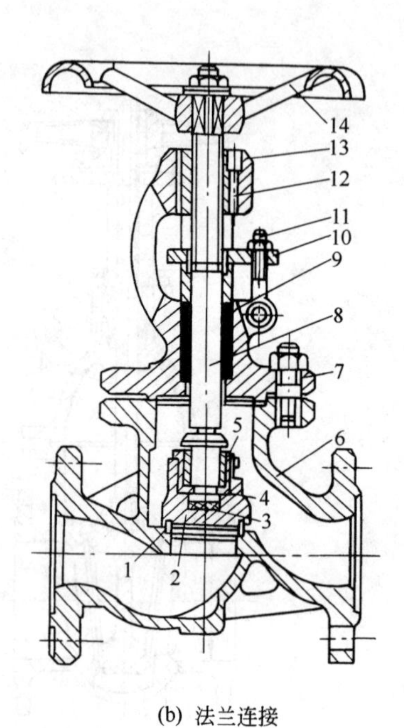

(b) 法兰连接

1—阀座；2—阀盘；3—垫片；4—开口锁片；
5—阀盘螺帽；6—阀体；7—阀盖；8—阀杆；9—填料；
10—填料压盖；11—螺栓；12—螺帽；
13—轭；14—手轮

图 8-6　截止阀

旋塞阀是利用带孔的锥形栓塞来控制启闭的阀门。锥形旋塞与阀体内表面形成圆锥形压合面相配合，阀体上部用填料将旋塞与阀体之间的间隙密封。旋塞上部有方榫，使用专门的方孔扳手转动栓塞，通过旋转一定角度来开闭阀门。其结构见图 8-7。

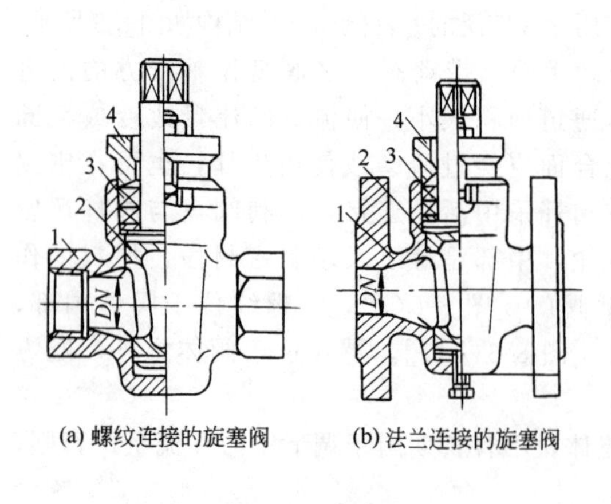

图 8-7　旋塞阀图
1—阀体；2—栓塞；
3—填料；4—填料压盖

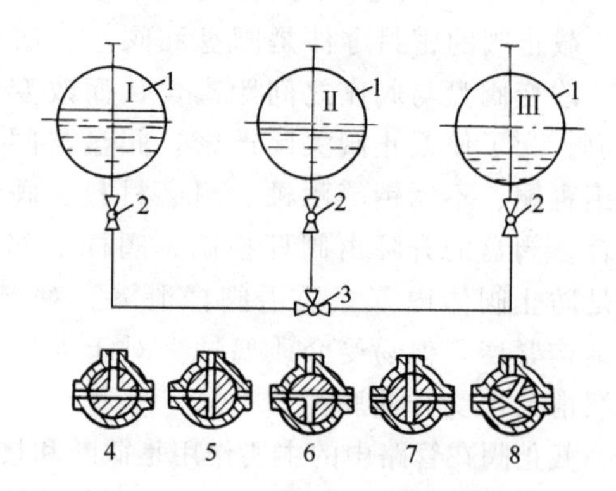

图 8-8　三通式旋塞阀工作示意图
1—容器；2—直通旋塞阀；3—三通旋塞阀；
4—三路全通；5～7—二路通；8—三路全不通

旋塞阀与管路的连接方式有螺纹连接和法兰连接两种。

根据通道结构不同，旋塞阀又可分为直通式和三通式。直通式旋塞上开有一直孔，流体流向不变。三通式旋塞的流体流向则决定于旋塞的位置。可以使三路全通，三路全不通或任意两路相通（见图 8-8）。

旋塞阀结构简单，外形尺寸小，启闭快速，流体流动阻力小，但密封面加工、维修较困难。旋塞阀适应公称压力 $PN<1.6$MPa，公称通径 $DN<15\sim200$mm，温度 $t\leqslant150$℃的场合。

4. 蝶阀

蝶阀主要由手柄、齿轮、阀杆、阀板、阀体等组成（见图 8-9）。当旋转手柄时，通过齿轮、阀杆、杠杆和松紧弹簧传动，使阀板门开启。当手柄反向转动时，使蝶阀关闭。蝶阀除手动外，还有电动、气动等方式。

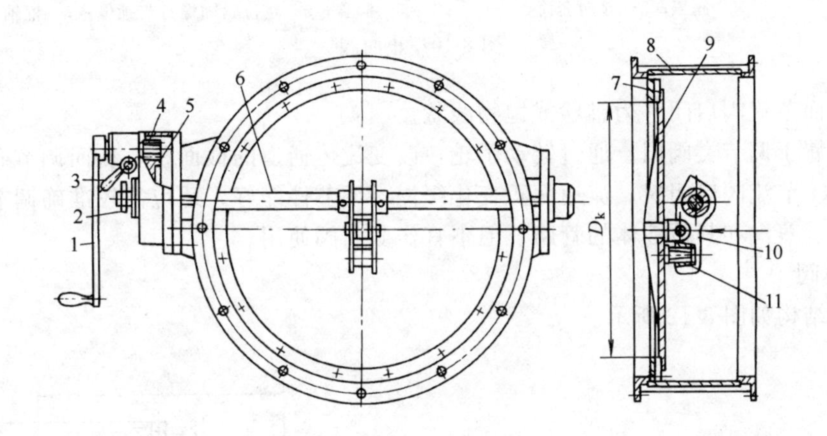

图 8-9 手动齿轮传动蝶阀

1—手柄；2—指示针；3—销紧手柄；4—小齿轮；5—大齿轮；6—阀杆；7—P 形橡胶密封垫；8—阀体；9—阀门板；10—杠杆；11—松紧弹簧

阀门板呈圆盘状，可绕阀杆的中心线做旋转运动。蝶阀上都有表示蝶板位置的指示机构和保证蝶板在全开和全关位置的极限位置的限位机构。

蝶阀结构简单，维修方便，常用作截断阀，可用于大口径的水、空气、油品等管路。

5. 止回阀

止回阀是根据阀盘前后介质的压力差而自动启闭的阀门。如将它装在管路中，流体只能向一个方向流动，从而阻止介质的逆流。它的结构是在阀体内装有一个阀盘或摇板，当介质顺流时，阀盘或摇板被顶开；当介质倒流时，阀盘或摇板受介质压力作用而自动关闭。

根据结构不同，止回阀分为升降式和旋启式两种（见图 8-10）。升降式止回阀的阀盘垂直于阀体通路作升降运动，一般应装在水平管道上，立式的升降式止回阀可装在垂直管道上。旋启式止回阀的摇板一侧与轴连接并绕轴旋转，一般安装在水平管路上。

止回阀结构简单，不用驱动装置，但不适宜于含有固体颗粒和黏度大的介质。止回阀常用于泵、压缩机、排水管等不允许介质逆向流动的管路上。

6. 节流阀

节流阀如图 8-11 所示。节流阀结构与截止阀相似，仅启闭件形状不同。截止阀的启闭

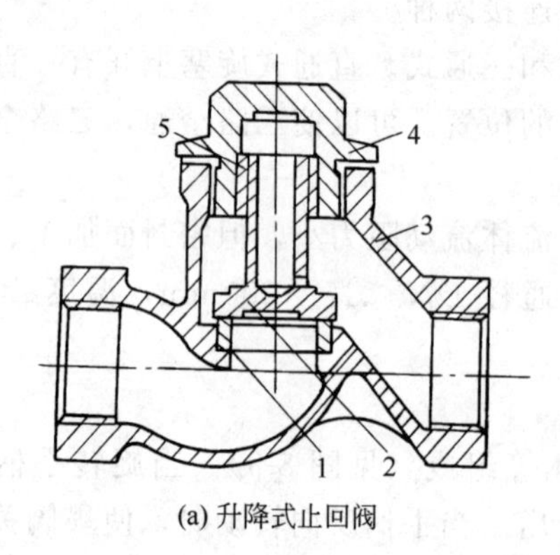

(a) 升降式止回阀

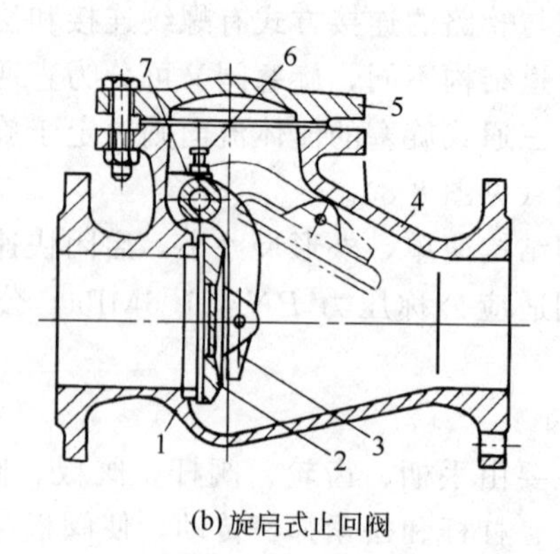

(b) 旋启式止回阀

1—阀座；2—阀盘；3—阀体；4—阀盖；5—导向套筒

1—阀座密封圈；2—摇板；3—摇杆；4—阀体；5—阀盖；6—定位紧固螺钉与锁母；7—枢轴

图 8-10 止回阀

件为盘状，而节流阀启闭件为锥状或抛物线状。

节流阀属于调节类阀门。通过转动手轮，改变流体通道的截面积，从而调节介质流量与压力的大小。节流阀启闭时，流通面积变化缓慢，调节性能好，适应需较准确调节流量或压力的氨、水、蒸汽和其他液体的管路，但不宜作截断阀使用。

7. 隔膜阀

隔膜阀结构如图 8-12 所示。

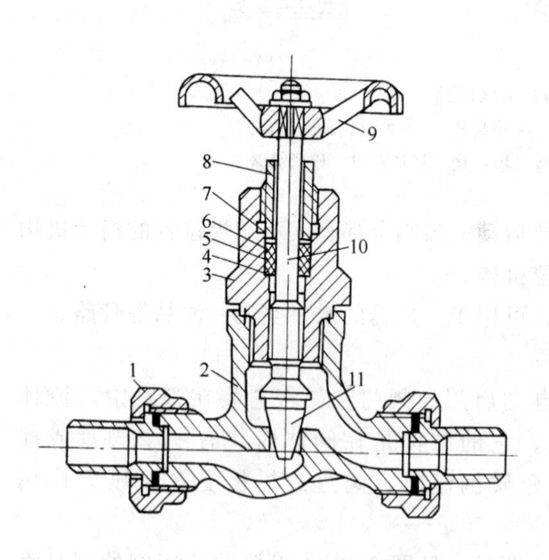

图 8-11 节流阀

1—活管接；2—阀体；3—阀盖；4—填料座；5—中填料；6—上填料；7—填料垫；8—填料压紧螺母；9—手轮；10—阀杆；11—阀芯

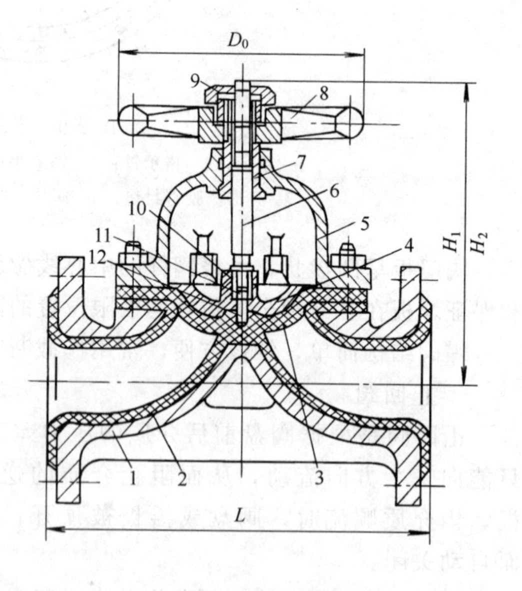

图 8-12 隔膜阀

1—阀体；2—衬胶层；3—橡胶隔膜；4—阀盘；5—阀盖；6—阀杆；7—套筒螺母；8—手轮；9—锁母；10—圆柱销；11—螺母；12—螺钉

隔膜阀是在阀杆下面固定一个特别橡胶膜片构成隔膜，并通过隔膜来进行启闭工作。橡胶隔膜的四周夹在阀体与阀盖的接合面间，将阀体与阀盖隔离开来。在隔膜中间凸起的部位，用螺钉或销钉与阀盘相连接，阀盘与阀杆通过圆柱销连接起来。旋转手轮使阀杆作上下轴线方向移动，通过阀盘带动橡胶隔膜作升降运动，从而调节隔膜与阀座的间隙，控制介质的流速或切断通道。介质流经隔膜阀时，只在橡胶隔膜以下阀腔通过，橡胶隔膜片将阀杆与介质完全隔绝，所以阀杆处无须填料密封。

隔膜阀结构简单，便于检修，介质流动阻力小，调节性能较好，常用于输送酸、碱等腐蚀性介质和带悬浮物的介质的管路，而不宜用于有机溶剂、强氧化剂和高温管路上。

8. 球阀

球阀主要由阀体、阀盖、密封阀座、球体和阀杆等组成，其结构与旋塞阀相似。球阀是通过旋转带孔球体来控制阀门启闭的。根据球体在阀体内可否浮动，分为浮动球球阀和固定球球阀。

图 8-13 所示为带固定密封阀座的浮头球球阀。在阀体内装有两个固定密封阀座，两个阀座间有一通孔直径与阀体通道直径一致的球体。借助于手柄和阀杆的转动，可自由地旋转球体，达到球阀开启和关闭的目的。

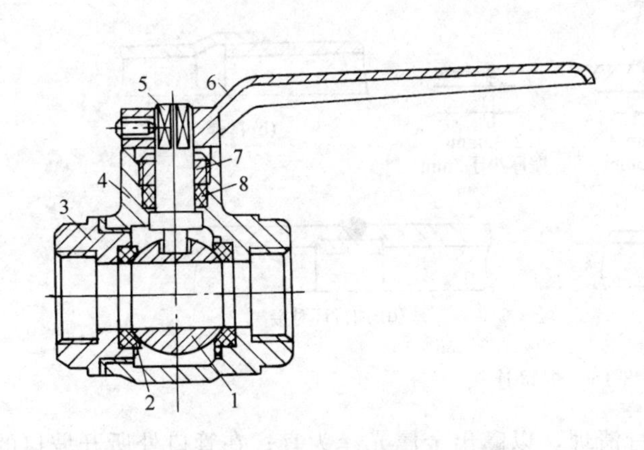

图 8-13　带固定密封阀座的浮头球球阀

1—浮动球；2—固定密封阀座；3—阀盖；4—阀体；5—阀杆；6—手柄；7—填料压盖；8—填料

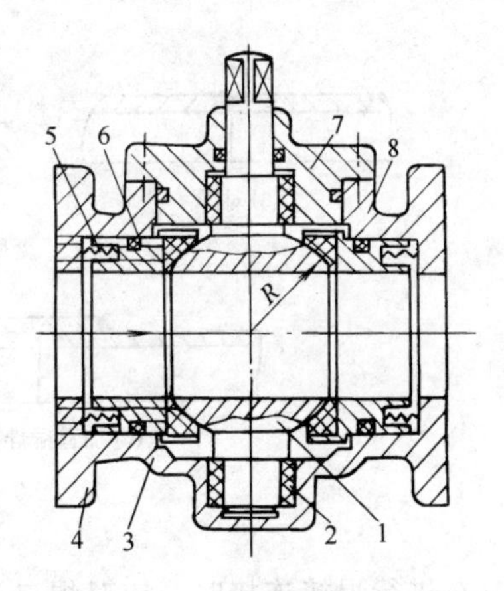

图 8-14　固定球球阀

1—球体；2—轴承；3—密封阀座；4—活动套筒；5—弹簧；6—圆形密封圈；7—阀盖；8—阀体

固定球球阀如图 8-14 所示。球体与阀杆制成一体，密封阀座装在活动套筒内，套筒与阀体间用 O 形橡胶圈密封，左右两端密封阀座和套筒均由弹簧组预先压紧在球体上。当阀杆在上下两轴承中转动关闭阀门时，介质压力作用在套筒端面上，将密封阀座压紧在球体上起密封作用。此时，出口端密封阀座不起作用。当介质反向流动关闭阀门时，起密封作用的阀座在新的入口端。

球阀操作方便，介质流动阻力小，但结构较复杂。球阀一般用于需快速启闭或要求阻力小的场合，可用于水、汽油等介质，也可用于浆性和黏性介质的输送管路。

9. 阀门的选用原则

化工类工厂中常用的阀门有多种，即使同一类型的阀门，由于使用场合不同也有高温阀与低温阀，高压阀与低压阀之分。而且同一结构的阀门也可用不同材质制造。阀门大多都有系列产品，选用时应考虑下列因素。

① 输送流体的性质。如液体、气体、蒸汽、浆液、悬浮液、黏稠液等。

② 阀门的功能。选用时应考虑各种阀门的特性及使用场合。

③ 阀门的尺寸。应根据流量大小和允许的压降范围选定，一般应与工艺管道尺寸相配。

④ 阻力损失。根据阀门的功能和可能产生的阻力来选定阀门的结构形式。

⑤ 根据操作条件，来确定阀门的压力等级和材质。

第五节　管路的连接

管路的连接包括管子与管子的连接、管子与各种管件、阀门的连接，还包括设备接口处等的连接。管路连接的常用方法有焊接连接、法兰连接、螺纹连接、承插式连接等方式。

一、焊接连接

焊接连接属于不可拆连接方式。采用焊接连接密封性能好、结构简单、连接强度高，可适用于承受各种压力和温度的管路上，故在化工生产中得到广泛应用。

常用的焊接形式见图 8-15。

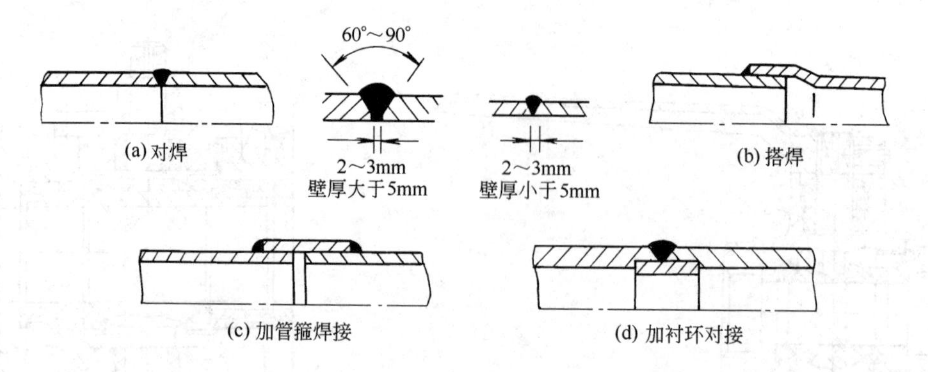

图 8-15　焊接连接

在进行焊接连接时，应对焊口处进行清理，以露出金属光泽为宜；在管口处所开坡口的角度和对口同心度应符合技术要求；应根据管道材质选取合适的焊接材料；对于厚壁管应分层焊接以确保质量。

在化工管路中常用的焊接方法有电焊、气焊、钎焊等。

二、法兰连接

法兰连接是管路中应用最多的可拆连接方式。法兰连接强度高、拆卸方便、适应范围广。

在法兰连接中，法兰盘与管子的连接方法多种多样，常用的有整体式法兰、活套式法兰和介于两者之间的平焊法兰等。根据介质压力大小和密封性能的要求，法兰密封面有平面、凹凸面、榫槽面、锥面等形式。密封垫的材质有非金属垫片、金属垫片和各种组合式垫片等可供选择。

管道法兰设计、制造已标准化，需要时可根据公称压力和公称直径选取。

三、螺纹连接

螺纹连接是通过内外管螺纹拧紧而实现的，螺纹连接的管子两端都加工有外螺纹，通过加工有内螺纹的连接件、管件或阀门相连接。常用的螺纹连接有三种形式。

（1）内牙管连接

内牙管连接如图 8-16 所示。安装时，先将内牙管旋合在一段管子端部的外螺纹上，然后把另一段管子端部旋入内牙管中，使两段管子通过内牙管连接在一起。内牙管连接结构简单，但拆装时，必须逐段逐件进行，颇为不便。

(2) 长外牙管连接

长外牙管连接由长外牙管、被连接管、内牙管、锁紧螺母组成，如图 8-17 所示。安装时，先将锁紧螺母 3 与内牙管 2 都旋合在长外牙管 4 上，再用内牙管 5 把长外牙管 4 和需连接的管子 6 旋合连接，最后将内牙管 2 反旋退出一定长度与需连接的管子 1 相连，用锁紧螺母 3 锁紧。长外牙管连接不须转动两端连接管即可装拆。

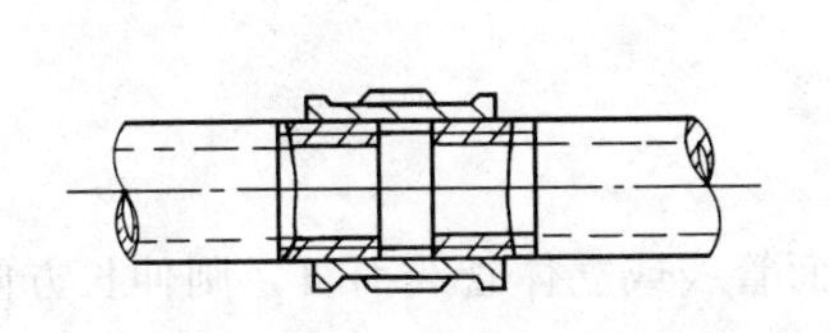

图 8-16 内牙管连接

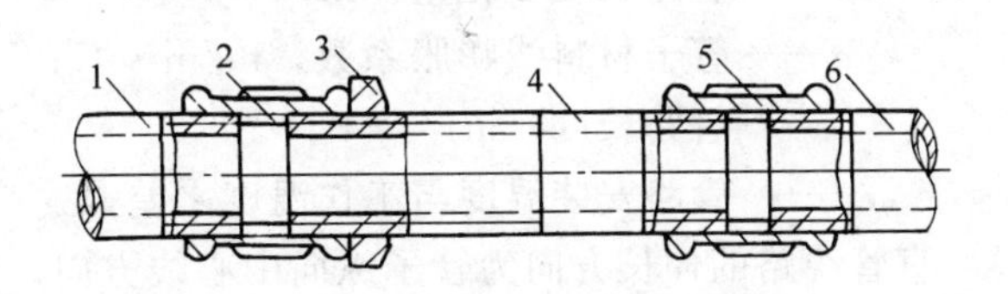

图 8-17 长外牙管连接

(3) 活管接连接

活管接连接由一个套合节和两个主节及一个软垫圈组成，如图 8-18 所示。安装时，先将套合节套在不带外螺纹的主节 5 上，再将两主节分别旋在需连接的两管端部，在两主节间放置软垫圈 3，旋转套合节与带外螺纹的主节 2 相连，使两主节压紧软垫圈即可。活管接连接时，可不转动两连接管而将两者分开。

为了保证螺纹连接处的密封性能，在螺纹连接前，常在外螺纹上加上填料。常用填料有加铅油的油麻丝或石棉绳等，也可用聚四氟乙烯带缠绕。

螺纹连接方法简单、易于操作，但密封性较差，主要用于介质压力不高、直径不大的自来水管和煤气管道，也常用于一些化工机器的润滑油管路中。

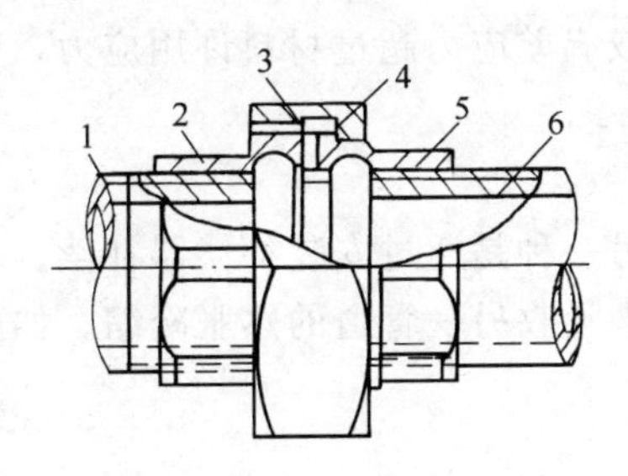

图 8-18 活管接连接

1，6—两端管子；2，5—主节；3—软垫圈；4—套合节

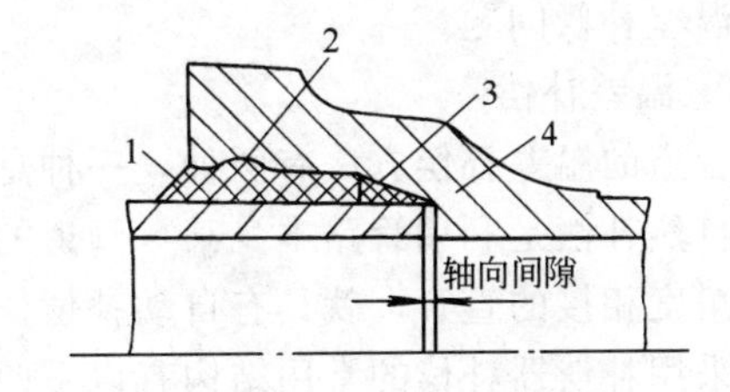

图 8-19 承插式连接

1—插口；2—水泥或铅；3—油麻绳；4—承口

四、承插式连接

在化工管路中，承插式连接适用于压力不大，密封性要求不高的场合。常用作铸铁水管的连接方式，也可用作陶瓷管、塑料管、玻璃管等非金属管路的连接。

承插式连接结构如图 8-19 所示。承插式连接时，在插口和承口接头处应留有一定的轴间间隙，以便于补偿管路受热后的伸长。为了增加承插式连接的密封性，在承口和插口之间的环形间隙中，应填充油麻绳或石棉水泥等填料，在填料外面的接口处应涂一层沥青防腐层，以增加抗蚀性。承插式连接密封可靠性差，且拆卸比较困难，只适宜于低压管路。

五、温差补偿装置

1. 温差应力

化工管路在工作时管内介质的温度可能与安装时的温度不一致，由于温差的影响，将导致管路热胀冷缩。如管路不受约束，则由温差导致的自由伸缩量为

$$\Delta L=\alpha L\Delta t \tag{8-6}$$

式中 ΔL——管路长度变化量，m；

α——管子材料线膨胀系数，m/m·℃；

L——管路长度，m；

Δt——管路安装温度与工作温度之差，℃。

直管线路的伸长方向为管子纵向中心线方向，对平面管线或立体管线而言，则伸长方向为各自管线两端点的连线方向。

由于管路因温差而产生的变形通常受到约束，则管路伸长时将产生温差应力，由虎克定律可知

$$\sigma=E\varepsilon=E(\Delta L/L)=E\alpha\Delta t \tag{8-7}$$

式中 σ——温差应力，MPa；

E——管子材料弹性模量，MPa；

ε——管子长度相对变形。

为使管路不因温差应力过大而破坏，根据强度条件，应使温差应力小于材料许用应力 $[\sigma]$

$$\sigma=E\alpha\Delta t\leqslant[\sigma] \tag{8-8}$$

由上式可知，只要 $\Delta t\leqslant[\sigma]/(\alpha E)$，管路即不会因温差应力而被破坏，所以并不是只要有温差存在，就必须采用补偿措施。如果温差过大，或温差应力超过材料许用应力，则应当考虑温差补偿问题。

2. 温差补偿

管道的温差补偿方法有两种，一种是自然补偿，另一种是通过安装补偿器补偿。

自然补偿是利用管路本身某一管道的弹性变形，来吸收另一管道的热胀冷缩。如两段以任意角度相接的直管，就具有自动补偿作用。

采用补偿器补偿的常用结构有以下两种。

(1) 回折管式补偿器

回折管式补偿器是将直管弯成一定几何形状的曲管（见图 8-20 和图 8-21），利用刚性较小的曲管（回折管）所产生的弹性变形来吸收连接在其两端的直管的伸缩变形。采用回折管补偿结构，补偿能力大，作用在固定点上的轴向力小，两端直管不必成一直线，且制造简单，维护方便。但要求安装空间大，流体阻力也较大，还可能对连接处的法兰密封有影响，如图 8-22 所示。回折管一般由无缝钢管制成。

(2) 波形补偿器

波形补偿器是利用金属薄壳挠性件的弹性变形来吸收其两端连接直管的伸缩变形。其结构形式有波形、鼓形、盘形等，如图 8-23 所示。

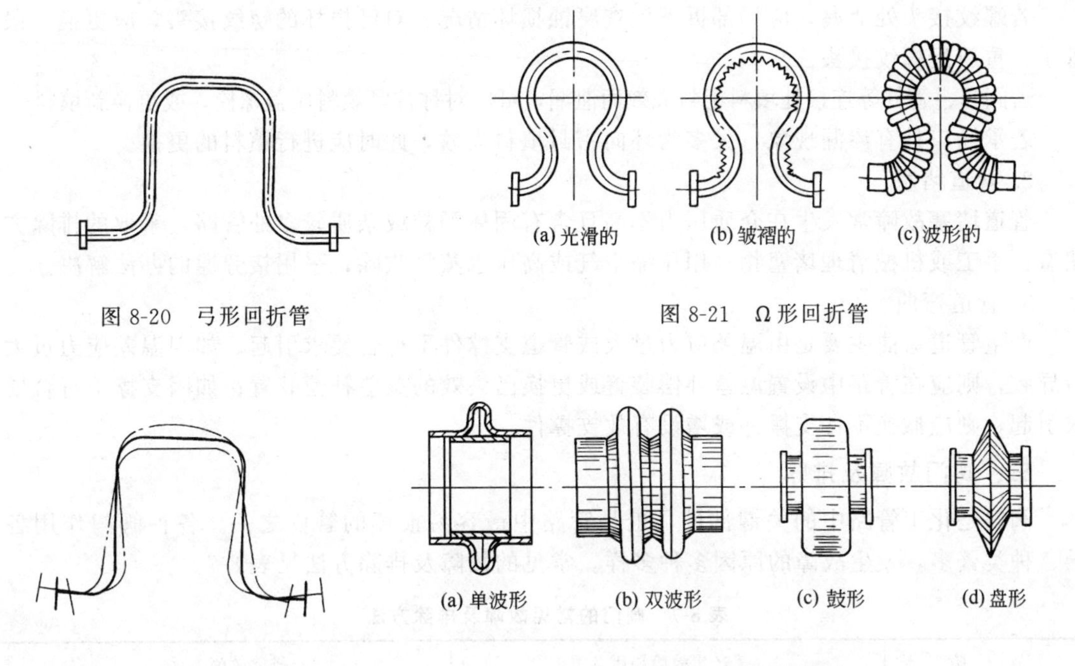

图 8-20 弓形回折管

图 8-21 Ω形回折管

图 8-22 回折管补偿器引起的法兰变形

图 8-23 波形补偿器

波形补偿器结构紧凑，流体阻力小。但补偿能力不大，且结构较复杂，成本较高。为了增加补偿能力，可将数个补偿器串联安装（一般不超过 4 个），也可分段安装若干组补偿器，以增加补偿量。

第六节 管路常见故障及排除方法

在化工企业中，管路担负着连接设备、输送介质的重任，为了保证生产的正常运行，对管路精心维护，及时发现故障，排除故障，显得十分重要。

一、做好管路维护工作

日常维护的主要任务有：认真做好日常巡回检查，准确判断管内介质的流动情况和管件的工作状态；适时做好管路的防腐和防护工作，定期检查管路的保温设施是否完好；及时排放管路的油污、积水和冷凝液，及时清洗沉淀物和疏通堵塞部位，定期检查和测试高压管路；定期检查管路的腐蚀和磨损情况；检查管路的振动情况；察看管架有无松动；检查管路各接口处是否有泄漏现象；检查各活动部件的润滑情况；对管路安全装置进行定期检查和校验调整等。

二、管路常见故障及排除方法

1. 连接处泄漏

泄漏是管路中的常见故障，轻则浪费资源、影响正常生产的进行，重则跑、冒、滴、漏污染环境，甚至引起爆炸。因此，对泄漏问题必须引起足够重视。泄漏常发生在管接头处。

若法兰密封面泄漏首先应检查垫片是否失效，对失效的垫片应及时更换；其次是检查法兰密封面是否完好，对遭受腐蚀破坏或已有径向沟槽的密封面应进行修复或更换法兰；对于两个法兰面不对中或不平行的法兰，应进行调整或重新安装。

若螺纹接头处泄漏，应局部拆下检查腐蚀损坏情况。对已损坏的螺纹接头，应更换一段管子，重新配螺纹接头。

若阀门、管件等连接处填料密封失效而泄漏，可以对称拧紧填料压盖螺栓，或更换新填料。

若承插口处有渗漏现象，大多为环向密封填料失效，此时应进行填料的更换。

2. 管道堵塞

管道堵塞故障常发生在介质压力不高且含有固体颗粒或杂质较多的管路。采取的排除方法有：手工或机械清理堵塞物；用压缩空气或高压水蒸气吹除；采用接旁通的办法解决。

3. 管道弯曲

产生管道弯曲主要是由温差应力过大或管道支撑件不符合要求引起。如因温差应力过大所导致，则应在管路中设置温差补偿装置或更换已失效的温差补偿装置；如因支撑不符合要求引起，则应撤换不良支撑件或增设有效支撑件。

三、阀门故障及排除

阀门是化工管路中的关键部件，也是管路中最容易损坏的管件之一。各种阀门作用各异、种类繁多，发生故障的原因多种多样。常见的故障及排除方法见表8-7。

表8-7 阀门的常见故障及排除方法

故障	产生故障原因	排除故障方法
填料室泄漏	① 填料与工作介质的腐蚀性、温度、压力不相适应	① 选用合适的填料
	② 填料的填装方法不对	② 取出重新填装
	③ 阀杆加工精度低或表面粗糙度大，圆度超差，有磕碰、划伤及凹坑等缺陷	③ 修理或更换合格的阀杆
	④ 阀杆弯曲	④ 校直阀杆或更换阀杆
	⑤ 填料内有杂质或有油，在高温时收缩	⑤ 更换填料
	⑥ 操作过猛	⑥ 操作应平稳、缓慢开关
关闭件泄漏	① 密封面不严	① 安装前试压、试漏，修理密封面
	② 密封圈与阀座、阀瓣配合不严密	② 密封圈与阀座、阀瓣采用螺纹连接时，可用聚四氟乙烯生料带作螺纹间的填料，使其配合严密
	③ 阀瓣与阀杆连接不牢靠	③ 事先检查阀门各部件是否完好，不能使用阀杆弯扭或阀瓣与阀杆连接不可靠的阀门
	④ 阀杆变形，上下关闭件不对中	④ 校正阀杆或更新
	⑤ 关闭过快、密封面接触不好	⑤ 关闭阀门用稳劲、不要用力过猛，发现密封面之间接触不好或有障碍时，应立即开启稍许，让杂物随介质流出，然后再细心关紧
	⑥ 材料选用不当，经受不住介质的腐蚀	⑥ 正确选用阀门
	⑦ 截止阀、闸阀作调节阀用，由于高速介质的冲刷侵蚀，使密封面迅速磨损	⑦ 按阀门结构特点正确使用，需调节流量的部件应采用调节阀
	⑧ 焊渣、铁锈、泥砂等杂质嵌入阀内，或有硬物堵住阀芯，使阀门不能关严	⑧ 清扫嵌入阀内的杂物，在阀前加装过滤器
阀杆升降不灵活	① 阀杆缺乏润滑或润滑剂失效	① 经常检查润滑情况，保持正常的润滑状态
	② 阀杆弯曲	② 使用短杠杆开闭阀杆，防止扭弯阀杆

续表

故　障	产生故障原因	排除故障方法
阀杆升降不灵活	③ 阀杆表面粗糙度大 ④ 配合公差不合适，咬得过紧 ⑤ 螺纹被介质腐蚀 ⑥ 材料选择不当，阀杆及阀杆衬套选用同一种材料 ⑦ 露天阀门缺乏保护，锈蚀严重 ⑧ 阀杆被锈蚀卡住	③ 提高加工或修理质量，达到规定要求 ④ 选用与工作条件相应的配合公差 ⑤ 选用适应介质及工作条件的材质 ⑥ 采用不同材料、宜用黄铜、青铜、碳钢或不锈钢作阀杆衬套材料 ⑦ 应设置阀杆保护套 ⑧ 定期转动手轮，以免阀杆锈住；地下安装的阀门应采用暗杆阀门
垫圈泄漏	① 垫圈材质不耐腐蚀，或者不适应介质的工作压力及温度 ② 高温阀门内所通过的介质温度变化	① 采用与工作条件相适应的垫圈 ② 使用时再适当紧一遍螺栓
填料压盖断裂	压紧填料时用力不均或压盖有缺陷	压紧填料时应对称地旋转螺帽
双闸板阀门的闸板不能压紧密封面	顶楔材质不好，使用过程中磨损严重或折断	用碳钢材料自行制作顶楔，换下损坏件
安全阀或减压阀的弹簧损坏	① 弹簧材料选用不当 ② 弹簧制造质量不佳	① 更换弹簧材质 ② 采用质量优良的弹簧

思考题

8-1　化工管路的作用是什么？由哪些部分所组成？可从哪些方面分类？

8-2　压力管道的概念是什么？怎么进行分级？

8-3　金属管的常用材料有哪些？常用的非金属管有哪几种？

8-4　在确定管径大小时，应考虑哪些因素？如何计算管径？

8-5　常用的管件有哪些？各用于什么场合？

8-6　化工管路中常用的阀门有哪几种？各适应哪些场合？

8-7　简述闸阀的结构、特点、工作原理及适应场合。

8-8　管路的连接方法有哪些？各有何特点？

8-9　怎样计算管路中的温差应力？

8-10　常用温差补偿装置有哪些？各有何特点？

8-11　管路的常见故障有哪些？产生的原因是什么？可采取哪些排除故障的措施？

第九章

化工设备故障诊断

能力目标：1. 根据化工设备故障的表现形式，对故障产生原因的分析能力。
　　　　　2. 根据不同的故障类型，选择故障诊断方法的能力。
　　　　　3. 根据故障诊断方法，选择典型诊断设备的能力。
知识要素：1. 故障诊断的概念、分类。
　　　　　2. 声振诊断、温度诊断原理及应用。
　　　　　3. 污染诊断、无损诊断的方法及适应场合。
　　　　　4. 综合诊断的概念及特点。
技能要求：化工管道泄漏检测技能。

第一节　概　　述

一、故障诊断的概念

机械设备在运行过程中，由于疲劳损伤、磨损、腐蚀以及操作不当均会产生故障。故障的出现，轻则影响机械设备的正常运行，重则带来生命和财产的巨大损失。因此，及时发现并排除故障具有重要意义。

运行中的机械设备，其内部的零件、部件必然要受到机械应力、热应力、化学应力以及电气应力等多种物理作用，随着时间的推移，这种物理作用的累积，将使机械设备正常运行的技术状态不断发生变化，随之可能产生异常、故障或劣化状态。伴随着这些作用和变化，又必然会产生相应的振动、声音、温度以及磨损碎屑等二次效应。机械设备故障诊断即是依据这种二次效应的物理参数，来定量地掌握机械设备在运行中所受的应力、出现的故障和劣化、强度和性能等技术状态指标；预测其运行的可靠性和性能；如果机械设备存在异常，则进一步对异常原因、部位、危险程度等进行识别和评价，确定其改善方法和维修技术。

故障诊断是指通过测取机械设备在运行中或相对静态条件下的状态信息、诊断对象的历史状况，来定量识别机械设备及其零部件的实时技术状态，并预知有关异常、故障和预测其未来技术状态，从而确定必要对策的技术。

故障诊断实施包括两个部分，其一是简易诊断，主要是由现场作业人员实施的初级技术，职能是对设备的运行技术状态迅速而有效地做出概括的评价，并在诊断对象中判定“有些异常”的机械设备；其二是精密诊断，主要是由故障诊断的专门技术人员实施的高级技术，职能是对采用简易诊断技术判定为“有些异常”的机械设备进行专门的、深入的分析和处理，并进一步确定异常和故障的性质、类别、部位、原因、程度，乃至说明异常和故障发展的趋势及影响等，为故障预报、控制、调整、维修、治理等方面提供决策依据。所以精密诊断是故障诊断的关键。

故障诊断的目的是：

① 及时而正确地对各类运行中机械设备的种种异常或故障做出诊断，以便确定最佳维修决策；

② 保证各类机械设备无故障、安全可靠地运行，以便发挥其最大的设计能力和使用有效性；

③ 为下一代机械设备的优化设计、制造提供反馈信息和理论依据，以保证设计、制造出更符合用户要求的新一代产品。

二、故障诊断的分类

故障诊断的分类方法很多，但主要是按诊断物理参数和诊断目的进行分类。

1. 按诊断的物理参数分类

从诊断技术研究的角度，常按诊断的物理参数分类，其分类名称和检测参数见表 9-1。

表 9-1 按诊断的物理参数分类

诊断技术名称	检测参数
声振诊断	平稳振动、瞬态振动、噪声、声阻、超声以及声发射等
温度诊断	温度、温差、温度场以及热象等
污染诊断	气、液、固体的成分变化，泄漏及残留物等
无损诊断	裂纹、变形、斑点及色泽等
综合诊断	各种物理参数的组合与交叉

2. 按诊断的目的要求分类

（1）功能诊断和运行诊断

对于新安装的或刚维修的机械设备及部件等，需要判断它们的运行工况和功能是否正常，并根据检测与判断的结果对其进行调整，这就是功能诊断；运行诊断是对正在运行中的机械设备或系统进行状态监测，以便对异常的发生和发展能进行早期诊断。

（2）定期诊断和连续监控

定期诊断是间隔一定时间对服役中的机械设备或系统进行一次常规检查和诊断；连续监控则是采用仪表和计算机信号处理系统对机械设备或系统的运行状态进行连续监视和检测。这两种诊断方法的选用，需根据诊断对象的关键程度、其故障影响的严重程度、运行中机械设备或系统的性能下降的快慢程度以及其故障发生和发展的可预测性来决定。

（3）直接诊断和间接诊断

直接诊断是直接根据关键零部件的状态信息如轴承间隙、齿面磨损、轴或叶片的裂纹以及腐蚀条件下管道的壁厚等来确定其所处的状态，直接诊断迅速而可靠，但往往受到机械结构和工作条件的限制而无法实现。间接诊断是通过机械设备运行中的二次诊断信息来间接判断关键零部件的状态变化。由于多数二次诊断信息属于综合信息，因此，在间接诊断中出现伪警和漏检的可能性会增大。

（4）在线诊断和离线诊断

在线诊断一般是指对现场正在运行中的机械设备进行自动实时诊断；离线诊断则是通过磁带记录仪将现场测量的状态信号录下，带回实验室后再结合诊断对象的历史档案作进一步的分析诊断。

(5) 常规诊断和特殊诊断

常规诊断就是在机械设备正常服役条件下进行的诊断，大多数诊断都属于这一类型；在个别情况下，需要创造特殊的服役条件来采集信号，例如，动力机组的启动和停机过程要通过转子的扭振和弯曲振动的几个临界转速，必须采集在启动和停机过程中的振动信号，而这些振动信号在常规诊断中是采集不到的，因而需要采用特殊诊断。

第二节　常用故障诊断技术

一、声振诊断

各种机械设备、组成它们的零部件以及安装它们的基础，都可以认为是一个弹性系统。在一定条件下，弹性系统在其平衡位置附近作往复直线或旋转运动，这种每隔一定时间的往复性微小运动称为机械振动。机械设备又常处在空气或其他介质中，机械振动将使介质振动形成振动波，机械的噪声就是不规则的机械振动在空气中引起的振动波，因而从本质上讲噪声也是振动。因此，将利用振动测量和噪声测量及它们的分析结果来识别机械设备故障的技术统称为声振诊断。在有些文献中，也可以将它们分开来形成振动诊断和音响诊断。

故障的声振识别通过将被测声振信号的特征量值与特征量限值相比较实现。在绝对标准中，利用被测声振信号的特征量值与标准特征量值相比较；在相对标准中，利用被测声振信号的特征量值与正常运行时的特征量值相比较；在类比标准中，利用同类设备在同种工况条件下的声振信号的特征量值相比较，做出有无故障的判断。

1. 振动诊断

振动诊断技术形成的诊断系统可分为两类：简易诊断仪和精密诊断系统。简易诊断仪通常是便携式测振仪，它的组成如图 9-1 所示，测量放大器将测振传感器感受的振动信号放大，而后通过检波器以振动的峰值或有效值显示，从而了解机械的振动状态。

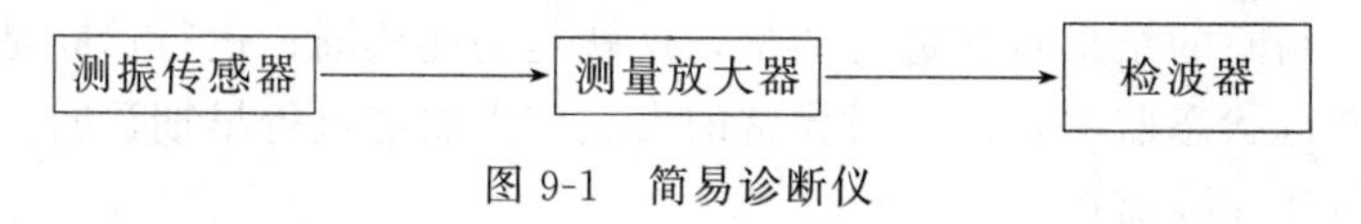

图 9-1　简易诊断仪

精密诊断系统可有两种形式：一种适用于点检，即定期对被监测或诊断的设备进行检测，将振动信号记录在磁带记录器上，而后在实验室的数据处理机上或计算机上进行分析和处理，从而达到监测和诊断的目的。另一种是在线监测和诊断系统，它既可以监测机械的工作状态，通过检波器直接进入显示装置和控制器，预报可能出现的故障状态和停机处理；对于精密诊断系统，又可以通过中央处理机处理和分析后，给出分析结果去判断故障部位和原因，做出维修对策。现代化的生产线，大都是大型的、连续的和自动化的装备组成，都带有这种由微机分析和控制的在线监测和诊断系统。复杂的带有推断过程的系统有时又称为专家系统。

2. 音响诊断

利用音响的差异进行机械设备的故障诊断是一个古老而又常用的方法。过去是靠人耳的感觉和经验来实现监测和判断，目前是利用对声波的测量和分析来实施诊断的。

声波是振动在空气介质中的传播。当振源的频率在 20～20000Hz 之间时，振源引起的波动称为有声波，人的耳朵可以感受它。当振源的频率低于 20Hz 或高于 20000Hz 时，人耳无法听到，低于 20Hz 的波动称为次声波，高于 20000Hz 的波动称为超声波。音响诊断技术是从有声波的角度，特别是利用噪声的测量和分析来识别故障。

在机械设备中，由于机械由很多运动着的零部件组成，因此，有很多个振源引起声波。这些不同频率、不同声强的声波无规律地混合就组成了机械的噪声，在故障诊断中所碰到的声波大部分是噪声。故障的识别就是要从这些噪声中提取由故障源引起的噪声。因此，要进行噪声测量，通常的测量系统包括传声器、测量放大器或声级计、磁带记录器及信号分析仪。

传声器也称话筒，用来感受空气中的噪声并将其转换为电信号。声级计用来将传声器测得的信号进行放大及其他处理。磁带记录器用来将电信号记录于磁带中而使之可以重现。信号分析仪用来对信号进行分析处理，以便识别噪声源，进而可获得故障点。

二、温度诊断

(1) 温度诊断的定义

温度异常是机械设备故障的“热信号”，许多受了损伤的机件，其温度升高总是先于故障的出现。通常，当机件温度超过其额定工作温度，且发生急剧变化时，则预示着故障的存在和恶化。因此，监测机件的工作温度，根据测定值是否超过温升限值可判断其所处的技术状态，这就是温度诊断。

若将采集到的温度数据制成图表，并逐点连成直线，利用该直线的斜率，可对机件进行温度趋势分析，并可推算出某一时刻的温度值，将此温度值与机件允许的最高温度限值比较，可以预报机件实际温度的变化余量，以便发出必要的报警。在某些情况下，如温度变化速度太快可能引起无法修复的故障时，则可中断机械运转。

采用温度诊断所能发现的常见故障有发热量异常、流体系统故障、滚动轴承损坏、保温材料的损坏、机件内部缺陷、电气元件故障、非金属部件的故障、疲劳过程。

(2) 温度的测量

采用温度诊断技术时，准确地测量温度是非常重要的。常用的测温方法有热电偶测温、热电阻测温、红外测温等。

红外测温的原理是：比可见红光波长更长的辐射光线称为红外线。红外线虽是人们眼睛看不见的光线，但它是具有较高热效应的辐射光线。除了太阳能辐射红外线外，凡温度高于绝对零度（−273.15℃）的任何物体都能辐射红外线，而且物体的温度越高，发出红外线的能量越多，红外测温就是利用这种特性对物体的温度进行测量的。

红外测温的装置有红外测温仪、红外热像仪等。常用的红外测温仪有辐射测温仪、单色测温仪、比色测温仪等。辐射测温仪是利用热电传感元件，通过测量物体热辐射全部波长的总能量来确定被测物体表面温度；单色测温仪是通过测量物体热辐射中某一波长范围内所发出的辐射能量来确定被测物体表面温度；比色测温仪是通过测量物体热辐射中两个不同波段的辐射能量的比值来确定被测物体表面温度。

红外热像仪能把物体发出的红外辐射转换成可见图像，这种图像称为热像图或温度图。由于热像图包含了被测物体的热状态信息，因而通过热像图的观察和分析，可获得物体表面或近表面层的温度分布及其所处的热状态。由于这种测温方法简便、直观、精确、有效，且不受测温对象的限制，因而有着广阔的应用前景。热像仪在温度诊断中已广泛用于探测化工设备和管道中的腐蚀、减薄、沉积、泄漏、烧蚀和堵塞等故障。

在红外测温装置中，用于感受红外辐射能量并将其转换成与被测温度有关的电信号的器件称为红外探测器。按其工作原理可分为热敏探测器和光电探测器两类。热敏探测器是利用红外辐射的热效应制成的，采用热敏元件；光电探测器是利用光电元件受到红外辐射时产生的光电效应，将红外辐射能量转变为电信号。

三、污染诊断

污染诊断是以机械设备在工作过程中或故障形成过程中所产生的固体、液体和气体污染物为监测对象，以各种污染物的数量、成分、尺寸、形态等为检测参数，并依据检测参数的变化来判断机械所处技术状态的一种诊断技术。目前，已进入实用阶段的污染诊断技术主要有油液污染监测法和气体污染物监测法。

1. 油液污染监测法

各类机械的流体系统，如液压系统、润滑系统和燃油系统中的油液，均会因内部机件的磨损产物和外界混入的物质而产生污染。被污染的油液将带着污染物到达系统的有关工作部位，当污染程度超过规定的限值时，便会影响机件和油液的正常工作，甚至造成机件损伤或引起系统故障。油液中各种污染物形态及其引起的故障如表 9-2 所示。流体系统中被污染的油液带有机械技术状态的大量信息。所以，根据监测和分析油液中污染物的元素成分、数量、尺寸、形态等物理化学性质的变化，获取机件运行状态的有关信息，从而判断机械的污染性故障和预测机件的剩余寿命，这就是油液污染监测法。

表 9-2　油液污染引起的典型故障

污物形态	污物的危害	引起的故障
固体物	是最常见和危害最大的一种。会造成零件运动表面磨损、刮伤或撕落；易淤积于系统的管道、缝隙或小孔中，使阻尼增大	机件磨损、发热、卡死、工作压力降低或动作失调
水分	使油液乳化，降低润滑性能；与油液中的硫或氯结合产生硫酸或盐酸；与添加剂或其他污物结合时生成有害的黏结、胶状或结晶物质	润滑不良、渗漏及堵塞或工作压力降低
空气	液压系统中的油液混入空气，使油液的容积弹性系数降低，失去刚性以及气蚀、氧化机件等	机件动作失灵、反应变慢，振动、噪声或造成润滑不良引起发热
化学物	油液中氯化溶解物与水分结合，产生有腐蚀作用的盐酸；油液因高温氧化作用而生成硫、氧化碳；遇水时产生有腐蚀作用的硫酸和碳酸；表面活性媒介物会使系统中的污物分散到油液中去而不易清除，降低过滤器过滤能力	机件腐蚀，油液变质，增加油液污染而引起故障
微生物	油液在一定温度环境下会生长细菌、霉菌、原生物及藻类等微生物，改变化学成分、降低黏度和润滑性能、破坏油膜的形成以及生成有腐蚀作用的硫酸、硝酸等有害物	油液变质、机件腐蚀和润滑不良

由于流体系统油液污染引起的任何故障都可能对整机造成严重危害，在国内外都十分重视这类故障监测方法和装置的研究。已进入实用阶段的监测方法很多，其中常用的方法可分为两类，一类是通过监测油液中固体污染物元素成分、含量、尺寸分布和颗粒形态等参数的变化，来判断机件磨损部位和严重程度的方法，如油液污染度监测法、磁性碎屑探测法、油液光谱分析法等。另一类是通过监测油液的物理化学特性和污染程度的变化，来判断油液本身的污染状态和故障趋势的方法。

油液污染度监测法是通过测定单位容积油液中固体颗粒污染物的含量，反映系统或零件所受颗粒污染物的危害程度。可细分为称重法、计数法、光测法、电测法、淤积法等。

磁性碎屑探测法的基本原理是采用带磁性的探头插入润滑系统输油管道内，收集润滑油内的残渣，并用肉眼或低倍放大镜来观察残渣的数量、大小和形状等特征，判断系统中零件的磨损状态。该方法适用于探测油液中残渣颗粒尺寸大于 50μm 的情况，特别是对于捕捉某些机件在磨损后期出现的颗粒尺寸较大，而且其中大部分是铁的磨损微粒的情况，它是一种简便而有效的探测手段。

油液光谱分析法是指利用原子发射光谱或原子吸收光谱分析油液中金属磨损产物的化学成分和含量，从而判断机件磨损的部位和磨损严重程度的一种污染监测方法。光谱分析法对分析油液中有色金属磨损产物比较适用。例如，油液中铜和铅的污染物发生在装有铜、铅轴承的发动机中。通过光谱分析，根据油液中铜、铅元素的出现及其含量，便可定性地判断发动机的磨损零件是铜-铅轴承，同时还可以定量地判断轴承的磨损程度。

在两类监测方法中，通常都可以采用各种相应的监测仪器和装置。表 9-3 为油液污染监测的主要分析项目及其装置。

表 9-3 油液污染监测的主要分析项目及其装置

诊断方法	油液分析项目	试验装置	故障诊断内容
零件磨损状态的监测诊断	磨损金属种类、成分、形态	磁性探测装置，发光分光装置，原子吸收分光光度计，铁谱仪	异常磨损的部位及磨损严重程度
油液污染状态的监测诊断	混入的颗粒状金属，添加剂	发光分光装置，原子吸收分光光度计	空气滤清器的异常及使用的油量
	油液黏度	毛细管黏度计，回转式黏度计	油液老化变质及油液更换期
	不溶解成分	离心分离器，光圈滤光器	滤清器异常、油液更换期及燃烧异常的出现
	碱值	自动滴定装置，光点检验	机油更换期
	燃料稀释度	蒸馏装置	燃烧系统异常
	水分	涡流裂纹水分计，红外分光装置	冷却水泄漏
	氧化物	红外分光装置	异常高温，冷却水泄漏

2. 气体污染物监测法

机械在故障形成过程中或在错误控制下，常常会产生各种气体或液体污染性物质。例如，电气系统故障形成过程中产生的溶解气体、密封性故障形成过程中产生的漏失气体或液体以及发动机或烟道排放的废气等。这些污染性物质本身也携带着机件的故障信息，对这些污染性物质的性质、数量和成分进行监测和分析，同样能判断机械设备所处的技术状态。所以，气体污染物监测法也成为污染诊断技术的另一个主要研究内容。

已用于故障诊断的气体污染监测方法主要有三类：用于判断电气故障的溶解气体分析法；用于判断发动机故障的泄漏气体分析法和排放气体分析法。

四、无损诊断

无损诊断是在不损伤和不破坏被检物（原材料、零部件和焊缝等）的前提下检查被检物表面及内部缺陷的一种技术手段，又称为无损检测或无损探伤。

无损诊断方法有多种，生产中最常用的为射线探伤、超声波探伤、磁粉探伤及渗透探伤。射线和超声波探伤主要用于探测被检物的内部缺陷，磁粉探伤用于探测表面和近表面缺陷，渗透探伤则用于探测表面开口的缺陷。

1. 射线探伤

射线探伤是检查材料内部缺陷比较成熟的一种方法，它是利用射线能够穿透物质的特性来检测缺陷。目前应用最广泛的是 X 射线和 γ 射线，高能 X 射线在工业上也逐渐得到应用。

（1）射线探伤的基本原理

射线探伤是利用射线的能穿透物质、能被物质吸收衰减及能使胶片感光的性质，将带暗盒的胶片置于被照物体背后，射线穿透被照物体（工件）后使胶片感光，如图 9-2 所示。胶片冲洗烘干后根据底片上黑度大小和影像可判断缺陷：工件无缺陷部位射线穿透后衰减均匀，底片感光强度一样（黑度均匀）；有缺陷部位当射线穿透时衰减较无缺陷部位小，因而感光强度大，使底片上有缺陷部位的黑度加深，底片上的黑色影像（斑点、条纹等）即表示缺陷的存在。缺陷在射线透照方向上的尺寸愈大，即射线经过缺陷的路程愈长，底片上明暗差别也愈大。故根据底片上影像黑度的深浅在一定程度上能定性地看出缺陷的“厚度”。

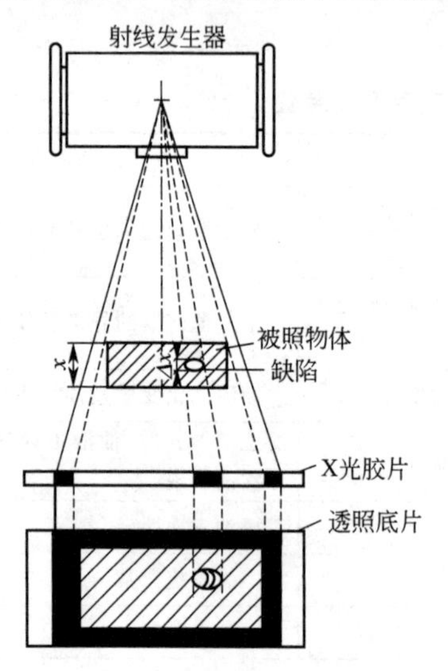

图 9-2　射线探伤的基本原理

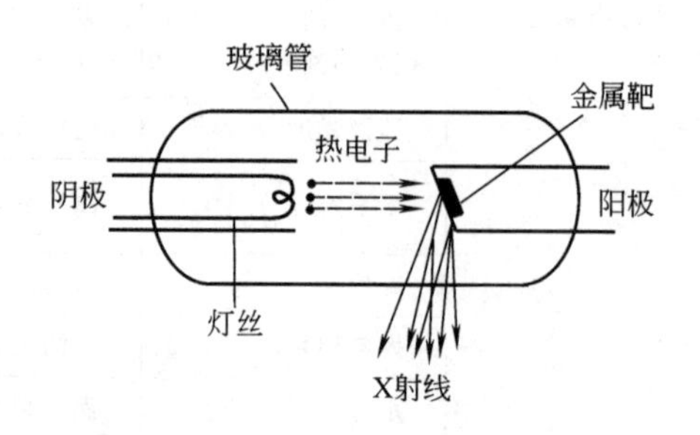

图 9-3　X 射线管

（2）射线探伤机

X 射线探伤所用设备称为 X 射线机。X 射线机是由 X 射线管、高压发生装置、控制机构和冷却装置几部分组成。X 射线管是一个发射 X 射线的二极管，由管体、阴极、阳极组成，如图 9-3 所示。管体为一高真空度的玻璃泡，用以支撑钨制阴极和阳极靶。在 X 射线管两端加上 100～420kV 的高压电后，射线管的阴极发射电子，在电场力作用下高速撞击阳极靶，就产生了 X 射线。高压发生装置实际上是一个变压和整流装置，为 X 射线管提供高压直流电流，以加速电子。控制机构主要是控制和调整 X 射线机的各种工作状态，并对 X 射线机起保护作用，防止突然加上高电压致使 X 射线管或机器损坏。冷却装置是使阳极靶冷却，避免钨极的烧损。

工业 X 射线探伤中广泛使用的 X 射线机有移动式和便携式两类。移动式 X 射线机的特点是管电流较大，输出的射线强度高，但设备比较笨重，只适用于室内和工作条件比较稳定的场合。典型的移动式 X 射线机有 XY-1502/4 型、XY-3010/3 型和 XY-4010/3 型。便携式 X 射线机体积小、重量轻、结构紧凑，很适合于现场作业。典型的便携式 X 射线机有 XXQ-2005 型、XXQ-2505 型、XXQZ-2005 型、XXQZ-2505 型。

γ射线探伤机由射线源（放射性同位素如 Co^{60}、Cs^{137}、Ir^{192} 等）、铅制移动保护套、铅室和钢丝软管等组成，探伤时可通过手把操纵软管内钢丝方便地将铅制保护套内的射线源移至曝光窗口进行照相。典型的γ射线探伤机如国产 GL-3 型γ自动探伤仪。

除了以上射线探伤机外，高能 X 射线探伤机、工业 X 射线电视装置、X 射线计算机断层分析（X 射线 CT）设备在工业射线探伤中也已得到应用。

2. 超声波探伤

超声波探伤是利用超声波射入被检物，由被检物内部缺陷处反射回来的伤波来判断缺陷的存在、位置、性质和大小等。

（1）超声波的产生

超声波的产生常采用压电法。压电法的原理是：晶体沿一定方向受力（拉或压）而伸长或缩短时在表面产生电荷的现象称为压电效应，具有压电效应的晶体称为压电晶体。常见的压电晶体有石英（SiO_2）、钛酸钡（$BaTiO_3$）、钛酸铅（$PbTiO_3$）和锆钛酸铅（$PbZrTiO_3$）等。若在压电晶体上沿电轴方向加交变电场，则晶体会沿一定方向变形（伸长或缩短），这种现象叫逆压电效应，也叫电致伸缩现象。超声波的产生就利用了晶体的逆压电效应，如图 9-4 所示，晶片两面镀银作电极，接上脉冲高频交变电压，则晶片会沿厚度方向伸缩产生振动，当其频率达到 20kHz 以上时就产生了超声波。相反，如果高频机械振动（超声波）传到晶片使晶片发生振动，则晶片两电极间就产生了与超声波频率相同的高频脉冲电压（压电效应），超声波的接收利用了这一原理。超声波的产生和接收实际上是电能与机械能的相互转换过程，即：

$$\text{电能}\underset{\text{接收超声波}}{\overset{\text{产生超声波}}{\rightleftharpoons}}\text{机械能}$$

用于无损探伤的超声波，常用频率为 1～5MHz。超声波在无限大介质中传播时，是一直向前传播并不改变方向，但遇到声阻抗不同的两种异质界面时会发生反射和折射现象，即有一部分超声波在界面上返回第一介质，另一部分透过介质交界面折射进入第二介质。超声波探伤就是利用超声波在介质中的这种传播特性来实现的。

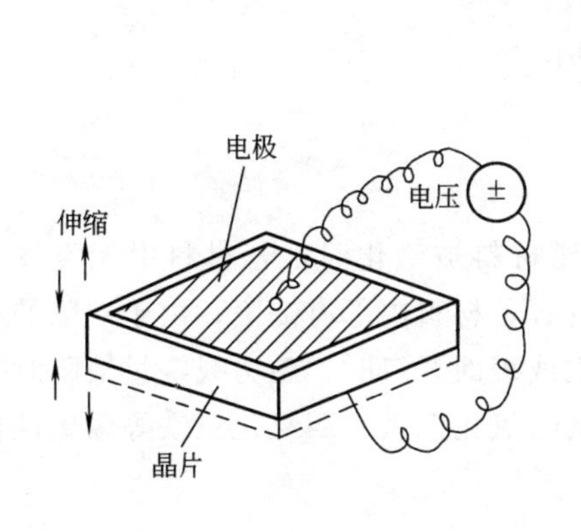

图 9-4　超声波的产生

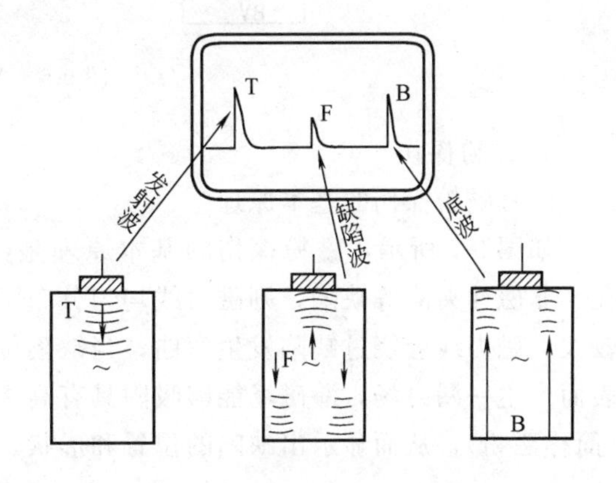

图 9-5　超声波探伤的基本原理

（2）超声波探伤的基本原理

超声波探伤的基本原理如图 9-5 所示。由探头发射出 1～5MHz 的超声波脉冲 T，并射入被检物内，当射入的声波碰到被检物另一侧底面时，会被反射回来被探头接收，并称之为底面回波 B；如果被检物内部存在缺陷，射入的超声波碰到缺陷后也会立即被反射回来由探头查收，称它为缺陷回波 F。由探头发射和接收的超声波信号均可转换成为电信号，并通过荧光屏显示出来。根据反射回来的底面回波 B 和缺陷回波 F 之间的信号差别，便可在荧光屏上判断出缺陷的存在、性质、部位及其大小。

（3）超声波探伤仪

超声波探伤是用探伤仪进行的，目前使用最广的是 A 型探伤仪。A 型探伤仪主要由同步电路（触发电路）、时基电路、发射电路、接收电路、探头及显示器（示波管）等组成，其原理框图见图 9-6。仪器工作时，同步电路发出指令，使各部分“同时起步”，协调工作。发射电路又称高频脉冲电路，在同步电路触发下产生高频电压加在探头晶片上，使晶片产生逆压电效应而发射出超声波。接收电路通过探头晶片的压电效应使工件内部反射的声波信号转换为电信号并进行放大、检波加到显示器的垂直偏转板上，在荧光屏的纵坐标上显示出来，以便于观察和测量。时基电路又称扫描电路，产生锯齿波电压加在显示器上产生一水平扫描线，扫描线的长短与时间成正比。

A 型探伤仪根据缺陷的高度、缺陷波在水平扫描线上的位置来判断缺陷大小、位置及性质。常用 A 型探伤仪有 CTS-220A、CTS-230A、CTS-260A 等型号。

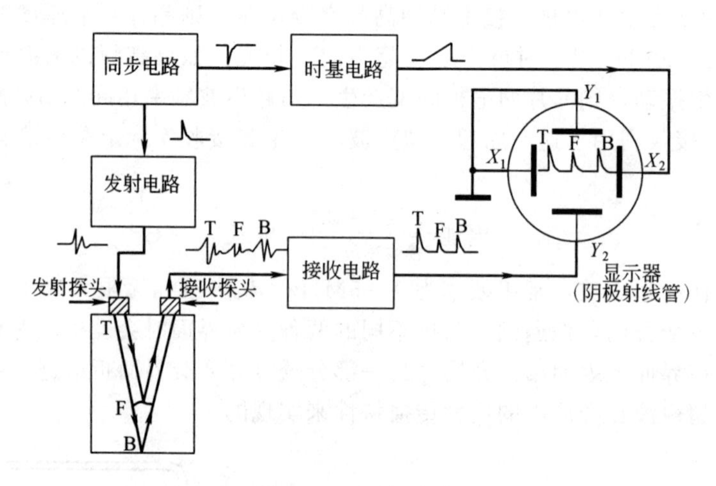

图 9-6　A 型探伤仪

3. 磁粉探伤

（1）磁粉探伤的基本原理

如图 9-7 所示，磁粉探伤的基本原理是：当铁磁材料被磁化时，若材料中无裂纹、气孔、非磁性夹渣等缺陷，则磁力线均匀分布穿过工件；若材料内部有缺陷，由于缺陷的磁阻较大，磁力线会绕过缺陷发生弯曲；当缺陷位于浅表或表面开口时，磁力线绕过缺陷时会在表面产生一漏磁场，漏磁场能够吸附具有高磁导率的三氧化二铁、四氧化三铁等强磁性粉末（简称磁粉），从而显示出缺陷的位置和形状。

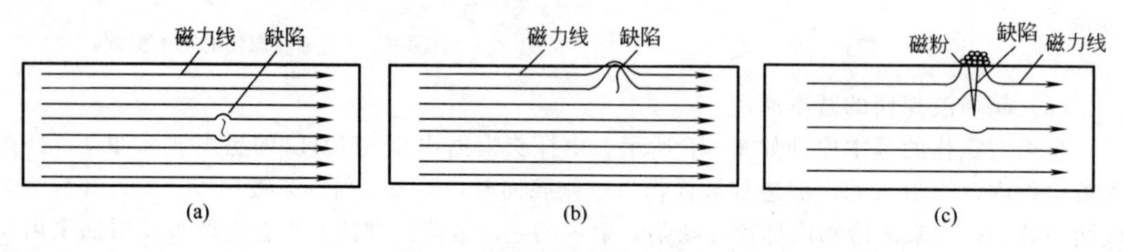

图 9-7　磁粉探伤的基本原理

探测中采用的磁粉有荧光磁粉和非荧光磁粉两种，采用荧光磁粉时，需要紫外线照射被测机件，在缺陷处因聚集着荧光磁粉而发出黄绿色的荧光。对于形状规则的机件，能够采用光电转换系统，将荧光信号进行放大和信息处理，可达到自动探测的目的。

(2) 磁粉探伤设备

磁粉探伤设备有通用型、专用型、便携型和固定型等多种形式，各种类型的设备其主体都是磁化装置，其他装置如磁悬液喷洒器、紫外灯、退磁机和零件传送机构等则是根据需要而适当配置的附件。磁化装置用于对强磁体零件进行磁化。该装置能产生大电流，称为磁化电流，磁化电流产生作用于零件上的磁场。

4. 渗透探伤

(1) 渗透探伤的原理

渗透探伤是目前常用的一种表面开口缺陷检测方法，它是借助液体对微细孔隙的渗透作用使浸涂或喷涂在工件表面渗透力很强的液体（渗透剂）渗入工件表面的微小缺陷内，待清除表面残留的渗透液后，再喷涂显像剂，利用毛细管作用又将留在缺陷内的渗透液由显像剂吸出表面形成色痕，从而显示出缺陷，如图 9-8 所示。

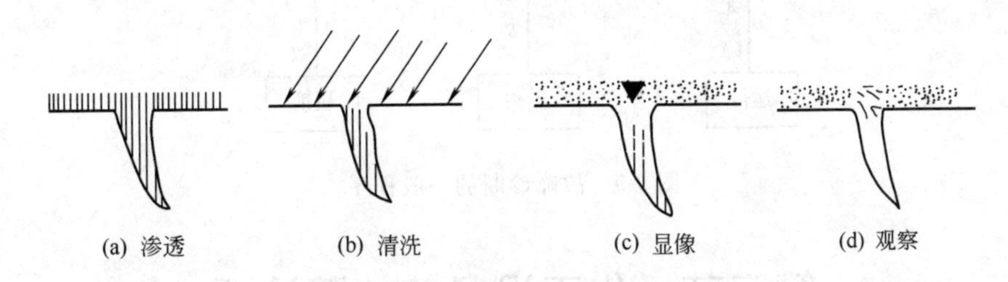

图 9-8　渗透探伤原理

(2) 渗透探伤的分类

根据渗透材料不同，渗透探伤分荧光探伤和着色探伤两种。荧光探伤所用渗透液中含有荧光物质，渗入缺陷内的荧光剂须经紫外灯照射激发其发出荧光，在黑暗处观察才能显现缺陷。着色探伤渗透液中含有色泽鲜艳的红色染料，在可见光下可观察缺陷。

五、综合诊断

机械设备的故障具有两重性：一方面表现为一种故障症状是多种机械故障所具有的共同现象，如不正常的振动和声响现象是诸如齿轮、轴承损坏后所共有的现象。因此，这种特性决定了利用一种检测方法只能检测机械有无毛病，而不能确定什么毛病及何种部位。另一方面，同样一种机械故障也将表现出多种症状（现象），如轴承的滚道或滚动体碎裂，可能出现振动现象的明显变异、轴承座温升的增高等。这一特性决定了对于同一种机械故障可用不同的方法去诊断。这就给交叉诊断打下基础，当然，为了减少诊断的工作量，要研究这些方法或技术中，哪一种最敏感和最有效，而后制定出可行的诊断程序。

一个复杂的生产系统往往由多个机器组合而成，且一个机械又可能由多个承担相同或不同任务的部件或零件组成，这就使一个复杂的生产系统的故障具有很强的不确定性，增加了机械故障诊断技术的复杂性和困难程度。对于一个生产系统，如果只是想发现有无故障，只要根据诊断对象可能产生的故障，选择一种最敏感的检测仪器就可能获得故障信息。如果要想知道故障的类型、性质、产生的部位、程度和可能发展的趋势以及决定要采取的维修策略，必须从不同的角度，采用不同的方法去捕捉不同的故障现象，根据不同故障现象可能反映的故障进行交叉判断，它们的交叉点就可能是需要确定的故障，这就是交叉诊断法。由于这种方法是从多个方面进行诊断的，又称之为综合诊断。

机械设备的诊断程序一般先简后繁，且尽可能地用一种方法就能确诊。如果采用简易诊断就能确诊，就能采取一定方式的维修技术使之恢复。对于那些通过简易诊断只发现了故障现象，而无法确定其性质、部位、程度、形成的原因时，则继续采用精密诊断的方法，从不同的角度进行交叉诊断，达到确诊的目的。诊断的一般程序如图 9-9 所示。

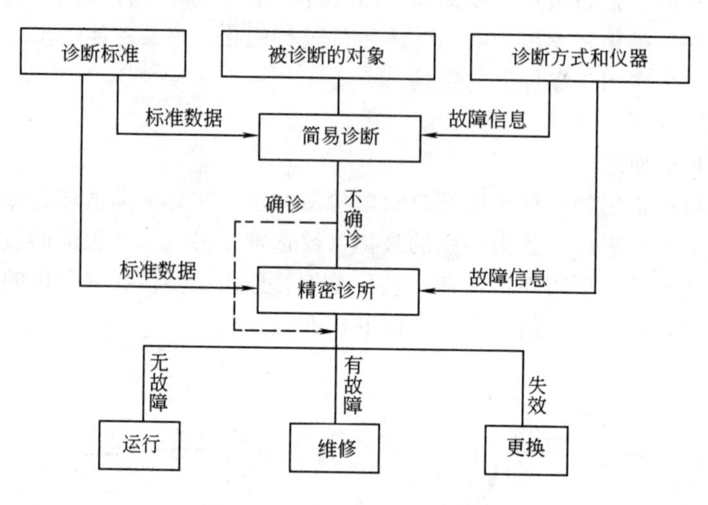

图 9-9　故障诊断的一般程序

第三节　化工设备的故障诊断

化工设备的主要特点如下。

(1) 工作条件的复杂性

化工设备的内部都通过或存放各种不同的流体工作介质，这些工作介质大多是高温的、高压的、有毒的、可燃的或者是腐蚀性的流体。

(2) 泄漏失效的综合性

由于工作介质的温度、压力以及腐蚀性等因素的综合影响，极易使设备内部潜在的缺陷发展成破损，或者使其密封失效，无论是破损或是密封失效，都会迅速引起工作介质的泄漏。

(3) 泄漏故障的危害性

化工设备的泄漏故障轻则造成工作介质和能量流失，影响经济效益，污染环境，使设备工作不稳定和工作效率下降；重则损害人体健康，甚至由此引起设备和人身事故。

由上述特点可见，可以通过泄漏监测和诊断的方法来发现化工设备的故障和确定故障部位。

一、化工管道的故障诊断

在石油、化工部门中，管道起着重要的作用，而且数量庞大。由于管材性能的局限性、管子质量缺陷、管子弯头设计不合理、管子对热胀冷缩的适应性差以及操作不当或管道系统的振动等，可能造成管道的破坏而导致泄漏。由于化工介质易燃、易爆、有毒的特点，一旦泄漏将导致严重后果。因此，对化工管道泄漏故障的监测与诊断就成为化工设备故障诊断研究的主要对象之一。

1. 给水管道的泄漏检测

给水管道漏水的检查方法一般有：检漏法、听漏法、观察法。

(1) 检漏法

这是一种比较可靠的检漏方法，做法是将给水管网分段进行检查。在截取长度为50m内的管段上，将两端堵死，设置压力表并充水检查，如果压力下降，说明此管段有漏水现象，如压力表的指针不动，说明无漏水。然后将被割断的管端接起来，再隔断下一段，继续进行检查，直至找到漏水地点。此法的缺点是停水时间长，工作量较大。

(2) 听漏法

一般采用测漏仪器听漏。测漏仪器有：听漏棒、听漏器和电子检漏器等。其原理都是利用固体传声与空气传声以找寻漏水部位。

采用听漏棒或其他类型测漏仪器时，必须在夜深人静时进行。其方法是在沿着水管的路面上，每隔1～2m用测漏器听一次，遇到有漏水声后，停止前进，进而寻找音响最大处，确定漏水点。

(3) 观察法

此种方法是从地面上观察漏水迹象，如地面潮湿；路面下沉或松动；路面积雪先融；虽然干旱，但地上青草生长特别茂盛；排水检查井中有清水流出；在正常情况下水压突然降低等都是管道漏水迹象，根据这些直接看到的情况确定漏水位置。此方法准确性较差，一般需用测漏仪器辅助。

2. 地下输油管道的泄漏诊断

埋在地下的输油管道，由于受到土层、地形和地面上建筑物等条件的限制，检漏十分困难，目前主要采用放射性示踪法和声发射相关分析法进行泄漏诊断。放射性示踪法使用一种小型的放射性示踪检漏仪，可用于直径为150mm以上油管的检漏，一次检查长度约为5000m轻油管道。这种检漏仪性能稳定可靠，检漏速度较快，它能探测到漏油量为1L、放射性强度为15～20μC的渗漏点。

声发射相关分析法的原理是：由于油管破损处发出的泄漏声通过管道向破损点左右传播，因而可以采用声发射原理进行检漏。该方法是在漏油管段的两端布置传感器进行测定，然后通过相关函数曲线，由最大延时τ_m和钢管传声的速度，就可以计算出破损处位于两个检测点中心的方向和距离。此法确定破损位置的误差在几十厘米以内，是比较有效的方法。对海底石油管道和天然气管道破损检测均用此技术。

3. 可燃性气体管道的泄漏监测

可燃性气体系指天然气、煤气、液化石油气、烷类气体、烯类气体、乙酸、乙醇、丙酮、甲苯、汽油、煤油、柴油等。

目前，可燃性气体的监测检漏工作可采用各种监测报警装置来进行。当设备或管道泄漏的可燃性气体达到某一值时，监测报警装置中的传感器立即发生作用，使报警装置自动报警，使人们有充分的时间采取有效措施，避免事故的发生。

在石油化工企业中常用的监测报警装置有防爆式FB-4型可燃气体报警装置、监控式BJ-4型可燃气体报警器、携带式TC-4型可燃气体探测器等。

二、压力容器的故障诊断

压力容器的故障诊断采用无损诊断技术，除了射线探伤、超声波探伤、磁粉探伤、渗透探伤等常规无损诊断技术外，一些新技术如声发射检测技术、激光全息摄影检测技术等在压力容器的故障诊断中已逐渐得到推广和使用。

1. 常规无损诊断技术

各种常规无损诊断技术的诊断内容、方法、要点及所用仪器等，见表 9-4。

2. 声发射检测技术

声发射检测技术用于压力容器的故障诊断，其主要目的在于及时了解容器的内部缺陷，在加压情况下，裂纹生成和发展的状况，以便采取措施修补或预报结构的破损，防止灾难性事故突然发生。

表 9-4　常规无损诊断技术的诊断内容、方法、要点及所用仪器

检查内容	检查方法及仪器	检查要点	说明
内部腐蚀	① 用超声波厚度测定器检查，可以测定的最高温度为 400～600℃ ② 使用 192 铱射线检查 ③ 腐蚀测定器 ④ 液体组成分析及 pH 测定	① 气、液相腐蚀情况不同，塔顶部与塔底部的腐蚀情况也不同 ② 在流体进入测接管口正面等流体冲击的部位与接管口周围产生等流体搅拌现象的部位，其腐蚀度大 ③ 小口径接管口，其厚度比主体薄的先穿孔的情况是较多的。另外其顶端直接管因凝聚作用而产生加速腐蚀 ④ 因保温条件的差异而产生腐蚀的差别 ⑤ 流体的场合，塔槽的焊接部分会受到选择性的腐蚀 ⑥ 衬垫部分的母材腐蚀	通常使用的是超声波法。适用于掌握塔、槽、罐腐蚀发展状态的定点、定期的厚度测定(要注意在高温的部分容易出现偏厚的测定值)。表示方法有模拟式和计数式两种。在单纯的比较测定或厚度检查方面，以后一种表示方法较为方便，但由于探头接触不良而易产生误差
外部腐蚀	① 肉眼检查 ② 使用 192 铱射线检查	① 室外保温施工的机器，温度在 100℃ 以下，由于雨水的浸入容易受到外部腐蚀；即使是高温但更换频度剧烈的部件也容易腐蚀 ② 保温材料变质会带来腐蚀性 ③ 长期经外来微量的腐蚀性流体的影响亦会促其腐蚀(例如从坑槽内升起的腐蚀性流体的蒸气)	192 铱射线照相的方法适用于保温保冷方面的小口径接管口的厚度测定或旋入部分的厚度测定(使用放射性物质要严格注意法令规定)
有无裂缝	① 肉眼检查 ② 渗透探伤检查 ③ 磁粉探伤 ④ 敲打检查 ⑤ 超声波检查	① 压缩机周围振动大的部分的接管口根部等容易产生应力集中的部分 ② 高温机器支架固定部、管架加强部等容易产生热应力集中的部分 ③ 高强度钢焊接部位	外面的缺陷可利用磁粉探伤或渗透探伤来检查；内侧的裂缝则使用超声波斜角探伤来检查
有无泄漏	① 发泡剂(肥皂水、发泡油等) ② 气体检测量 ③ 目视。根据涂料的剥落污染情况判断	① 热应力和热膨胀等引起的显著变形的地方 ② 装上、拆下频率大的接管口法兰 ③ 塔、槽、罐侧缘中有接头的场合，容易成为漏洞	发泡剂用于检查气体介质，目视适用于检查液体介质，可燃性物质可用气体检测器吸取有可能泄漏部位的气体来检测

当物体（试件或产品）受外力或内应力作用时，缺陷处或结构异常部位因应力集中而产生塑性变形，其储存能量的一部分以弹性应力波的形式释放出来，这种现象称为声发射。而用电子学的方法接收发射出来的应力波，进行处理和分析，以评价缺陷发生、发展的规律和寻找缺陷位置的技术统称为声发射检测技术。

声发射检测技术的特点是能够使被检测的对象（缺陷）能动地参加到检测过程之中。它

是利用物体内部的缺陷在外力或残余应力的作用下，本身能动地发射出声波来判断发声地点（裂源）的部位和状况。根据所发射声波的特点和诱发声波的外部条件，既可以了解缺陷的目前状态，也能了解缺陷的形成过程和在实际使用条件下扩展和增大的趋势。这是其他无损检测方法所做不到的。所以，又把声发射检测技术称为动态无损检测技术。

由于声发射检测技术是一种动态无损检测方法，而且声发射信号来自缺陷本身，因此，根据它的强弱可以判断缺陷的严重性。一个同样大小、同样性质的缺陷，当它所处的位置和所受的应力状态不同时，对结构的损伤程度也不同，所以它的声发射特征也有差别。明确了来自缺陷的声发射信号，就可以长期连续地监视带缺陷的设备运行的安全性，这是其他无损检测方法难以实现的。

（1）水压试验时的声发射监测

压力容器水压试验时的声发射监测属于出厂检验项目，一旦发现问题，易于及时返修；试验仅为简单的应力循环，环境噪声比较小，容易提高信噪比；厚壁大型压力容器以及高强度钢的应用，水压试验时低压破坏事故增多，迫切需要安全报警。

水压试验时，如果在额定的试验压力下，基本上没有声发射信号，则可认为在此工作载荷下不会引起有害缺陷。如果在该试验压力之前就出现大量声发射信号，则反映容器内部有危险性缺陷，应及时停止试验，确定缺陷位置并用其他无损检测方法复查，评定检修。

试验前，一般先在带有预制裂纹的模拟容器上进行探索试验，而后在被检容器上正式试验。美国、日本和欧洲等先后颁发了压力容器水压试验时的声发射检测标准和推荐的操作方法。在这些标准中都规定了适用范围、试验目的、试验人员水平、试验方法和程序、记录格式等。对声发射的评级方法通常规定如下：

A级：严重信号，升压和降压全过程中频发出现的信号，需用其他无损探伤方法加以证实。

B级：一般重要信号，可以报告和记录，以作为后来的比较之用。

C级：无须作进一步评价，可不记录。

（2）容器定期检修时水压试验的声发射监测

根据凯塞尔的声发射不可逆效应，压力容器一旦承受过压力，如果在检修时再次进行压力试验，而压力又不超过前者时，是不会出现声发射的。但如果容器在运转中由于疲劳等原因出现了裂纹，或者原有的裂纹扩展了，则在较低的压力下，就会有声发射信号产生。正是运用这一原理，对已投产的容器进行定期检查。

容器定期检修时水压试验的声发射监测是容易进行的。但是，有人指出凯塞尔效应几乎都是研究者在实验室确认的现象。在容器上试验时，荷兰的 Nielsen 和日本的稷玑野英二等都发现，凯塞尔效应有若干恢复现象，这一点在进行容器定期检查的声发射监测时必须注意。

（3）容器爆破试验的声发射监测

在很多承压容器的模拟试验中，需要进行爆破试验，研究在增加压力和温度时裂纹的扩展过程。在进行试验时，用声发射技术可以监测加压和爆破试验的全过程，包括裂纹的形成、扩展直到最后的断裂。根据试验结果，可在容器破损（即在表面上可以看出破损的象征时）之前 8～10min 可靠地作出预报。所以，声发射技术是预报容器破裂的一种非常及时而灵敏的手段。

（4）运行中压力容器的声发射监测

压力容器投入运行以后，在不同的温度、压力往复和腐蚀性介质下工作，迫切需要经常了解容器的安全情况，当有危险性缺陷出现时能进行预报而及时停止运行，以防止重大事故发生。尤其对核压力容器的安全运行进行声发射监测，有着更重要的意义。

在用声发射装置监听运行中的承压容器时，需保证在高温下换能器和前置放大器能长期稳定地工作。另外，在运行条件下环境噪声比较复杂，如何提高信噪比也是一个关键。

对高温核容器或化工容器的监测，可以采用波导管（或杆）的方法，将声发射信号引出，再通过耦合在波导管上的换能器进行监测。

思考题

9-1 什么是故障诊断？故障诊断的目的是什么？

9-2 故障诊断技术是如何分类的？

9-3 什么是声振诊断技术？

9-4 什么是温度诊断技术？温度诊断所能发现的常见故障有哪些？

9-5 试述红外测温原理。

9-6 红外测温装置有哪些？

9-7 什么是污染诊断技术？常用的污染诊断技术有哪些？

9-8 常规无损探伤方法有哪些？哪几种用于检测内部缺陷？哪几种用于检测表面缺陷？

9-9 试述射线探伤的基本原理。

9-10 什么是超声波？超声波是如何产生的？

9-11 什么叫压电效应、逆压电效应？超声波的产生和接收分别利用了什么效应？

9-12 试述超声波探伤的基本原理。

9-13 试述 A 型探伤仪的工作原理。

9-14 试述磁粉探伤原理。

9-15 简述渗透探伤原理。

9-16 什么是综合诊断？

9-17 化工设备有何特点？可通过什么方法来发现化工设备的故障和确定故障部位？

9-18 管道泄漏的原因有哪些？给水管道的泄漏检测有哪些方法？地下输油管道的泄漏诊断有哪些方法？可燃性气体管道的泄漏监测如何进行？

9-19 压力容器的故障诊断采用何种技术？针对不同的检查内容采用的方法有哪些？

9-20 什么是声发射？什么是声发射检测技术？与其他无损诊断技术相比，声发射检测技术有何特点？

参考文献

[1] 郑津洋，桑芝富．过程设备设计．5 版．北京：化学工业出版社，2021.
[2] 朱保国．压力容器设计知识．2 版．北京：化学工业出版社，2016.
[3] 程真喜．压力容器材料及选用．2 版．北京：化学工业出版社，2016.
[4] 王国璋．压力容器设计实用手册．5 版．北京：中国石化出版社，2022.
[5] 陈长宏，吴恭平．压力容器安全与管理．2 版．北京：化学工业出版社，2016.
[6] 王连科，王凌卉，王昊然．石油化工设备及安装工程图册．北京：石油工业出版社，2019.
[7] 陶亦亦，汪浩．工程材料与机械制造基础．2 版．北京：化学工业出版社，2016.
[8] 李琴．化工设备．北京：化学工业出版社，2021.
[9] 高安全，刘明海．化工设备机械基础．4 版．北京：化学工业出版社，2019.
[10] 唐静静，范钦珊．工程力学．3 版．北京：高等教育出版社，2017.
[11] 沈鋆，刘应华．压力容器分析设计方法与工程应用．北京：清华大学出版社，2016.
[12] 张振坤，王锡玉．化工基础．5 版．北京：化学工业出版社，2019.
[13] 石油化工设备维护检修技术编委会．石油化工设备维护检修技术．北京：中国石化出版社，2021.
[14] 迟培云．材料腐蚀学．哈尔滨：哈尔滨工业大学出版社，2020.
[15] 马金才，葛亮．化工设备操作与维护．3 版．北京：化学工业出版社，2021.
[16] 王磊．化工设备及技术．5 版．北京：机械工业出版社，2017.
[17] 丁伯民．ASME Ⅷ压力容器规范分析．修订版．北京：化学工业出版社，2018.

参考文献